21世纪普通高等教育基础课规划教材

大学物理实验

第 2 版

主　编　王小平　王丽军

参　编　顾铮先　周　群　卜胜利　汤　猛
姚兰芳　马珊珊　寇志起　杨　欣
严非男　杜梅芳　耿　滔　皇甫泉生
李玉琼　王春芳　陈　俊　于海涛
李重要　贾力源　田　伟　刘　源
梁丽萍　刘廷禹　沈建琪　倪卫新
许春燕　郭文军　姜志进　童元伟
丁亚琼　郭　莉　蔡雄祥　马海虹

机械工业出版社

本书在结构上分为实验基本知识、基础性实验、综合性实验、设计性实验及应用物理实验五个部分。内容上由浅入深地分为不同层次，内容充实并可兼顾不同专业的选择需要，同时又纳入了一些与生产实践或科研有密切联系的具有时代气息的实验项目，如真空技术的实验、材料制备及功能材料特性模拟计算和材料特性检测实验，这将更贴近社会对人才培养的要求，也会使本书的适用面更广。

本书可作为理工科院校各专业本科生的物理实验教学用书。

图书在版编目(CIP)数据

大学物理实验/王小平，王丽军主编. —2版. —北京：机械工业出版社，2015.8

21世纪普通高等教育基础课规划教材

ISBN 978-7-111-50965-3

Ⅰ.①大… Ⅱ.①王…②王… Ⅲ.①物理学—实验—高等学校—教材 Ⅳ.①04-33

中国版本图书馆CIP数据核字(2015)第168534号

机械工业出版社（北京市百万庄大街22号 邮政编码100037）

策划编辑：张金奎 责任编辑：张金奎

版式设计：张 静 责任校对：李锦莉 程俊巧

封面设计：张 静 责任印制：刘 岚

北京京丰印刷厂印刷

2015年8月第2版·第1次印刷

169mm×239mm·22.75印张·439千字

标准书号：ISBN 978-7-111-50965-3

定价：39.80元

凡购本书，如有缺页、倒页、脱页，由本社发行部调换

电话服务 网络服务

服务咨询热线：010-88379833 机 工 官 网：www.cmpbook.com

读者购书热线：010-88379649 机 工 官 博：weibo.com/cmp1952

教育服务网：www.cmpedu.com

金 书 网：www.golden-book.com

第2版前言

大学物理实验是理工科学生必修的一门重要实验课程，也是理工科学生在大学阶段接触到的第一个较系统的实践类课程，它是诸多后续实验课的基础。通过该课程的学习，不仅可以使学生较系统地掌握实验的基本理论和基本技能以及科学研究的方式和方法，而且在培养学生严谨的科学态度、理论联系实际的能力和适应科技发展的综合应用能力方面具有其他实践类课程不可替代的作用。

本书第1版经过几年的使用，得到了多方的肯定，并于2011年被评为上海市优秀教材二等奖，本次改版继续保持了第1版的特点，即重视培养学生的物理思维能力和科学研究能力，注重发挥学生的学习自主性。在实验内容的安排与选择上，结合了理工科的专业特点，由浅入深，从基本实验技能到物理前沿应用，从基础实验到综合性实验、设计性实验及应用物理实验，内容丰富，层次清楚，可满足不同专业学生的需求，较突出地展示了物理在工程技术中的应用，加强了大学物理实验的综合性和实用性，以提高学生的学习兴趣。在第1版的基础上，结合物理学科和各技术学科的发展，本版对实验内容进行了大幅度的增删和改编，增加了许多新的实验内容，将传感器技术、现代电子技术、真空技术、液晶及太阳能工艺技术等高新技术引入到物理实验中，体现了现代科学技术的多学科交叉和相互渗透的特点，拓宽了学生的知识面和视野，增强了基础理论知识和专业技术之间的联系。

本书第1章、第2章、实验6.6由王小平编写；实验4.23、6.5、6.7、6.8、6.9由王丽军编写；实验4.6、4.7、4.13、5.9、6.1、6.2由顾铮先编写；实验3.3、3.4、3.5、3.8、5.2、5.4由郭莉编写；实验3.7、3.13、5.5、5.8由周群编写；实验4.8、4.21、4.22、6.11由卜胜利编写；实验3.1、4.1、4.4、5.1由汤猛编写；实验6.3、6.4、6.10由姚兰芳编写；实验3.2、3.14、4.5由马珊珊编写；实验4.16、4.20、6.13由寇志起编写；实验3.11、4.3、5.6由杨欣编写；实验4.18、4.19由严非男编写；实验3.10、5.7由杜梅芳编写；实验4.9、4.10由耿滔编写；实验3.6、3.12由蔡雄祥编写；实验4.2、5.3由马海虹编写；实验4.12由皇甫泉生编写，实验6.12由于海涛编写；实验4.15由王春芳编写；实验3.9由李玉琼编写；实验4.14由陈俊编写；实验4.17由李重要、贾力源编写；实验4.11由姚兰芳、刘源、梁丽萍编写；此外刘廷禹、沈建琪、倪卫新、许春燕、郭文军、姜志进、童元伟、田伟、丁亚琼也参与了本书的编写工作。王小平、王丽军负责书稿的整理和全书的审稿和统稿工作，并负责附图的修改和绘制工作。

本书的出版得到各级领导及友好人士的热情鼓励和帮助，在编写过程中还参考了许多院校出版的有关教材，在此一并表示衷心的感谢。

编　者

目　录

第2版前言
第1章　绪论 …… 1
1.1　物理实验课程的地位、作用和任务 …… 1
1.2　物理实验课的教学环节 …… 1
第2章　实验基本知识 …… 4
2.1　测量与误差 …… 4
2.2　随机误差的估算 …… 8
2.3　测量的不确定度 …… 11
2.4　实验数据处理方法 …… 18
2.5　习题 …… 24
参考文献 …… 26
第3章　基础性实验 …… 27
实验3.1　长度的测量 …… 27
实验3.2　光杠杆测金属线胀系数 …… 37
实验3.3　用模拟法测静电场 …… 40
实验3.4　迈克耳逊干涉仪的调整和使用 …… 46
实验3.5　示波器的原理和使用 …… 50
实验3.6　分光计的调节与使用 …… 60
实验3.7　扭摆法测转动惯量 …… 65
实验3.8　声速的测量 …… 69
实验3.9　单缝衍射的光强分布及缝宽测量 …… 76
实验3.10　用DQ·3数字式冲击电流(量)计测电容 …… 80
实验3.11　双臂电桥法测量低值电阻 …… 82
实验3.12　用分光计测三棱镜折射率 …… 88
实验3.13　金属电子逸出功的测定 …… 93
实验3.14　用光栅分光计测H原子的R_H …… 96
参考文献 …… 99
第4章　综合性实验 …… 100
实验4.1　夫兰克-赫兹实验 …… 100
实验4.2　光电效应法测定普朗克常量 …… 105

实验4.3　密立根油滴法测电子电荷 …… 111
实验4.4　光纤通信实验 …… 117
实验4.5　霍尔效应 …… 126
实验4.6　多普勒效应的研究 …… 130
实验4.7　微波光学综合实验 …… 135
实验4.8　磁致双折射(Cotton-Mouton)效应实验 …… 140
实验4.9　超声光栅实验 …… 143
实验4.10　磁电阻效应实验 …… 147
实验4.11　传感器系列实验 …… 151
实验4.12　光拍法测量光速 …… 165
实验4.13　塞曼效应实验 …… 170
实验4.14　椭圆偏振法测量薄膜厚度及折射率 …… 175
实验4.15　A类超声诊断与超声特性综合实验仪的使用 …… 182
实验4.16　LED光色热电性能综合测试实验 …… 189
实验4.17　高温超导转变温度测量实验 …… 194
实验4.18　光学多道分析器(OMA)的应用 …… 201
实验4.19　电子自旋共振实验 …… 205
实验4.20　燃料电池的特性测量实验 …… 212
实验4.21　电光调制实验 …… 218
实验4.22　磁光调制实验 …… 225
实验4.23　验证快速电子的相对论效应 …… 230
参考文献 …… 241
第5章　设计性实验 …… 243
实验5.1　改装欧姆表 …… 243
实验5.2　用示波器测电感 …… 244
实验5.3　测热敏电阻的温度特性 …… 245
实验5.4　用迈克耳逊干涉仪测空气折射率 …… 246
实验5.5　用双缝测光波波长 …… 247
实验5.6　非平衡电桥的原理及应用 …… 248
实验5.7　冲击电流计测螺线管内部和外部的磁感应强度 …… 250
实验5.8　热电偶测温方法 …… 253
实验5.9　光无源器件设计性系列实验 …… 256
第6章　应用物理实验 …… 264
实验6.1　光波导薄膜厚度和折射率的测量 …… 264
实验6.2　光波导传输损耗的测量 …… 268

实验 6.3　溶胶-凝胶的配制（以 SiO_2 纳米颗粒增透膜为例）…… 272
实验 6.4　溶胶-凝胶技术制备薄膜（以 SiO_2 纳米颗粒增透膜为例）…… 277
实验 6.5　真空实验 …… 280
实验 6.6　真空镀膜（一）——微波等离子化学气相沉积（CVD）设备的使用 …… 288
实验 6.7　真空镀膜（二）——磁控溅射设备原理及操作使用 …… 297
实验 6.8　真空镀膜（三）——电子束蒸发镀膜设备原理及操作使用 …… 302
实验 6.9　电子衍射实验 …… 308
实验 6.10　接触角测试实验 …… 317
实验 6.11　表面磁光克尔效应实验 …… 323
实验 6.12　太阳能光伏电池实验 …… 334
实验 6.13　液晶盒的制备及电光特性的测量 …… 339
参考文献 …… 347
附录 …… 349
附录 A　光电倍增管 …… 349
附录 B　空气对 β 粒子的能量吸收系数（取空气密度 $\rho = 1.290 mg/cm^3$）…… 351
附录 C　常用物理数据 …… 352
附录 D　在 20℃ 时固体和液体的密度 …… 352
附录 E　部分固体的线胀系数（α）…… 353
附录 F　20℃ 时部分金属的弹性模量 …… 353
附录 G　在标准大气压下不同温度时水的密度 …… 353

第1章 绪 论

1.1 物理实验课程的地位、作用和任务

科学实验是人们根据研究的目的，利用科学仪器、设备，人为地控制或模拟自然现象，在有意识的变革自然中去主动认识自然的过程。科学实验不仅是自然科学发展的源泉，也是现代科学技术得以迅猛发展的原始动力，实验可以使科技工作者获得最可靠的第一手资料，还可培养人们基本的科学素养和严谨的治学精神。那种重理论、轻实践的思想倾向与我们科技现代化的发展需要是背道而驰的。

物理学是一门实验科学，物理实验在物理学的创立和发展过程中占有十分重要的地位。物理实验课程是高等理工科院校对学生进行科学实验基本训练的必修基础课程，它重在培养学生掌握基本的科学实验技能和分析解决实际问题的能力，为学生毕业后从事各项科学实践和工程实践打下坚实的基础。物理实验课涵盖面广，具有丰富的实验思想、方法和手段，同时能提供综合性很强的基本实验技能训练，是培养学生科学实验能力、提高学生科学素养的重要基础课程。它在培养学生严谨的治学态度、活跃的创新意识、理论联系实际的能力及综合能力提高等方面具有其他实践类课程无法替代的作用。

物理实验课程的任务有：

1）培养学生掌握基本的实验知识和实验技能，初步掌握实验科学的基本思想和方法。

2）培养学生的科学思维和创新意识，掌握实验研究的基本方法。

3）培养与提高学生的科学实验素养，使学生具有理论联系实际和实事求是的科学作风，严谨认真的工作态度，主动研究的探索精神及遵守纪律、爱护公共财产的优良品德。

1.2 物理实验课的教学环节

实验在很大程度上要求学生独立工作，因此在实验前需很好地预习实验内容。在物理实验中，内容的排列顺序不完全按照讲课的顺序进行，因此，在开始预习时会感到困难。为避免浪费时间，在预习时只要把实验所遇到的

问题大致弄懂就行。每次物理实验课包括实验课前预习并书写预习报告、进实验室完成实验并科学地记录实验数据、课后数据处理并书写实验报告等三个环节。

1.2.1 实验前预习

实验前按指定的实验项目仔细阅读实验教材及有关参考资料，明确每次实验的目的、依据的基本原理、所需仪器及其测量方法，了解实验的主要步骤及其注意事项，了解实验操作过程及主要环节，在此基础上写出预习报告。其内容包括：实验名称、实验任务、实验仪器、实验原理（包括测量公式及公式中各物理量的含义和单位、原理图、线路图或光路图等——要简写）、实验步骤（简写）、自行设计记录的表格。

写预习报告可以帮助学生对实验进行充分思考，在实验进行时不用看讲义也可以顺利地完成实验，这种学习习惯应培养起来。不要把预习报告写得太长，或者写一些对实验无关的东西，应坚决杜绝不经任何思考加工完全抄讲义来应付预习的做法，切记：预习报告应成为自己进行工作的有利助手而不是累赘。

预习报告在做实验前由教师进行检查，不预习者不准进行实验。

1.2.2 课堂实验

在实验过程中，一是要按操作规程调整和使用仪器；二是测量时要正确读数，实事求是地记录数据，测量完毕后检查自己的数据是否齐全、有否问题；三是多注意观察，多开动脑筋，积极探索，并在教师指导下尽可能通过自己的实践去解决所遇到的问题。在实验过程中对仪器应小心爱护，实验完毕后应将仪器按原来的位置整齐地放好，并填好实验记录卡，并在实验完毕时将数据填入表格，交指导教师审查，由教师签字后方可离开实验室。

1.2.3 书写实验报告

实验报告写在专用的实验报告纸上，内容和格式如下：

实验名称

【实验目的】

【实验仪器】

对测量仪器要注明型号、规格。规格主要包括测量范围及仪器精度。

【原理简述】

要有文字说明、原理图（例如电学实验的电路图、光学实验的光路图）和计算公式。

【数据记录、处理和结果】

包括原始测量数据、数据处理及不确定度计算的主要过程、实验结果。

【讨论】

包括回答思考题、分析对实验结果有影响的主要因素、误差分析、对实验方法和装置改进的建议等。内容要具体，不要泛泛而谈。

第2章　实验基本知识

2.1　测量与误差

2.1.1　测量与有效数字

1. 测量的分类

科学实验是通过比较的方法来测量各个物理量的。将待测物理量与被确定为标准单位的另一个同类物理量进行比较，待测物理量是标准单位的倍数，就是该待测物理量的数值，其单位与标准单位一致。

一个测量数据不同于一个数值，它是由数值和单位两部分组成的，一个数值有了单位才具有特定的物理意义。测量数据应包括数值大小和单位，两者缺一不可。

（1）直接测量与间接测量

按获取测量结果的方式，测量可分为直接测量和间接测量两类。

直接测量：指可以用仪器、量具直接获得数据的测量。如用天平秤物体的质量、用尺量物体的长度，用计时器测一段时间等；

间接测量：指不能用仪器、量具直接获得数据，而需利用直接测量获得的数据经过一定的函数关系计算而得出数据的测量。例如均匀球体的密度，需用直接测量得到的质量 m 和直径 D，经用公式 $\rho = \frac{6m}{\pi D^3}$ 计算得到。

（2）等精度测量和非等精度测量

按测量的条件来分，测量又可分为等精度测量和非等精度测量两类。

等精度测量：同一测量者，用相同的方法，使用同样的仪器并在相同的条件下对同一物理量进行的多次测量。

非等精度测量：在以上等精度测量所述各项中，如有一项发生变化，都将明显影响实验结果的测量。本书中以后说到的多次测量，都是等精度测量。

2. 有效数字

测量结果是由一列数字表示出来的，物理实验要求表示测量结果的数字既能反映所使用的测量仪器的精度，又必须能反映待测物理量的大小。

在具体测量中，当被测量不能恰为标准量的整数倍时，则应给出一位不足标准量一倍的估计数。而被测量正是由表示标准量整数倍的所有数字和最后估计的一位估计数来表示的，其中估计的这一位数字称为可疑数字。表示标准量整数倍的所有数字为准确数字，它反映待测量的大小，而可疑数字则反映所用仪器的精度。因此，表示实验测量结果中所包含的各位准确数字和末位可疑数字的数字称为有效数字，其单位与标准量的单位相同。选用不同的标准量(即用不同精度的仪器、量具进行测量)，所得到的有效数字也不相同。

例如：学生用的直尺或三角板，其刻度最小分格的长度为1*mm*，即给出的标准量为1*mm*，用这样的尺子去测量一支铅笔的长度，测出其长度是标准量的177.0倍，其中177倍是确定无疑的，而0.0倍则是目测估计的，于是就可以认为铅笔的长度是177.0*mm*；如果用来测量的尺子最小刻度为1*cm*，这时标准量变成1*cm*，比较结果，铅笔长度为标准量的17.7倍，其中17倍是确定无疑的，而0.7倍则是目测估计的，测得铅笔的长度应记为17.7*cm*或177*mm*。

测量结果的有效数字的个数称为有效数字的位数。由上例，以*mm*为标准量时，测量结果的有效数字为4位，以*cm*为标准量时，测量结果的有效数字为3位。此外，一列有效数字的末位即使是“0”，也不能随意舍去，因为它属于有效数字。如上，用最小分格为1*mm*的尺子测量的铅笔长度为X = 177.0*mm*，其中的“0”是不能舍去的。而以*cm*为最小刻度的尺子测量时X = 17.7*cm* = 177*mm*，却又不可以在末尾加上个“0”。因为有效数字的位数是由被测量的大小和测量仪器、量具来客观决定的，它实际上反映了测量的精确程度，是不允许随意添加或删减的，即使在物理单位变换中有效数字的位数也不能改变。此外，一列有效数字的第一位非零数字前边的“0”不算有效数字。如想用*m*作为单位表示以上两种测量结果时，应分别记为0.1770*m*和0.177*m*；而用*km*作为单位表示以上结果时分别记为0.0001770*km*和0.000177*km*，其有效数字仍为4位和3位。通常情况下常采用“科学计数法”表示，可分别记为$1.770\times10^{-4}km$和$1.77\times10^{-4}km$。

有效数字的一些运算规则有：

1）加减运算：在同一单位条件下，以各组有效数字中可疑数字最高位为取舍界限，对于应予以舍去的数字，按“小于5舍，大于5进，等于5将保留的末位数字凑成偶数”的约定执行。如：$25.\underline{8}cm+12.3\underline{4}cm=38.\underline{1}cm$

$35.3\underline{2}cm-2.74\underline{5}cm=32.5\underline{8}cm$

$25.\underline{8}cm+134.8\underline{5}cm=160.\underline{6}cm$

2）乘除运算：积(商)的有效数字位数与有效数字位数最小者相同。

如：$834.\underline{5}\times23.\underline{9}=199\underline{44.55}=1.9\underline{9}\times10^{4}$

$2569.\underline{4}\div19.\underline{5}=131.\underline{7641\cdots}=13\underline{2}$

3）乘方、开方及对数运算：乘方、开方及对数运算的有效数字位数与其底

数的有效数字位数相同

如：$(7.32\underline{5})^2=53.6\underline{6}$

$\sqrt{32.\underline{8}}=5.7\underline{3}$

4）纯数或常数：一些无理常数，如π，e，$\sqrt{2}$，…，不是测量而得，因此不存在不准确数字，可以视为无穷多位有效数字的位数，在参与运算时其取值位数要求比测量值多取一位。例如：圆面积$S=\pi R^2$，测量值$R=3.034cm$时，π的取值为3.1416。如将面积公式改为$S=\pi D^2/4$，$D=6.068cm$，式中的1/4是公式推导过程出现的纯数字，并非测量值，不存在有效数字的问题，可视它的位数是任意的，对有效数字的运算不起作用。

进行三角运算时，角度值的精度可以取到1′时，可以用四位函数表；角度值可以取到10″精度时，则应该使用五位函数表；角度值的精度达到1″时，则必须用六位函数表，其余类推。使用计算器时，其取位也要参照此约定。

2.1.2 误差及其分类

1. 测量值的误差

在一定条件下，任何物理量的大小都有一个客观存在的真实值，称为真值。测量的目的就是力图得到该真值。但是由于仪器制造技术、分辨率、环境的不稳定性及人的测量技巧等多种因素的限制，任何测量得到的数值都无法与真值完全相同，它们之间或多或少地总是存在一定的偏差，这种包含偏差的测量结果被称为测量值，而测量值与真值之差称为测量值的误差。测量误差反映了测量结果的准确程度。测量误差可以用绝对误差表示，也可用相对误差表示。

$$\text{绝对误差}(\Delta)=\text{测量值}(x)-\text{真值}(X)$$

Δ表示了测量值x与真值X的数值差别大小，但它不能反映出测量的精确程度。例如：体育比赛中用秒表分别记录和测量两个运动员跑100m和1500m的成绩，假设绝对误差都是0.1s，其真值分别是13.0s和300.0s，显然其精确程度是不相同的。对测量真值是13.0s的物理量来讲，在13.0s内有0.1s的误差；而对真值为300.0s的物理量来说，在300.0s内有0.1s的误差，显然后者的精确度较高。这说明，测量的精确程度与物理量的真值数值大小有关。为了表示测量的精度，通常引入相对误差E，并用百分比表示，E数值越大，测量的精度越低；数值越小，测量精度越高。由于E与测量的精度有关，因此有时也称其为精度。

$$\text{相对误差}(E)=\frac{|\text{绝对误差}|}{\text{真值}}\times 100\%$$

实践证明，任何测量结果都有误差，误差始终存在于一切科学实验和测量过程中。因此在表示测量结果时必须同时反映误差。

2. 误差的种类

分析误差产生的性质，可将误差分为系统误差和随机误差。

(1) 系统误差

在等精度条件下，对同一量进行多次测量时，误差的大小和正负总保持不变或以可预知的方式变化的测量误差分量，称为系统误差，其特点是它具有确定性。

产生系统误差的原因有：

1) 仪器本身有缺陷。例如刻度不准、天平臂不等长、砝码磨损或零点未校正等。

2) 没有按规定使用仪器。例如外径千分尺(旧称螺旋测微计)不读初读数。

3) 测量方法或理论公式的近似性。例如用伏安法测电阻时没有考虑电表的电阻。

4) 个人习惯和偏向。例如用秒表计时，掐表的反应能力(总是提前或滞后的倾向)。

5) 测量过程中，环境条件(温度、气压等)的变化。如在某一温度下标定的标准电阻在另一温度下使用等。

系统误差必须针对产生的原因采用适当的方法予以消除或修正。由于系统误差的确定性，不能用增加实验次数的方法来减小。学生应该在实验中不断地提高对系统误差的识别、分析和处理能力。

消减和修正系统误差的常用方法如下：

1) 消减产生系统误差的来源。例如：采用符合实际的理论公式；保证仪器装置良好且满足规定的使用条件等。

2) 找出修正值对测量结果进行修正。例如：用标准仪器校准一般仪器，做出校正曲线进行修正；对理论公式进行修正，找出修正项的大小；修正外径千分尺的零点等。

3) 在系统误差值不易被确切找出时，可选择适当的测量方法设法抵消它的影响。例如：替换法、对称观察法、半周期偶数观察法等。

(2) 随机误差

在等精度条件下对同一被测量进行多次测量时，各次测量的误差呈时大时小、时正时负、没有规则的变化，这种以不可预知、无法控制的方式变化的测量误差分量，称为随机误差。

产生随机误差的原因是人的感官灵敏度和分辨能力有限，周围环境的干扰及随测量而来的其他不可预测的偶然因素。例如用读数显微镜测小圆孔直径时，判断准线与圆相切时，各次不相同。

3. 评价测量结果的“三度”

1) 精密度：指测量结果随机误差的大小。它是描述测量重复程度的尺度，如测量结果彼此相近，则精密度高。

2）准确度：指测量结果系统误差的大小。它是描述测量结果接近真值程度的尺度，测量数据的平均值偏离真值较少，说明测量的准确度高。

3）精确度：是对测量的系统误差和随机误差的综合评定。它反映各次测量重复性好坏及测量结果与真值接近程度。测量的精确度高，是指测量数据比较集中在真值附近，即测量的系统误差和随机误差都比较小。

图2.1-1是以打靶时弹着点的弥散情况为例，示意“三度”的含义。图2.1-1*a*表示射击的精密度较高但准确度较低；图2.1-1*b*表示射击的准确度较高但精密度较低；图2.1-1*c*表示精密度和准确度均较高，即射击的精确度高。

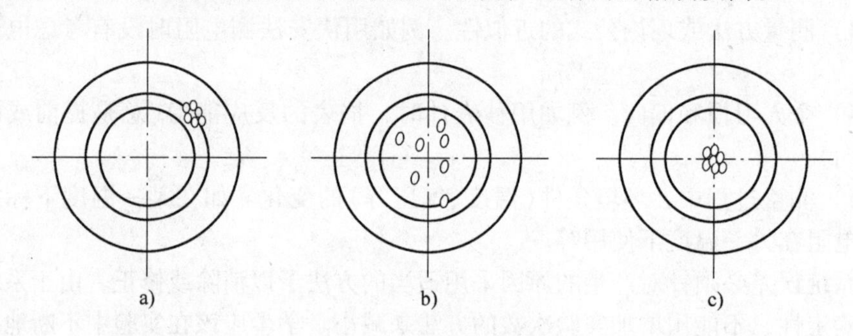

图2.1-1　射击弥散情况

2.2　随机误差的估算

讨论随机误差问题，是假定消除了系统误差或系统误差已减小到可以忽略不计的前提下进行的。前面已经提及过随机误差的特点是在任意一次测量之前都无法预知误差的大小和正负。它的存在使每次测量值偏大或偏小，是无规则的，但如大量增加测量次数，则能发现在一定的测量条件下，它服从一定的统计规律。

2.2.1　随机误差的统计规律

常见的一种是随机误差服从正态分布（高斯分布）规律，其分布曲线如图2.2-1所示。

该分布曲线的横坐标为误差Δ，纵坐标$f(\Delta)$为误差的概率密度分布函数。分布曲线的含义是：在误差附近，单位误差范围内误差出现的概率。即误差出现在$\Delta \sim \Delta + \mathrm{d}\Delta$区间内的概率为$f(\Delta)\mathrm{d}\Delta$。由图2.2-1可见，服从正态分布的随机误差具有以下特点。

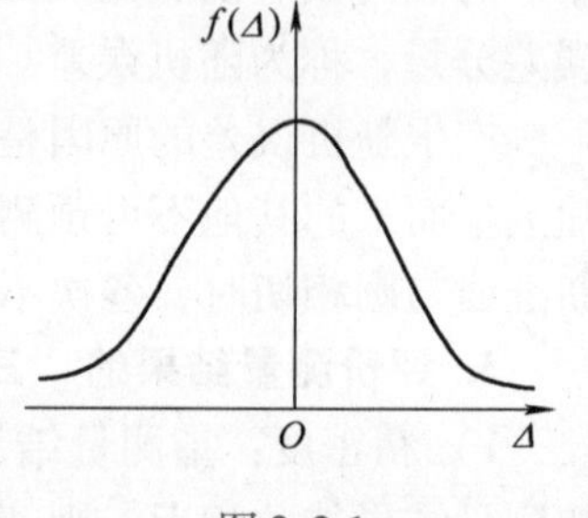

图2.2-1

1）单峰性：绝对值小的误差出现概率比绝对值

大的误差出现概率大。

2）对称性：绝对值相等，正、负号相反的误差出现的概率相等。

3）有界性：绝对值很大的误差出现的概率趋近于零，即误差的绝对值不超过一定的界限。

4）抵偿性：随机误差的算术平均值随着测量次数的增加越来越趋近于零，即

$$\overline{\Delta} = \lim_{n\to\infty}\frac{\sum_{i=1}^{n}\Delta_i}{n} = \lim_{n\to\infty}\frac{\sum_{i=1}^{n}(x_i - X)}{n} = 0 \tag{2.2-1}$$

由此可见，增加测量次数可以减小随机误差。但是，当测量次数有限时，随机误差是不能消除的，因此测量后必须进行误差估算。为定量估算，须进一步考查正态分布曲线。

实践和理论表明，大部分物理测量中，当测量次数 $n\to\infty$ 时，随机误差分布符合正态分布，而正态分布的误差概率密度分布函数 $f(\Delta)$ 可表示为

$$f(\Delta) = \frac{1}{\sqrt{2\pi}\sigma}e^{-\frac{\Delta^2}{2\sigma^2}} = \frac{1}{\sqrt{2\pi}\sigma}e^{\frac{-(x-X)^2}{2\sigma^2}} \tag{2.2-2}$$

在某次测量中，随机误差出现在 $a \sim b$ 内的概率应为

$$P = \int_a^b f(\Delta)\,d\Delta \tag{2.2-3}$$

给定的区间不同，P 也不同。给定的区间越大，误差超过此范围的可能性就越小。显然，在 $-\infty \sim +\infty$ 内，$P=1$，即

$$\int_{-\infty}^{+\infty} f(\Delta)\,d\Delta = 1 \tag{2.2-4}$$

由理论可进一步证明，$\Delta = \pm\sigma$ 是曲线的两个拐点的横坐标值。当 $\Delta\to 0$ 时，

$$f(0)\to\frac{1}{\sqrt{2\pi}\sigma}$$

由图 2.2-2 可见，σ 越小，必有 $f(0)$ 越大，分布曲线中部上升越高，两边下降越快，表示测量的离散性越小；与此相反，σ 越大，必有 $f(0)$ 越小，分布曲线中部下降较多，误差的分布范围就较宽，测量的离散性大。因此，σ 这个量在研究和计算随机误差时是一个很重要的特征量，σ 被称为标准误差。

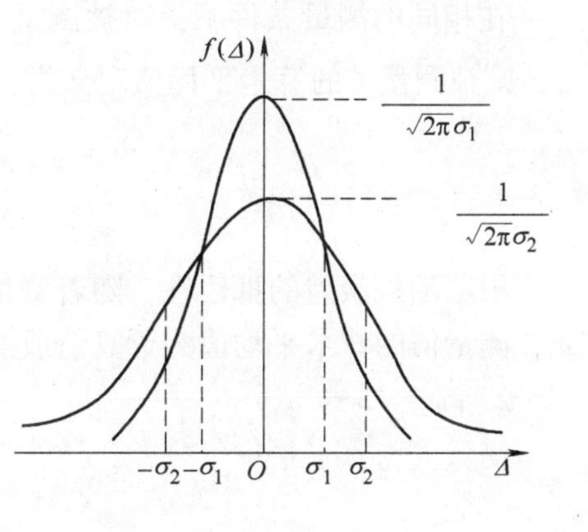

图 2.2-2

2.2.2 标准误差的统计意义

理论上标准误差由式(2.2-5)表示：

$$\sigma = \lim_{n\to\infty}\sqrt{\frac{\sum_{i=1}^{n}(x_i - X)^2}{n}} \tag{2.2-5}$$

某次测量的随机误差出现在 $-\sigma \sim \sigma$ 内的概率可以证明为

$$P = \int_{-\sigma}^{\sigma} f(\Delta)\,\mathrm{d}\Delta = 0.683$$

同理可求得某次测量随机误差出现在 $-2\sigma \sim 2\sigma$ 和 $-3\sigma \sim 3\sigma$ 内的概率分别为

$$P = \int_{-2\sigma}^{2\sigma} f(\Delta)\,\mathrm{d}\Delta = 0.955 \quad 及 \quad P = \int_{-3\sigma}^{3\sigma} f(\Delta)\,\mathrm{d}\Delta = 0.997$$

因此标准误差的统计意义可以表述为：对被测量 x 任做一次测量时，误差落在区间$(-\sigma,\sigma)$内的可能性为68.3%，误差落在$(-2\sigma,2\sigma)$区间内的可能性为95.5%，误差落在区间$(-3\sigma,3\sigma)$内的可能性为99.7%。目前，标准误差被广泛地应用在随机误差的估算中。

2.2.3 随机误差的估算

我们知道，任何实际的测量次数不可能达到无穷大，且被测量的真值也是不可能得到的，因此标准误差的计算只具有理论上的指导意义。在实际的物理实验中随机误差只能采用近似的估算方法，具体如下：

1. 被测量的算术平均值

在相同的测量条件下，对被测量 x 进行 n 次测量，测量值分别为 $x_1, x_2, \cdots, x_n$，则被测量 x 的算术平均值定义为

$$\bar{x} = \frac{\sum_{i=1}^{n} x_i}{n} \tag{2.2-6}$$

根据随机误差的抵偿性，随着测量次数的增大，算术平均值越接近真值。因此，测量值的算术平均值为近真值或测量结果的最佳值。

2. 偏差

测量值与算术平均值之差，称为偏差。上述某一次测量的偏差可表示为

$$x - \bar{x}$$

3. 测量列标准偏差

在有限次测量中，可用测量列标准偏差 σ_x 作为标准误差的估计值。测量列标准偏差 σ_x 的计算公式为

$$\sigma_x = \sqrt{\frac{\sum_{i=1}^{n}(x_i - \bar{x})^2}{n-1}} \tag{2.2-7}$$

标准偏差 σ_x 有时也简称为标准差，它具有与标准误差相同的概率含义，上式称为贝塞尔公式。它与某次测量随机偏差概率分布相联系。

4. 平均值标准偏差

被测量 x 的有限次测量的算术平均值 $\bar{x}$ 也是一个随机变量。即对 x 进行不同组的有限次测量，各组测量结果的算术平均值是不会相同的，彼此之间有所差异。因此，有限次测量的算术平均值也存在标准偏差。如用 $\sigma_{\bar{x}}$ 表示算术平均值的标准偏差，可以证明

$$\sigma_{\bar{x}} = \frac{\sigma_x}{\sqrt{n}} = \sqrt{\frac{\sum_{i=1}^{n}(x_i - \bar{x})^2}{n(n-1)}} \tag{2.2-8}$$

被测量的有限次测量的算术平均值及其标准偏差 $\sigma_{\bar{x}}$ 被求出后，意味着被测量 x 的真值落在 $(\bar{x} - \sigma_{\bar{x}}, \bar{x} + \sigma_{\bar{x}})$ 区间内的可能性为 68.3%，落在 $(\bar{x} - 2\sigma_{\bar{x}}, \bar{x} + 2\sigma_{\bar{x}})$ 区间内的可能性为 95.5%，落在 $(\bar{x} - 3\sigma_{\bar{x}}, \bar{x} + 3\sigma_{\bar{x}})$ 区间内的可能性为 99.7%。它反映了和一定置信概率相联系的误差分布范围，即误差限。该测量列平均值的标准差也称作该测量列的 A 类不确定度。

2.3　测量的不确定度

在过去很长的一段时间里，在报道测量结果时各国家各学科采用不同的标准，这影响了国际交流及成果的相互利用。为了与国际接轨，我国原国家技术监督局(现国家质量监督检验检疫总局)于 1999 年 1 月颁布了新的计量技术规范 *JJF* 1059—1999《测量的不确定度与表示》，代替了 *JJF* 1027—1991《测量误差及数据处理》中的误差部分，并于 1999 年 5 月 1 日起实行。因此物理实验课中已推行用不确定度来评价测量结果的质量，以适应形势发展的需要。

2.3.1　不确定度

用误差来表征测量结果的可信程度是利用了被测量和真值之间的偏差程度，但由于实际情况中真值是不知道的。为了更确切地表征实验测量数据，引入了不确定度作为实验测量结果接近真实情况的程度，它是被测量的真值在某个量值范围内的一个评定。在测量方法正确的情况下，不确定度越小，表示测量结果越可靠；反之，不确定度越大，测量的质量越低，其可靠性也越差。

不确定度必须正确评价，若评价得过大或过小，都会造成危害。

此外，不确定度概念的引入并不意味着排除使用误差的概念。实际上误差仍可用于定性地描述实验的结果。误差仍可按其性质分为随机误差和系统误差，仍可描述误差分布的数据特征，表征与一定置信概率相联系的误差分布范围等。不确定度则用于给出具体数值，或进行定量计算、分析的场合，表示由于测量误差的存在对被测量值不能确定的程度，反映了可能存在的误差分布范围，表征被测量的真值所处的量值范围的评定，所以不确定度能更准确地用于测量结果的表示。

2.3.2　标准不确定度

1992 年国际标准化组织(ISO)发布了具有指导意义的文件《测量不确定度表示指南》(以下简称《指南》)，为世界各国不确定度的统一奠定了基础。1993 年 ISO 和国际理论与应用物理联合会(IUPAP)等七个国际权威组织又联合发布了《指南》的修订版，从而使物理实验的不确定度评定有了国际公认的准则。该《指南》对实验的测量不确定度有严格而详尽的论述，但作为大学物理实验教学，这里只介绍标准不确定度，本书将其记为 U。

标准不确定度一般可分为以下三类:

1）A 类不确定度：在同一条件下多次测量，即由一系列观测结果的统计分析评定的测量不确定度，简称 A 类不确定度，常记为 U_A。

2）B 类不确定度：由非统计分析评定的不确定度，简称 B 类不确定度，常记为 U_B。它包括非统计法评定的测量不确定度 U_{B1} 和仪器的不确定度 U_{B2} 两部分。

3）合成不确定度：某测量值的 A 类与 B 类不确定度(或测量不确定度与仪器不确定度)按一定规则算出的测量结果的标准不确定度，简称合成不确定度。

2.3.3　A 类不确定度的评定

用贝塞尔法计算 A 类不确定度时，就是直接对多次测量的数值进行统计计算，求其平均值的标准偏差。因此在大学物理实验课的教学中，A 类不确定度的计算方法如下:

对被测量 x，在相同条件下，测量 n 次，并以其算术平均值 $\bar{x}$ 作为被测量的最佳值。它的 A 类标准不确定度为

$$U_A(x) = t_P\sigma_{\bar{x}} = t_P\sqrt{\frac{\sum_{i=1}^{n}(x_i-\bar{x})^2}{n(n-1)}}$$

即由式(2.2-8)乘以“t_P 因子”得出。“t_P 因子”与测量次数和“置信概率”有关(所谓“置信概率”是指真值落在 $\bar{x} \pm U_A(x)$ 范围内的概率)。t_P 因子的数值可以根据测量次数和置信概率查表得到。当测量次数较少或置信概率较高时，$t_P > 1$；

当测量次数 $n \geqslant 10$ 且置信概率为 68.3% 时，$t_P \approx 1$。表 2.3-1 给出了在置信概率 $P=0.683$ 时，不同的测量次数 n 对应的 t_P 因子。

表 2.3-1　测量次数少时，A 类不确定度的 t_P 因子值（$P=0.683$）

测量次数 n	2	3	4	5	6	7	8	9	10	20
$t_{0.683}$	1.84	1.32	1.20	1.14	1.11	1.09	1.08	1.07	1.06	1.03

2.3.4　B 类不确定度的评定

若对某物理量进行单次测量，那么 B 类不确定度由 B 类测量不确定度 $U_{B1}(x)$ 和仪器不确定度 $U_{B2}(x)$ 两部分组成。

1. B 类测量不确定度 $U_{B1}(x)$

它是由估读引起的，通常取仪器最小分度值 d 的 1/10 或 1/5，有时也取 1/2，视具体情况而定；特殊情况下，可取 $U_{B1}(x)=d$，甚至更大。例如：用分度值为 1mm 的米尺测量物理长度时，在较好地消除视差的情况下，测量不确定度可取仪器分度值的 1/10，即 $U_{B1}(x)=1/10\times 1\text{mm}=0.1\text{mm}$；但在示波器上读电压值时，如果荧光线条较宽且可能有微小抖动，则测量不确定度可取仪器分度值的 1/2，若分度值为 0.2V，那么测量不确定度 $U_{B1}(x)=1/2\times 0.2\text{V}=0.1\text{V}$。又如，用肉眼观察远处物理成像的方法粗测透镜的焦距，虽然所用钢尺的分度值只有 1mm，但此时测量不确定度 $U_{B1}(x)$ 可取数毫米甚至更大。

2. 仪器不确定度 $U_{B2}(x)$

它是由仪器本身的特性决定的，它的值为

$$U_{B2}(x)=\frac{\Delta_{仪}}{K} \tag{2.3-1}$$

式中，$\Delta_{仪}$ 是仪器说明书上标明的“最大允许误差”或“不确定度限值”；K 是一个与仪器不确定度的概率分布特性有关的常数，称为“置信因子”。仪器不确定度的概率分布通常有正态分布、均匀分布、三角形分布以及反正弦分布、两点分布等。对于正态分布、均匀分布、三角形分布，置信因子 K 分别取 3、$\sqrt{3}$ 和 $\sqrt{6}$，如果仪器说明书上只给出不确定度限值（即最大误差）却没有关于不确定度的信息，则一般可用均匀分布处理，即

$$U_{B2}(x)=\frac{\Delta_{仪}}{\sqrt{3}}$$

有些仪器说明书没有直接给出不确定度限值，但给出了仪器的准确度等级。此时不确定度限值 $\Delta_{仪}$ 需经计算才能得到。如电表等仪表常常给出准确度等级，按国家标准，其准确度等级通常分为 0.1，0.2，0.5，1.0，1.5，2.5，5.0 共 7

个等级，根据其准确度等级和测量时所选用的量程可按式(2.3-2)计算出$\Delta_{仪}$。

$$\Delta_{仪}=量程\times准确度等级\% \tag{2.3-2}$$

如量程为1mA，1.0级直流毫安表的$\Delta_{仪}=\pm(1\text{mA}\times1.0\%)=\pm0.01\text{mA}$。

2.3.5 合成不确定度及其不确定度的传递

由正态分布、均匀分布及三角形分布所求得的标准不确定度可以按以下规则进行合成与传递。

1. 合成

对待测量进行直接测量时，其不确定度总是由实际测量过程和仪器二者共同决定的，因此合成不确定度由测量不确定度和仪器不确定度平方和的平方根来表示，即

$$U(x)=\sqrt{U_{测}^2(x)+U_{仪}^2(x)}$$

式中，$U_{测}(x)$和$U_{仪}(x)$分别代表测量不确定度和仪器不确定度。

如前所述，一般情况下标准不确定度分类是根据不确定度是否由统计分析来评定作为划分依据的，据此将多次测量的测量不确定度(用统计分析来评定)称为A类不确定度，而将单次测量的测量不确定度(无法用统计分析来评定)和仪器不确定度(由仪器本身决定,也无法用统计分析来评定)统称为B类不确定度。与之对应地将合成不确定度的计算分为以下两种情况：

1）在相同测量条件下，对待测量x进行多次测量时，待测量x的标准不确定度$U(x)$由A类不确定度$U_A(x)$[测量不确定度]和B类仪器不确定度$U_{B2}(x)$合成而得，即

$$U(x)=\sqrt{U_A^2(x)+U_{B2}^2(x)} \tag{2.3-3}$$

式中，$U_{B2}(x)$的值由式(2.3-1)根据相应的概率分布进行估算。

2）对待测量x进行单次测量时，待测量x的标准不确定度$U(x)$由B类测量不确定度$U_{B1}(x)$和仪器不确定度$U_{B2}(x)$合成而得，即

$$U(x)=\sqrt{U_{B1}^2(x)+U_{B2}^2(x)} \tag{2.3-4}$$

对于单次测量，有时会因待测量不同，不确定度的计算也有所不同。例如：用温度计测量温度时，温度的不确定度合成公式为上式；而在长度测量中，长度是两处位置计数x_1和x_2之差，其不确定度合成公式为$U(x)=\sqrt{U_{B1}^2(x_1)+U_{B1}^2(x_2)+U_{B2}^2(x)}$。这是因为在计数时都有测量不确定度，因此在计算合成不确定度时都要计入。

【例2-1】 用外径千分尺测量小钢球的直径，5次测量值分别为：$D=$ 13.566mm，13.567mm，13.566mm，13.566mm，13.566mm。外径千分尺的最小分度数值为0.01mm，试写出测量结果的标准式。

解：（1）求直径的算术平均值：

$$\overline{D}=\frac{1}{n}\sum_{i}^{5}D_i=\frac{1}{5}\times(13.566+13.567+13.566+13.566+13.566)\text{mm}$$
$$=13.566\text{mm}$$

（2）计算B类不确定度。在此取最小分度的1/2作为仪器的最大允差，则外径千分尺的仪器误差为

$$\Delta_{仪}=0.005\text{mm},\ U_{B2}(D)=\frac{\Delta_{仪}}{\sqrt{3}}=0.003\text{mm}$$

（3）计算A类不确定度：$t_P=1.14$（由表2.3-1查得），

$$U_A(D)=t_P\sigma_{\overline{D}}=t_P\sqrt{\frac{\sum\limits_{i=1}^{5}(D_i-\overline{D})^2}{n(n-1)}}$$
$$=1.14\sqrt{\frac{(13.566-13.566)^2+(13.566-13.567)^2+\cdots}{5\times(5-1)}}\text{mm}$$
$$=0.0002\text{mm}$$

（4）合成不确定度为

$$U(D)=\sqrt{U_A^2(D)+U_{B2}^2(D)}=\sqrt{0.0002^2+0.003^2}\text{mm}$$

式中，由于$\frac{1}{3}\times0.003>0.0002$，因此可略去$U_A(D)$，于是

$$U(D)=0.003\text{mm}$$

（5）测量结果为：$D=\overline{D}\pm U(D)=(13.566\pm0.003)\text{mm}$，置信概率$P=0.683$。

在计算合成不确定度中求"各方根"时，若某一平方值小于另一平方值的1/9，则这一项就可以忽略不计。此结论称为微小误差准则。利用此准则可减少许多不必要的计算。不确定度的计算结果一般应保留一位有效数字，多余的位数按有效数字的约定原则进行取舍。

2. 传递

在间接测量时，待测量（即复合量）是由直接测量量通过函数计算而得到的。间接测量结果的不确定度就是函数的不确定度。如果$y=f(x_1,x_2,x_3,\cdots,x_n)$，且各量相互独立，则测量结果的标准不确定度的传递公式可以简单地由数学工具推得。

（1）不确定度传递的数学依据

设有函数关系$y=f(x_1,x_2,x_3,\cdots,x_n)$，$x_1,x_2,x_3,\cdots$相互独立，对上式两边求微分，由多元函数微分法则可得

$$\text{d}y=\frac{\partial f}{\partial x_1}\text{d}x_1+\frac{\partial f}{\partial x_2}\text{d}x_2+\cdots+\frac{\partial f}{\partial x_n}\text{d}x_n$$

式中，$dy, dx_1, dx_2, \cdots, dx_n$ 分别为物理量 y，$x_1, x_2, \cdots, x_n$ 的微分，当对函数两边求对数后，再对两边求微分得

$$\frac{dy}{y} = \frac{\partial \ln f}{\partial x_1}dx_1 + \frac{\partial \ln f}{\partial x_2}dx_2 + \cdots + \frac{\partial \ln f}{\partial x_n}dx_n$$

（2）不确定度传递的基本公式

因为微分量均为小量，当把它们看成直接测量结果的不确定度时，则可以用方和根法得到不确定度的基本传递公式

$$U(y) = \sqrt{\left(\frac{\partial f}{\partial x_1}\right)^2 U_1^2(x_1) + \left(\frac{\partial f}{\partial x_2}\right)^2 U_2^2(x_2) + \cdots + \left(\frac{\partial f}{\partial x_n}\right)^2 U_n^2(x_n)} \quad (2.3\text{-}5)$$

和

$$U_r(y) = \frac{U(y)}{y} = \sqrt{\left(\frac{\partial \ln f}{\partial x_1}\right)^2 U_1^2(x_1) + \left(\frac{\partial \ln f}{\partial x_2}\right)^2 U_2^2(x_2) + \cdots + \left(\frac{\partial \ln f}{\partial x_n}\right)^2 U_n^2(x_n)} \quad (2.3\text{-}6)$$

$U(y)$ 与 $U_r(y)$ 分别为合成标准不确定度与合成相对不确定度。对于加减运算的函数关系，用式(2.3-5)比较方便，对于乘、除运算的函数关系，可先用式(2.3-6)求出 $U_r(y)$，再求 $U(y)$ 更为方便。表2.3-2中列出了一些常用函数的传递公式。

表2.3-2　常用函数关系的不确定度传递公式

函数表达式	不确定度传递公式
$y = x_1 + x_2$	$U(y) = \sqrt{U_{x_1}^2 + U_{x_2}^2}$
$y = x_1 \cdot x_2$	$\frac{U(y)}{y} = \sqrt{\left(\frac{U_{x_1}}{\bar{x}_1}\right)^2 + \left(\frac{U_{x_2}}{\bar{x}_2}\right)^2}$
$y = x_1 / x_2$	$\frac{U(y)}{y} = \sqrt{\left(\frac{U_{x_1}}{\bar{x}_1}\right)^2 + \left(\frac{U_{x_2}}{\bar{x}_2}\right)^2}$
$y = \frac{x_1^k \cdot x_2^n}{x_3^m}$	$\frac{U(y)}{y} = \sqrt{k^2\left(\frac{U_{x_1}}{\bar{x}_1}\right)^2 + n^2\left(\frac{U_{x_2}}{\bar{x}_2}\right)^2 + m^2\left(\frac{U_{x_3}}{\bar{x}_3}\right)^2}$
$y = kx$	$U(y) = kU_x$，$\frac{U(y)}{y} = \frac{U_x}{\bar{x}}$
$y = \sqrt[n]{x}$	$\frac{U(y)}{y} = \frac{1}{n}\frac{U_x}{\bar{x}}$
$y = \sin x$	$U(y) = \lvert \cos\bar{x} \rvert U_x$
$y = \ln x$	$U(y) = \frac{U_x}{\bar{x}}$

【例 2-2】 用单摆测重力加速度 g，其计算公式为

$$g=\frac{4\pi^2n^2L}{t^2}$$

式中，L 为摆长；n 为每次测量摆动的周期数；t 为 n 次摆动所用时间。实验中共测 4 次，每次摆动 50 个周期，用精度为 0.1s 的秒表测量，每次所用的时间为 t，记录数据如下表所示：

第 i 次	1	2	3	4
t_i/s	99.33	99.35	99.27	99.25

用钢卷尺测得摆线长 $L=0.9740$m，只测一次（设钢卷尺的最大允差为 0.8mm），由游标卡尺测得小球直径 $d=1.254$cm，也只测一次。摆幅小于3°，取置信概率 $P=0.683$。请报道测量结果。

解： 直接测量的物理量为摆长 L 和每次摆动的时间 t，L 为一次测量，由摆线长 l 和小球半径 r 组成；在这里按从简的约定，我们对时间 t 只求其 A 类不确定度。

（1）求 L 的不确定度

L 的不确定度只有 B 类，它由测摆线线长引入的不确定度和测量小球直径引入的不确定度组成。但由于测量小球直径用的是游标卡尺，其允差比测摆线长用钢卷尺的允差要小一个数量级，故可忽略不计，因此只需考虑摆线线长引入的不确定度，钢卷尺的产品质量分布服从均匀分布，因此有：仪器不确定度 $U_{B2}(L)=\frac{\Delta_{仪}}{\sqrt{3}}=\frac{0.8\text{mm}}{\sqrt{3}}=0.46$mm，最小刻度为 1mm 的钢尺单次测量长度实际上是摆线首端和末端两次计数之差，因而每次计数都有对应的 B 类测量不确定度 $U_{B1}(L_1)$ 和 $U_{B1}(L_2)$，且 $U_{B1}(L_1)=U_{B1}(L_2)=0.1$mm，故

$$U(L)=\sqrt{U_{B1}^2(L_1)+U_{B1}^2(L_2)+U_{B2}^2(L)}=0.48\text{mm}$$

（2）求时间 t 的不确定度，$t_P=1.20$（由表 2.3-1 查得），

$$\bar{t}=\frac{1}{4}\sum_{i=1}^{4}t_i=99.30\text{s}$$

$$U_A(t)=t_P\sigma_{\bar{t}}=1.20\sqrt{\frac{\sum_{i=1}^{5}(t_i-\bar{t})^2}{4(4-1)}}=0.029\text{s}$$

$$U(t)=U_A(t)=0.029\text{s}$$

最后合成不确定度只保留一位有效数字，而中间所求出的各分量的不确定度应该多保留一位。

（3）求加速度 g 的不确定度

因为函数为乘除关系，因此求合成相对不确定度较为方便，测得摆长为

$$L = l + r = l + d/2 = 974.0\text{mm} + 12.54\text{mm}/2 = 980.27\text{mm}$$

依照有效数字运算法则，$L = 980.3\text{mm}$。由表2.3-1知

$$U_r = \frac{U(g)}{g} = \sqrt{\left(\frac{U(L)}{L}\right)^2 + 2^2\left(\frac{U(t)}{\bar{t}}\right)^2}$$

$$= \sqrt{\left(\frac{0.48}{980.3}\right)^2 + 4\left(\frac{0.029}{99.30}\right)^2} = 0.076\%$$

$$\bar{g} = \frac{4\pi^2 n^2 L}{\bar{t}^2} = \frac{4 \times 3.142^2 \times 50^2 \times 0.9803}{99.30^2}\text{m}\cdot\text{s}^{-2} = 9.810\text{m}\cdot\text{s}^{-2}$$

则

$$U(g) = U_r \cdot \bar{g} = 0.00076 \times 9.810 = 0.0075\text{m}\cdot\text{s}^{-2} \approx 0.008\text{m}\cdot\text{s}^{-2}$$

（4）报道测量结果 $g = (9.810 \pm 0.008)\text{m}\cdot\text{s}^{-2}$

$U_r = 0.076\%$

$P = 0.683$

2.4 实验数据处理方法

数据处理是从测量所得数据得出实验结果的加工过程，包括记录、整理、计算、作图、分析、拟合等方面的处理方法。下面对4种常用的方法——列表法、作图法、最小二乘法(限于直线拟合)和逐差法做一简单介绍。在实际情况中它们往往互相补充，同时并用。

2.4.1 列表法

列表法是用表格的形式来分析、处理数据的方法，也是记录数据的基本方法。在记录和处理数据时，将数据排列成表格形式，既有条不紊，又简明醒目，可以简单而明确地表示出有关物理量之间的对应关系，便于随时检查和发现实验中的问题，并有助于找出各物理量之间的规律性联系。列表记录、处理数据是一种良好的科学工作习惯。一般情况下学生应在预习准备阶段就应为待测数据事先准备好记录用的表格。

设计记录表格有以下几个方面的要求：

1）注明表的名称，列表要简单明了，便于一目了然地看出各量之间的关系，便于记录、处理和检查。

2）列表要标明各符号所代表的意义、单位及量值的数量级。单位要写在符号标题栏，不要重复记在各个数值上。

3）列表的形式不限，可视具体情况决定列出的项目。除原始测量数据外，一些重要的中间结果和最后结果也可以列入表中。切记所有数据都要正确反映测

量结果的有效数字。

4）若是函数关系的测量数据，则应按自变量由小到大或由大到小的顺序排列。

表 2. 4-1 是测量电阻与温度关系的表格。

表 2. 4-1　铜丝电阻与温度的关系

室温：16. 0℃　时间：2004-12-3

T/℃		20. 0	30. 0	40. 0	50. 0	60. 0	70. 0	80. 0	90. 0
	升温	1. 282	1. 323	1. 370	1. 425	1. 474	1. 515	1. 570	1. 626
R/Ω	降温	2. 274	1. 314	1. 362	1. 415	1. 468	1. 509	1. 562	1. 620
	平均	1. 278	1. 318	1. 366	1. 420	1. 471	1. 512	1. 566	1. 623

2. 4. 2　作图法

把实验测得的一系列有对应关系的数据，在坐标纸上或计算机中标出点来，并用光滑的曲线连接起来，这种方法叫作作图法。作图法能直观地显示物理量之间的对应关系，揭示物理量之间的联系。

其作用有两个：一是直观而形象地对实验进行描述，即从图上便可看出测的是什么物理量、所用仪器的精度、不确定度的大小、期望值以及变量间的函数关系类型等；二是利用所做的关系曲线进行有关的计算。作图法是用得比较多的实验数据处理方法，应在课程中重点加以训练。

1. 作图法的基本原则

（1）图纸的选择

包括种类和大小。坐标纸通常有直角坐标纸、极坐标纸、对数坐标纸和半对数坐标纸几种。直角坐标纸即毫米方格纸最常用。坐标纸的大小要合适，以保持原始数据的有效数字（不夸大也不缩小）为原则。坐标原点不必是零点，可选低于最小数据的某一整数为起点，用高于最高测得值的某一整数为终点，使图线充满图纸以免浪费。

（2）坐标轴的分度

横坐标代表自变量，纵坐标代表因变量，坐标末端标明代表的量并注明单位。在每根坐标轴上每隔一定距离用整齐的数字来标度。分度的原则是：

1）将坐标轴等分成若干段（一般以 10 个、20 个、50 个、…小格为一段），截点应位于粗格线交点上，每一小段代表相同的物理量值。

2）在每个截点处标明该点坐标表示的物理量的量值（当用科学计数法时，此处只标可靠有效数字，数量级标在矢量端点处，并带有乘号，如 $\times 10^{-4}$，$\times 10^{6}$，…），相邻截点间隔最好是 2，5，10，25，50，100，…，尽量避免用 3，7，9 等，以便换算和描点。

3）两轴可取不同比例，以使直线图形表观斜率接近1（同时要保证尽可能地利用坐标纸空间）。

（3）描点

用“+”记号标出各数据点在坐标纸上的位置（当同一图上有多条图线时，为了区别不同关系曲线或不同条件下测得的曲线，可分别采用“○”，“×”，“□”，“◇”等符号）。要使数据对应的坐标准确地落在符号的中心，符号的大小（如“+”横竖线段长度）应能大致反映出测量值的不确定度。例如：用米尺测量长度的数据，取其B类不确定度为±0.5mm，则符号“+”画线的长度应为1mm左右。只用铅笔在图中点一个很小的黑点的做法是错误的。

（4）连线

用透明的直尺、三角板或曲线板连线。图线是直线时用直尺、三角板，图线是曲线时用曲线板。连线应尽量使图线紧贴所有实验点（但应舍弃个别严重偏离图线的点即偏差大于$3\sigma_x$的数据点），并使实验点均匀分布于图线两侧。曲线不必通过数据点，尤其不要通过两端的任一点。曲线斜率不应有突变。当变量之间没有因果关系时，图线可以是用直线逐点连接起来的折线，如电表校准曲线或生产进度记录等。

（5）图名和图注

在图纸的上部或底部写上图线名称，纵轴量在前，横轴量在后，中间用“-”连接，“伏安曲线”例外。在适当的空处工整地标注必要的实验条件和说明，如注明所用不同的描点符号各代表的意义。必要时在图中适当的地方写上作者的姓名和作图日期。

2. 作图法的应用

利用所做的图线定量地求得待测物理量或得出经验方程是作图法的一个重要的用途，并称之为图解法。

非线性关系图线为曲线，此时可以通过变量代换的方法转化为新变量间的线性关系，使新变量间的关系曲线为直线，称之为曲线改直或曲线直化。如单摆周期$T=2\pi\sqrt{l/g}$，T-l图线是抛物线，但改取$y=T^2$，则T^2-l图线是直线，求直线斜率K后可由$g=4\pi^2/K$，算出重力加速度。

以下用伏安法测线性电阻的例子来说明作图法的典型应用。

表2.4-2给出一组实测的实验数据，按作图法的原则作曲线如图2.4-1所示。

表2.4-2　用伏安法测电阻数据表

测量次号	1	2	3	4	5	6
U/V	1.200	1.600	2.000	2.400	2.800	3.200
I/A	0.503	0.692	0.870	1.006	1.191	1.382

根据伏安特性曲线的定义，在直角坐标纸上作横坐标轴表示电压 U，纵坐标轴表示电流 I。标度选取为横轴每厘米代表 0.25V，纵坐标每厘米代表 0.20A。按表中数据描出 6 个实验点，并以“ + ”表示。由实验点的分布知，此电阻的伏安特性曲线是一条直线，用透明三角尺做出此直线，使实验点尽可能贴近直线，对等地分布于直线两侧。

从图中选择直线与坐标格点相交、在此直线上取相距较远的两点 A、B，切记 A、B 两点一定不要取原始数据点，必须是在直线上取新的坐标点。取 A、B 的坐标分别为 $A(1.379,0.587)$，$B(3.021,1.294)$，用两点法求出直线斜率为

$$k=\frac{(1.294-0.587)\mathrm{A}}{(3.021-1.379)\mathrm{V}}=\frac{0.707\mathrm{A}}{1.642\mathrm{V}}$$

则

$$R=\frac{1}{k}=\frac{1.642\mathrm{V}}{0.707\mathrm{A}}=2.32\Omega$$

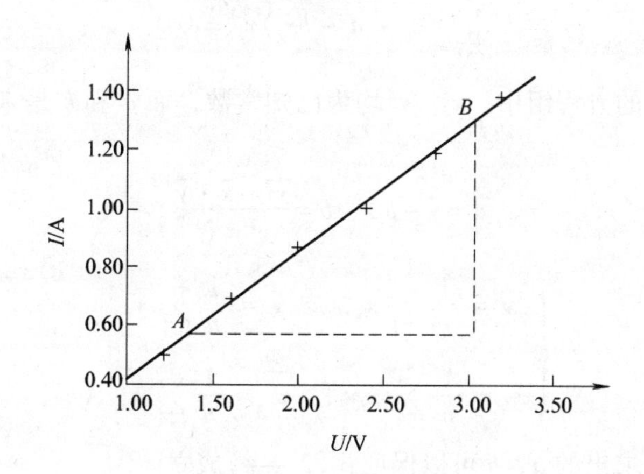

图 2.4-1　电阻伏安特性曲线

2.4.3　一元线性回归——最小二乘法原理

用图解法处理数据时，在图纸上用人工的方法拟合 y-x 的关系图线，有一定的主观随意性，不同的人可以得到不同的结果。因此，人们期望找到一种方法，以便由实验数据得到一条最佳的拟合曲线。其中常用的方法就是最小二乘法。最小二乘法原理是：“最佳的拟合曲线应是曲线与各测得值之差的平方和为最小”。

由一组实验数据寻找函数关系 $y=y(x)$ 的过程称为回归分析，相应的将 $y=y(x)$ 称为回归方程。

假设两变量 x，y 之间满足线性关系

$$y=a+bx \tag{2.4-1}$$

并设自变量 x 在测量中误差极小，可以忽略，只考虑函数 y 的误差。对于一组测量值 $(x_i,y_i)(i=1,2,3,\cdots,n)$，可以定义一个函数

$$F = \sum_{i=1}^{n} \Delta_i^2 = \sum_{i=1}^{n} (y_i - y)^2 = \sum_{i=1}^{n} (y_i - a - bx_i)^2 \tag{2.4-2}$$

对于最佳的拟合直线(正确的待定系数 a 和 b)，F 应取最小值。按照函数取极小值的条件，应有

$$\frac{\partial F}{\partial a}=0,\ \frac{\partial F}{\partial b}=0 \tag{2.4-3}$$

$$\frac{\partial^2 F}{\partial a^2}>0,\ \frac{\partial^2 F}{\partial b^2}>0 \tag{2.4-4}$$

由式(2.4-3)得到一个关于 a 和 b 的二元一次方程组

$$\begin{aligned} &\sum_{i=1}^{n} (y_i - a - bx_i) = 0 \\ &\sum_{i=1}^{n} (y_i - a - bx_i)x_i = 0 \end{aligned} \tag{2.4-5}$$

应该注意，现在的方程组中，x_i，y_i 均为已知常数，而 a 和 b 是未知数。解此方程组得

$$a=\overline{y}-b\,\overline{x},\ b=\frac{\overline{xy}-\overline{x}\cdot\overline{y}}{\overline{x^2}-\overline{x}^2} \tag{2.4-6}$$

式中

$$\begin{cases} \overline{x} = \dfrac{1}{n}\sum\limits_{i=1}^{n} x_i, & \overline{y} = \dfrac{1}{n}\sum\limits_{i=1}^{n} y_i \\ \overline{xy} = \dfrac{1}{n}\sum\limits_{i=1}^{n} x_i y_i, & \overline{x^2} = \dfrac{1}{n}\sum\limits_{i=1}^{n} x_i^2 \end{cases} \tag{2.4-7}$$

可以证明，求出的 a，b 可以保证式(2.4-4)成立。

【例2-3】 利用最小二乘法处理伏安法测线性电阻的实验数据，原始数据记录如表2.4-2所示。

解：在伏安法中，选用的自变量为电压 U，电流 I 为函数。所以对应于最小二乘法的函数关系应为 $I=bU$。

由表2.4-2中的数据求出

$$\overline{U}=2.200\text{V},\ \overline{I}=0.9407\text{A},\ \overline{U^2}=5.307\text{V}^2$$

$$\overline{IU}=2.270\text{V}\cdot\text{A},\ \overline{U}^2=4.840\text{V}^2,\ \overline{I}\cdot\overline{U}=2.070\text{V}\cdot\text{A}$$

代入式(2.4-6)的第二式中，求得

$$b=\frac{(2.270-2.070)\text{V}\cdot\text{A}}{(5.307-4.840)\text{V}^2}=0.428\text{A}\cdot\text{V}^{-1}$$

电阻 $$R=\frac{1}{b}=2.34\Omega$$

需要说明的是：用伏安法测电阻，因电流表和电压表均有内阻，因此测量结

果带有系统误差，必要时应对结果进行修正，但修正时还需要知道电流表和电压表的内阻，具体做法将在相应的实验中详细介绍。

2.4.4　逐差法

逐差法也是物理实验中常用的一种数据处理方法，此法尤其适用于处理变量间存在多项式函数关系且自变量等间距变化的实验中。

逐差法就是把实验数据进行逐项相减，或者分成高、低两组进行对应相减。逐项相减可以验证物理量间的函数关系(线性或非线性)，分两组进行对应相减可以充分利用数据，同时还有对数据取平均值和减小相对误差的作用。此外逐差法还可以绕过一些具有定值的未知量，而求出所需要的实验结果。

例如：用拉伸法测定弹簧劲度系数 k，实验数据如表 2.4-3 所示。

表 2.4-3　拉伸法测弹簧劲度系数实验数据

序号 i	负荷 $F_i/\times 10^{-3}$N	伸长量 $x_i/\times 10^{-2}$m	$\Delta x_{1,i}=x_{i+1}-x_i/10^{-2}$m	$\Delta x_{5,i}=x_{i+5}-x_i/10^{-2}$m
1	0	0	3.95	20.05
2	2×9.8	3.95	4.05	20.10
3	4×9.8	8.00	4.05	20.00
4	6×9.8	12.05	4.05	20.05
5	8×9.8	16.10	3.95	20.05
6	10×9.8	20.05	4.00	
7	12×9.8	24.05	3.95	
8	14×9.8	28.00	4.10	
9	16×9.8	32.10	4.05	
10	18×9.8	36.15		

由表 2.4-3 中逐项相减所得的 $\Delta x_{1,i}$ 值可以看出它们基本相等，因此可以说明伸长量 x 与负荷 F 之间存在线性关系 $F=kx$。

但是，如果要求得弹簧负荷每增加($2\times 9.8\times 10^{-3}$N)时的平均伸长量的话，可以有两种不同的方法，若用所得到的 9 个逐差的值取平均，则

$$\overline{\Delta x}=\frac{\sum_{i=1}^{9}\Delta x_i}{9}=\frac{(x_2-x_1)+(x_3-x_2)+(x_4-x_3)+\cdots+(x_{10}-x_9)}{9}$$

$$=\frac{x_{10}-x_1}{9}$$

这样，中间值全部无用，相当与只用负荷 $18\times 9.8\times 10^{-3}$N 的单次测量，很明显是不好的。若改用多项间隔相减，将上述数据分成高组(x_6,x_7,x_8,x_9,x_{10})和低组

$(x_1, x_2, x_3, x_4, x_5)$，然后对应项相减求平均得

$$\overline{\Delta x} = \frac{\sum_{i=1}^{5} \Delta x_i}{5} = \frac{(x_{10} - x_5) + (x_9 - x_4) + (x_8 - x_3) + (x_7 - x_2) + (x_6 - x_1)}{5}$$

$$= 20.05 \times 10^{-2}\text{m}$$

这样，全部数据都用上了，相当于测量了 5 次，每次负荷为 $10 \times 9.8 \times 10^{-3}$N。这样处理可以充分利用数据，保持了多次测量的优点，减小了测量误差。

由此可求得弹簧的劲度系数 k，即

$$k = \frac{F}{\overline{\Delta x}} = \frac{10 \times 9.8 \times 10^{-3}\text{N}}{20.05 \times 10^{-2}\text{m}} = 0.4888\text{N} \cdot \text{m}^{-1}$$

当忽略加载的误差后，k 的不确定度唯一地由 $\overline{\Delta x}$ 的不确定度决定，则有

$$U_{\text{A}}(\Delta x) = \sqrt{\frac{\sum_{i=1}^{5} (\Delta x_i - \overline{\Delta x})^2}{5(5-1)}}$$

$$= \left(\sqrt{\frac{(20.05 - 20.05)^2 + (20.10 - 20.05)^2 + (20.00 - 20.05)^2}{20}} + \sqrt{\frac{(20.05 - 20.05)^2 + (20.05 - 20.05)^2}{20}} \right) \times 10^{-2}\text{m}$$

$$= 1.6\% \times 10^{-2}\text{m}$$

当不做 t_P 因子修正，也不计 B 类不确定度时，$U(\Delta x) = U_{\text{A}}(\Delta x)$，

$$\frac{U_k}{k} = \sqrt{\left(\frac{U(\Delta x)}{\overline{\Delta x}}\right)^2} = \frac{U(\Delta x)}{\overline{\Delta x}} = \frac{1.6\% \times 10^{-2}}{20.05 \times 10^{-2}} = 0.08\%$$

$$U_k = k \times 0.008\% = 0.4888 \times 0.080\% \text{N} \cdot \text{m}^{-1} = 0.004\text{N} \cdot \text{m}^{-1}$$

结果为

$$k = (0.4888 \pm 0.0004)\text{N} \cdot \text{m}^{-1}$$

$$U_{\text{r}} = 0.08\%$$

$$P = 0.683$$

2.5　习题

1. 将下列各数值取三位有效数字。

1.0851，0.68349，27.05，7.895×10^{-6}，25700.0，0.0063450。

2. 进行单位换算。

520mm = ________________ m = ________________ μm。

(12.9 ± 0.1)s = ________________ min。

3. 指出下列情况中产生的误差属于随机误差还是系统误差。

(1) 仪表的零点未校准　(2) 电表的接入误差　(3) 视差

(4) 电源电压不稳定引起的测量值起伏　(5) 照相底片收缩

4. 按有效数字运算规则，计算下列式子。

$$\frac{3.580\pi}{0.3047-0.126}=\_\_\_\_\_\_\_\_,\quad \frac{(603.21)(0.312)}{(4.011)\sqrt{2}}=\_\_\_\_\_\_\_\_。$$

5. 单次测量练习题。

(1) 用直尺测棒的长度，如图 2.5-1a 所示。

读数应为________，$\Delta_{仪}$ = ________，不确定度为 $U(L)$ = ________，

棒的测量结果________________。

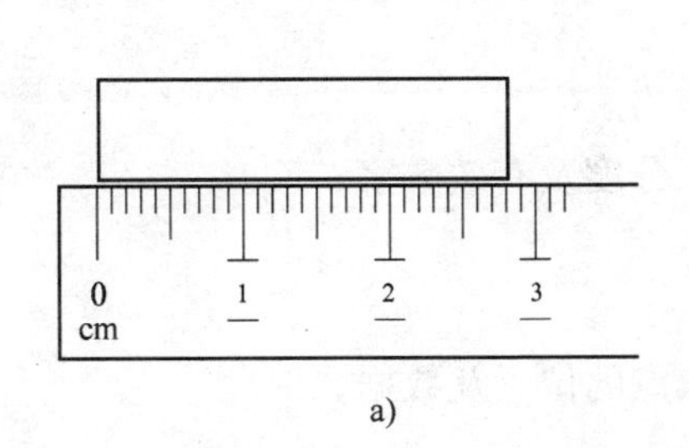

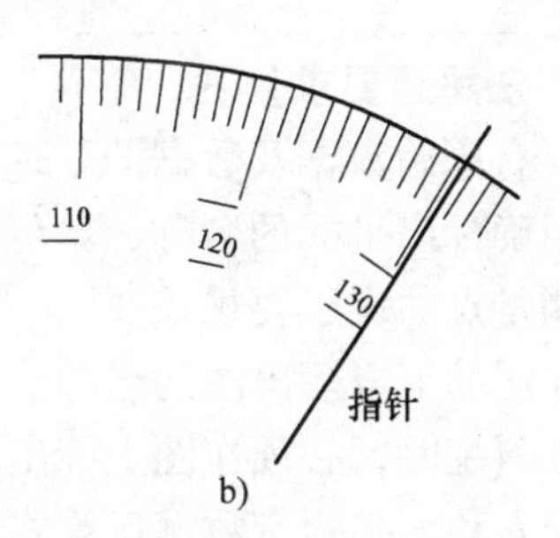

图　2.5-1

(2) 电压表表面共有 150 个分度，用 3V 档量程测电压时指针位置如图 2.5-1b 所示，读数应为________，电压表的级别为 0.5 级，则 $\Delta_{仪}$ = ________。该次测量的不确定度为 $U(V)$ = ________，测量结果为________。

6. 多次测量练习题。

用外径千分尺测钢丝直径 6 次，结果如下：

次数	1	2	3	4	5	6
直径 d/mm	0.602	0.600	0.601	0.604	0.601	0.606

则　(1) 算术平均值 $\bar{d}$ = ________________。

(2) 算术平均值的标准偏差 $\sigma_{\bar{d}}$ = ________________。

(3) 该组测量的不确定度 A 分量 $U_A(d)$ = ________________。

(4) 若 $\Delta_{仪}$ = 0.004mm，则不确定度的 B 分量 $U_B(d)$ = ________________。

(5) 测量结果的不确定度 $U(d)$ = ________________。

(6) 结果表达为 d = ________________。

7. 单摆运动的周期 T 与摆长 l 的关系为 $T^2=\frac{4\pi^2}{g}l$，由实验测得数据如下表所

示。试分别用作图法和最小二乘法两种方法确定函数关系 $T^2 = bl$ 中 b 的值，并由此求出重力加速度 g。

摆长 l/cm	周期 T/s	周期 T^2/s^2
80.0	1.791	
90.0	1.899	
100.0	2.012	
110.0	2.105	
120.0	2.187	
130.0	2.280	

b = ________；g = ________。

【作图法解题要求】

① 要有原始数据及数据的处理表格。

② 正确标出坐标的名称、单位、分度及有效数字。

③ 测量点的表示要规范。

④ 在图的下方写出图的名称。

⑤ 求斜率时，必须在图上标出取点的位置及数据。

⑥ 求 b 和 g 必须有数据运算式子。

8. 写出函数 $\gamma = \dfrac{1}{2L}\sqrt{\dfrac{mgL_0}{m_0}}$ 的标准不确定度传递公式，其中 g 为常数。

参 考 文 献

[1]　赵维义．大学物理实验教程[M]．北京：清华大学出版社，2007.

[2]　钟鼎．大学物理实验[M]．天津：天津大学出版社，2006.

[3]　王维，李志杰．大学物理实验[M]．北京：科学出版社，2008.

[4]　卢佃清，李新华．大学物理实验[M]．南京：南京大学出版社，2008.

第3章 基础性实验

实验3.1 长度的测量

【简介】

长度的测量是最基本的物理测量之一。许多其他物理量的测量(例如温度计,各种指针式电表等)最终都是转化为长度而读数的。

物理实验中常用的长度测量仪器有米尺、游标尺、外径千分尺(旧称螺旋测微计)、读数显微镜等。通常用量程和分度值来表示这些仪器的规格。量程指测量范围，分度值指尺上最小一格的长度。这些仪器的规格不同，应根据测量的对象和条件选用。例如米尺上分度值为1mm，1mm以下的读数要凭经验估读。为了更准确地测量长度，就要用到游标卡尺、外径千分尺等量具。

本实验中，主要介绍游标卡尺、外径千分尺、读数显微镜这三种仪器。一方面，应学会各种仪器的使用方法，并熟记一些重要的零散注意事项。另一方面，在读数时，各仪器的读数方法虽然有一定差异，但都可以归结为多级读数法，学习中应在理解多级读数法基本原则的基础上，对照各种不同仪器，熟练掌握多级读数法的各种应用方式。不但要学会实验中所用几种仪器的读数方法，而且要能举一反三，应用多级读数法对其他各类仪器进行读数。

要正确读数，还应注意读数的有效数字等细节问题。记录数据后，还要学会处理数据，并正确地表示测量结果。本实验中，内容1为单次测量及结果表示；内容2为多次测量求平均值及不确定度；内容3为多次的间接测量，不但要求平均值，而且要计算不确定度的传递。

【实验目的】

1. 学习游标卡尺、外径千分尺及读数显微镜的原理和使用方法。

2. 学习使用多级读数法，并了解其他各种仪器的读数方法。

3. 学习正确读数、记录数据和表示测量结果的方法。

【实验仪器】

50分游标卡尺、外径千分尺、15J型读数显微镜、待测工件。

【预习提示】

1. 50分游标卡尺测物体长度时如何读数？游标上的标度作用是什么？如何直接读数？

2. 外径千分尺为何要读零点读数？如何读？放进物体后如何读数？测力装置有何作用？

3. 读数显微镜调整要求有哪些？如何调整？测量漏孔的直径时，开始时准线应该放在什么位置上？为什么？

【实验原理】

游 标 卡 尺

游标卡尺如图3.1-1所示，主要由两部分构成：与量爪AA′相连的尺身(旧称主尺)D；与量爪BB′及深度尺C相连的游标E。游标可紧贴尺身滑动。外量爪A、B用来测量厚度和外径；内量爪A′、B′用来测量内径；深度尺C用来测量槽的深度。它们的读数值都等于游标的零线与尺身的零线之间的距离。F为止动螺钉。使用时，左手拿待测物体，右手握尺，用大拇指按游标上凸起部位推或拉，轻轻将物体卡住即可读数。为防止游标滑动，读数时可拧紧止动螺钉。

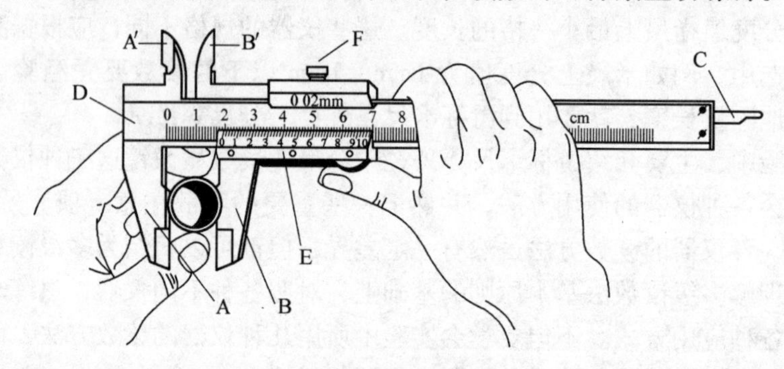

图3.1-1 游标卡尺结构图

注意：切忌将卡住的物体在卡口内挪动。

1. 游标卡尺的基本读数原理

游标卡尺在构造上的主要特点是：游标上的全部n个分度的长度等于尺身上$(n-1)$分度的长度，即：$nb=(n-1)a$；而尺身分度a与游标上分度b的差：$\Delta=a-b=\dfrac{a}{n}$等于游标的精度。

对于本实验中使用的游标卡尺，尺身的一个分度的长度为$a=1$mm，游标的分度数$n=50$(故此游标卡尺也称为50分游标卡尺)。按上述公式，游标上全部50个分度的总长为尺身上49个分度的长度49mm，游标上每个分度实际长$b=0.98$mm，游标的精度$\Delta=0.02$mm。

测量时，根据游标的“0”线所处在尺身上的位置，如图3.1-2所示，可在尺身上读出毫米位的准确数，毫米以下的尾数由游标读出，可准确到Δ。当长度$L=Ka+m\Delta$时，游标上的第m条线位置为：$Ka+m\Delta+mb=K+m$(mm)，该线恰

与尺身的 $K+m$ 毫米刻线对齐，且仅有此线与尺身毫米刻线对齐。因此，用游标卡尺测长度 L 的普遍表达式为

$$L = Ka + m\Delta$$

式中，K 是游标的“0”线在尺身上读出的整毫米数；m 是“对齐线”在游标上的格数，即游标的第 m 条线与尺身上的某一条线对齐(图 3.1-2 中 $m=33$)；第二项 $m\Delta$ 就是从游标读出的毫米以下的尾数。图中所示读数为 $L=(21+33\times 0.02)\text{mm}=21.66\text{mm}$。

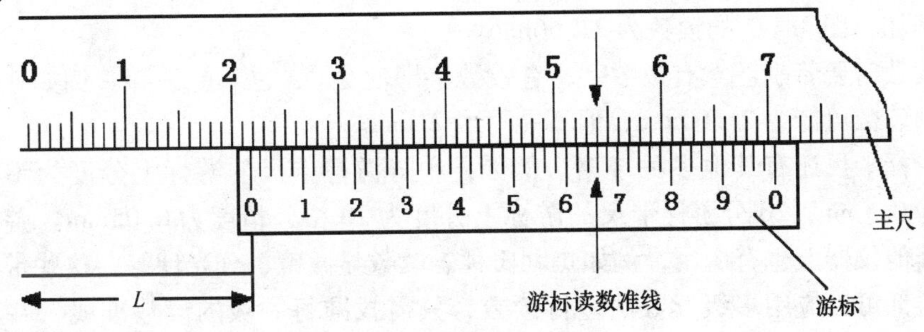

图 3.1-2 游标卡尺读数示意图

2. 用多级读数法对游标卡尺读数

游标卡尺是一种二级读数仪器，第一级为尺身，第二级为游标，可以应用多级读数法方便快捷地进行读数。

多级读数法的基本流程及要点为：

(1) 找准第一级读数的最小分度、读数准线，读出第一级读数，准确到最小分度，不需估读。

例如，游标卡尺第一级尺身的最小分度为 1mm，读数准线为游标的 0 刻线(注意不是游标左边缘)。图 3.1-2 第一级读数为 21mm。

(2) 多级读数仪器，第二级全部刻度合计表示第一级最小分度。按此原则可得出第二级读数的最小分度。

这是多级读数的一项基本原则。例如，游标卡尺的游标上有 50 分度，表示尺身最小分度 1mm，容易得出游标最小分度为 0.02mm。

(3) 找准第二级读数的读数准线，读出第二级读数，准确到最小分度。读数时，应灵活应用第二级刻度的标度数字。

例如，游标的读数准线是“对齐线”，即游标和尺身对齐的那根刻线。按(2)中的原则，游标全部刻度表示 1mm，就可以把游标看作一根放大了的总长为 1mm 的直尺。这样就可以方便地利用游标的标度进行读数，如在图 3.1-2 中，游标总长 1mm，“6”即为 0.6mm，准线所指为“6”、“7”之间 3/5 的位置，读数即为 0.66mm。

由此可见，游标上虽然有 50 分度，但并不标度为 1～50，而是标度为 1～

10，就是为了方便直接读数。

（4）如果有第三级读数，重复(2)、(3)两步。如果已经是最后一级，视实际情况决定是否估读。

多级读数的仪器大致可分为游标类和非游标类，一般而言，游标类仪器不需估读；非游标类仪器都需估读。例如游标卡尺就不需估读。

（5）第一级读数与第二级读数相加，再加上必要的估读数字，即得到最终读数。要特别注意有效数字。

例如，图3.1-2的读数为21.66mm。

读数时要特别注意有效数字，有效数字即使是0，也不能丢弃。例如，游标卡尺的读数可能为21.00mm，但不能写成21mm。

游标卡尺还有其他多种规格。例如，十分游标卡尺的游标上分度为10格，精度为0.1mm；20分游标卡尺的游标上分度为20格，精度为0.05mm。游标原理在其他仪器上也有应用，例如焦利氏秤、读数显微镜、分光计等。这些带游标的仪器都可以应用多级读数法进行读数，只需找准每一级的读数准线，并利用“第二级全部刻度合计表示第一级最小分度”这一原则确定每级的最小分度，即可准确读数。

游标类仪器不需估读，一般取最小分度作为$\Delta_{仪}$，50分游标卡尺的$\Delta_{仪}=0.02$mm。

应注意的是，用“对齐线”读游标卡尺的游标读数时，如果有相邻两条线都对得很齐，一般任取其中一根线作为读数准线即可。（也有个别其他游标类仪器允许取两准线中间值,以仪器使用手册的规定为准。）

外径千分尺(螺旋测微计)

外径千分尺是比游标卡尺更精密的量具，常见的一种如图3.1-3所示，它的

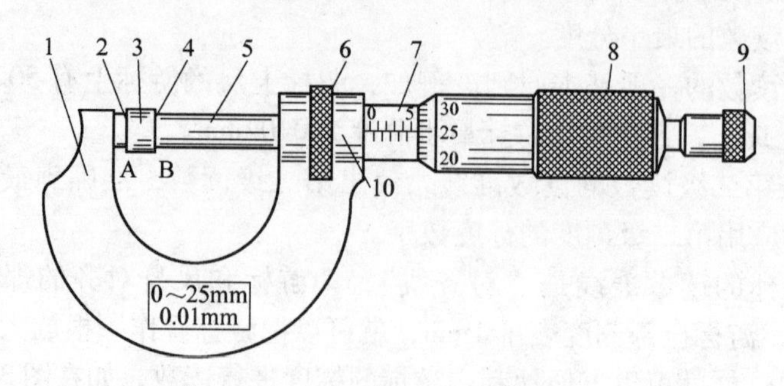

图3.1-3 外径千分尺结构图

1—尺架 2—测砧测量面A 3—待测物体 4—螺杆测量面B 5—测微螺杆
6—锁紧装置 7—固定套管 8—微分筒 9—测力装置 10—螺母套管

量程是25mm。外径千分尺由一根精密的测微螺杆5和螺母套管10(其螺距为0.5mm)组成。测微螺杆的后端连着微分筒8，筒上有50个分度。当微分筒转一周时，测微螺杆沿轴线前进或后退0.5mm。

测量物体长度时，轻轻转动测力装置9，使螺杆测量面4与测砧测量面2将待测物体3夹住。当螺杆、测砧已经与物体紧密接触后，测力装置开始打滑，可听见“咯、咯”的响声，即可开始读数。

1. 用多级读数法对外径千分尺进行读数

(1) 如图3.1-4所示，外径千分尺的第一级读数是主尺，读数准线为微分筒左边缘。注意毫米刻线间有半毫米刻线，所以最小分度为0.5mm，第一级读数应准确读到最小分度0.5mm，不需估读。例如图3.1-4a应读5.5mm，图3.1-4b应读5.0mm。

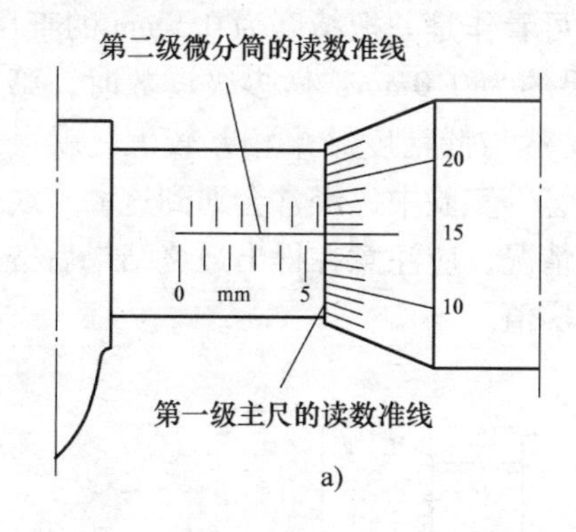

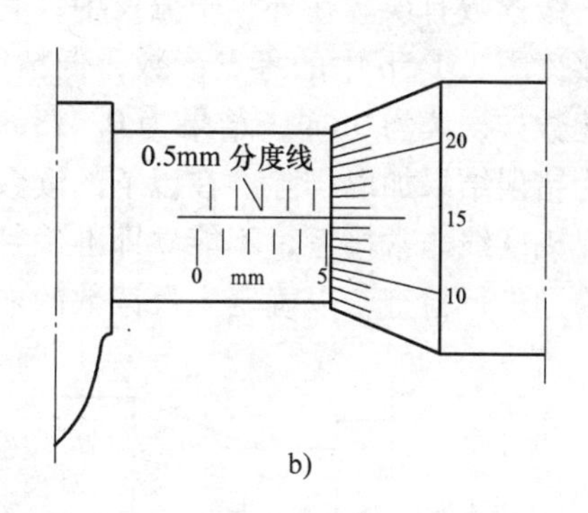

图　3.1-4

(2) 外径千分尺的第二级刻度为微分筒，微分筒一周共50分度，合计表示主尺最小分度0.5mm，所以微分筒最小分度为0.5mm×1/50=0.01mm。

(3) 微分筒读数准线为主尺横线，由于微分筒上50分度表示0.5mm，而标度为1~50，所以直接按微分筒的标度进行读数，然后调整小数点位置即可。例如图3.1-4a、b中，读数准线指在微分筒标度15，读数即为0.15mm。

(4) 通常非游标类仪器都要估读，估读到最小分度的下一位。外径千分尺最小分度为0.01mm，应估读到0.001mm。例如图3.1-4a、b中，加上估读的第二级读数应为0.150mm。

(5) 两级读数相加，图3.1-4a读数为5.650mm，图3.1-4b读数为5.150mm。注意读数的最后一位0是有效数字，不能舍弃。如图3.1-4a读成5.65mm就是错的。

2. 零点读数

在图3.1-3中，不放待测物体3，旋动测力装置使螺杆与测砧直接接触，可读到测砧在主尺上的读数。理想状态下此读数应为 0.000mm，但实际情况往往有些微小的零点误差，此时的实际读数即称为零点读数。放上待测物体后，实际读数是待测物体右侧在主尺上的位置 B，这一读数减去物体左侧 A 的读数(即零点读数)，即为物体实际长度。零点读数有正有负，图 3.1-5a 的情况零点读数为 +0.016mm，图 3.1-5b 的读数为 -0.027mm。两者区别在于，图 3.1-5a 中，主尺读数准线(微分筒左边缘)在主尺 0mm 刻线的右边，主尺读数为 0mm，结果为 +0.016mm；而图 3.1-5b 中，准线在 0mm 刻线的左边，主尺读数为 -0.5mm，结果为 -0.5mm+0.473mm = -0.027mm。

在这种准线与主尺刻度线非常接近的情况下，如何准确判断主尺的读数？可以使用一个简单的基本原则：多级读数结果与低精度读数应大致相等。以低精度读数结果为准，如果发现多级读数的结果与低精度读数的结果相差较大，即说明第一级读数有误。在外径千分尺中，其主尺可看作是一把精度为 0.5mm 的直尺，直接读图 3.1-5b 中的零点读数，低精度结果约为 0.0mm；做多级读数时，第一级读数如误读为 0mm，结果为 0.473mm，显然与低精度结果相差较大，就可以作为错误结果加以排除。在以下的读数显微镜等实验中，经常会遇到这种准线与主尺刻度线非常接近，不能立即准确判断的情况，应注意在得出最终结果后按上述原则进行检查，以确定主尺读数的准确真实值。

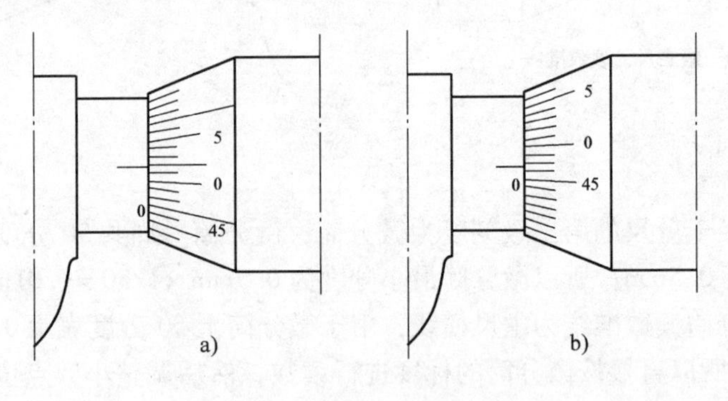

图　3.1-5

待测物体的长度等于放进待测物体后的末读数减去零点读数，计算时应注意零点读数的正负号。

外径千分尺是精密量具，使用时应注意：

1）使用时不得直接转动微分筒，必须用测力装置，否则会损坏仪器。而且要轻轻转动，听到“咯、咯”声即停止，如用力过大会造成较大误差。

2）测量完毕后，应使两侧面 A、B 间留一空隙再放回盒中，以免因热膨胀而损坏螺纹。

外径千分尺分零级和一级两类，其仪器误差随测量范围不同而不同。本实验中使用的是一级外径千分尺，测量范围0～25mm。一级外径千分尺在不同范围内的示值误差如下表所示：

测量范围	0～100	100～150	150～200	200～250
示值误差	±0.004	±0.005	±0.006	±0.007

可知本实验中外径千分尺的仪器误差为$\Delta_{仪}=0.004$mm。

读数显微镜

读数显微镜是一种光学计量器，可以用来测量长度、角度，还可用作观察显微镜。其主要构造如图3.1-6所示。在测量工作台上放置待测物体，调节显微镜看清待测物体后，以显微镜中的十字准线为参照，移动工作台，就可以测出物体长度。

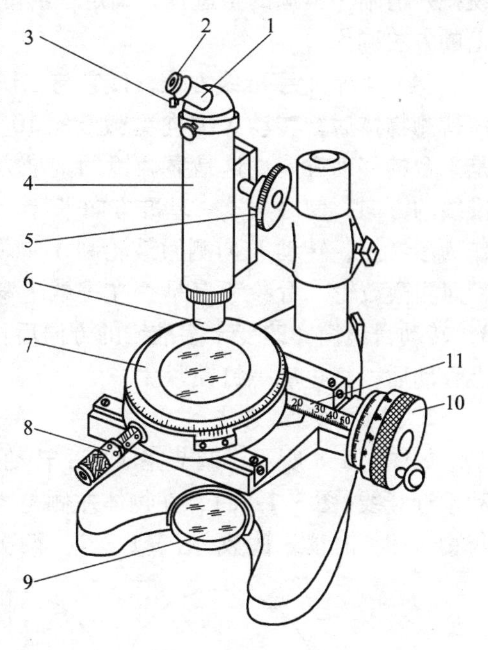

图3.1-6　显微镜结构图

1—目镜外套筒　2—上目镜片　3—目镜筒止动螺钉　4—镜筒　5—调焦手轮　6—物镜　7—测量工作台　8—Y向测微器　9—反光镜　10—X向测微鼓轮　11—主尺

1. 显微镜调节方法

（1）紧固各个固定螺钉。转动反光镜9，使照明光从下方竖直向上反射进入物镜。从目镜观察，在显微镜中要能看到最明亮的视场。

（2）旋转上目镜片2，看清目镜中的十字准线。目镜筒结构如图3.1-7所示。镜筒中固定了一块分划板12，上面有十字准线。旋转上目镜片2时，可改变上目镜片与分划板的间距，直至看到最清晰的十字准线的像。

（3）调焦，看清物像。将待测物体放在测量工作台7上，放在物镜6的正下方。转动调焦手轮5使镜筒4上下移动，可看到清晰的待测物体的像。调节时，必须遵循“从下向上”的原则：先眼睛在外注意镜筒，将物镜下降到最低（接近待测物体上表面但不能碰到）；然后缓慢升高镜筒，同时从目镜中观察，直到看到清晰的待测物体上表面的像。这样可以避免物镜碰到待测物体造成仪器损坏。

第一次观察物体时，应将物镜从最低缓慢升至最高，同时在目镜中观察物体

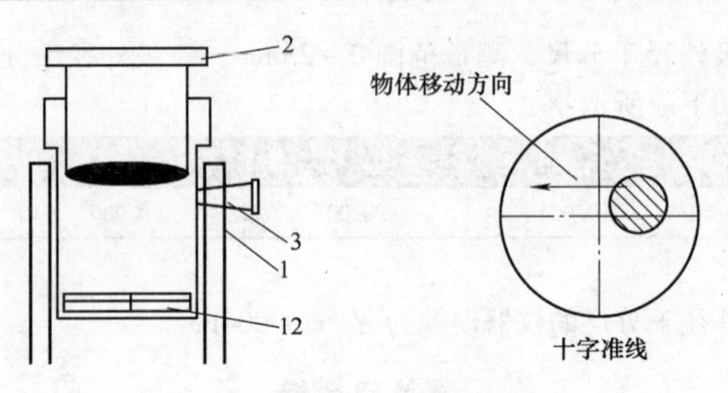

图 3. 1-7　目镜筒结构图

模糊→清晰→模糊的全过程，确定认清待测物体最清晰的样子。再按上述从下向上的方法调焦。

（4）调节十字准线方位，使它与工作台 XY 方向平行。如图 3. 1-7 所示，看清待测物体后，转动 X 方向测微鼓轮 10，物像会左右移动，物像的移动方向就是平台的移动方向。这是显微镜的基准方向，转动目镜筒 13，就可以调节十字准线的方向，使之与这一基准方向平行。具体做法是，在像上找一易于识别的点作为参考点，转动 X 向测微鼓轮和 Y 向测微器使参考点位于准线交点上。转动 X 向测微鼓轮，看参考点是否在准线上移动。若不是，可松开目镜筒止动螺钉 3，转动目镜筒，改变十字准线的方向后再观察。直到观察到参考点在 X 向准线上移动后，将止动螺钉锁紧。

2. 显微镜测量方法

如图 3. 1-8 所示，调节完成后，转动 X 向测微鼓轮，使待测物体从右向左移动接近竖线(图 3. 1-8a)，在物体左侧与竖线相切时读初读数(图 3. 1-8b)，右侧与物体相切时读末读数(图 3. 1-8c)。两次读数的差的绝对值就是待测物体直径。

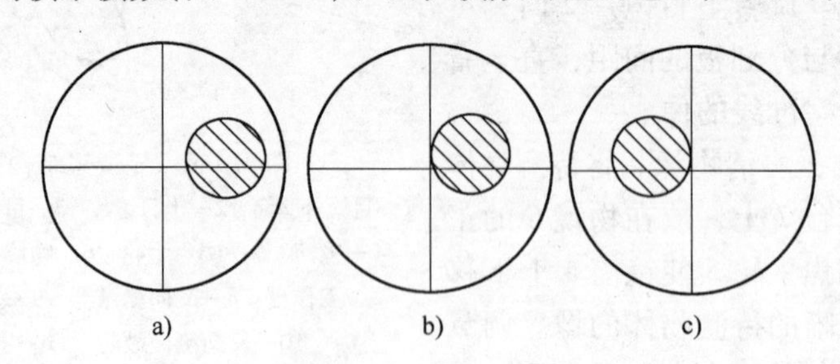

图 3. 1-8　测量示意图

测量时应注意防止回程误差(也称为空程差)：转动测微鼓轮测量时应始终向一个方向转动，切不可中途反转，否则将由于螺钉与螺母间存在空隙而发生空转，使测量不准确。因此，测量时若发现待测物体移动时超过了十字准线，就必须从头开始。用 Y 向测微器测量时也一样。

3. 用多级读数法对显微镜进行读数

在显微镜的 X 方向读数时，主尺 11 上的最小分度为 1mm，读数准线如图 3. 1-9a 所示，第一级读数为 13mm。鼓轮上共有 100 分度，每分度表示 0. 01mm，标度为1 ~ 100，读数准线如图 3. 1-9b 所示；又因非游标类仪器需估读至最小分度后一位，第二级读数加估读后结果为 0. 567mm。最终结果为 13. 567mm。

显微镜的 Y 向测微器与外径千分尺完全一样。

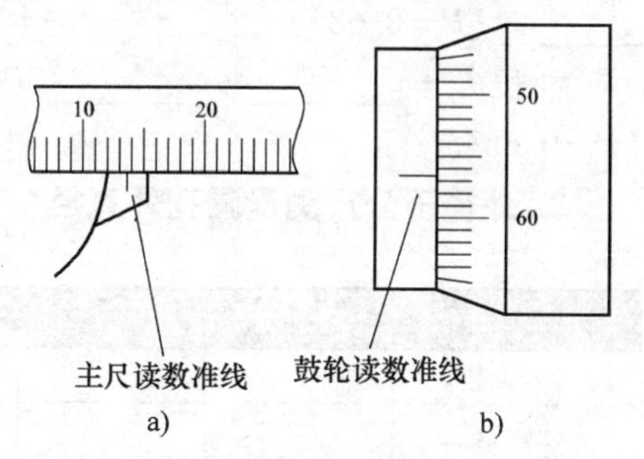

图 3. 1-9　X 向读数示意图

显微镜的工作台周围有一圈角度标度，并有一个角度游标，可读物体角度。其第一级最小分度为 1°，游标共有 10 分度，可知每分度表示 0. 1°，即 6′。可以参考游标卡尺的读数方法，应用多级读数法进行读数。

按仪器手册，15J 型读数显微镜的仪器误差可用公式 $\Delta_{仪} = \pm\left(5+\frac{L}{15}\right)\times 10^{-3}\text{mm}$ 计算，式中 L 为被测物体的长度值(单位:mm)。(应注意此仪器误差针对的不是单独的初读数或末读数,而是两者之差 L。)

【实验内容】

测量如图 3. 1-10 所示漏斗形工件尺寸。

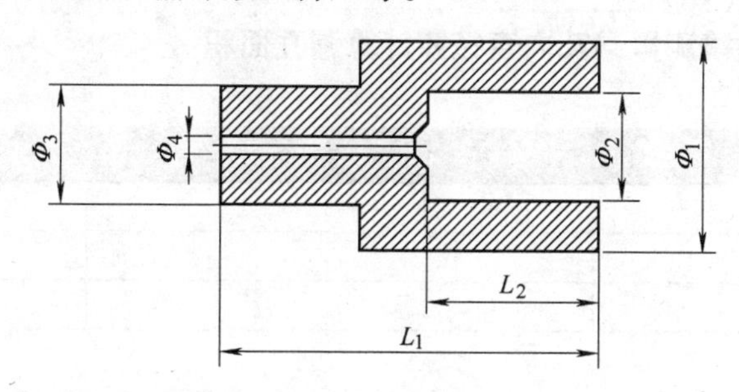

图 3. 1-10　待测工件示意图

1. 用游标卡尺测斗口外直径 Φ_1，内直径 Φ_2，工件长 L_1，斗深 L_2 各一次。
2. 用外径千分尺测漏孔外直径 Φ_3，不同方位测 6 次。
3. 用读数显微镜测漏孔的内直径 Φ_4，不同方位测 6 次；并计算此圆孔的截面积。

【数据记录与处理】

工件编号________________

1. 游标卡尺测量

$U_{B1}=$ ________，$\Delta_{仪}=$ ________，$U_{B2}=$ ________，$U=$ ________。

斗口外径 $\Phi_1=$ ________ ± ________（$P=0.683$）；斗口内径 $\Phi_2=$ ________ ± ________（$P=0.683$）。

斗长 $L_1=$ ________ ± ________（$P=0.683$）；斗深 $L_2=$ ________ ± ________（$P=0.683$）。

2. 外径千分尺测量漏孔外直径

（单位：mm）

测量序号	1	2	3	4	5	6
零点读数						
末读数						
Φ_3						

$\overline{\Phi_3}=$ ________

$$U_A(\Phi_3)=t_P\sigma_{\overline{\Phi_3}}=t_P\sqrt{\frac{\sum_{i=1}^{6}(\Phi_{3i}-\overline{\Phi_{3i}})^2}{n(n-1)}}=\text{\_\_\_\_\_\_\_\_}$$

$\Delta_{仪}=$ ________，$U_{B2}(\Phi_3)=\dfrac{\Delta_{仪}}{\sqrt{3}}=$ ________

$U(\Phi_3)=\sqrt{U_A^2(\Phi_3)+U_{B2}^2(\Phi_3)}=$ ________

$\Phi_3=\overline{\Phi_3}\pm U(\Phi_3)=$ ________ ± ________ mm（$P=0.683$）

3. 读数显微镜测量漏孔内直径并计算漏孔面积

（单位：mm）

测量序号	1	2	3	4	5	6
初读数						
末读数						
Φ_4						

$\overline{\Phi_4}=$ ________

$$U_A(\Phi_4)=t_P\sigma_{\overline{\Phi_4}}=t_P\sqrt{\frac{\sum_{i=1}^{6}(\Phi_{4i}-\overline{\Phi_{4i}})^2}{n(n-1)}}=\text{\_\_\_\_\_\_\_\_}$$

$\Delta_{仪}=\left(5+\dfrac{\overline{\Phi_4}}{15}\right)\times10^{-3}\text{mm}=$ ________，$U_{B2}(\Phi_4)=\dfrac{\Delta_{仪}}{\sqrt{3}}=$ ________

$U(\Phi_4)=\sqrt{U_A^2(\Phi_4)+U_{B2}^2(\Phi_4)}=$ ________

$\Phi_4=\overline{\Phi_4}\pm U(\Phi_4)=$ ________ ± ________ mm（$P=0.683$）

漏孔内圆的面积 $\overline{A}=\frac{1}{4}\pi(\overline{\Phi_4})^2=$ ________

$\frac{U(A)}{A}=2\frac{U(\Phi_4)}{\Phi_4}=$ ____________，$U(A)=$ ____________

$A=\overline{A}\pm U(A)=$ ________ ± ________ mm^2 ($P=0.683$)

【思考题】

1. 分光计的读数方法与游标卡尺类似，应用多级读数法，对本书实验3.6中图3.6-2进行读数。叙述读数过程。

2. 读数显微镜为何会有空程差？应如何避免？为什么显微镜的X、Y方向测量都要注意空程差，而外径千分尺就无须考虑？

实验3.2 光杠杆测金属线胀系数

【简介】

固体的线膨胀是指固体受热时在一维方向上的伸长，本实验采用光杠杆镜尺系统测量固体材料的绝对伸长量 ΔL，间接求出被测材料的线胀系数 α。

【实验目的】

1. 测量金属细管的线胀系数。
2. 学习应用光杠杆测量微小长度变化的方法。
3. 练习用图解法进行数据处理。

【实验仪器】

电热式线膨胀测试仪、温度计、光杠杆镜尺装置。

【预习提示】

1. 在温度变化不大的范围内，固体的线膨胀伸长量 ΔL 与温度的增加量 Δt 成怎样的比例关系？

2. 光杠杆测量装置利用了几何上的什么原理？

【实验原理】

一般固体在温度升高时，体积或长度将发生变化，这就是固体的热膨胀现象。这种特性是工程结构设计、机械和仪表制造、材料加工中要加以考虑的因素。固体的线膨胀是指固体受热时在一维方向上的伸长。实验表明，在不太大的温度变化范围内，原长为 L_0 的物体，受热后其伸长量 ΔL 与其原长 L_0 成正比，和温度的增加量 Δt 也近似成正比，即

$$\Delta L=\alpha L_0(t_2-t_1)$$

式中，比例系数 α 称为线胀系数，它表示当温度升高1℃时固体的相对伸长量。由上式可得

$$\alpha = \frac{\Delta L}{L_0(t_2 - t_1)} \tag{3.2-1}$$

不同材料的线胀系数不同，塑料的线胀系数最大，金属次之，石英玻璃线胀系数很小。线胀系数是选用材料的一项重要指标。表3.2-1中列出几种物质的线胀系数值，对应有一个温度范围。实验指出，同一材料在不同温度区域，其线胀系数不一定相同。但在温度变化不大的范围内，线胀系数近似可看作常数。

由式(3.2-1)可知，我们可以通过测量被测材料在 t_1 温度时的长度 L_0，以及温度到达 t_2 时材料的绝对伸长量 ΔL，间接求出被测材料在这一温度区域内的线胀系数 α。

固体线胀系数 α 在 10^{-6}℃$^{-1}$数量级，在实验室中不可能把被测杆做得很长，所以在不大的温度变化范围内，ΔL 是一个极微小的变化量，用常规长度测量仪器难以测准，本实验中采用光杠杆镜尺系统将其放大测量(图3.2-1)。设光杠杆长度为 b，光杠杆到标尺距离为 D，那么被测管伸长量 ΔL 和从望远镜中读出的标尺读数变化值($x_2 - x_1$)之间有如下关系：

$$\Delta L = \frac{b(x_2 - x_1)}{2D}$$

由此可知，本实验测出了 t_1，t_2，L_0，b，D，x_1，x_2，即可求出被测杆的线胀系数

$$\alpha = \frac{b\,|x_2 - x_1|}{2L_0 D(t_2 - t_1)}$$

表3.2-1　几种材料的线胀系数(参考值)

材　料	铝	铜	铂	普通玻璃	石英玻璃	瓷器
$\alpha/(\times 10^{-6}℃^{-1})$	23.8	17.1	9.1	9.5	0.5	3.4～4.1
温度范围	0～100℃			20～200℃		20～700℃

【实验装置】

电热式线膨胀测试仪为立式结构(图3.2-1)，主体是外径140mm的加热筒，筒上端连接工作平台，平台上有一条沟槽，用于放置光杠杆的前足刀口；加热筒中间有细管孔，被测金属细管插入孔中，当加热筒接通电源，夹层中的加热电阻使筒内壁升温从而使被测管加热。将水银温度计插入被测管孔中，就可测量被测管的温度。把光杠杆放置于平台上，前足刀口嵌入沟槽，后足尖端放在被测管上端面，在光杠杆镜面正前方放置望远镜镜尺装置。被测管受热伸长，上端面顶起光杠杆后足而使镜面偏转，从而可从望远镜中标尺读数变化测算出被测管的伸长量。

加热筒的加热电压在90～220V范围内可调，调压旋钮安装在仪器底座平台上，同侧装有电源开关和指示灯。注意，调压旋钮顺时针方向为电压增加。

测量望远镜(以及显微镜)中总要安装十字准线作为调节和读数的标志。

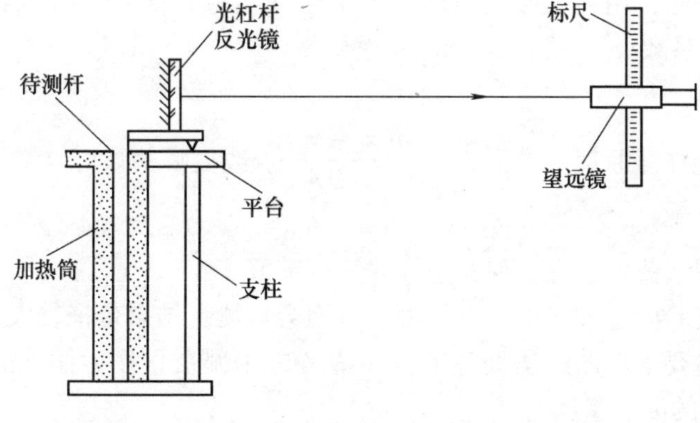

图 3.2-1　测定金属线胀系数装置示意图

十字准线刻划在分划板上，分划板安装在目镜前方。十字准线的水平横线可以作为读取竖直标尺像上示值的读数标志。为了能测出望远镜标尺与平面反射镜之间的距离 D，分划板上在十字准线的水平横线上下对称位置上还划有两条水平短线，称为视距丝。设两条短横线的标尺读数分别是 n_1 和 n_2，则标尺与其像的间距

$$2D = |n_1 - n_2| \times 100$$

其中 100 是 JCW—1 型标尺望远镜的视距常数。由此可计算标尺与反射镜之间的间距 D。

光杠杆是测量微小长度的放大装置，常与标尺望远镜配合使用。光杠杆利用几何相似放大（图 3.2-2）再加光学反射放大双重放大原理。小的长度 y_0 被放大为较大的长度 $y = ny_0$，这与杠杆原理类似。当光杠杆主杆倾斜 α 角时，由反射定律，望远镜接受到的反射光比原来的反射光转了 2α 角。光学放大将几何放大倍数又提高了一倍。光杠杆镜尺装置的放大倍数 $A = \dfrac{2D}{b}$。

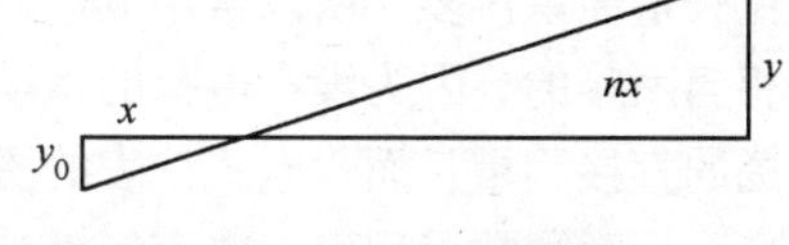

图 3.2-2　几何相似放大

【实验内容】

1. 调节光杠杆长度 b，使其放上测试平台时，前足刀口嵌入沟槽而后足尖恰在待测管上端面；在光杠杆镜面正前方至少 1.2m 远处放置望远镜镜尺装置，调节望远镜能看清标尺刻度。

2. 记下室温中温度计读数 t_0 和室温时的标尺读数 x_0。

3. 加热筒开始升温，在温度从 40℃ 到 100℃ 的范围内，选择不少于 5 个测量点，例如可以每隔 10℃ 左右记录一次温度值 t_i 和对应的望远镜标尺读数 x_i。

4. 取下光杠杆，单次测量光杠杆长度 b。

5. 自拟表格，用列表形式整理记录下全部实验数据，并用图解方法计算出被测管的线胀系数 α。

【思考题】

1. 根据光杠杆原理，推证 $\Delta L=\frac{b(x_2-x_1)}{2D}$。改变哪些量可以增加光杠杆的放大倍数?

2. 调节望远镜的步骤如何？怎样才算调节好了？

3. 根据实验内容和步骤，分析哪些方面会对测量结果带来较大影响？

4. 本实验要求用图解法处理数据，请考虑用哪个量作为横轴的自变量，哪个量作为纵轴的因变量？

实验3.3　用模拟法测静电场

【简介】

静电场的分布决定于电荷的分布。当电荷和电介质分布确定时，原则上可以计算出静电场。但实际上，对于大多数情况是不能求出解析解的，要靠数值法和实验方法测出电场分布。

电场可以用电场强度 $\boldsymbol{E}$ 和电位 U 的空间分布来描述，由于标量在计算和测量上比矢量简单得多，所以常用电位的分布来描述电场。但是直接对静电场进行测量是相当困难的，因为没有电荷的运动，除静电式仪表之外的大多数仪表不能用于静电场的直接测量，而静电式仪表的探针在静电场中会产生感应电荷，使原电场产生畸变，因而通常采用稳恒电流场模拟静电场的方法，测量出与静电场对应的稳恒电流场的电位分布，从而确定静电场的电位分布，这是一种很方便的实验方法。

【实验目的】

1. 学习用模拟法测绘电场的原理和方法。

2. 加深对电场强度和电位概念的理解。

【实验仪器】

EQC—2 型电场描绘仪。

【预习提示】

1. 了解电流场模拟静电场的理论依据是什么。

2. 了解电流场模拟静电场的条件是什么。

3. 理解等位线与电场线之间有何关系。

【实验原理】

1. 模拟的理论依据

模拟法在科学实验中有着极其广泛的应用，其本质是用一种易于实现、便于测量的物理状态或过程的研究去代替另一种不易实现、不便测量的状态或过程的研究。

为了克服直接测量静电场的困难，我们可以仿造一个与待测静电场分布完全一样的电流场，用容易直接测量的电流去模拟静电场。

静电场与稳恒电流场本是两种不同的场，但是它们两者之间在一定条件下具有相似的空间分布，即两种场遵守的规律在形式上相似。它们都可以引入电位 U，而且电场强度 $\boldsymbol{E} = -\nabla U$；它们都遵守高斯定理。对静电场，电场强度在无源区域内满足以下积分关系：

$$\oint_S \boldsymbol{E} \cdot \mathrm{d}\boldsymbol{S} = 0, \quad \oint_l \boldsymbol{E} \cdot \mathrm{d}\boldsymbol{l} = 0$$

而对于稳恒电流场，电流密度矢量 $\boldsymbol{J}$ 在无源区域内也满足类似的积分关系

$$\oint_S \boldsymbol{J} \cdot \mathrm{d}\boldsymbol{S} = 0, \quad \oint_l \boldsymbol{J} \cdot \mathrm{d}\boldsymbol{l} = 0$$

由此可见，$\boldsymbol{E}$ 和 $\boldsymbol{J}$ 在各自的区域中也满足同样的数学规律。若稳恒电流场空间内均匀地充满了电导率为 σ 的不良导体，不良导体内的电场强度 $\boldsymbol{E}'$ 与电流密度矢量 $\boldsymbol{J}$ 之间遵循欧姆定律

$$\boldsymbol{J} = \sigma \boldsymbol{E}'$$

因而，$\boldsymbol{E}$ 和 $\boldsymbol{E}'$ 在各自的区域中也满足同样的数学规律。在相同的边界条件下，由电动力学的理论可以严格证明：像这样具有相同边界条件的相同方程，其解也相同。因此，我们可以用稳恒电流场来模拟静电场。也就是说静电场的电场线和等势线与稳恒电流场的电流密度矢量和等位线具有相似的分布，所以测定出稳恒电流场的电位分布也就求得了与它相似的静电场的电场分布。

2. 模拟长同轴圆柱形电缆的静电场

利用稳恒电流场与相应的静电场在空间形式上的一致性，则只要保证电极形状一定，电极电位不变，空间介质均匀，在任何一个考察点，均应有 $E_{稳恒} = E_{静电}$ 或 $U_{稳恒} = U_{静电}$。下面以同轴圆柱形电缆的静电场和相应的模拟场——稳恒电流场来讨论这种等效性。

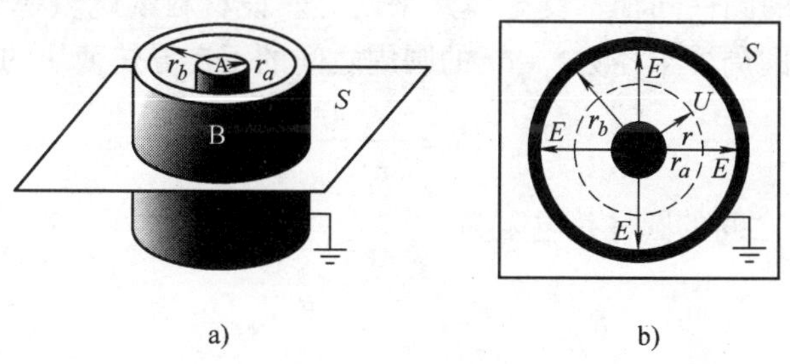

图 3.3-1　同轴电缆的静电场分布

如图3.3-1a所示，在真空中有一半径为 r_a 的长圆柱形导体A和一个内径为 r_b 的长圆筒形导体B，它们同轴放置，分别带等量异号电荷。由高斯定理可知，在垂直于轴线的任一个截面 S 内，都有均匀分布的辐射状电场线，这是一个与坐标 z 无关的二维场。在二维场中电场强度 $\boldsymbol{E}$ 平行于 xy 平面，其等位面为一族同轴圆柱面。因此，只需研究任一垂直横截面上的电场分布即可。

距轴心 O 距离为 r 处(图3.3-1b)的各点电场强度为

$$E=\frac{\lambda}{2\pi\varepsilon_0 r}$$

式中，λ 为(A或B)的电荷线密度，其电位为

$$U_r = U_a - \int_{r_a}^{r} E\mathrm{d}r = U_a - \frac{\lambda}{2\pi\varepsilon_0}\ln\frac{r}{r_a} \tag{3.3-1}$$

若 $r=r_b$ 时，$U_b=0$，则有

$$\frac{\lambda}{2\pi\varepsilon_0}=\frac{U_a}{\ln\dfrac{r_b}{r_a}}$$

代入式(3.3-1)得

$$U_r = U_a\frac{\ln\dfrac{r_b}{r}}{\ln\dfrac{r_b}{r_a}} \tag{3.3-2}$$

距中心 r 处电场强度为

$$E=-\frac{\mathrm{d}U_r}{\mathrm{d}r}=\frac{U_a}{\ln\dfrac{r_b}{r_a}}\frac{1}{r} \tag{3.3-3}$$

若上述圆柱形导体A与圆筒形导体B之间不是真空，而是均匀地充满了一种电导率为 σ 的不良导体，且A和B分别与直流电源的正负极相连，见图3.3-2，则在A和B间将形成径向电流，建立起一个稳恒电流场。可以证明不良导体中的电场强度 E_r' 与原真空中的静电场 E_r 是相同的。

取厚度为 t 的圆柱同轴不良导体片来研究。设材料的电阻率为 $\rho(\rho=1/\sigma)$，则从半径为 r 的圆周到半径为 $r+\mathrm{d}r$ 的圆周之间的不良导体薄块的电阻为

$$\mathrm{d}R=\frac{\rho}{2\pi t}\frac{\mathrm{d}r}{r} \tag{3.3-4}$$

半径 r 到 r_b 之间的圆柱片电阻为

$$R_{rr_b}=\frac{\rho}{2\pi t}\int_{r}^{r_b}\frac{\mathrm{d}r}{r}=\frac{\rho}{2\pi t}\ln\frac{r_b}{r} \tag{3.3-5}$$

由此可知，半径 r_a 到 r_b 之间圆柱片的电阻为

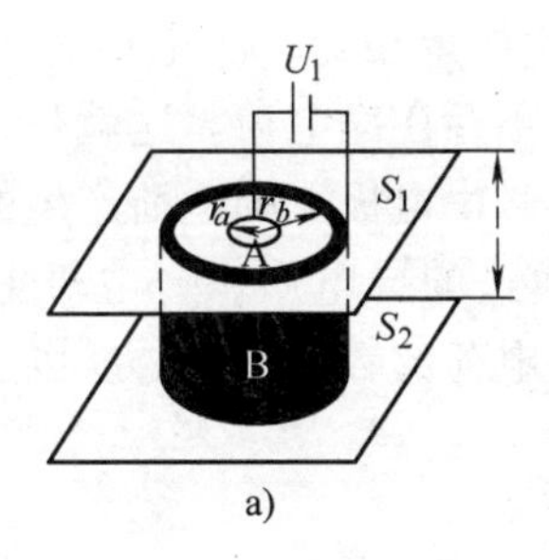

a)

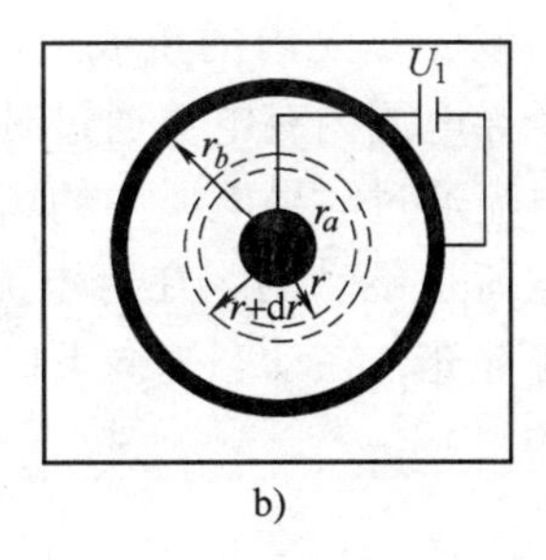

b)

图 3. 3-2　同轴电缆的模拟模型

$$R_{r_ar_b}=\frac{\rho}{2\pi t}\ln\frac{r_b}{r_a} \tag{3.3-6}$$

若设 $U_b=0$，则径向电流为

$$I=\frac{U_a}{R_{r_ar_b}}=\frac{2\pi tU_a}{\rho\ln\frac{r_b}{r_a}} \tag{3.3-7}$$

距中心 r 处的电位为

$$U_r'=IR_{rr_b}=U_a'\frac{\ln\frac{r_b}{r}}{\ln\frac{r_b}{r_a}} \tag{3.3-8}$$

则稳恒电流场 E_r' 为

$$E_r'=-\frac{\mathrm{d}U_r'}{\mathrm{d}r}=-\frac{U_a}{\ln\frac{r_b}{r_a}}\frac{1}{r} \tag{3.3-9}$$

可见式(3. 3-8)与式(3. 3-2)具有相同形式，说明稳恒电流场与静电场的电位分布函数完全相同，即柱面之间的电位 U_r 与 $\ln r$ 均为直线关系，并且 U_r/U_a 即相对电位仅是坐标的函数，与电场电位的绝对值无关。显而易见，稳恒电流的电场 E' 与静电场 E 的分布也是相同的，因为

$$E'=-\frac{\mathrm{d}U_r'}{\mathrm{d}r}=-\frac{\mathrm{d}U_r}{\mathrm{d}r}=E$$

实际上，并不是每种带电体的静电场及模拟场的电位分布函数都能计算出来，只有在 σ 分布均匀而且几何形状对称规则的特殊带电体的场分布才能用理论严格计算。上面只是通过一个特例，证明了用稳恒电流场模拟静电场的可行性。

为什么这两种场的分布相同呢？我们可以从电荷产生场的观点加以分析。在导电质中没有电流通过时，其中任一体积元(宏观小，微观大，即其内仍包含大量原子)内正负电荷数量相等，没有净电荷，呈电中性。当有电流通过时，单位时间内流入和流出该体积元内的正或负电荷数量相等，净电荷为零，仍然呈电中性。因而，整个导电质内有电流通过时也不存在净电荷。这就是说，真空中的静电场和有稳恒电流通过时导电质中的场都是由电极上的电荷产生的。事实上，真空中电极上的电荷是不动的，在有电流通过的导电质中，电极上的电荷一边流失，一边由电源补充，在动态平衡下保持电荷的数量不变。所以这两种情况下电场分布是相同的。

3. 模拟条件

模拟方法的使用有一定的条件和范围，不能随意推广，否则将会得到荒谬的结论。用稳恒电流场模拟静电场的条件可以归纳为下列三点：

（1）稳恒电流场中的电极形状应与被模拟的静电场中的带电体几何形状相同。

（2）稳恒电流场中的导电介质应是不良导体且电导率分布均匀，并满足$\sigma_{电极} \gg \sigma_{导电质}$才能保证电流场中的电极（良导体）的表面也近似是一个等位面。

（3）模拟所用电极系统与被模拟电极系统的边界条件相同。

【实验装置】

EQC—2型电场描绘仪（包括导电玻璃、双层固定支架、同步探针等），如图3.3-3所示，支架采用双层式结构，上层放记录纸，下层放导电玻璃。电极已直接制作在导电玻璃上，并将电极引线接出到外接线柱上，电极间制作有电导率远小于电极且各向均匀的导电介质。接通直流电源（10V）就可进行实验。在导电玻璃和记录纸上方各有一探针，通过金属探针臂把两探针固定在同一手柄座上，两探针始终保持在同一铅垂线上。移动手柄座时，可保证两探针的运动轨迹是一样的。由导电玻璃上方的探针找到待测点后，按一下记录纸上方的探针，在记录纸上留下一个对应的标记。移动同步探针在导电玻璃上找出若干电位相同的点，由此即可描绘出等位线。

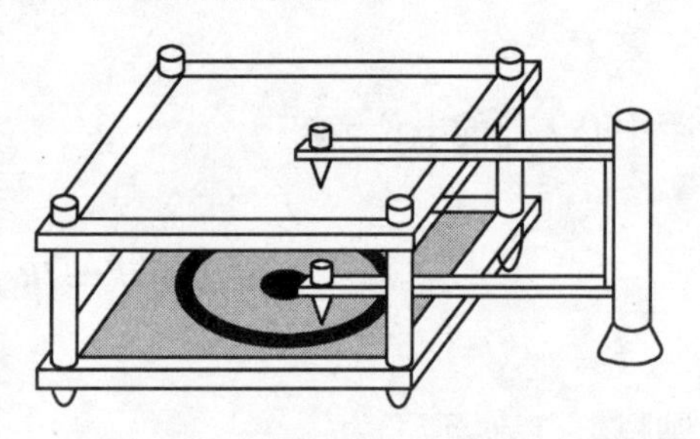

图3.3-3　EQC—2型电场描绘仪

【实验内容】

由式（3.3-3）可知，电场强度$\boldsymbol{E}$在数值上等于电位梯度，方向指向电位降落的方向。考虑到$\boldsymbol{E}$是矢量，而电位U是标量，从实验测量来讲，测定电位比测定电场强度容易实现，所以可先测绘等位线，然后根据电场线与等位线正交的原理，画出电场线。这样就可由等位线的间距确定电场线的疏密和指向，将抽象的电场形象地反映出来。

1. 在描绘架上铺平坐标纸，用橡胶磁条压住。

2. 利用图3.3-2b所示模拟模型，将导电玻璃上内外两电极分别与直流稳压电源的正负极相连接，电压表正负极分别与同步探针及电源负极相连接。

3. 开启直流稳压电源，“指示选择”置于内，调整电压为10.00V ±0.02V，稳定3min；将“指示选择”置于“外”，“输出选择”置于“左”（或右,视电极模型的位置而定），将探针下探头置于导电玻璃电极中心，使数字显示为10.00V ±0.02V。

4. 用圆规画出内、外电极的位置及大小。

5. 描绘电位为2.00V 的若干点，（在圆周上均匀分布,并不得少于8个点）。操作时注意右手平稳地移动探针手柄，使上下探针平行，眼睛注视表头读数，当电表指示为2.00V ±0.02V 时，即用左手轻按上层探针，使其在坐标纸上压出相应的等位点。

6. 重复步骤5，描出电位值分别为4.00V ±0.02V，6.00V ±0.02V，8.00V ±0.02V 的各组等位点。

7. 以每条等位线上各点到圆心的平均距离 $\bar{r}$ 为半径画出等位线的同心圆族。

描绘一对无限长平行直线电荷的电场分布(选做)。

利用图3.3-4所示模拟图形，测绘一对无限长平行直线电荷的电场分布。要求测出7条等位线，相邻等位线间的电位差为1V。该场为非均匀电场，等位线是一族互不相交的曲线，每条等位线的测量点应取密一些，最后由等位线做出电场线。

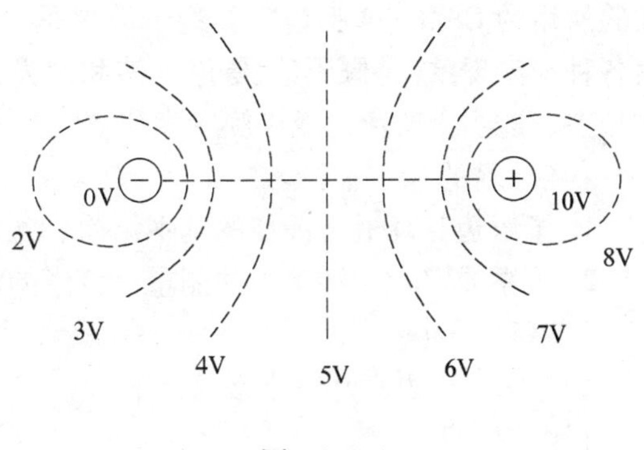

图　3.3-4

【数据记录与处理】(只对同轴电缆模型)

1. 根据电场线与等位线正交原理，画出电场线，并指出电场强度方向，得到一张完整的电场分布图。

2. 由式(3.3-2)可导出圆形等位线半径 r 的表达式为

$$r = \frac{r_b}{\left(\dfrac{r_b}{r_a}\right)^{\frac{U_r}{U_a}}}$$

计算出各等位线圆半径的理论值 $r_{理}$ 与实验测定的等位线圆半径 $r_{实}$，记录在自拟的数据表格中，求出百分误差，并分析误差原因。（本实验中：$r_a = 5.00\text{mm}$，$r_b = 75.00\text{mm}$）

【思考题】

1. 根据测绘所得等位线和电场线的分布，分析哪些地方电场强度较强，哪些地方电场强度较弱？

2. 从实验结果能否说明电极的电导率远大于导电介质的电导率？如不满足这条件会出现什么现象？

3. 如果电源电压增加一倍，等位线和电场线的形状是否发生变化？电场强度和电位分布是否发生变化？为什么？

实验 3.4 迈克耳逊干涉仪的调整和使用

【简介】

1881年美国物理学家迈克耳逊(A. A. Michelson)为测量光速，依据分振幅产生双光束实现干涉的原理精心设计了这种干涉测量装置，迈克耳逊和莫雷(Morley)用此装置一起完成了在相对论研究中有重要意义的“以太”漂移实验。迈克耳逊干涉仪设计精巧、应用广泛，许多现代干涉仪都是由它衍生发展出来的。本实验所用的GSZF—4型迈克耳逊干涉仪是一种新颖的教学用干涉仪，可用来观察各种干涉现象(等倾干涉、等厚干涉和白光干涉)、测定单色光波长、钠黄双线波长差、透明介质薄片或镀膜厚度和空气折射率。

【实验目的】

1. 了解迈克耳逊干涉仪的基本结构、光学原理，学习调节方法。

2. 观察非定域干涉条纹并测量单色光的波长。

【实验仪器】

GSZF—4型迈克耳逊干涉仪。

【预习提示】

1. 了解迈克耳逊干涉仪各光学元件的作用。

2. 了解非定域干涉用平面光屏在不同的地点可观察到不同的条纹的原理。

【实验原理】

1. 仪器的构造原理

迈克耳逊干涉仪的结构如图3.4-1所示，分束镜BS、补偿板CP是两个厚度和折射率完全相同的平行平面透镜，并且在出厂时安装成严格平行，M_1、M_2是两个相互垂直的平面反射镜，它们都安装在平台式的基座上。M_1是固定反射镜，与分束镜BS严格成45°角，其上螺钉出厂时已调好，实验中不得擅自调节。M_2是可移动反射镜，利用镜架背后的调节螺钉可以调节镜面的俯仰和左右角，它的移动量经过传动比为20:1的传动装置后，由测微螺旋MC读出，所以测出的读数要除以20才是M_2的实际位置。扩束器BE可作上下左右调节，不用时可以转动90°，离开光路。毛玻璃屏有两个位置，一个在观测位置(本实验处于此位置)，用于接收激光干涉条纹；另一个靠近光源处，起扩展光源作用。

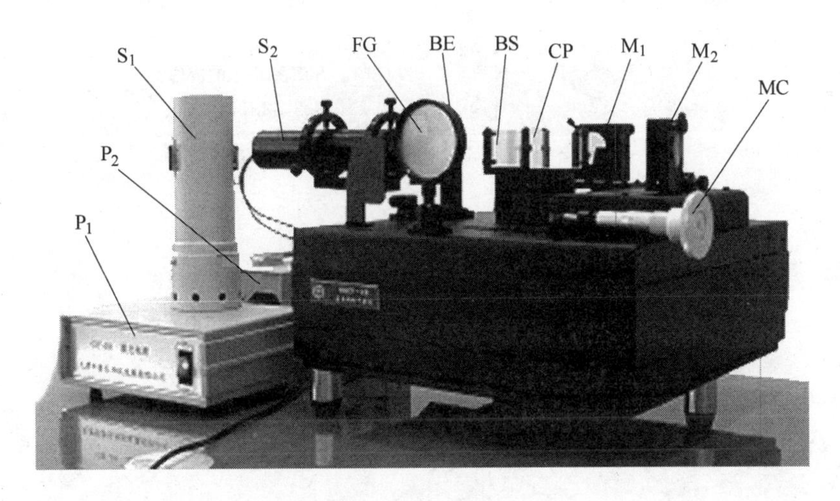

图3.4-1 仪器外型图

P_1—He-Ne激光电源 P_2—钠灯电源 S_1—钠灯 S_2—He-Ne激光管 FG—毛玻璃 BE—扩束器 BS—分束镜 CP—补偿板 M_1—参考镜 M_2—动镜 MC—测微螺旋

2. 光学原理

如图3.4-2所示，从点光源S发出的光束射向背面镀有半反半透膜的分束镜BS，经该处反射和透射分成两路进行，一路(1)被平面镜M_1反射回来，另一路(2)通过补偿板CP后被平面镜M_2反射，沿原路返回，两光束在BS处会合发生干涉，观察者在毛玻璃屏上可见到明暗相间的干涉图样。

光路(1)到达毛玻璃屏前两次透过BS，如果没有CP，光路(2)则一次也没有经过透镜，这样，由于BS的存在，光路(1)和(2)在到达毛玻璃屏时会产生额外的光程差，放上CP可补偿光路(2)到达毛玻璃屏处所缺少的光程，故将CP称为补偿板。

如图3.4-2所示，在光路(1)中，点光源S被BS反射成虚像S′，再被M_1反射成虚像S_1；在光路(2)中，S被M_2反射成虚像S_2'，再被BS反射成虚像S_2。从毛玻璃屏的位置来看，两路相干光相当于是从S_1和S_2发出的。M_2'为平面镜M_2被BS反射所成虚像，S_2也可以看作是S被M_2'反射所成虚像。当M_1与M_2'平行且间距为d时，则S_1和S_2的距离为$2d$。

对于两个相干点光源S_1和S_2发出的球面波，它们在空间处处相干，因此是非定域干涉，当空间一点P到两点光源的光程差为波长的整数倍时，光强在该点处是加强的，为明条纹；为半波长的奇数倍时，光强是减弱的，为暗条纹：

$$\delta=\begin{cases}k\lambda & \text{明条纹}\\(2k+1)\dfrac{\lambda}{2} & \text{暗条纹}\end{cases}\quad(k=0,1,2,\cdots)$$

满足上述条件的点位于以S_1和S_2为焦点的旋转双叶双曲面族上，用平面的光屏

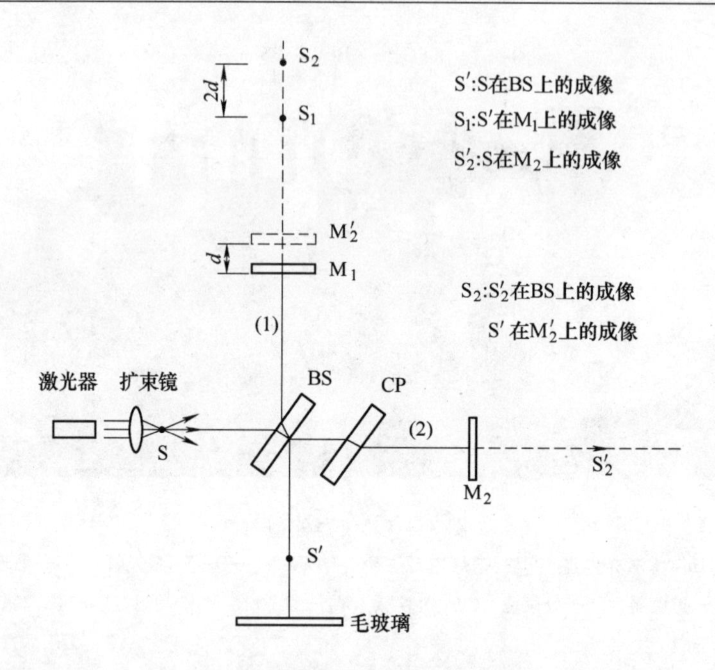

图 3.4-2　基本光路图

去观看干涉图样，在不同位置上观察到的干涉条纹如图 3.4-3 中 A、B、C、D 所示。

在迈克耳逊干涉仪上观看干涉图样时，将毛玻璃固定不动而转动 M_2 时，则 M_2' 与 M_1 有一夹角，虚像 S_2 的位置就改变，当 S_1、S_2 与光屏的相对位置不同时，在光屏上也将看到不同形状的干涉图样，图 3.4-3 中 a、b、c、d 就表示了 M_2' 相对 M_1 角度不同时，在毛玻璃处看到的各种干涉图样，等效于图中 A、B、C、D 的情况。

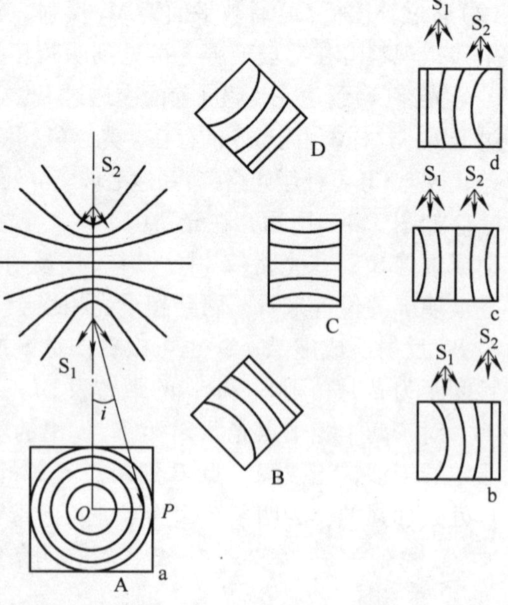

图 3.4-3　两个点光源的干涉图样

M_1 和 M_2 垂直（即 M_2' 与 M_1 平行），毛玻璃屏垂直 S_1 和 S_2 的连线时，屏上的干涉图样是明暗相间的同心圆条纹，S_1 和 S_2 到达光屏上任一点 P 的光程差在 d 很小时为 $\delta = 2d\cos i$（其中 i 为 S_1P 和 S_1S_2 的夹角）。可见 $i=0$ 时，光程差 δ 最大，中心 O 点对应的干涉条纹级数最高，自中心向外，干涉条纹级数降低。移动 M_2，若 d 增大，则条纹数增加，可以看到圆形干涉条纹一个个自中心冒出来而后向外扩张出去；若 d 减小，则条纹数减少，圆形条纹一个个向中心收缩而湮没，每“冒出”或“湮没”一个圆形条纹，相当于 S_1 和 S_2 的距离改变一个波长，M_2' 与 M_1 的距离改变半个波长。当 M_2 移过距离 Δd 时，相应地“冒出”或“湮没”的圆形条纹数 N 由下式决定：

$$\Delta d = \frac{1}{2} \cdot N\lambda$$

从仪器上读出 Δd 和数出相应的 N，就可以测出单色光的波长 λ。

【实验内容】

1. 仪器的调整

仪器调节的主要目的是调节 M_2 与 M_1 垂直，再调出聚焦的点光源 S，并使 S 发出的光束经 M_1、M_2 反射后照亮毛玻璃，即可看到干涉条纹。

（1）将扩束器转移到光路以外，毛玻璃屏如图 3.4-1 放置，调节 He-Ne 激光管周围的两组三点固定螺钉，使激光管大致与其底座平行。调节激光器支架，使光束与分束镜的夹角大致为 45°，并照在各个镜面的中心附近。

（2）让 M_1 和 M_2 分别反射一组光点到毛玻璃上，调节 M_2 后面的俯仰和左右偏角两个调节螺钉，使两组光点重合。这一步是粗调 M_2 使其与 M_1 垂直。如光点重合后出现闪烁现象，说明已调节得比较准确。

（3）将扩束器置入光路，扩束器仅在中央的小透镜处透光。先粗调激光器的支架，使激光通过扩束器后的扩束光大致照在 M_2 上；再微调扩束器上的高低和左右两个微调螺钉，将毛玻璃屏中央调到最亮。此时即可在毛玻璃屏上看到干涉条纹。

（4）如果此时看到的条纹太小、太大或者是接近直条纹，无法判断圆心的位置，可以适当调节小平台下的测微头，将条纹调至大小合适。

（5）继续调节 M_2 后面的俯仰和左右偏角螺钉，将圆心调到毛玻璃屏中央。这一步是细调 M_2 使其与 M_1 严格垂直。

（6）旋动 M_2 所带的测微螺旋，就可观察到干涉环“冒出”和“湮没”的现象。

2. 测 He-Ne 激光的波长

将测微螺旋 MC 沿同一方向旋转，每冒出(或湮没)50 个干涉环记录一次 M_2 镜的位置，连续记 12 次，填入自拟数据表中。

【数据记录与处理】

1. 根据所测数据，用逐差法求出 λ 的平均值；

2. 将实测 λ 的平均值与 λ 的理论值($\lambda_{理} = 6328\text{Å}$)进行比较，计算出百分误差。

<u>注意事项</u>

（1）使用氦气激光器做光源时，眼睛不可以直接面对激光光束传播方向凝视，

接收和观察干涉条纹时，应使用毛玻璃屏，不要用肉眼直接观察，以免伤害视网膜；

（2）迈克耳逊干涉仪是精密仪器，两平面镜和两反射镜不得用手去触摸，也不要靠近说话、呼气；

（3）M_1 上的螺钉不得调节，M_2 上的固定螺钉不得调节，M_2 后面的调节螺钉和扩束器的微调螺钉不能够旋得太紧。

【思考题】

1. 测 He-Ne 激光波长时，要求 N 尽可能大，这是为什么？

2. 使 M_1 和 M_2 逐渐接近直至零光程（即 $d=0$），试描述条纹疏密变化现象。

3. 将 M_2 由左向右移动，条纹有可能会冒出，也有可能会湮没，试解释为什么这两种情况都有可能发生。

实验 3.5　示波器的原理和使用

【简介】

示波器是一种用途广泛的电子测量仪器，用它能直接观察电信号的波形，也能测量电信号的幅度、周期和频率等参数。用双踪示波器还可以测量两个信号之间的时间差或相位差。凡是可以转化为电压信号的电学量和非电学量都可以用示波器来观测。

【实验目的】

1. 学会示波器的使用的方法。

2. 掌握利用李萨如图形测频率。

3. 学会用示波器测同频信号相位差。

【实验仪器】

YB4325 双踪示波器，XJ1631 数字函数信号发生器等。

【预习提示】

1. 了解示波管的基本结构并理解各组成部分的作用。

2. 了解示波器的基本结构和工作原理。

【实验原理】

示波器的规格和型号很多，但不管什么示波器都包括图 3.5-1 所示的几个基本组成部分：示波管（又称阴极射线管，Cathode Ray Tube，简写为 CRT）、竖直放大器（Y 轴放大）、水平放大器（X 轴的放大）、扫描发生器、触发同步和直流电源等。

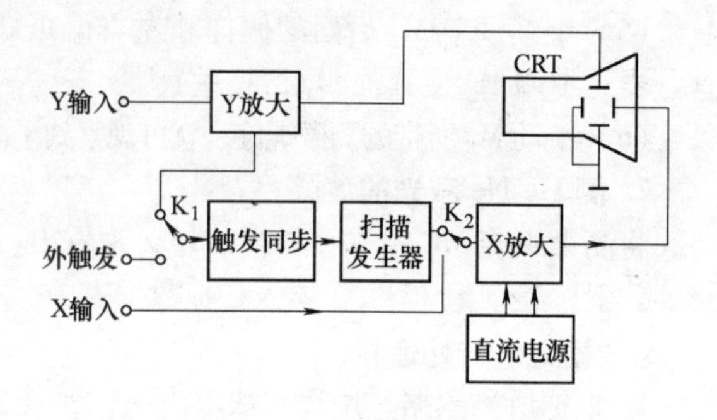

图 3.5-1　示波器的原理框图

1. 示波管的基本结构

示波管的基本结构如图3.5-2所示，主要包括电子枪、偏转系统和荧光屏三个部分，全部密封在抽成高真空的玻璃外壳内。

（1）电子枪

它由灯丝F、阴极K、控制栅极G、第一阳极 A_1 和第二阳极 A_2 五部分组成。灯丝通电后加热阴极。阴极是一个表面镀有氧化物的金属圆筒，被加热后发射电子。控制栅极是一个顶端有小孔的圆筒，套在阴极外面，其电位比阴极低，对阴极发射出来的电子起控制作用，只有初速度较大的电子才能克服电场的阻力穿过栅极顶端的小孔然后在阳极作用下射向荧光屏。示波器面板上的“辉度”调整就是通过调节栅极电位以控制射向荧光屏的电子流密度，从而改变屏上的光斑亮度。阳极电位比阴极电位高很多，电子被它们之间的电场加速形成射线。当控制栅极、第一阳极与第二阳极之间的电位调节合适时，电子枪内的电场对电子射线有聚焦作用，所以，第一阳极又称聚焦阳极。第二阳极电位更高，又称加速阳极。面板上的“聚焦”调节，就是调节第一阳极和第二阳极的电位差，使电子束会聚点落在荧光屏上，呈现一个小的亮点，这是一种电聚焦法。

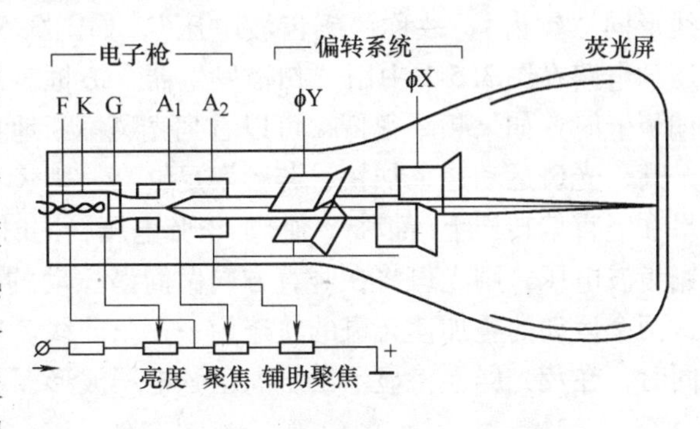

图3.5-2 示波管的基本结构图

（2）偏转系统

它由两对互相垂直的偏转板组成，一对竖直偏转板φY，一对水平转板φX。在偏转板上加以适当电压，电子束通过时，受电场力的作用，运动方向发生偏转，从而使电子束在屏幕上产生的光斑的位置也发生改变。

（3）荧光屏

屏上涂有荧光粉，电子打上去它就发光，形成光斑。不同材料的荧光粉发光的颜色不同，发光过程的延续时间(余辉时间)也不相同。荧光屏前有一透明、带刻度的坐标板，供定量测量之用。

2. 示波器显示波形的原理

如果只在竖直偏转板上加一交变正弦电压，则电子束产生的亮点将随电压的变化在竖直方向来回运动。如果电压频率较高，由于视觉暂留和屏幕余辉作用，则看到的是一条竖直亮线，如图3.5-3所示。

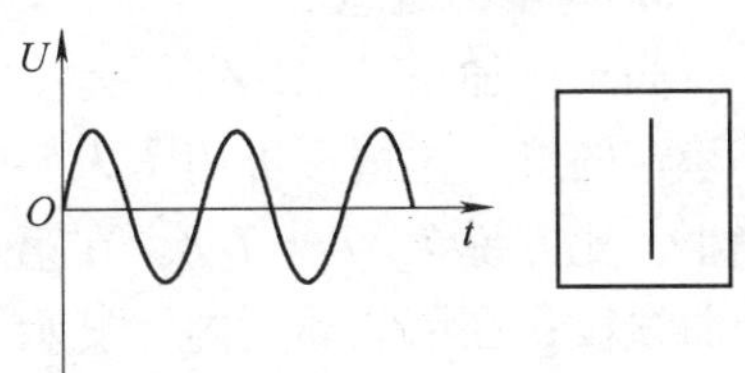

图3.5-3 只加竖直偏转电压的情形

要能显示波形，必须同时在水平偏转板上加一扫描电压，使电子束的亮点能匀速地沿水平方向拉开。这种扫描电压的特点是电压随时间成线性地增加到最大值，然后突然回到最小，此后再重复地变化。这种扫描电压随时间的变化关系曲线形同“锯齿”，故称“锯齿波电压”，如图 3.5-4 所示。示波器中产生扫描电压的电路在图 3.5-1 中用“扫描发生器”方框表示。当只有锯齿波电压加到水平偏板上时，如果频率很低，可以看到光斑不断地重复从左到右的匀速运动。频率升高，光斑运动速率加快，若频率足够高，则荧光屏上只显示一条水平亮线。如果在竖直偏转板上(简称 Y 轴)加正弦电压，同时在水平偏转板上(简称 X 轴)加锯齿波电压，则光斑将在竖直方向做简谐振动的同时还沿水平方向做匀速运动。这两个运动的叠加使光斑的轨迹为一正弦曲线。当锯齿波电压和正弦电压周期相同时，在荧光屏上将显示出所加正弦电压波形图，如图 3.5-5 所示。

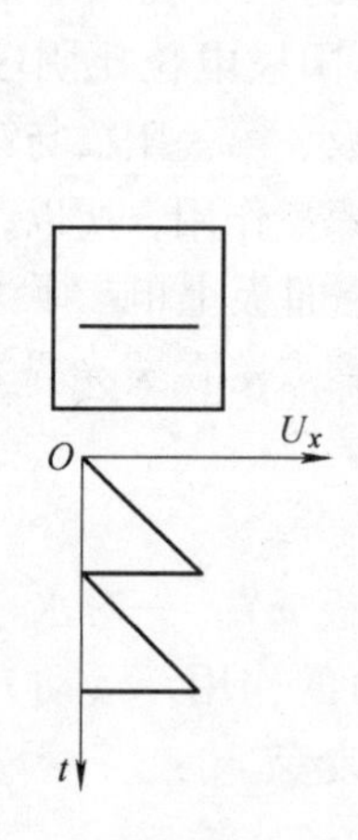

图 3.5-4　只加水平偏转电压的情形

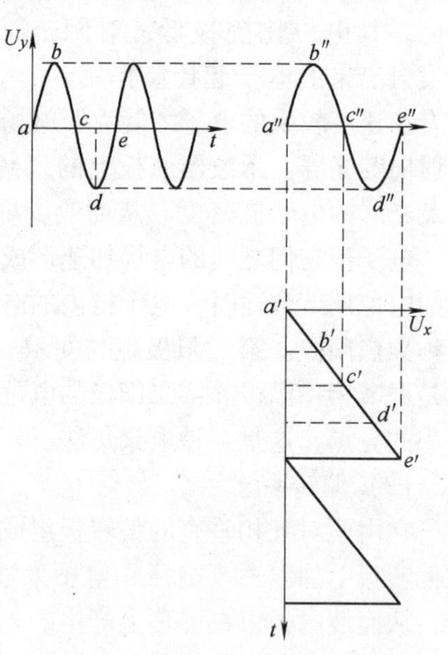

图 3.5-5　示波器显示正弦波的波形图

3. 同步的概念

如果所加正弦电压和锯齿波电压的周期稍微不同，屏上出现的是一移动着的不稳定图形，这情形可用图 3.5-6 说明。设锯齿波电压的周期比正弦电压的周期稍小，比方说 $T_x/T_y=7/8$。在第一扫描周期内，屏上显示正弦信号 0—4 点之间的曲线段；在第二周期内，显示 4—8 点之间的曲线段，起点在 4 处；第三周期内，显示 8—11 点之间的曲线段，起点在 8 处。这样，屏上每次显示的波形都不重叠，好像波形在向右移动。同理，如果 T_x 比 T_y 稍大，则波形向左移动。

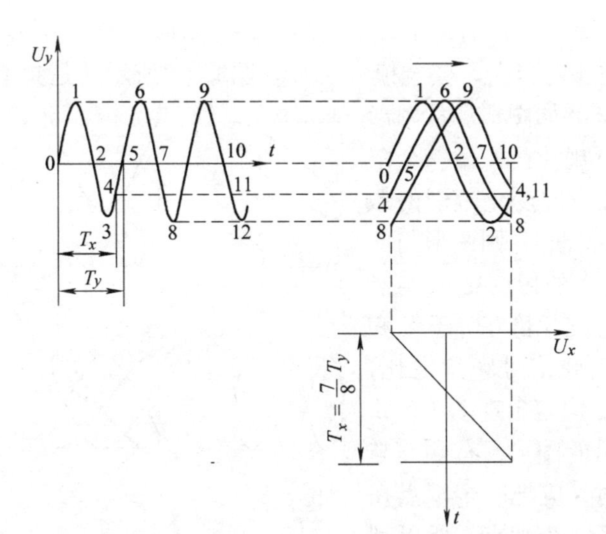

图 3.5-6 $T_x/T_y=7/8$ 显示的波形

为了获得一定数目的完整波形，示波器上设有“扫描速率”转换开关和“扫描微调”旋钮，用来调节锯齿波电压的周期，使之与被测信号的周期成合适的关系，从而在屏上得到所需数目的被测波形。

如果输入Y轴的被测信号与示波器内部的扫描电压是完全相互独立的，由于环境和其他因素影响，它们的周期会发生微小的改变。这时，虽可通过调节扫描微调将周期调到整倍数关系，但过一会又变了，波形又移动起来。在观察高频信号时这个问题尤为突出。为此示波器设有扫描同步装置，让输入电压去触发扫描信号，使锯齿波电压的扫描起点自动跟着被测信号改变，以保持扫描周期是被测信号周期的整倍数关系，使显示波形稳定，这就称为同步(或整步)。面板上的同步触发“电平”调节旋钮即为此而设，适当调节该钮可使波形稳定。

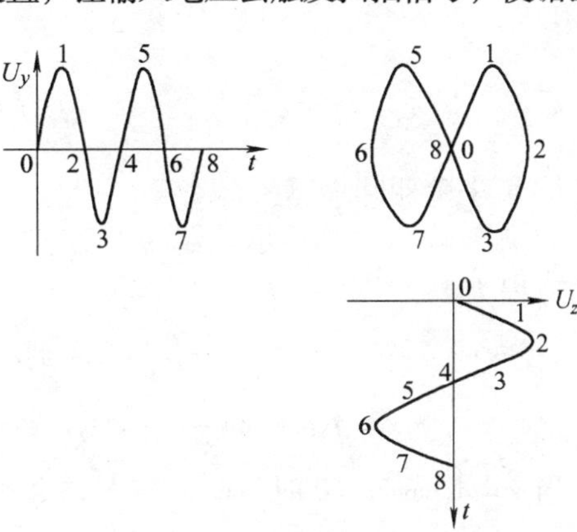

图 3.5-7 $f_y:f_x=2:1$ 的李萨如图形

4. 李萨如图形的基本原理

如果示波器的X和Y输入的是频率相同或成简单整数比的两个正弦电压，则屏上将呈现特殊形状的光点轨迹，这种轨迹称为李萨如图形。图3.5-7所示为$f_x:f_y=2:1$的李萨如图形。频率比不同时将出现不同的李萨如图形，若两频率不成简单的整数比关系，图形将十分复杂，甚至模糊一片。图3.5-8所示的是频率成简单的整数比关系的几组李萨如图形。从图形中可总结出如下规律：如做一个限制光点沿X、Y方向变化范围的假想方框（图中虚线框），则图形与此框相切时，横边上的切点数 n_x 与竖边上的切点数 n_y 之比恰好等于Y和X输入的两个正弦信号频率之比，即 $f_y:f_x=n_x:n_y$。但若出现图3.5-8b和图3.5-8f所示的图形，有端点与假想边框相接时，应把一个端点在两邻边上各计1/2个切点。所以利用李萨如图形能方便地比较两正弦信号的频率。若已知一个信号的频率，数出图上的切点数 n_x 和 n_y 便可算出另一待测信号的频率。

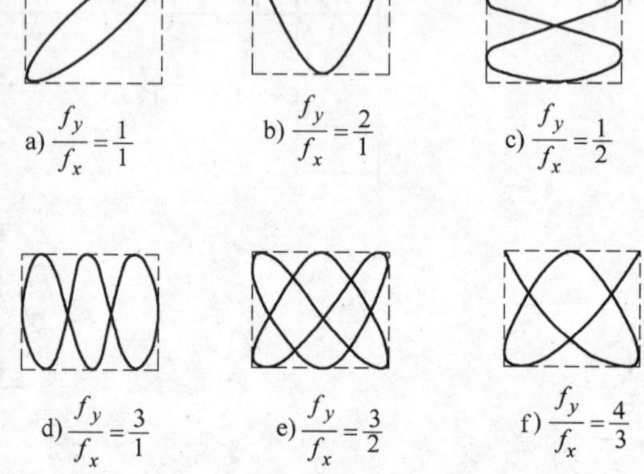

图3.5-8 $f_y:f_x=n_x:n_y$ 的几组李萨如图形

5. 测量两同频信号的位相差

设有两信号：$y_1=A_1\cos\omega t$，$y_2=A_2\cos(\omega t-\varphi)$。

其中 y_2 比 y_1 滞后位相 φ，这一位相差可从示波器显示的图形中测出。

（1）双踪波形法

示波器工作于“双踪”方式时可同时显示出 y_1、y_2 两个通道输入信号的波形，如图3.5-9所示。利用屏幕上的标尺测出波长和滞后距离 l，就可算出两信号的位相差

$$\varphi=\frac{2\pi l}{\lambda} \tag{3.5-1}$$

（2）李萨如图形法

如果将 y_2 信号加给示波器的X方向，会出现图3.5-10所示的李萨如图，图形的方程为

$$y=A_1\cos\omega t$$

$$x=A_2\cos(\omega t-\varphi)=A_2(\cos\omega t\cdot\cos\varphi+\sin\omega t\cdot\sin\varphi)$$

当 $y=A_1\cos\omega t=0$ 时，图形与X轴相交于 x_0 处，则 $x_0=A_2\sin\varphi$。因此，只要测出X方向的振幅 A_2 和 x_0，就可按式(3.5-2)计算出位相差。

$$\varphi=\arcsin\frac{x_0}{A_2} \tag{3.5-2}$$

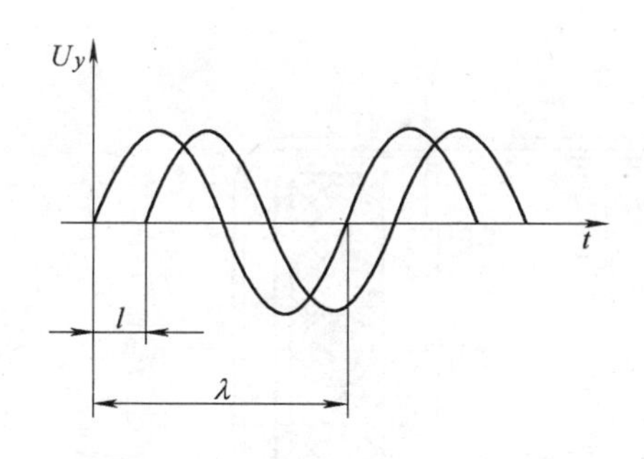

图 3.5-9　两信号的波形

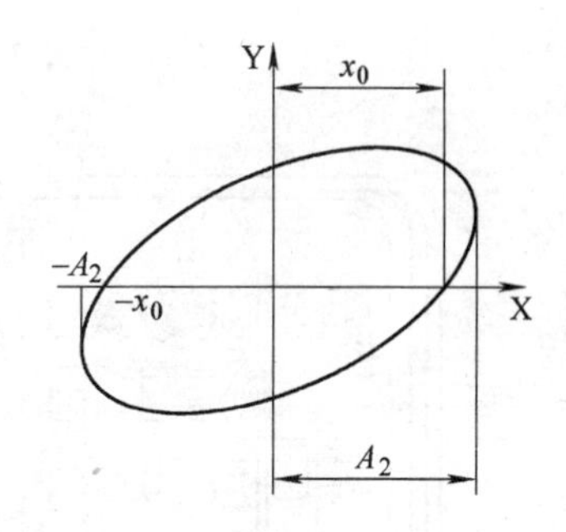

图 3.5-10　同频信号的李萨如图

【实验装置】

YB4325 双踪示波器

这是一台可同时测量频率在 20MHz 范围内的两个信号的双踪示波器。其内部的电子开关可将这两个信号(CH1 和 CH2)交替地加在示波管的 Y 偏转板上。当开关的频率足够高时，在屏上能同时出现 CH1 和 CH2 两个信号。面板布置见图 3.5-11，下面就本仪器要用到的部分各旋钮和开关的功能及使用方法简要说明如下：

1. (9)电源开关(POWER)　先将电源开关置于“关”位置，然后将电源线接入，按电源开关键，接通电源。

2. (8)电源指示灯　电源接通时，指示灯亮。

3. (2)辉度旋钮(INTENSITY)　控制光点和扫描线的亮度，顺时针方向旋转旋钮，亮度增强。

4. (4)聚焦旋钮(FOCUS)　用辉度控制钮将亮度调至合适的标准，然后调节聚焦控制钮直至光迹达到最清晰的程度。虽然调节亮度时，聚焦电路可自动调节，但聚焦有时也会轻微变化，如果出现这种情况，需重新调节聚焦旋钮。

5. (13)通道 1 输入端[CH1 INPUT(X)]　该输入端用于垂直方向的输入，在 X—Y 方式时，作为 X 轴输入端。

6. (17)通道 2 输入端[CH2 INPUT(Y)]　和通道 1 一样，但在 X—Y 方式时，作为 Y 轴输入端。

7. (11)、(12)、(16)、(18)交流—直流—接地(AC、DC、GND)　输入信号与放大器连接方式选择开关

交流(AC)：放大器输入端与信号连接经电容器耦合；

接地(GND)：输入信号与放大器断开，放大器的输入端接地；

直流(DC)：放大器输入与信号输入端直接耦合。

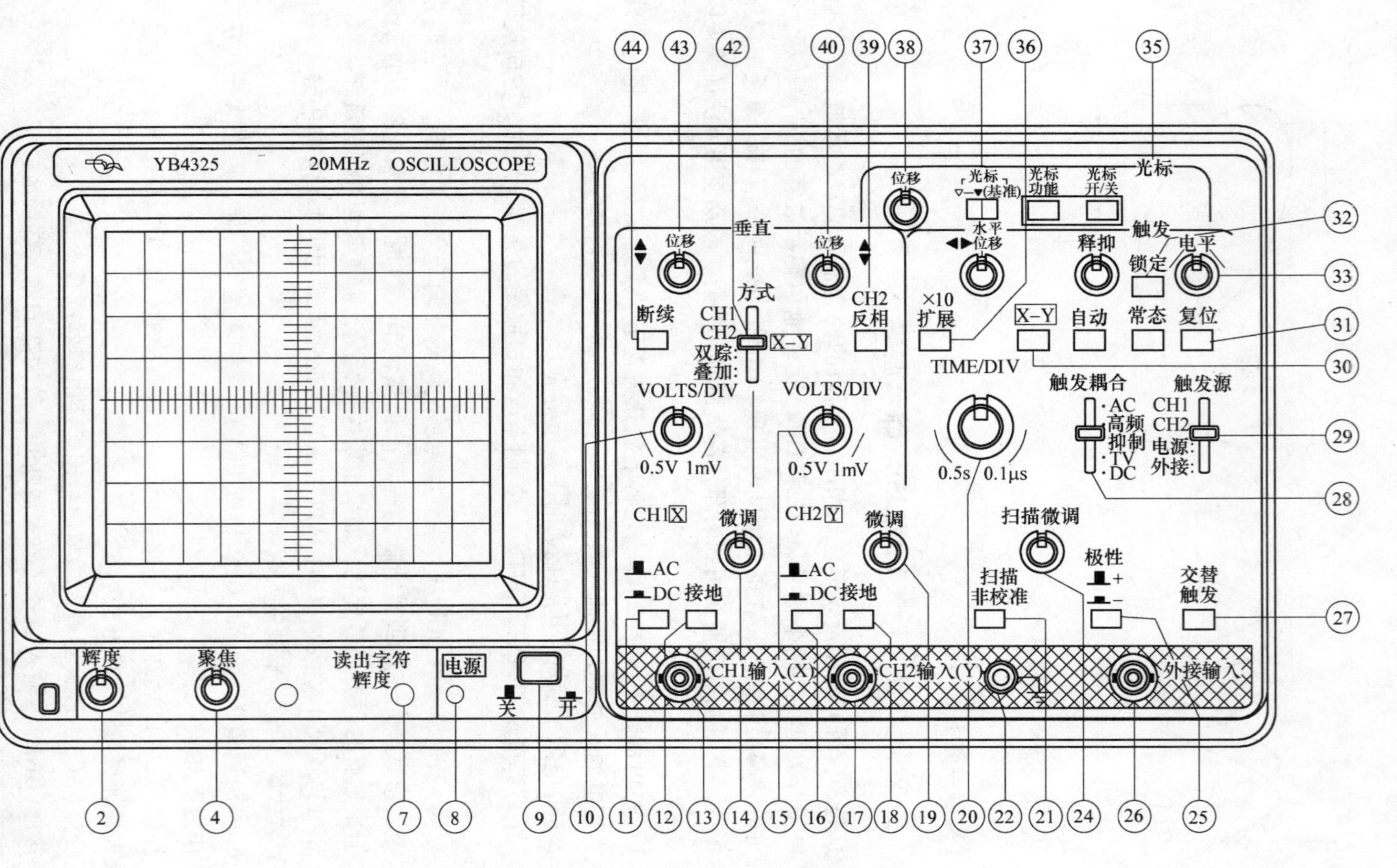

图3.5-11 YB4325 双踪示波器面板图

8.(10)、(15)衰减器开关(VOLTS/DIV)　用于选择垂直偏转系数，共12档。

9.(14)、(19)垂直微调旋钮(VARIBLE)　垂直微调用于连续改变电压偏转系数。此旋钮在正常情况下应位于顺时针方向旋到底的位置。将旋钮逆时针旋到底，垂直方向的灵敏度下降到2.5倍以上。

10.(37)水平位移(POSITION)　用于调节光迹在水平方向移动，顺时针方向旋转该旋钮向右移动光迹，逆时针方向旋转向左移动光迹。

11.(43)、(40)垂直位移(POSITION)　调节光迹在屏幕中的垂直位置。

12.(42)垂直方式工作开关(VERTICAL MODE)　选择垂直方向的工作方式：

通道1(CH1)：屏幕上仅显示CH1的信号；

通道2(CH2)：屏幕上仅显示CH2的信号；

双踪(DUAL)：屏幕上同时显示CH1和CH2上的信号；

叠加(ADD)：显示CH1和CH2输入信号的代数和。

13.(20)主扫描时间系数选择开关(TIME/DIV)　主扫描时间系数选择开关共20档，在(0.1μs~0.5s)/div范围选择扫描速率。

14.(21)扫描非校准状态开关键　按入此键，扫描时间进入非校准调节状态，此时调节扫描微调有效。

15.(24)扫描微调控制键(VARIBLE)　此旋钮以顺时针方向旋转到底时，处于校准位置，扫描由Time/div开关指示。此旋钮逆时针方向旋转到底，扫描减慢2.5倍以上。当按键(21)未按入时，旋钮(24)调节无效，即为校准状态。

16.(29)触发源选择开关(SOURCE)

通道1X—Y(CH1,X—Y)：CH1通道信号为触发信号，当工作方式在X—Y方式时，拨动开关应设置于此档；

通道2(CH2)：CH2通道的输入信号是触发信号；

电源(LINE)：电源频率信号为触发信号；

外接(EXT)：外触发输入端的触发信号是外部信号，用于特殊信号的触发。

17.(30)X—Y控制键　按入此键，垂直偏转信号接入CH2输入端，水平偏转信号接入CH1输入。

18.(31)触发方式选择(TRIG MODE)

自动(AUTO)：在“自动”扫描方式时，扫描电路自动进行扫描。在没有信号输入或输入信号没有被触发同步时，屏幕上仍然可以显示扫描基线；

常态(NORM)：有触发信号才能扫描，否则屏幕上无扫描线显示。当输入信号的频率低于50Hz时，请用“常态”触发方式；

复位(SINGLE)：“自动”(AUTO)、“常态”(NORM)两键同时弹出被设置于单次触发工作状态，当触发信号来到时，准备(READY)指示灯亮，单次扫描结束后指示灯熄，复位键(RESET)按下后，电路又处于待触发状态。

19.(32)电平锁定(LOCK)　无论信号如何变化，触发电平自动保持在最佳位置，不需人工调节电平。

20.(33)触发电平旋钮(TRIG LEVEL)　用于调节被测信号在某选定电平触发，当旋钮转向“+”时显示波形的触发电平上升，反之触发电平下降。

21.(35)光标测量

光标开/关：按此键可打开/关闭光标测量功能。

光标功能：按此键选择下列测量功能。

ΔV：电压差测量

ΔV%：电压差百分比测量(5div = 100%)

ΔVdB：电压增益测量(5div = 0dB)

ΔT：时间差测量

1/ΔT：频率测量

DUTY：占空比(时间差的百分比)测量(5div = 100%)

PHASE：相位测量(5div = 360°)

光标—▽—▲(基准)：按此键选择移动的光标，被选择的光标带有“▽”或“▲”标记；当两种光标均带有标记时，两光标可同时移动。

22.(38)位移　旋转此控制旋钮可将选择的光标定位。

XJ1631 数字函数信号发生器

XJ1631 数字函数信号发生器的面板如图 3.5-12 所示，下面就本仪器要用到的部分做一介绍。

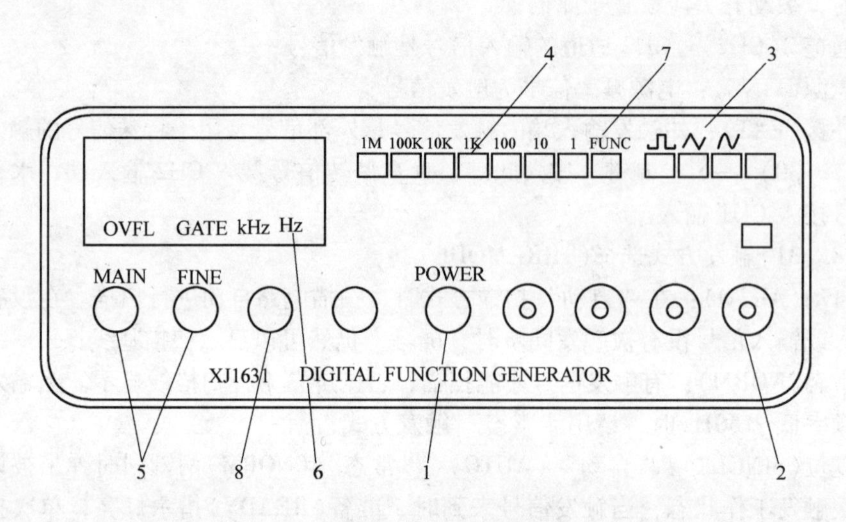

图 3.5-12　XJ1631 数字函数信号发生器

1. 电源开关/幅度调节(POWER/AMPLITUDE) 旋钮逆时针旋足即电源关，顺时针旋足，函数信号最大。

2. 输出插座 本实验要观察的信号都由该插座输出。

3. 波型选择键 根据键上方的图示可分别选择方波、三角波、正弦波。

4. 频率范围选择键 用来改变输出频率的数量级。

5. 频率调节钮 调节该钮可连续改变输出信号的频率，调节率为0.2～2。(MAIN为粗调,FINE为细调。)

6. 倍率指示灯 用来指示所显示的频率数值的单位。例如数字显示为16.32，同时kHz指示灯亮，则输出频率为16.32kHz；若Hz指示灯亮，则输出频率为16.32Hz。

7. 内/外计频转换键 跳起位置显示函数发生器的输出信号频率；按下位置可作为计频仪显示外接信号的频率。本实验中该键不按下。

8. 输出信号对称度调节钮 逆(顺)时针旋到底输出对称波形，顺(逆)时针旋转时波形不对称加强，以获得不同的斜波信号。本实验只观察对称波形，该钮逆(顺)时针旋到底。

【实验内容】

1. 示波器的基本调节

打开电源开关，电源指示灯变亮，约20s后，示波管屏幕上会显示光迹。

(1) 将AC—DC (11)(或16)开关拨到AC，接地(12)(或18)按下，垂直方式工作开关置于CH1(或CH2)，自动(31)和锁定(32)按下，屏幕上将会出现水平光迹亮线。

(2) 调节CH1(或CH2)垂直和水平位移旋钮，将扫线调节到中心刻度线附近。

(3) 调节辉度(1NTEN)和聚焦(FOCUS)旋钮，将光迹亮度和聚焦调到适当，使水平光迹亮线达到最清晰。

(4) 将接地(12)(或18)弹起，信号源信号接入到CH1(或CH2)输入端。

(5) 为便于信号的观察，将VOLTS/DIV开关和TIME/DIV开关调到适当的位置，使波形幅度适中，周期适中。

2. 观察和测量波形

(1) 首先观察和测量正弦波，将垂直微调旋钮和扫描微调旋钮置于校准位置，调节VOLTS/DIV开关和TIME/DIV开关，使屏上出现1～3个完整稳定的波形。

(2) 利用示波器光标测量功能，分别测出波形的ΔU：峰峰电压差；ΔT：时间差即周期；$1/\Delta T$：频率。

(3) 重复以上步骤1、2，再分别测出三角波和方波。

(4) 用双踪波形法测量两同频信号的位相差，将信号源正弦波信号频率设为1.000kHz，接入CH1通道，(高频插座)接CH2通道，垂直方式工作选择开关(42)

置于“双踪”，使屏上出现两列稳定的波形。测出式(3.5-1)中各量并计算两信号的位相差[或将波长调至5div(360°)，利用示波器光标测量直接测出位相差]。

3. 观测李萨如图形

（1）将示波器自带正弦波信号接入 CH1 输入端，CH2 输入端输入函数发生器信号源中正弦波，按下 X—Y 控制键(30)，调节函数发生器的输出正弦电压的频率，使屏上出现图 3.5-8 中的任一稳定图形，记录下李萨如图形和标准信号源(即函数发生器)的输出信号频率 f_y，根据 $f_x=\frac{n_y}{n_x}f_y$ 计算出待测信号的频率。

（2）用李萨如图形法测量两同频信号的位相差，利用荧光屏上标尺测出式(3.5-2)中的各量(X 和 Y 方向的衰减要保持一致)，并计算出两信号的位相差。(测 A_2 时可将 CH2 的输入方式开关置于“接地”，使图形成为 X 轴上的一条直线。)

【数据记录与处理】

按以上实验内容，将数据记录在自拟的数据表格中，并完成计算内容。

【思考题】

1. 用示波器观察正弦波，在屏幕上出现下列现象如何解释：

（1）屏上呈现一水平亮线；

（2）屏上呈现一缓慢移动铅直亮线；

（3）屏上呈现一亮点。

2. 屏上的波形不稳定甚至模糊一片，应如何调节示波器？

3. 为什么李萨如图形总稳定不下来而波形能稳定？

实验 3.6　分光计的调节与使用

【简介】

分光计是精确测量光线偏转角度的仪器，也称为测角仪。分光计是光学实验中的基本仪器之一。许多光学仪器(棱镜光谱仪、光栅光谱仪、分光光度计、单色仪等)的基本结构也是以它为基础的。在使用分光计时须经过一系列精细的调节才能得到准确的结果，它的调节技术是光学实验中的基本技术之一，应该正确掌握。初次接触本仪器，要了解其结构、调节过程的顺序，并学会准确地读数。

【实验目的】

1. 了解分光仪的构造。

2. 学会调节分光仪。

3. 准确使用分光仪来测角。

【实验仪器】

FGY—01 型分光计、钠光灯、平行平面镜。

【预习提示】

1. 分清仪器有哪几个主要部分。
2. 平面镜怎样正确地放置在平台上。
3. 各部分调节螺钉的作用、对象。
4. 调节的各注意事项。
5. 什么是“1/2 调节法”？1/2 指什么？
6. 怎样正确读数？

【实验原理】

分光计用望远镜的旋转角来测光线的偏折角。它主要由平行光管(C)、载物平台(P)和自准直望远镜(T)构成(图 3.6-1)。P 和 T 都可绕分光计中心主轴旋转，T 与游标盘固定连接，P 通过其锁定螺旋可与分度盘(S)连接。T 与 S 都可锁定，而后微动。若 S 锁定而 T 松绑，则 T 旋转的角度就可由游标和分度盘上读出。我们的分度盘最小分度 $a=20'$，$20'$以上的“大数”可以游标零线为指针由分度盘上读出。游标盘将分度盘上的 $39a$ 分成 $40b$，所以一小格 b 代表半分 $=30''$，$20'$以下的“小数”可由符合线(主副尺对齐的线)从游标盘上读出(图 3.6-2)。

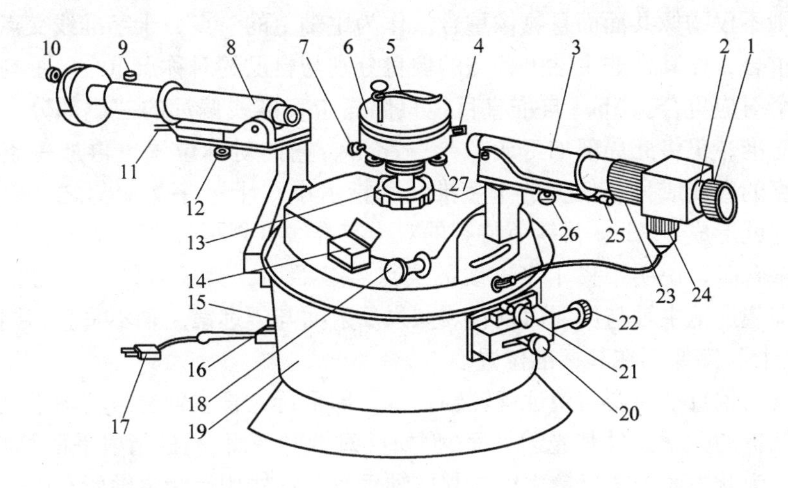

图 3.6-1　FGY—01 型分光计示意图

1—目镜套筒　2—分划板套筒　3—望远镜筒　4—工作平台固定螺丝　5—夹件　6—工作平台　7—夹件固定螺钉　8—平行光管　9—狭缝套筒固定螺钉　10—狭缝宽度调节手轮　11—平行光管倾斜度固定螺钉　12—平行光管倾斜度调节螺钉　13—平台主轴升降固定螺母　14—读数窗口　15—电源开关(220V)　16—指示灯　17—电源插头(220V)　18—望远镜微调手轮　19—底座　20—刻度圆盘制动手轮　21—望远镜制动手轮　22—刻度圆盘微调手轮　23—望远镜聚焦调节手轮　24—电珠灯座　25—望远镜倾斜度固定螺钉　26—望远镜倾斜度调节螺钉　27—工作平台倾斜度调节螺钉

平行光管由狭缝和会聚透镜组成，当狭缝处在透镜的焦平面上时（“在焦”），就能把照射在狭缝上的光线变成平行光出射，从而获得有确定方向的入射光。望远镜由物镜 L_o 和目镜 L_e 构成。由于要在其间加入分划板（十字准线），所以采用 Kepler 望远镜，物镜和目镜都各相当于一个会聚透镜。如果物镜和目镜的距离等于它们的焦距之和，也就是，物镜的后焦面与目镜的前焦面重合（共焦），则成为无焦系统（焦点在无穷远）适合于接收平行光。所以对 T 和 C 都要“调焦”。

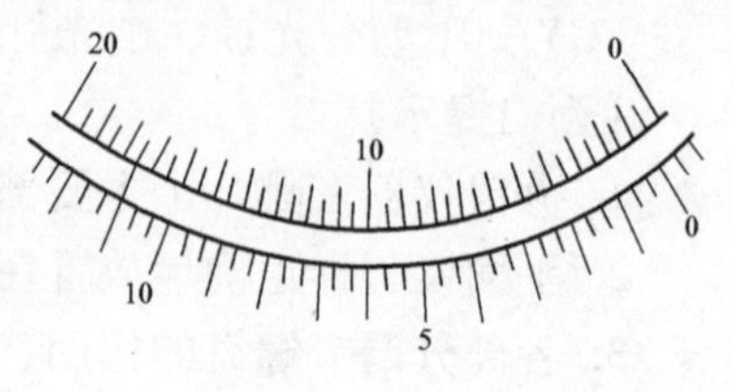

图 3.6-2　角游标读数：359°37′30

为了调焦，可以先用自准直方法把望远镜调好，再以望远镜为标准去校准平行光管。自准直望远镜自己能发射出光去，如同雷达，根据反射回来的信息（在这里就是反射像），进行判断和调整。做法也很简单，只要将现成的分划板（十字准线）照亮，使它成为“发光物”，它的交点就相当于“点光源”（其他各点也一样）。如果它处在物镜的焦平面上，则发出的光将变成平行光射出，如果在平台 P 上放一个垂直反射面，则反射回来的平行光将重新聚焦在分划板上，也就是说“物像共面”，这就是自准直。所以在分划板上看到清晰的反射像，并且无视差，就说明分划板确已处在物镜焦平面上了。如果反射面与望远镜主轴严格垂直，则不仅物像共面而且物像重合。作为主轴上的一点，十字准线交点的像与其本身重合，而其他非主轴上各点的像将分别与自己的对称点重合。上与下，左与右各个对应重合。Abbe 自准直目镜只照亮十字准线偏远的一小部分，为了二维精确对准，仍将此局部加工成“十”字形，它的对称位置也再加一条与原来准线垂直的直线成另一偏置的十字准线，指示小“十”字像应与之重合的标准位置。这就形成了 Abbe 目镜所特有的双十字准线分划板。当“十”字像与其标准位置重合时，说明中央十字准线的交点若被照明，其反射像一定与它本身重合，亦即望远镜主轴与反射面垂直。如果反射面与望远镜主轴不垂直，则物像不重合，“十”字像不在其标准位置。

光线的偏折平面要与望远镜转轴垂直，即平行光管主轴要与转轴垂直，使光线发生偏折的光学元件其光学平面（例如反射折射平面，光栅衍射平面等）要沿转轴方向。为此先要使望远镜主轴与其转轴垂直，这样望远镜主轴所在的转动平面就成为调整时的基准平面。已经知道可以用自准直方法，使望远镜主轴与反射面垂直。但这并不表示主轴已与转轴垂直，因为相互垂直的双方都可能不正。反射镜不一定沿转轴方向，望远镜主轴也不一定在一个转动平面里。可以证明它们对各自正确方位的偏离是相等的。为了把它们扳正，可用平台带动反射镜旋转 180°，此时“十”字像一般又不在标准位置，而是错开距离。调节平台的调节螺钉使距离减少一半，再调节望远镜的调节螺钉使距离再减一半，使“十”字像的水平线与偏置十字准线的水平线重合。这称为二分之一调节法。

由于采用对径读数法可以消除偏心差，所以旋转望远镜(亦即旋转游标盘)和旋转平台(此时平台要与分度盘锁定在一起旋转)都一样。

望远镜调焦、调平后，就可以望远镜为标准来进行平行光管的调焦和调平了。我们的测角练习，仍以平行平面镜为光学元件，它已在调节望远镜的同时被调好，其光学平面已沿转轴方向。只要不取下来，就不必重调了。

【实验内容】

1. 分光计调节(表3.6-1)

表3.6-1 分光计调节

序次	步骤	说明	调整	
1	接通电源，检查双“十”字坐标	坐标，小“十”字模糊	旋转目镜手轮，调目镜与分割板位置	
2	将载物平台紧贴台基，将平面镜准确置于平台上，使望远镜光轴大致垂直平面镜	台基下方有三颗向上的螺钉a、b、c，用来调整平台的水平位	调节a、b、c螺钉，使平台紧贴台基。平台上三直线，选一条为基准	c a b
3	寻找平镜面反射回来的“十”像(两面)A面、B面	如镜面与望远镜基本垂直，会发现“十”	调节望远镜的仰俯角度	A+ B+
4	如果放上平镜，只能看到一个面上有反射“十”字，这时要检查望远镜是否水平，即改变望远镜的仰俯角度来寻找反射“十”，直到两面全有“十”，采用下面的方法来调节			+
5	假设正反镜面“十”一个在X轴上方，另一个在X轴下方，这时应先把在X轴上方的“十”转到前面来，调节望远镜的角度，使这一“十”一下调到X轴上，另一面就用1/2方法调			+ +
6	假设正反镜面“十”全在X轴下面，应先把偏离X轴近的“十”转到前面来，调节望远镜仰俯角度，直接把这一“十”调到X轴，另一面“十”用1/2方法调，重复1/2法			+ +

（续）

序次	步　骤	说　明	调　整	
7	假设正反镜面“十”全在X轴上方，应把偏离X轴距离远的“十”转到前面来，调节望远镜角度，直接把这一“十”调到X轴，另一面“十”用1/2方法调，重复1/2法			
8	如正反“十”全在X轴上，基本上认为望远镜与转轴或者与平面镜垂直，就以这为标准调节平行光管			
9	点亮纳灯，使窄缝缝口对准光源，望远镜和平行光管在一条直线上，从目镜中检查是否有从狭缝中透出的狭缝光	a. 检查目镜中是否有光 b. 光是否关于X轴对称 c. 光是否与Y轴平行 d. 光焦距是否调至最佳(光又亮又光滑)	a. 打开狭缝口，可见光调至1～2mm b. 调节平行光管水平螺钉，改变光的上下位置 c. 左右转动狭缝筒 d. 前后调节狭缝筒	
10	转动望远镜，使Y轴与狭缝光相切。平台带着平镜转动，将先前调好的反射“十”放在左边的Y轴上，到这一步认为仪器调好，即可读数			

至此分光计全部调好，可以用它来测光线偏折角了。

2. 测角（测平行光在平行平面镜上的反射角）（图3.6-3）

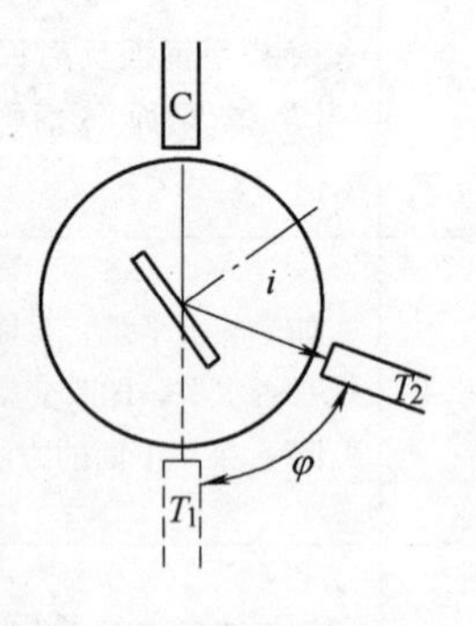

图3.6-3　测反射角

（1）此时从望远镜中仍可看到透射光。平行光管狭缝像仍应与分划板中央纵线重合。平面镜反射十字像放在另一条分划板纵线上，使前镜面与望远镜光轴垂直，后镜面与平行光管垂直，平行光管与望远镜同轴。为了精确定位，应将望远镜在此位置锁定，然后用微调螺旋微动，使分划板中央纵线与狭缝像固定边重合。（以后做其他测量时也一律以这条边为准。）记录左右两窗的读数 T_1 和 T_1'。

（2）保持望远镜与平行光管同轴。将平台旋转适当角度，使其上的平行平面镜法线不再与平行光管主轴平行。将平台连同圆度盘一起锁定。

（3）松开望远镜锁定螺旋，使望远镜可自由旋转。（注意：在旋转望远镜前必先“松锁”，否则强行旋转必损仪器。）旋转望远镜，寻找由平面镜反射的光。

（4）找到反射光后，将望远镜转到其分划板中央纵线与狭缝像重合的方位，然后锁定望远镜，用微调螺旋精确对准中央纵线与狭缝的一边。

图3.6-3测反射角(必须是测 T_1 时的同一边)，记录左右两窗的读数 T_2 和 T_2'。

两处角位置之差即是反射光与透镜光的夹角 φ，而反射角(因而也是入射角) $i=\frac{1}{2}(\pi-\varphi)=\frac{1}{2}[180°-|T_1-T_2|]$。

【数据记录与处理】

	左窗	右窗	$\bar{\varphi}=\frac{1}{2}(\varphi+\varphi')$
透射光 T_1			$=\frac{1}{2}[\,|T_1-T_2|+|T_1'-T_2'|\,]$
反射光 T_2			$\Delta_T=30''$，$\sigma_T=\frac{1}{3}\Delta_T=10''$
夹角 φ			$\sigma_i=\frac{1}{4}\sqrt{4\sigma_T^2}=\frac{1}{2}\sigma_T=\frac{1}{6}\Delta_T=5''$

$\because\quad i=\frac{1}{2}(\pi-\bar{\varphi})=$

$\therefore\quad i=\bar{i}\pm\sigma_i=$

实验3.7 扭摆法测转动惯量

【简介】

转动惯量是刚体转动时惯性大小的量度，是表明刚体特性的一个物理量。刚体转动惯量除了与物体的质量有关外，还与转轴的位置和质量分布(即形状、大小和密度分布)有关。如果刚体形状简单，且质量分布均匀，就可以直接计算出它绕特定转轴的转动惯量。对于形状复杂，质量分布不均匀的刚体，计算将极为复杂，通常采用实验方法来测定。

【实验目的】

1. 用扭摆测定不同形状物体的转动惯量和弹簧扭转常数，并与理论值进行比较。

2. 验证转动惯量平行轴定理。

【实验仪器】

扭摆、数字式周期测定仪(型号ZG—2,测时精度0.01s)、数字式电子秤(型号YP1200,称量1200g,分度值0.1g)。

【预习提示】

1. 扭摆的运动特性是什么?

2. 叙述转动惯量平行轴定理。

【实验原理】

扭摆的构造如图3.7-1所示，在其垂直轴1上装有一根薄片状的螺旋弹簧2,

用以产生恢复力矩。在轴的上方可以装上各种待测物体。垂直轴与支座间装有轴承，以使摩擦力矩尽可能降低。

将物体在水平面内转过一角度 θ 后，在弹簧的恢复力矩作用下，物体就开始绕垂直轴做往返扭转运动。根据胡克定律，弹簧受扭转而产生的恢复力矩 M 与所转过的角度成正比，即

$$M = -K\theta \tag{3.7-1}$$

式中，K 为弹簧的扭转常数。刚体转动定律为

$$M = I\beta$$

式中，I 为物体绕转轴的转动惯量；β 为角加速度。

由上式得

$$\beta = \frac{M}{I} \tag{3.7-2}$$

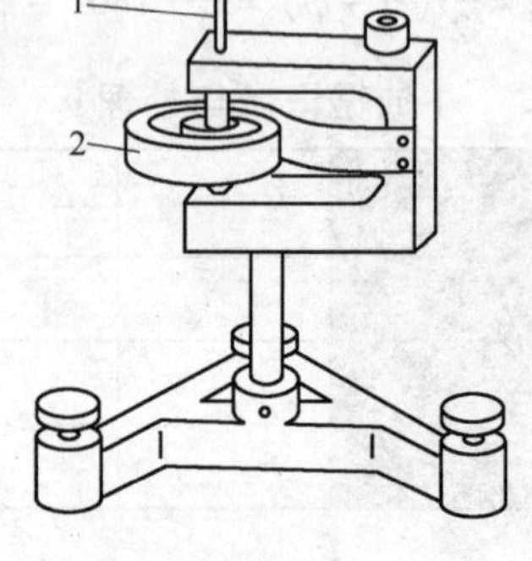

图 3.7-1　扭摆构造图

令 $\omega^2 = \frac{K}{I}$，且忽略轴承的摩擦阻力矩，由式(3.7-1)与式(3.7-2)得

$$\beta = \frac{d^2\theta}{dt^2} = -\frac{K}{I}\theta = -\omega^2\theta$$

上述方程表示扭摆运动具有角简谐振动的特性：角加速度与角位移成正比，且方向相反。此方程的解为

$$\theta = A\cos(\omega t + \varphi)$$

式中，A 为谐振动的角振幅；φ 为初相位角；ω 为角速度。此谐振动的周期为

$$T = \frac{2\pi}{\omega} = 2\pi\sqrt{\frac{I}{K}} \tag{3.7-3}$$

利用式(3.7-3)测得扭摆的摆动周期后，在 I 和 K 中任何一个量已知时即可计算出另一个量。

本实验用一个几何形状有规则的物体，它的转动惯量可以根据它的质量和几何尺寸用理论公式直接计算得到。再算出本仪器弹簧的 K 值。若要测定其他形状物体的转动惯量，只需将待测物体安放在本仪器顶部的各种夹具上，测定其摆动周期，由式(3.7-3)即可算出该物体绕转动轴的转动惯量。

理论分析证明，若质量为 m 的物体绕通过质心轴的转动惯量为 I_0，当转轴平行移动距离 x 时，则此物体对新轴线的转动惯量变为 $I_0 + mx^2$。这称为转动惯量的平行轴定理。

【实验装置】

扭摆，附件为几种有规则的待测物体（空心金属圆柱体、实心塑料圆柱体、木球、验证转动惯量平行轴定理用的细金属杆、串在杆上的两块可以移动

的金属块)。

周期测定仪由主机和光电探头两部分组成。用光电探头来检测挡光杆是否挡光,根据挡光次数自动判断是否已达到所设定的周期数。周期数可利用主机右方的“周期选择”来设定。

光电探头采用红外发射管和红外线接收管,人眼无法直接观察仪器工作是否正常。但可用纸片遮挡光电探头间隙部位,检查计时器是否开始计时和达到预定周期数时是否停止计数,以及按下“复位”钮时是否显示为“0000”。为防止过强光线对光电探头的影响,光电探头不能置放在强光下。实验时采用窗帘遮光,确保计时的准确。

数字式电子台秤是利用数字电路和压力传感器组成的一种台秤。本实验所用的台秤,称量为1200g,分度值为0.1g,使用前应检查零读数是否为“0”。物体放在秤盘上即可从显示窗直接读出该物体的质量,最后一位出现 ±1 的跳动属正常现象。

【实验内容】

1. 熟悉扭摆的构造、使用方法,掌握数字式计时仪的正确使用要领。

2. 测定扭摆的仪器常数(弹簧的扭转常数)K。

3. 测定塑料圆柱、金属圆筒、木球与细金属杆的转动惯量,并与理论计算值比较,求百分差。

4. 改变滑块在金属杆上的位置,验证转动惯量平行轴定理。

测量步骤:

(1)用游标卡尺分别测出塑料圆柱体的外径及金属圆筒的内、外径。(各测量3次)。

(2)用数字式电子台秤测定各待测件的质量。

(3)调整扭摆基座地脚螺钉,使水准泡中气泡居中。

(4)装上金属载物盘,并调整光电探头的位置使载物盘上螺钉处于其缺口中央且能遮住发射接收红外光线的小孔,测定其摆动周期 T_0。(摆动周期都应测3次取平均值)。

(5)将塑料圆柱体垂直放在载物盘上,测出摆动周期 T_1。

(6)用金属圆筒代替塑料圆柱体,测出摆动周期 T_2。

(7)取下金属载物盘、装上木球,测出它的摆动周期 T_3。

(8)取下木球,装上金属细杆(金属细杆中心必须与转轴重合),测出它的摆动周期 T_4。

(9)将滑块对称地放置在细杆两边的凹槽内(此时滑块质心离转轴的距离分别为5.00cm,10.00cm,15.00cm,20.00cm,25.00cm),测定细杆的摆动周期。

(10)将测出的各项有关数据输入到计算机内,检查实验效果,以确定实验是否合格。

弹簧的扭转常数可由下式算得：

$$K = 4\pi^2 \frac{I_1'}{\overline{T}_1^2 - \overline{T}_0^2} = \_\_\_\_\_\_ \text{N} \cdot \text{m} \cdot \text{rad}^{-1}$$

式中，$\overline{T}_0$ 为金属载物盘的平均摆动周期：$\overline{T}_1$ 为载物盘上放置了塑料圆柱体后的平均摆动周期；I_1'为塑料圆柱体的转动惯量（理论值）。

数据记录表（自行设计）。表1中的内容为分别测试出金属载物盘、塑料圆柱、金属圆筒、木球和金属细杆的质量、几何尺寸与摆动周期，并计算出转动惯量理论值、实验值和百分误差。表2中为滑块对称地放置在细杆两边的凹槽内（此时滑块质心离转轴的距离分别为5.00cm,10.00cm,15.00cm,20.00cm,25.00cm）测定细杆的摆动周期，并计算出其转动惯量理论值、实验值和百分误差。

金属载物盘的转动惯量实验值：$I_0 = \dfrac{I_1'\overline{T}_0^2}{\overline{T}_1^2 - \overline{T}_0^2} = \_\_\_\_ \times 10^{-4}\text{kg} \cdot \text{m}^2$

验证转动惯量平等轴定理中，转动惯量的实验值：$I = \dfrac{K}{4\pi^2}\overline{T}^2 = \_\_\_\_ \times 10^{-2}\text{kg} \cdot \text{m}^2$，其中 $\overline{T}$ 为摆动周期的平均值；理论值 $I' = I_4' + 2mx^2 + I_5' = \_\_\_\_ \times 10^{-2}\text{kg} \cdot \text{m}^2$，其中 I_4' 为金属细杆的转动惯量理论值，I_5'为两滑块的质心绕转轴的转动惯量理论值。

【附1】

细杆夹具转动惯量实验值

$$I = \frac{K}{4\pi^2}T^2 = \frac{3.405 \times 10^{-2}}{4\pi^2} \times 0.164^2 \text{kg} \cdot \text{m}^2 = 0.232 \times 10^{-4}\text{kg} \cdot \text{m}^2$$

球支座转动惯量实验值

$$I = \frac{K}{4\pi^2}T^2 = \frac{3.405 \times 10^{-2}}{4\pi^2} \times 0.144^2 \text{kg} \cdot \text{m}^2 = 0.179 \times 10^{-4}\text{kg} \cdot \text{m}^2$$

两滑块的质心绕转轴的转动惯量理论值

$$\begin{aligned} I_5' &= 2\left[\frac{1}{16}m_{\text{滑}}(D_{\text{外}}^2 + D_{\text{内}}^2) + \frac{1}{12}mL_1^2\right] \\ &= 2\left[\frac{1}{16} \times 239(3.50^2 + 0.60^2) \times 10^{-4} + \frac{1}{12} \times 239 \times 3.30^2 \times 10^{-4}\right]\text{kg} \cdot \text{m}^2 \\ &= 0.809 \times 10^{-4}\text{kg} \cdot \text{m}^2 \end{aligned}$$

（单块）实验测量值为

$$\begin{aligned} \frac{I_5}{2} &= \frac{K}{4\pi^2}\overline{T}^2 - I_0 = \left(\frac{3.405 \times 10^{-2}}{4\pi^2} \times 0.794^2 - 5.026 \times 10^{-4}\right)\text{kg} \cdot \text{m}^2 \\ &= 0.410 \times 10^{-4}\text{kg} \cdot \text{m}^2 \end{aligned}$$

$$I_5 = 0.820 \times 10^{-4}\text{kg} \cdot \text{m}^2$$

【思考题】

1. 弹簧的扭转常数 K 是不是固定常数？为什么要求摆角在90°~40°之间？

2. 为何在称衡金属细长杆与木球的质量时，必须将支架取下？

3. 在验证转动平行轴定理时，两个滑块除对称放置外，可以不对称放置吗(例5.00cm与10.00cm)？

实验3.8　声速的测量

【简介】

声波是一种频率介于20Hz~20kHz的机械振动在弹性媒质中传播的纵波。波长、强度、传播速度等是声波的重要参数。测量声速的方法之一是利用声速 v 与振动频率 f 和波长 λ 之间的关系(即 $v=\lambda f$)求出。也可以利用 $v=L/t$ 求出，其中 L 为声波传播的路程；t 为声波传播的时间。

超声波的频率为20kHz~500MHz之间，它具有波长短、易于定向传播等优点。在同一媒质中，超声波的传播速度就是声波的传播速度，而在超声波段进行传播速度的测量比较方便，更何况在实际应用中，对于超声波测距、定位、成像、测液体流速、测材料弹性模量、测量气体温度瞬间变化和高强度超声波通过会聚作医学手术刀使用等方面都得到广泛的应用，因而测定超声波传播速度有其重要意义。我们通过媒质(气体、液体)中超声波传播速度测定来测量其声波的传播速度。

【实验目的】

1. 了解作为传感器的压电陶瓷的功能。

2. 用共振干涉法、相位比较法和时差法测量声速，并加深有关共振、振动合成、波的干涉等理论知识的理解。

【实验仪器】

SVX—5信号源、超声声速测定仪(包括发射和接收换能器、游标卡尺)、双踪示波器。

【预习提示】

1. 了解超声波产生、发射、传播和接收的原理。

2. 掌握测试前怎样确定换能器系统的谐振频率。

【实验原理】

1. 超声波的产生和接收

超声波的产生和接收可以由两只结构完全相同的超声压电换能器分别完成。超声波的产生是利用压电陶瓷的逆压电效应。在交变电压作用下，压电陶瓷纵向长度周期性地伸、缩，产生机械振动而激发出超声波。超声波的接收是利用压电陶瓷的正压电效应使声压变化转化为电压的变化。

压电陶瓷换能器的内部结构如图 3.8-1 所示，压电片是由一种多晶结构的压电材料(如石英、锆钛酸铅陶瓷等)做成的。它在应力作用下两极产生异号电荷，两极间产生电位差(称正压电换能器)；而当压电材料两端间加上外加电压时又能产生应变(称逆压电效应)。利用上述可逆效应可将压电材料制成压电换能器，以实现声能与电能的相互转换。既可以把电能转换为声能作为声波发生器，也可把声能转换为电能作为声波接收器。

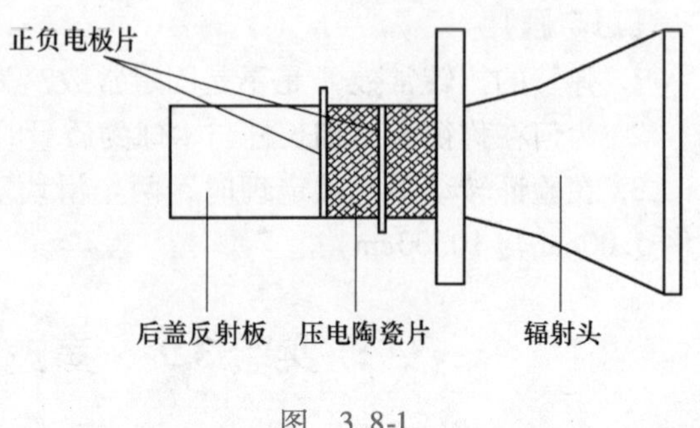

图 3.8-1

压电换能器系统有一谐振频率 f_0，当输入电信号的频率等于谐振频率时，压电换能器产生机械谐振，此时，它的振幅最大，它作为波源的辐射功率就最大；当外加强迫力以谐振频率迫使压电换能器产生机械谐振时，它作为接收器转换的电信号最强，即灵敏度最高。

2. 共振干涉(驻波)法测声速

实验装置如图 3.8-2 所示，图中 S_1 和 S_2 为压电陶瓷超声换能器。S_1 作为超声源(发射头)，低频信号发生器输出的正弦交变电压信号接到换能器 S_1 上，使 S_1 发出一平面波。S_2 作为超声波接收头，把接收到的声压转换成交变的正弦电压信号后输入示波器观察。S_2 在接收超声波的同时还反射一部分超声波。这样，由 S_1 发出的超声波和由 S_2 反射的超声波在 S_1 和 S_2 之间产生定域干涉，而形成驻波。由理论知，当入射波振幅 A_1 与反射波振幅 A_2 相等，即 $A_1 = A_2 = A$ 时，某一位置 x 处的合振动方程为

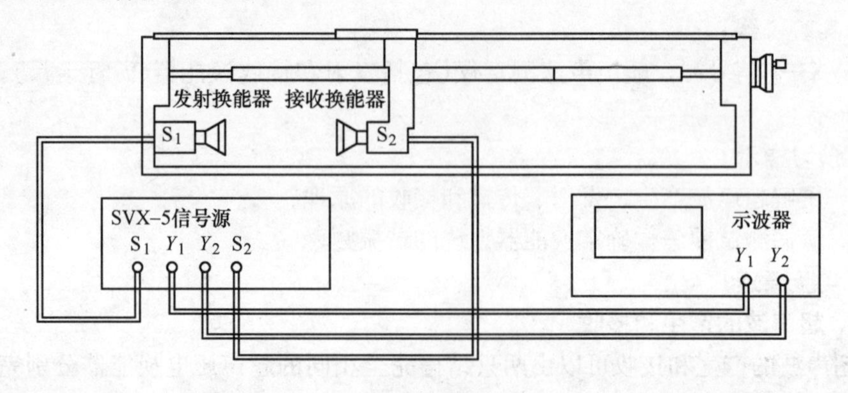

图 3.8-2

$$Y = Y_1 + Y_2 = \left(2A\cos 2\pi \frac{x}{\lambda}\right)\cos\omega t \tag{3.8-1}$$

由式(3.8-1)可知，当

$$2\pi \frac{x}{\lambda} = (2k+1)\frac{\pi}{2} \quad k=0,\ 1,\ 2,\ 3,\ \cdots \tag{3.8-2}$$

即 $x=(2k+1)\frac{\lambda}{4}(k=0,1,2,3,\cdots)$ 时，这些点的振幅始终为零，即为“波节”。当

$$2\pi \frac{x}{\lambda} = k\pi \quad k=0,\ 1,\ 2,\ 3,\ \cdots \tag{3.8-3}$$

即 $x=k\frac{\lambda}{2}(k=0,1,2,3,\cdots)$ 时，这些点的振幅最大，等于 $2A$，即为“波腹”。

故知，相邻波腹(或波节)的距离为半个波长 $\lambda/2$。

对一个振动系统来说，当振动激励频率与系统固有频率相近时，系统将发生能量积聚，产生共振，此时振幅最大。当信号发生器的激励频率等于系统固有频率时，产生共振，声波波腹处的振幅达到相对最大值。当激励频率偏离系统固有频率时，驻波的形状不稳定，且声波波腹的振幅比最大值小得多。

由式(3.8-3)可知，当 S_1 和 S_2 之间的距离 L 恰好等于半个波长的整数倍，即

$$L = k\frac{\lambda}{2} \quad k=0,\ 1,\ 2,\ 3,\ \cdots$$

时形成驻波，示波器上可观察到较大幅度的信号，不满足该条件时，观察到的信号幅度较小。移动 S_2，对某一特定波长，将相继出现一系列共振态，任意两个相邻的共振态之间，S_2 的位移为

$$\Delta L = L_{k+1} - L_k = (k+1)\frac{\lambda}{2} - k\frac{\lambda}{2} = \frac{\lambda}{2} \tag{3.8-4}$$

所以当 S_1 和 S_2 之间的距离 L 连续改变时，示波器上的信号幅度每一次周期性变化，相当于 S_1 和 S_2 之间的距离改变了 $\lambda/2$。此距离 $\lambda/2$ 可由游标卡尺测得，频率 f 由信号发生器读得，由 $v=\lambda f$ 即可求得声速。

3. 相位比较法

波是振动状态的传播，也可以说是位相的传播。当 S_1 发出的平面超声波通过媒质到达接收器 S_2 时，在发射波和接受波之间产生位相差

$$\Delta\varphi = \varphi_1 - \varphi_2 = 2\pi\frac{L}{\lambda} = 2\pi f\frac{L}{v} \tag{3.8-5}$$

因此可以通过测量 $\Delta\varphi$ 来求得声速。

$\Delta\varphi$ 的测定可用相互垂直振动合成的李萨如图形来进行。设输入 X 轴的入射波振动方程为

$$x = A_1\cos(\omega t + \varphi_1) \tag{3.8-6}$$

输入 Y 轴的是由 S_2 接收到的波动，其振动方程为

$$y = A_2\cos(\omega t + \varphi_2) \tag{3.8-7}$$

上两式中，A_1 和 A_2 分别为 X、Y 方向振动的振幅；ω 为角频率；φ_1 和 φ_2 分别为 X、Y 方向振动的初位相。则合成振动方程为

$$\frac{x^2}{A_1^2} + \frac{y^2}{A_2^2} - \frac{2xy}{A_1A_2}\cos(\varphi_2 - \varphi_1) = \sin^2(\varphi_2 - \varphi_1) \tag{3.8-8}$$

此方程轨迹为椭圆，椭圆长、短轴和方位由相位差 $\Delta\varphi = \varphi_1 - \varphi_2$ 决定。当 $\Delta\varphi = 0$ 时，由上式得 $y = \frac{A_2}{A_1}x$，即轨迹为处于第一和第三象限的一条直线，显然直线的斜率为$\frac{A_2}{A_1}$；当 $\Delta\varphi = \pi$ 时，得 $y = -\frac{A_2}{A_1}x$，则轨迹为处于第二和第四象限的一条直线，如图3.8-3所示。改变 S_1 和 S_2 之间的距离 L，相当于改变了发射波和接收波之间的位相差，荧光屏上的图形也随 L 不断变化。显然，若 S_1、S_2 之间距离改变半个波长 $\Delta L = \lambda/2$，则 $\Delta\varphi = \pi$。随着振动的位相差从 $0 \sim \pi$ 的变化，李萨如图形从斜率为正的直线变为椭圆，再变到斜率为负的直线。因此，每移动半个波长，就会重复出现斜率符号相反的直线，测得了波长 λ 和频率 f，根据式 $v = \lambda f$ 可计算出室温下声音在媒质中传播的速度。

4. 时差法

设以脉冲调制信号激励发射换能器，产生的声波在介质中传播，经过 t 时间后，到达 L 距离处的接收换能器。所以可以用以下公式求出声波在介质中传播的速度：

$$速度\ v = \frac{距离\ L}{时间\ t}$$

作为接收器的压电陶瓷换能器，当接收到来自发射换能器的波列的过程中，能量不断积聚，电压变化波形曲线振幅不断增大，当波列过后，接收换能器两极上的电荷运动呈阻尼振荡，电压变化波形曲线如图3.8-4所示。信号源显示了波列从发射换能器发射，经过 L 距离后到达接收换能器的时间 t。

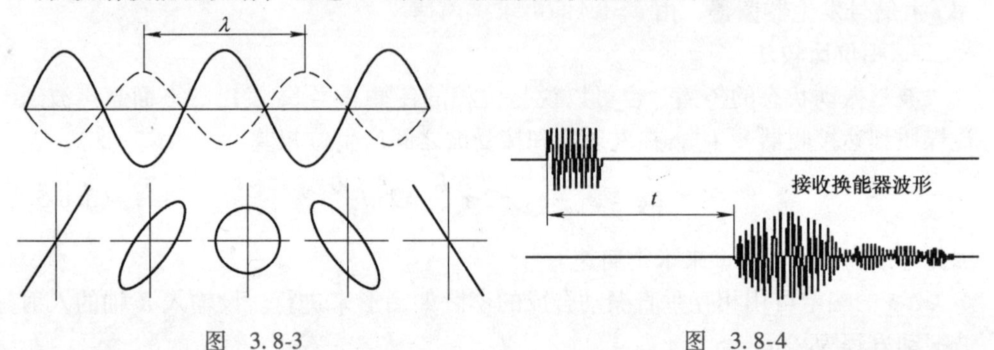

图　3.8-3　　　　图　3.8-4

5. 声波在空气中的传播速度

把空气近似当作理想气体时，声波在空气中的传播过程可以认为是绝热过程，其传播速度为

$$v=\sqrt{\frac{\gamma RT}{M}} \tag{3.8-9}$$

式中，$\gamma=c_p/c_V$ 称为比热比（气体质量定压热容与质量定容热容之比）；$R=8.314\mathrm{J\cdot mol^{-1}\cdot K^{-1}}$为摩尔气体常数；$T$ 为热力学温度；M 为气体的摩尔质量。

正常情况下，干燥空气的平均摩尔质量为 $28.964\times10^{-3}\mathrm{kg\cdot mol^{-1}}$，在标准状态下干燥空气中的声速为 $v_0=331.45\mathrm{m\cdot s^{-1}}$，而在室温 t℃时，干燥空气中的声速为

$$v=v_0\sqrt{1+\frac{t}{T_0}} \tag{3.8-10}$$

式中，$T_0=273.15\mathrm{K}$。

实际空气并不是完全干燥的，总含有一些水蒸气。经过对空气平均摩尔质量和比热比 γ 的修正，校正后的声速公式为

$$v=331.45\sqrt{\left(1+\frac{t}{T_0}\right)\left(1+0.3192\frac{p_w}{p}\right)} \tag{3.8-11}$$

式中，p_w 为水蒸气的分压强，可以从干湿温度计及附表 3.8-1 查出；p 为大气压强，取 $p=1.013\times10^5\mathrm{Pa}$。

【实验内容】

1. 声速测试仪系统的连接与调试

在接通电源后，信号源自动工作在连续波方式，选择的介质为空气，预热15min。声速测试仪和信号源及双踪示波器之间的连接如图 3.8-2 所示：

（1）测试架上的换能器与声速测试仪信号源之间的连接：信号源面板上的发射端换能器接口（S_1），用于输出相应频率的功率信号，接至测试架左边的发射换能器（S_1）；仪器面板上的接收端的换能器接口（S_2），请连接测试架右边的接收换能器（S_2）。

（2）示波器与声速测试仪信号源之间的连接：信号源面板上的发射端的发射波形（Y_1），接至双踪示波器的 CH1，用于观察发射波形；信号源面板上的接收端的接收波形（Y_2），接至双踪示波器的 CH2，用于观察接收波形。

2. 选择信号源的输出频率，使换能器系统处于谐振状态

将 S_1 和 S_2 之间的距离调到一定距离（≥50mm），并使换能器 S_1 和 S_2 发射面与接收面保持平行时才有较好的接收效果；为了得到较清晰的接收波形，应将外加的驱动信号频率调节到发射换能器 S_1 谐振频率点处时，才能较好地进行声能与电能的相互转换，提高测量精度，以得到较好的实验效果。

各仪器都正常工作以后，使示波器上获得稳定波形(示波器的调整参照实验3.5)。首先调节声速测试仪信号源输出电压(100~500mV之间)，调节信号频率(34.0~38.5kHz之间)观察频率调整时接收波的电压幅度变化，在某一频率点处电压幅度最大，同时声速测试仪信号源的信号指示灯亮，此频率即是压电换能器S_1、S_2相匹配的频率点，记录频率f_n，改变S_1和S_2之间的距离，适当选择位置(即:至示波器屏上呈现出最大电压波形幅度时的位置)，再微调信号频率，如此重复调整，再次测定工作频率(即换能器的谐振频率)，共测5次，取平均值$\bar{f}$。

3. 共振干涉法(驻波法)测量波长

将测试方法设置到连续波方式。取上面求出平均频率$\bar{f}$作为最佳谐振频率，然后调节鼓轮移动距离，这时波形的幅度会发生变化，记录幅度为最大时的距离L_i，距离由数显尺上直接读出(可将数显尺清零)，再由近至远(必须是一个方向)移动，当接收波形幅度由大变小，再由小变大，且达到最大时，记录此时的L_{i+1}。共连续记录16组数据，并用逐差法求波长，根据$v=\lambda f$求出声速。

4. 相位比较法(李萨如图形)测量波长

将测试方法设置到连续波方式。设定最佳谐振频率，开始时置示波器于双踪显示功能，观察发射和接收信号波形，转动距离调节鼓轮，置接收信号幅度达最大值时的位置。调节示波器CH1、CH2衰减灵敏度旋钮、信号源发射强度，令两波形幅度几乎相等，然后接至示波器的CH2显示，置示波器于X-Y功能方式，这时观察到的李萨如图形为一斜线，否则可微调调节鼓轮实施之，与驻波法相似，将接收器由近至远(或由远至近)移动，每当李萨如图形由直线变为椭圆，由椭圆变为直线时(包括斜率为正和斜率为负两种情况)，记录下此时的位置L_i，由数显尺上直接读出，共连续记录16组数据，同样用逐差法求波长，根据$v=\lambda f$求出声速。

5. 时差法测量声速

将测试方法设置到脉冲波方式。设定最佳谐振频率，再调节接收增益，使示波器上显示的接收波信号幅度在300~400mV左右(峰-峰值)，定时器工作在最佳状态。然后记录此时的距离和显示的时间值L_i、t_i(时间由声速测试仪信号源时间显示窗口直接读出)。移动S_2，同时调节接收增益使接收波信号幅度始终保持一致。记录下这时的距离值和显示的时间值L_{i+1}、t_{i+1}，则声速$v_i=(L_{i+1}-L_i)/(t_{i+1}-t_i)$。

以上每种方法测量开始和结束时，要先后计录下室温t_1和t_2，并利用干湿温度计读数差，查出对应的饱和蒸汽压p_{w1}、p_{w2}(表3.8-1)。

$$t=\frac{1}{2}(t_1+t_2) \qquad 则 \qquad p_w=\frac{1}{2}(p_{w1}+p_{w2})$$

代入式(3.8-11)，计算出声速理论值，以备与实验值比较，从而可估计所用测量方法的准确程度。

表3.8-1 干湿球温度计测定空气中实有水蒸气压对照表

$(t-t')$/℃ p_w/mmHg t/℃	0	1	2	3	4	5	6	7	8	9	10
0	4.6	3.7	2.9	2.1	1.3	0.5					
1	4.9	4.1	3.2	2.4	1.6	0.8					
2	5.3	4.4	3.6	2.7	1.9	1.1	0.3				
3	5.7	4.8	3.9	3.1	2.2	1.4	0.6				
4	6.1	5.2	4.3	3.4	2.6	1.8	0.9				
5	6.5	5.6	4.7	3.8	2.9	2.1	1.2				
6	7.0	6.0	5.1	4.2	3.3	2.4	1.6				
7	7.5	6.5	5.5	4.1	3.7	2.8	1.9	1.1	0.2		
8	8.0	7.0	6.0	5.0	4.1	3.2	2.3	1.4	0.6		
9	8.6	7.5	6.5	5.5	4.5	3.6	2.7	1.8	0.9		
10	9.2	8.1	7.0	6.0	5.0	4.0	3.1	2.2	1.3		
11	9.8	8.7	7.6	6.5	5.5	4.5	3.5	2.6	1.7		
12	10.5	9.3	8.2	7.1	6.0	5.0	4.0	3.0	2.1	1.2	0.3
13	11.2	10.0	8.8	7.6	6.6	5.5	4.5	3.5	2.5	1.6	0.6
14	12.0	10.8	9.5	8.4	7.2	6.2	5.0	4.0	3.0	2.0	1.1
15	12.8	11.5	10.2	9.1	7.9	6.7	5.5	4.5	3.5	2.5	1.5
16	13.6	12.3	11.0	9.8	8.5	7.3	6.2	5.1	4.0	3.0	2.0
17	14.5	13.1	11.6	10.5	9.2	8.1	6.8	5.7	4.6	3.6	2.5
18	15.5	14.0	12.0	11.3	10.0	8.7	7.5	6.4	5.2	4.1	3.0
19	16.5	15.0	13.5	12.1	10.8	9.4	8.2	6.9	5.8	4.6	3.5
20	17.6	16.1	14.6	13.0	11.6	10.3	8.9	7.6	6.4	5.2	4.1
21	18.7	17.1	15.5	13.9	12.5	11.1	9.7	8.5	7.2	6.0	4.8
22	19.8	18.1	16.5	14.9	13.4	12.0	10.6	9.2	7.9	6.6	5.4
23	21.1	19.3	17.6	16.0	14.4	12.9	11.5	10.1	8.7	7.4	6.1
24	22.4	20.6	18.8	17.2	15.5	14.0	12.4	11.0	9.5	8.2	6.9
25	23.8	21.9	20.1	18.3	16.0	15.0	13.4	11.9	10.4	9.1	7.7
26	25.2	23.3	21.4	19.6	17.8	16.1	14.5	13.0	11.4	9.9	8.5
27	26.8	24.8	22.6	21.0	19.0	17.3	15.6	14.0	12.4	10.9	9.4
28	28.4	26.3	24.2	22.2	20.3	18.5	16.8	15.1	13.4	11.9	10.4
29	30.1	27.9	25.7	23.7	21.7	19.8	18.0	16.3	14.6	13.0	11.4
30	31.9	29.6	27.3	25.3	23.2	21.2	19.3	17.5	15.7	14.0	12.4

注：1mmHg = 133.322Pa。

【数据记录与处理】

按上述实验内容，将数据记录在自拟的数据表格中，对共振干涉法和相位比较法所得数据分别用逐差法计算出波长和速度，同时计算出它们的不确定度(注:声速测定仪仪器误差0.01mm,信号源仪器误差0.02kHz)，然后给出结果表达式，最后把实验测定值与理论值比较求出百分误差。

【思考题】

1. 各种气体中的声速是否相同，为什么?
2. 为什么要将 S_1 和 S_2 之间的距离调到≥50mm?

3. 用逐差法处理数据的优点是什么？还有没有别的合适的方法可处理数据并且计算 λ 值？

实验 3.9　单缝衍射的光强分布及缝宽测量

【简介】

光的衍射现象是光的波动性的一种表现。研究光的衍射现象不仅有助于加深对光本质的理解，而且能为进一步学好近代光学技术打下基础。衍射使光强在空间重新分布，利用光电元件测量光强的相对变化，是测量光强的方法之一，也是光学精密测量的常用方法。

【实验目的】

1. 观察单缝衍射现象，加深对衍射理论的理解。
2. 会用光电元件测量单缝衍射的相对光强分布，掌握其分布规律。
3. 学会用衍射法测量微小量。

【实验仪器】

半导体激光器、导轨、可调狭缝、光电传感器与微电流测量仪等。

【预习提示】

1. 什么叫光的衍射现象？
2. 夫琅和费衍射应符合什么条件？

【实验原理】

1. 光的衍射

当光在传播过程中经过障碍物，如不透明物体的边缘、小孔、细线、狭缝等时，一部分光会传播到几何阴影中去，产生衍射现象。如果障碍物的尺寸与波长相近，那么，这样的衍射现象就比较容易观察到。

单缝衍射有两种：一种是菲涅耳衍射，是指单缝距光源和接收屏均为有限远或者说入射波和衍射波都不是球面波；另一种是夫琅和费衍射，是指单缝距光源和接收屏均为无限远或者相当于无限远，即入射波和衍射波都可看作是平面波。

当激光照射在单缝上时，根据惠更斯-菲涅耳原理，单缝上每一点都可看成是向各个方向发射球面子波的新波源。由于子波叠加的结果，在屏上可以得到一组平行于单缝的明暗相间的条纹（图 3.9-1）。

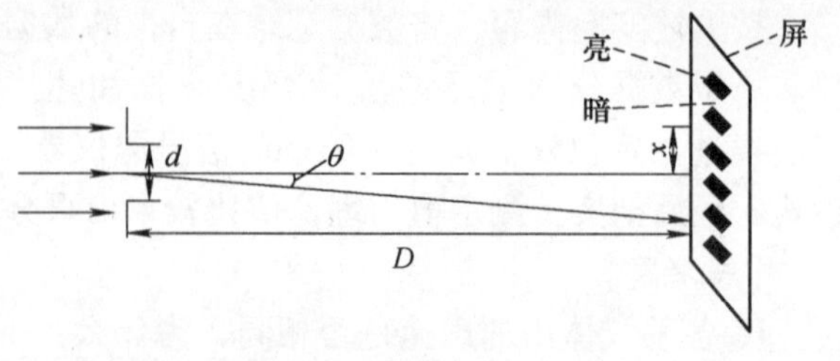

图　3.9-1

由理论计算可得，垂直入射于单缝平面的平行光经单缝

衍射后光强分布的规律为

$$I = I_0 \frac{\sin^2\theta}{\theta^2}$$

$$\theta = Bx$$

$$B = \frac{\pi d}{\lambda D} \tag{3.9-1}$$

式中，d 是狭缝宽；λ 是波长；D 是单缝位置到光电池位置的距离；x 是从衍射条纹的中心位置到测量点之间的距离，其光强分布如图 3.9-2 所示。

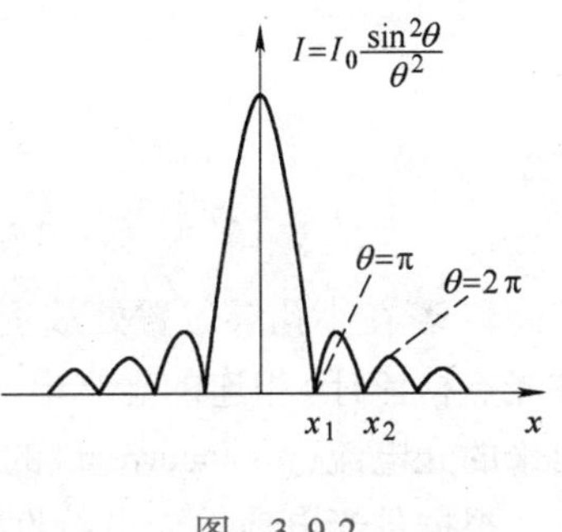

图 3.9-2

当 θ 相同，即 x 相同时，光强相同，所以在屏上得到的光强相同的图样是平行于狭缝的条纹。当 $\theta=0$ 时，$x=0$，$I=I_0$，在整个衍射图样中，此处光强最强，称为中央主极大；当 $\theta=K\pi$ $(K=\pm1,\pm2,\cdots)$，即 $\theta=K\lambda D/d$ 时，$I=I_0$ 在这些地方为暗条纹。暗条纹是以光轴为对称轴，呈等间隔、左右对称地分布。中央亮条纹的宽度 Δx 可用 $K=\pm1$ 的两条暗条纹间的间距确定，$\Delta x=2\lambda D/d$；某一级暗条纹的位置与缝宽 d 成反比，d 大，x 小，各级衍射条纹向中央收缩，当 d 宽到一定程度，衍射现象便不再明显，只能看到中央位置有一条亮线，这时可以认为光线是沿直线传播的。于是，单缝的宽度为

$$d = \frac{K\lambda D}{x} \tag{3.9-2}$$

因此，如果测到了第 K 级暗条纹的位置 x，用光的衍射可以测量细缝的宽度。

2. 光电检测(photoelectric detection)

光的衍射现象是光的波动性的一种表现。研究光的衍射现象不仅有助于加深对光本质的理解，而且能为进一步学好近代光学技术打下基础。衍射使光强在空间重新分布，利用光电元件测量光强的相对变化，是测量光强的方法之一，也是光学精密测量的常用方法。

【实验装置】

在用散射角极小的激光器产生激光束，通过一条很细的狭缝(0.1～0.3mm宽)，在狭缝后大于1.5m的地方放上观察屏，就可看到衍射条纹，它实际上就是夫琅和费衍射条纹，如图3.9-1所示。若在观察屏位置处放上硅光电池和读数显微镜装置，与光点检流计相连的硅光电池可在垂直于衍射条纹的方向移动，那么光点检流计所显示出来的硅光电池的大小就与落在硅光电池上的光强成正比。

实验装置如图 3.9-3 所示。

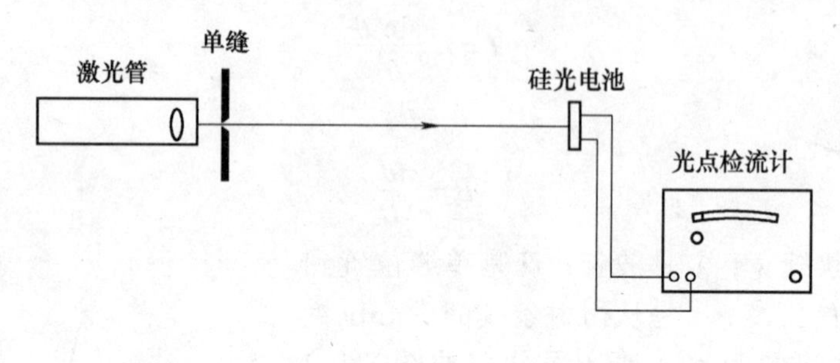

图 3.9-3

1. 若在小孔屏位置处放上硅光电池和一维光强读数装置，与数字检流计(也称光点检流计)相连的硅光电池可沿衍射展开方向移动，那么数字检流计所显示出来的光电流(photocurrent)的大小就与落在硅光电池上的光强成正比。

根据硅光电池的光电特性可知，光电流和入射光能量成正比，只要工作电压不太小，光电流和工作电压无关，光电特性是线性关系；所以当光电池与数字检流计构成的回路内电阻恒定时，光电流的相对强度就直接表示了光的相对强度。

由于硅光电池的受光面积较大，而实际要求测出各个点位置处的光强，所以在硅光电池前装一细缝光栏(0.5mm)，用以控制受光面积，并把硅光电池装在带有螺旋测微装置的底座上，可沿横向方向移动，这就相当于改变了衍射角。

2. 数字检流计量程分为四档，用以测量不同的光强范围，使用前应先预热15min。遮住激光，调节调零旋钮，使仪器显示“000”。在测量过程中，微电流测量仪的衰减倍率要根据光强的大小换档，如果被测信号大于所选量程，此时可调高一档；反之，当读数小于低档位的最大值时，一般应将量程减小一档。

注意事项

（1）不要让激光直射入眼睛。

（2）实验中应避免硅光电池疲劳；避免强光直接照射加速老化。

（3）避免环境附加光强，实验应处于暗环境操作，否则应对数据做修正。

（4）测量时，应根据光强分布范围不同，选取不同的测量量程。

【实验内容】

1. 观察单缝衍射的光强分布

（1）在光导轨(1.2m)上正确安置好各实验装置，如图 3.9-4 所示；打开激光器和微电流测量仪，预热 15min。用小孔光阑调整光路，使激光束与导轨平行。

（2）仔细检查激光器、单缝和一维光强测量装置(外径千分尺)的底座是否

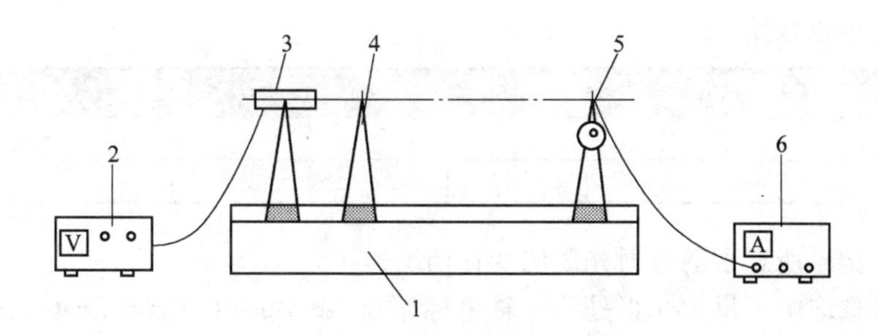

图3.9-4　单缝衍射装置

1—导轨　2—激光器电源　3—半导体激光器

4—可调狭缝　5—光电传感器　6—微电流测量仪

放稳，要求在测量过程中不能有任何晃动；使用一维光强测量装置时注意鼓轮单方向旋转的特性。(避免回程误差)

(3) 确保激光器的激光垂直照射单缝，将单缝调节到一合适的宽度；由于实验所用激光光束很细，故所得衍射图样是衍射光斑(light spot)。(依据条件可配一准直系统,如倒置的望远镜,使物镜作为光入射口,将激光扩束成为宽径平行光束,即可产生衍射条纹。)

(4) 在硅光电池处，先用小孔屏进行观察，调节单缝倾斜度及左右位置，使衍射光斑水平，两边对称。然后，改变缝宽和间距，观察衍射光斑的变化规律。

2. 测量衍射光斑的相对强度分布

(1) 移去小孔屏，在小孔屏处放上硅光电池及一维光强测量装置，使激光束垂直于移动方向。遮住激光出射口，把检流计调到零点基准。在测量过程中，检流计的档位开关要根据光强的大小适当换档。

(2) 检流计档位放在适当档，转动一维光强测量装置鼓轮，把硅光电池狭缝位置移到标尺中间位置处，调节硅光电池平行光管左右、高低和倾斜度，使衍射光斑中央最大两旁相同级次的光强以同样高度射入硅光电池平行光管狭缝。

(3) 调节单缝宽度，衍射光斑的对称第四个暗点位置处在一维光强测量装置的读数两边缘。接收屏上中央亮条纹的参考宽度约为10mm左右。

(4) 从左边第3个暗点测到右边第3个暗点，每移动0.5mm或1mm测一点光强，一直测到另一侧的第三个暗点；应特别注意衍射光强的极大值和极小值的光强测量。

3. 测量单缝到光电池之间的距离 D

【数据记录与处理】

本实验使用的半导体红光激光器波长为：$\lambda=635.0\text{nm}$。

（1）记录数据；

K	−1	−2	−3	0	1	2	3
x							
I							

（2）记录所观察的衍射光斑的变化情况；

（3）选取中央最大光强处为 x 轴坐标原点(zero-point of coordinate)，把测得的数据做归一化(nomalizing)处理。即把在不同位置上测得的检流计光强读数 I 除以中央最大的光强读数 I_0，然后做出 I/I_0-x 衍射相对光强分布曲线(curve)；

（4）根据三条暗条纹的位置，用式(3.9-2)，分别计算出单缝的宽度 d，然后求其平均值。

【思考题】

1. 单缝衍射光强是如何分布的？

2. 夫琅和费衍射应符合什么条件？

实验3.10　用DQ·3数字式冲击电流(量)计测电容

【简介】

冲击电流计是直接测量电荷量的仪器。它虽名为“电流计”，但实际目的不是用来测量电流，而是用来测量在短暂时间内流过冲击电流计的电荷量。也可用来测量涉及电荷量的其他物理量，例如：磁通、磁场强度、电容、电感、电阻等以及可以与这些电学量建立某种联系的非电量位移、碰撞时间等。

【实验目的】

1. 了解冲击电流计的结构、工作原理和使用方法。

2. 学习使用DQ·3数字式冲击电流(量)计测电容。

【实验仪器】

DQ·3冲击电流计、BR8-3标准电容器、直流稳压电源、电压表、Cx-3未知电容箱、滑线变阻器、KH-2双刀双掷开关、KH-1单刀双掷开关、~220V电源线3根、连接线（3×0.5m+6×0.8m)9根。

【预习提示】

1. 了解冲击电流计的结构、工作原理和使用方法。

2. 学习一种测定电容的方法。

【实验原理】

用公式 $C=\dfrac{Q}{U}$ 来测量电容，其中 U 是电容器两极间的电压；Q 是电容器两相对表面之一所带电荷量，而电荷量则须靠冲击电流(量)计测量。

让电容器放电，而用冲击电流(量)计测出脉冲电流迁移的电荷量。只要没有旁路泄露，放电电流迁移的电荷量就是电容器充电达到电压 U 时所带的电荷量 Q。阻尼开关 S 的作用是将冲击电流计的 RC 积分电路上的剩余电荷放尽。(所以做完一次测量,阻尼开关都要闭合几秒钟,然后才做第二次测量。)

实验电路如图 3.10-1 所示。

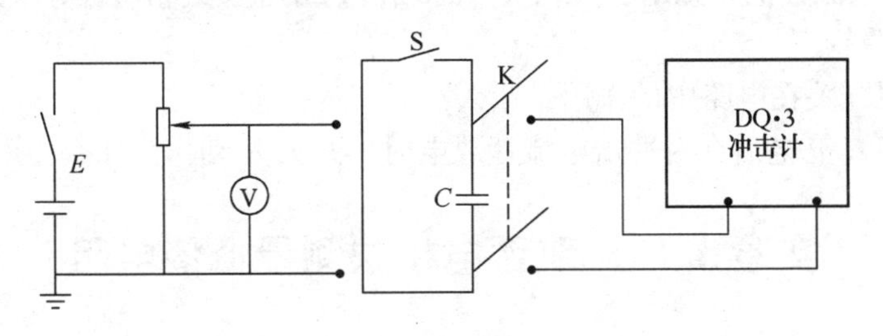

图 3.10-1　实验电路图

【实验内容】

(1) 接通电源开关，数码管亮，预热 10min；

(2) 拨动“量程选择”，选择合适的量程；

(3) “调零开关”拨向“调零”旋动调零旋钮，使显示“000”；

(4) “调零开关”拨向“测量”，仪器处于待测状态；

(5) 当输入一短时间脉冲电流时，仪器自动消除前面的数据而将该次测量数据显示在屏上；

(6) 若显示“±1”，则仪器过载，应更换大档量重新调零测量，或减小电路中的电压及电流，实验正常进行；

(7) 把双向开关合向电源一侧对电容进行充电，然后再把双向开关合向另一侧使电容放电；

(8) 当冲击信号较少，显示约在 ±100 以内时，误差较大，这时应更换小档量程重新调零测量；

(9) 冲击电流(量)计的标定:

1) 取一标准电容器 C_0，按上述原理实验得出 C_0'。

2) 若 $C_0' \approx C_0$，则表明冲击计的测值正确，改变 U 即得到各区段的标定比对；

(10) 测未知电容器：以标定好的 Q 计，仍按原电路和公式，仅将 Cx-3 未知电容箱的一未知电容 C_x 置换 C_0 即可完成对 C_x 的测量。

1. DQ · 3 冲击电流计的标定

$C = 0.1\mu F$，以 V 表为准，测得 Q'值如下表所示:

1	2	3	4	5

C'和标准电容C_0比较大小　（%）。

2. DQ · 3 冲击电流计的线性度实验（仅记$\overline{Q}$）

3. 测未知电容

用冲击电流计测未知电容C_{x1}、C_{x2}、C_{x3}值，并计算其相对百分误差。

【思考题】

1. 阻尼开关在电路中的作用是什么？
2. 电容C充电后在对冲击电流计放电时，开关K动作为什么要迅速？

实验3.11　双臂电桥法测量低值电阻

【简介】

电桥测量法是测量电阻的常用方法之一，包括平衡电桥及非平衡电桥。平衡电桥是通过比较法进行测量的，即在平衡条件下，将待测电阻与标准电阻进行比较而确定其阻值，这种方法由于测量方法简便、测量灵敏度高而被广泛使用。

电阻按照阻值大小可以分为低值电阻（1Ω以下）、中值电阻（$1\sim10^6\Omega$）和高值电阻（$10^6\Omega$以上）。一般来说，对于不同大小的电阻采用不同的测量方法，比如阻值较大的高值电阻可通过兆欧表直接测得，常用的中值电阻可以用熟知的伏安法或单臂电桥（又称为惠斯通电桥）进行测量，而低值电阻可以用双臂电桥（又称为开尔文电桥）进行测量。

由于低值电阻阻值较小，这时搭建的电路中相应的导线电阻和接触电阻不可忽略（阻值约为$10^{-4}\sim10^{-2}\Omega$），故单臂电桥无法实现对低电阻的测量。为避免附加电阻的影响，本实验引入了四端引线法，结合单臂电桥组成了双臂电桥。这是一种常用的测量低值电阻的方法，已广泛地应用于科技测量中。

【实验目的】

1. 了解四端引线法的意义以及双臂电桥测量低值电阻的原理。
2. 学会用双臂电桥测量低值电阻，并计算导体的电阻率。

【实验仪器】

单双臂电桥（QJ—19）、直流稳压电源（SG1731SB3A）、直流检流计（AC—15A）、标准电阻（BZ3）、换向开关（DHK—1）、电阻箱（ZX25a）、四端电阻器（DHSR）、游标卡尺、导线若干等。

【预习提示】

1. 四端引线法如何消除导线电阻和接触电阻的影响？
2. 了解用单臂电桥和双臂电桥测电阻的原理，与传统的伏安法相比有何优点？

3. 了解QJ—19型单双臂电桥的内部结构及如何进行正确使用。

4. 为何单臂电桥无法实现低电阻的测量？选择比例臂时，为什么一定要保证×100档取非零值？

5. 如何计算电阻率及不确定度？

【实验原理】

1. 四端引线法测量低值电阻

伏安法是测量电阻较为基础的一种方法，但相对于电桥法其测量精度不高。对于测量小于1Ω的低值电阻而言，由于导线之间的接触电阻及导线本身的电阻一般是处于$10^{-4}\sim10^{-2}\Omega$之间，故这些附加电阻不再可以忽略不计。图3.11-1是伏安法测电阻的电路图，其中，r_2、r_3、r_1、r_4分别为待测电阻R_x两侧的接触电阻和导线电阻的等效电阻，由于电压表内阻较大，r_1和r_4对测量的影响不大，而r_2和r_3与被测电阻R_x串联在一起，且r_2和r_3的数值与R_x为同一数量级或超过R_x，这就意味着电压表所测得电压值为（$r_2+R_x+r_3$）的电压值，显然不能用此电路来测量。

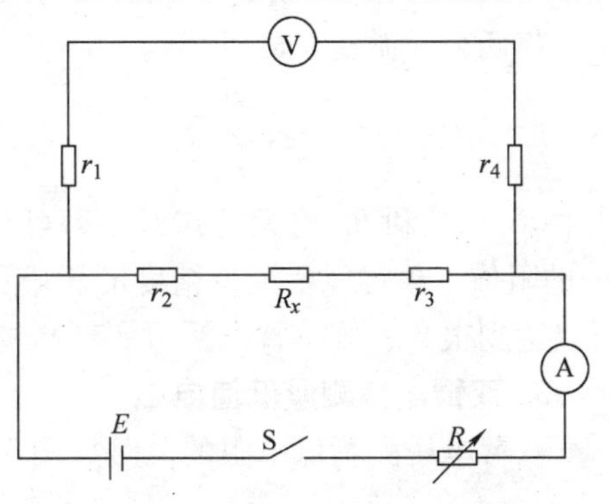

图3.11-1　伏安法测电阻

若将测量电路改进成如图3.11-2所示的电路，将待测的低电阻R_x两侧的接点分为两个电流接点C_1-C_2和两个电势接点P_1-P_2，其中C_1-C_2在P_1-P_2的外侧，这样就可以排除被测电阻R_x两端的接触电阻和导线电阻也就是r_2和r_3对电压测量的影响。这种测量低电阻的方法叫作四端引线法，并被广泛应用于科技测量中。例如，为了研究高温超导体在发生正常超导转变时的零电阻现象和迈斯纳效应，必须测定临界温度T_c，这里正是采用四端引线法，通过测量超导样品电阻R随温度T的变化而确定的。

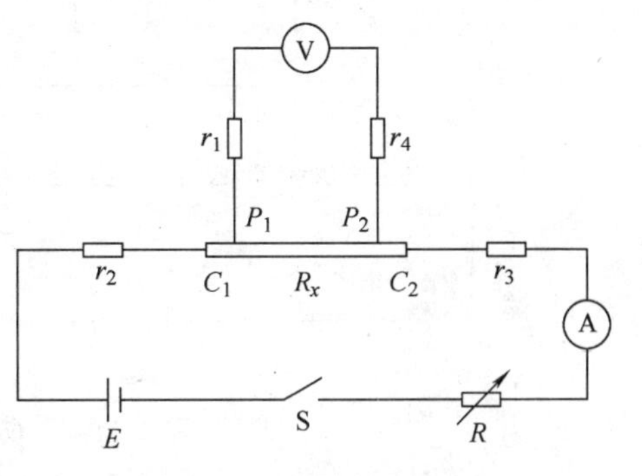

图3.11-2　四端引线法测电阻

四端引线法虽然可以实现低值电阻的测量，但是精度不高，故本实验将四端引线法同单臂电桥相结合，组成双臂电桥形式，进行高精度的测量。这里，先对单臂电桥进行简单的介绍。

2. 单臂电桥测量电阻

单臂电桥测量电阻的电路如图 3. 11-3 所示，由比例臂 R_1 和 R_2、可调电阻 R_0 以及待测电阻 R_x 组成。当电源接通时，若调节可调电阻 R_0 使得 B、D 两点的电位相等时，即有检流计指针指零，电桥达到平衡状态。这时

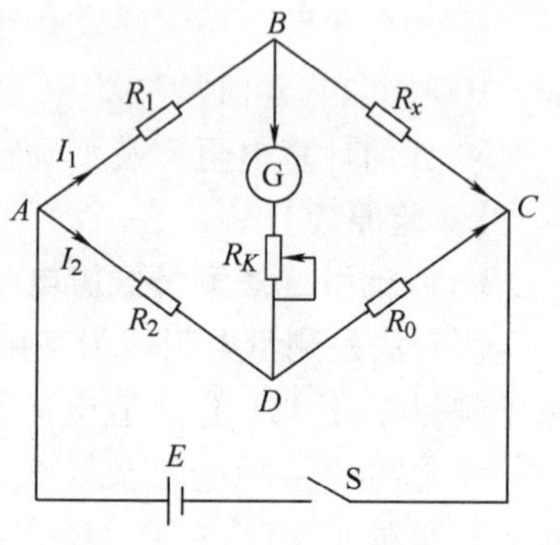

图 3. 11-3　单臂电桥测电阻原理

$$
\begin{aligned}
I_1R_1 &= I_2R_2 \\
I_1R_x &= I_2R_0
\end{aligned}
\tag{3. 11-1}
$$

将两公式做比，即可得到

$$R_x = \frac{R_1}{R_2}R_0 \tag{3. 11-2}$$

式中 R_1、R_2 和 R_0 均为已知量，即可计算待测 R_x 的阻值。单臂电桥测量精度的影响因素主要是标准电阻，而标准电阻的精度可以达到很高，故单臂电桥可实现高精度测量。

3. 双臂电桥测量低值电阻

双臂电桥测量低电阻的电路如图 3. 11-4 所示。

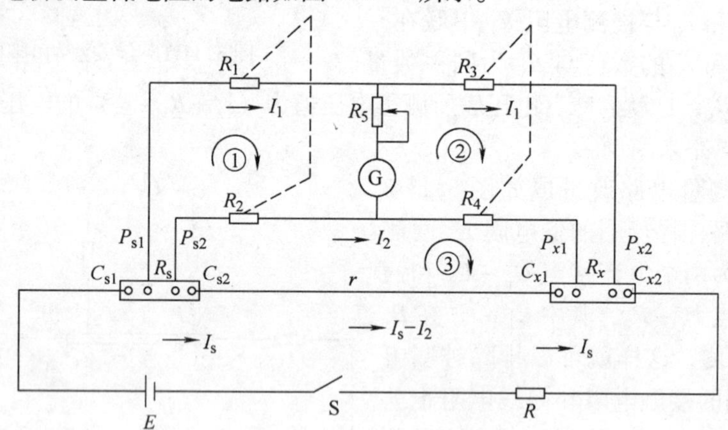

图 3. 11-4　双臂电桥原理图

图中，R_1、R_2、R_3、R_4 为桥臂电阻；R_5 为普通电阻，用于保护电路及调节回路电流；R_s 为已知标准电阻；R_x 为待测电阻。其中，由于 R_s 和 R_x 均为低值电阻，故都采用四端引线的接线法，C_{s1}、C_{s2}、C_{x1}、C_{x2} 为电流接点，P_{s1}、P_{s2}、P_{x1}、P_{x2} 为电势接点。电阻 R_s 和 R_x 用一根粗导线连接起来，并且和电源组成闭合回路，这样电流端与粗导线之间的附加电阻可以合并记为 r，待测电阻则是 R_x 上 P_{x1}、P_{x2} 间的电阻。通过调节桥臂电阻的阻值，可以使得检流计指示逐渐趋于

零，即电桥达到平衡，$I_g=0$，根据基尔霍夫定律可写出以下三个回路的方程式：

$$
\begin{aligned}
I_1(R_1+r_1)&=I_sR_s+I_2(R_2+r_2)\\
I_1(R_3+r_3)&=I_sR_x+I_2(R_4+r_4)\\
(I_s-I_2)r&=I_2\cdot(R_2+R_4+r_2+r_4)
\end{aligned}
\tag{3.11-3}
$$

式中，r_1、r_2、r_3、r_4 分别为 R_1、R_2、R_3、R_4 桥臂电阻的接触电阻和导线电阻（统称为附加电阻）。一般来说，R_1、R_2、R_3、R_4 阻值均为数百欧姆，而 r_1、r_2、r_3、r_4 的阻值均在 0.1Ω 以下，故可以将附加电阻忽略，故式（3.11-3）可以近似为

$$
\begin{aligned}
I_1R_1&=I_sR_s+I_2R_2\\
I_1R_3&=I_sR_x+I_2R_4\\
(I_s-I_2)\ r&=I_2\ (R_2+R_4)
\end{aligned}
\tag{3.11-4}
$$

将上述三个方程联立求解，得出

$$R_x=\frac{R_3}{R_1}R_s+\frac{rR_2}{r+R_4+R_2}\left(\frac{R_3}{R_1}-\frac{R_4}{R_2}\right) \tag{3.11-5}$$

从式（3.11-5）可以看出，用双臂电桥测量低值电阻时，待测电阻 R_x 的结果由等式右边的两项值来决定。其中第一项与单臂电桥测量结果的形式相同[见（3.11-2）]，第二项称为修正项。为了使双臂电桥测量 R_x 的形式与单臂电桥相同，同时避免 r 对结果的影响，实验中采用同步调节法，即$\frac{R_3}{R_1}=\frac{R_4}{R_2}$，使修正项为零，此时式（3.11-5）可简化为

$$R_x=\frac{R_0}{R_1}R_s \tag{3.11-6}$$

本实验中所选用的仪器 R_3 和 R_4 为同轴调节，即 $R_3=R_4=R_0$，为使电桥达到平衡，必须满足 $R_1=R_2$。

【实验装置】

QJ—19 型电桥线路如图 3.11-5 所示。这是一种单双臂两用电桥，在结构上使 R_3 和 R_4 为同轴调节，以保证两个电阻值总是相等。当 1、2 端短路，在 5、6 端上接上待测电阻，9、10 端接上电源即可作为单臂电桥电路进行测量。

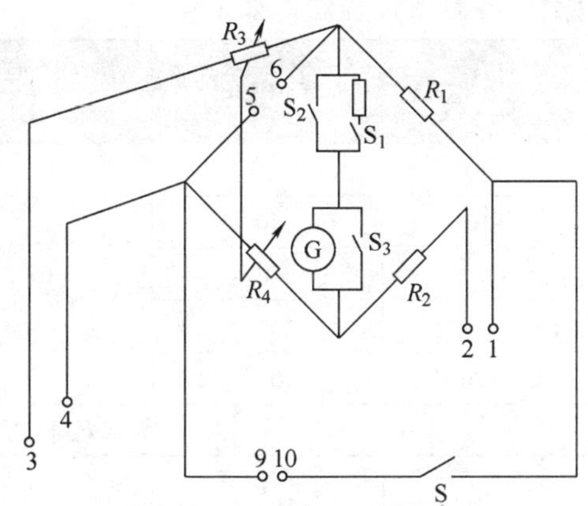

图 3.11-5 QJ—19 型电桥原理

作为双臂电桥使用时，1、2 端分别为标准电阻 R_s 的电势接点 P_{s1} 和

P_{s2}，3、4 端接待测电阻 R_x 的电势接点 P_{x2} 和 P_{x1}，通过调整使得 $R_1=R_2$，即可作双臂电桥进行测量。QJ—19 单双臂电桥面板如图 3. 11-6 所示，上面有粗、细和短路按钮，分别对应于检流计支路开关 S_1、S_2 和 S_3；比率臂 R_1 和 R_2 分别可调节成 $10^4\Omega$、$10^3\Omega$、$10^2\Omega$、10Ω 四个阻值，其阻值的选择与待测电阻 R_x 和标准电阻 R_s 有关；R_3 和 R_4 是为同轴调节，由五个十进盘电阻串联组成，阻值分别为 ×100Ω，×10Ω，×1Ω，×0. 1Ω、×0. 01Ω。由于 R_3 和 R_4 的数值决定待测电阻的有效位数，故必须保证测量盘 ×100 档取非零值，否则将会降低测量精度。

在双臂电桥实验连线中，按图 3. 11-7 进行连接。将检流计、标准电阻和待测电阻的电势接头 P_1、P_2 分别接到“检流计”“标准（双）”和“未知（双）”接线柱上。将待测电阻和标准电阻的电流接点（C_1、C_2）相串联后通过换向开关再通过电阻箱 R_5 和电源两极相连，方可进行实验测量。

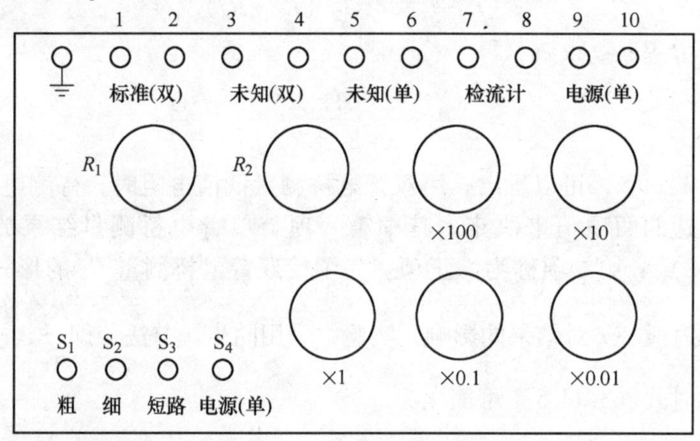

图 3. 11-6 QJ—19 型电桥面板图

QJ—19 型电桥作为双桥使用时，准确度等级为 0. 05 级，测量范围是 10^{-5} ~ $10^2\Omega$，各有效量程误差如下：

<table>
<tr><th>待测电阻 R_x/Ω</th><th>标准电阻 R_s/Ω</th><th>比例臂电阻（$R_1=R_2$）/Ω</th><th>电源电压/V</th><th>误差（%）</th></tr>
<tr><td>10 ~ 10^2</td><td>100</td><td rowspan="5">10^3</td><td rowspan="5">2 ~ 6</td><td rowspan="5">≤0. 05</td></tr>
<tr><td>1 ~ 10</td><td>10</td></tr>
<tr><td>0. 1 ~ 1</td><td>1</td></tr>
<tr><td>10^{-2} ~ 10^{-1}</td><td>10^{-1}</td></tr>
<tr><td>10^{-3} ~ 10^{-2}</td><td>10^{-2}</td></tr>
<tr><td colspan="5">调换 R_x 和 R_s 的位置时</td></tr>
<tr><td>10^{-4} ~ 10^{-3}</td><td rowspan="2">10^{-3}</td><td>10^2</td><td rowspan="2">4 ~ 8</td><td>±0. 1</td></tr>
<tr><td>10^{-5} ~ 10^{-4}</td><td>10</td><td>±0. 5</td></tr>
</table>

直流检流计（AC—15A）基本参数如下：

量程	电流常数/（A/格）	响应时间
非线性	5×10^{-11}（零附近）	≤2s
0 ~ ±1μA	2×10^{-8}	
0 ~ ±300nA	5×10^{-9}	
0 ~ ±100nA	2×10^{-9}	
0 ~ ±30nA	5×10^{-10}	
0 ~ ±10nA	2×10^{-10}	
0 ~ ±3nA	5×10^{-11}	

【实验内容】

1. 按图 3.11-7 连接好电路，调整 P_1、P_2 在金属棒上的长度 L 为 200mm，将换向开关打为正接，调节 R_1、R_2 电阻值为 $10^3\Omega$。打开直流稳压电源开关，调节电压为 6V，调节电阻箱 R_5（对应仪器为 ZX25a 电阻箱）的电阻值，使电源回路的工作电流为 0.1A（显示在稳压电源上的电流表），调节检流计档位至 1μA 档，进行粗调使用，防止满偏。

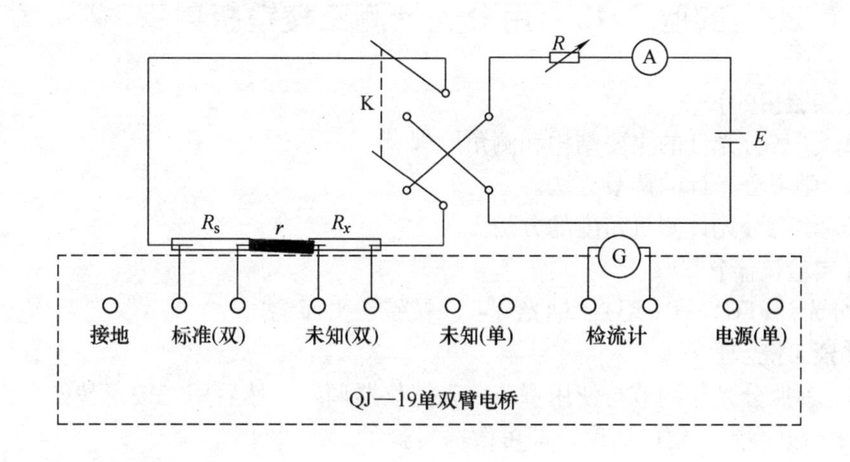

图 3.11-7　QJ—19 双桥接线图

2. 打开检流计的电源开关，按下电桥上 S_2“细”按钮，依次调节测量盘 R_0 电阻的“×100”“×10”“×1”三只旋钮进行“粗调”，使得检流计的指针指向零；将灵敏度旋钮置 30nA 档进行细调，依次调节 R_0 电阻的“×1”“×0.1”

“×0. 01”三只旋钮进行“细调”，使检流计的指针精确指向零，如有需要，也可调整“×10”档位。此时电桥达到平衡，记下 R_0 的数值。

3. 将换向开关位置反接，使电路中电流反向，检流计档位仍为 30nA，重新调节 R_0 的“×1”“×0. 1”“×0. 01”三只旋钮，使检流计的指针精确指向零，记下 R_0 的阻值。

4. 保持四端电阻器的金属棒的长度 L 为 200mm 不变，平行移动 P_1、P_2 位置，重复上述 1、2、3 步骤。

5. 用游标卡尺测量金属棒的直径 D，在不同的位置测量六次，求平均值，并计算不确定度 $U(D)$，其中 $\Delta_{仪}=0.02\text{mm}$。

6. 根据公式 $R_x=\dfrac{R_s}{R_1}R_0$、$\bar{\rho}=\pi\,\overline{D}^2\overline{R}_x/4L$ 计算金属棒的电阻、电阻率及不确定度。

【思考题】

1. 列举三种你所知的测电阻的方法，并比较它们的优缺点。

2. 当比例臂取 $R_1=R_2$ 时，但若调整 R_0 从小到大改变到头也不能与 R_x 达到平衡，指针始终偏向一边，可能是什么原因引起的？

3. 能不能用电桥偏离平衡位置的不同程度来测量未知电阻？如何测量？

实验 3. 12　用分光计测三棱镜折射率

【实验目的】

1. 了解分光计的主要结构和测角原理。

2. 学习分光计的调节方法。

3. 学习分光计测量角度的方法。

【实验仪器】

分光计（FGY—01 型）、钠光灯、三棱镜、平面镜。

【预习提示】

1. 参照分光仪调节与使用章节，先把仪器调好，然后用三棱镜替换平面镜，并把平台升高到一定的高度，即可做本实验。

2. 证明 $A=\dfrac{\theta}{2}$。

3. 推导三棱镜折射率公式。

【实验原理】

1. 测量三棱镜顶角

三棱镜如图 3. 12-1 所示，AB 和 AC 是透光的光学表面，又称折射面，其夹

角 A 称为三棱镜的顶角；BC 为毛玻璃面，称为三棱镜的底面。本实验具体要求测量的就是三棱镜顶角 A 的角度值。

测量 A 角可以有各种方法，这里介绍一种间接测量——反射法测三棱镜顶角的方法。

如图3.12-2所示，有光源发射平行光束 T，入射于三棱镜的两个光学折射面 AB 和 AC 面，分别有反射光线 T_1 和 T_2，方向如图3.12-2所示。T_1 和 T_2 的反向延长线夹角为 θ，由几何学关系可以证明

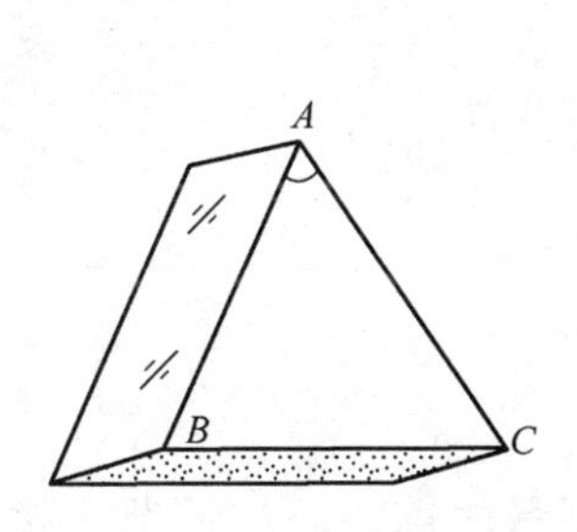

图　3.12-1

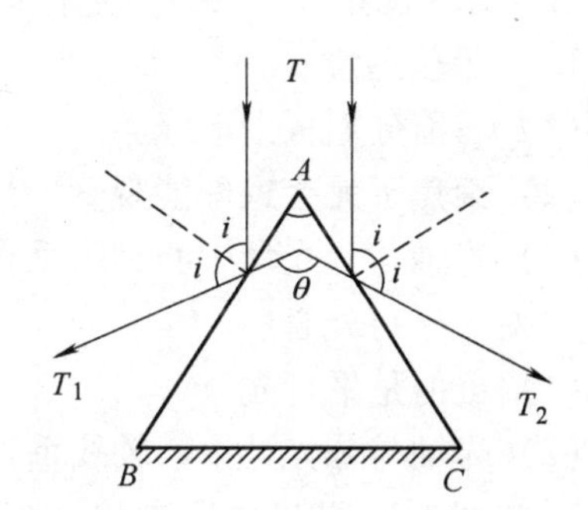

图　3.12-2

$$A = \frac{\theta}{2}$$

可以在分光计上测出反射光线 T_1 和 T_2 所夹的角度 θ，即可求出三棱镜顶角 A。

2. 测量棱镜最小偏向角并求玻璃折射率

设有一束单色平行光 LD 入射到棱镜上，经过两次折射后沿 ER 方向射出，则出射光线 ER 与入射光线 LD 方向间的夹角 δ 称为偏向角（图3.12-3）。转动棱镜，改变入射光线对 AC 面的入射角 i_1，出射光线方向随之改变，即偏向角变化。当转动棱镜偏向角减小时，可以发现转至某个位置时偏向角最小。如图3.12-3中入射角由 i_1 转到 i_0 时，偏向角由 δ 变为 $\delta_{\min}$。若继续转动，偏向角又会增大。可以证明，棱镜的折射率 n 与最小偏向角 δ 的关系为

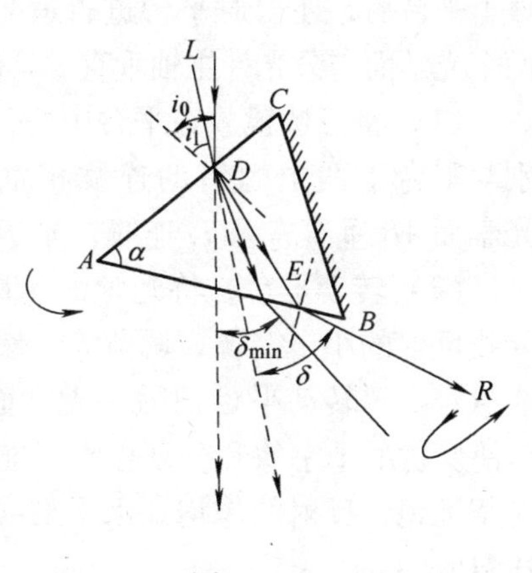

图　3.12-3

$$n=\frac{\sin\frac{1}{2}(\delta_{\min}+A)}{\sin\frac{A}{2}}$$

式中，A 即为三棱镜的顶角。只要分别在分光计中测出三棱镜的顶角和最小偏向角，就可求出三棱镜玻璃折射率 n。

【实验装置】

分光计调整要求：请参阅实验3.6分光计的调节与使用。

分光计在测量前，必须经过仔细调整，要求达到以下几点：

1. 对于望远镜。

（1）看清分划板上准线。

（2）聚焦于无穷远即能观看平行光。

（3）光轴与分光计中心轴线垂直。

2. 对于平行光管。

（1）出射是平行光。

（2）光轴与分光计中心轴线垂直。

3. 完成上述调节之后，放上三棱镜。在测量之前，还应调节三棱镜的光学面与分光计主轴平行，这可以通过适当调节平台下方倾斜度调节螺钉来实现。

调整三棱镜的光学面垂直分光计主轴：

在此之前，对平台的调节是用平面镜来进行的，由于平面镜与其底座的垂直度，与三棱镜的两个光面与其底座的垂直度可能不一致，前者是机械加工的精度，后者是光学加工的精度，而光学精度高于机械精度，所以当三棱镜放上平台后，还得对平台进行适当的调整，以使三棱镜的两个光学面与分光计主轴垂直。具体调节如下：

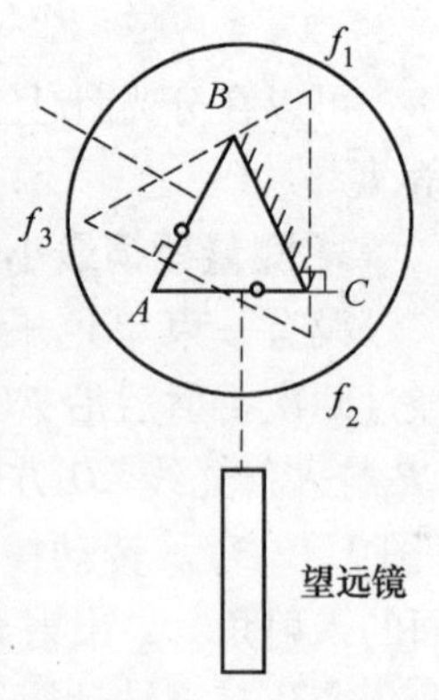

图3.12-4 三棱镜在平台上的放置

（1）将三棱镜放在平台中心，并且使其两个光学面分别与平台下两个螺钉的连线相垂直，如图3.12-4所示，光学面 AB 垂直 f_2 和 f_3 连线，光学面 AC 垂直 f_2 和 f_1 连线。

（2）转动平台，将光学面 AB 正对望远镜，在视场中寻找反射的小十字像，调节 f_3，使反射像和分划板水平准线重合。再转动平台把另一光学面 AC 正对望远镜，调节 f_1 使反射的十字像和分划板水平准线重合。如此反复调整，使不论哪个光学面正对望远镜，反射的像均和水平准线重合为止。（请思考，能否通过调节 f_2 达到上述目的?）

注意事项

由于三棱镜的反射十字像比较弱，这时应避免钠光灯正对望远镜筒以免背景太亮。

至此，分光计的调整完成了，即可进行测量。

【实验内容】

1. 测量三棱镜的顶角 A

（1）将三棱镜放在平台上如图3.12-5所示的位置，顶角正对平行光管，这样可使入射的平行光在棱镜的两个光学面上都有反射光。

（2）松开望远镜制动手轮，固紧刻度盘制动手轮。左右转动望远镜，分别在棱镜顶角的两侧寻找到 AB 面和 AC 面的反射光线 T_1 和 T_2。

（3）依次先把望远镜对准 T_1 光线，使 T_1 光线与分划板中央竖直准线基本重合，旋紧望远镜固定手轮，调节望远镜微调手轮使反射光线与中央竖直准线完全重合；从两个对称读数窗口读出 T_1 位置时的读数 T_{1A}、T_{1B}，填入数据表格中；转动望远镜到 T_2 光线位置，进行同样测量，得到 T_{2A}、T_{2B}。

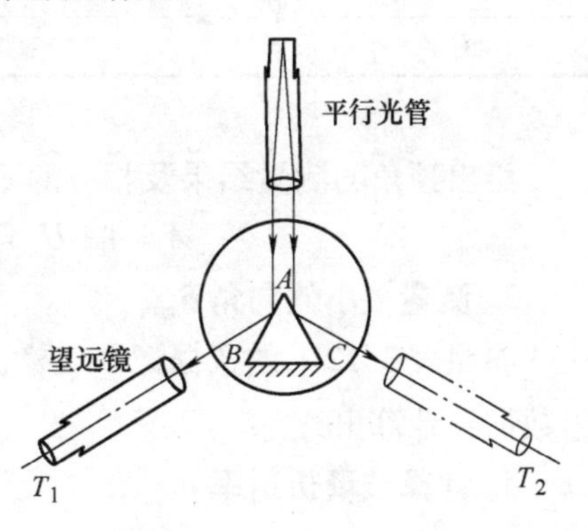

图3.12-5 测量光路示意图

（4）微微转动改变三棱镜位置，重复测量三次，计算 $|T_1 - T_2|$ 的平均值，求出顶角 A。

注意事项

当读数变化越过360°时，角度计算方法可参阅附2。

2. 测量最小偏向角 δ_{min}

（1）棱镜置于工作台上，如图3.12-3所示，并使入射平行光以大致60°左右的入射角射向棱镜折射面。

（2）根据折射定律，判断折射光线的出射方向。先用眼睛在此方向观察，在看到狭缝像后，缓缓转动工作平台，同时注意狭缝像的移动情况，观察偏向角变化。选择偏向角减小的方向，缓缓转动平台，可看到狭缝像移至某一位置后将反向转动。狭缝像移动方向发生逆转时的偏向角即为最小偏向角。

在望远镜中准确确定狭缝像移动方向发生逆转位置。使望远镜对准出射光线（狭缝像），记下两窗口的角度读数。

移去三棱镜，转动望远镜，测定入射光光线方向的角度读数。

（3）重复测量三次，算出最小偏向角 δ_{min} 的平均值。

【数据记录与处理】

1. 测量三棱镜的顶角 A（表3.12-1）

表3.12-1　$\Delta_{仪} = \pm 30''$

次　数	1		2		3	
	游标A	游标B	游标A	游标B	游标A	游标B
位置 T_1						
位置 T_2						
$\|T_1 - T_2\|$						
左右平均$\overline{\theta_i}$						

给出顶角的测量结果及相应的不确定度

$$A = \overline{A} \pm U_A = \_\_\_\_\_\_ (P = 0.683)$$

2. 测量最小偏向角 $\delta_{\min}$

参照表3.12-1的数据记录表格，将θ角改为$\delta_{\min}$，自画表格，填入测量的三组数据，计算出$\overline{\delta}_{\min}$。

3. 计算玻璃折射率 n

根据公式 $n = \dfrac{\sin \frac{1}{2}(A + \delta_{\min})}{\sin \frac{1}{2} A}$，代入$\overline{A}$和$\overline{\delta}_{\min}$的测量值，计算玻璃折射率（不计算不确定度）

$$\overline{n} = \_\_\_\_\_\_$$

【思考题】

1. 用反射法测量三棱镜的顶角，根据实验原理，画出测量时平行光管和望远镜相对于棱镜的位置示意图及光路。

2. 分光计调节：

（1）首先进行“目测粗调”，应怎样进行？

（2）望远镜调节好的标志是什么？先调节什么，后调节什么？

（3）要调节望远镜的光轴与分光计中心轴线垂直，采用“$\frac{1}{2}$调节法”，这里$\frac{1}{2}$指什么？具体调节哪两个螺钉？调节好的标志是什么？调节好后哪个部分不可再改变？

（4）对平行光管的调节要达到什么状态？如果狭缝的像模糊应调节什么？

（5）实验中哪个图示意了平面镜在平台上的正确放置位置？在分光计调节

好之后，再要把平面镜转 90°，转动小平台，调节哪个螺钉，可使平面镜反射的像和目镜中分划板上的水平准线重合？

3. 把三棱镜放上小平台，应按实验中哪个示意图放置？为了调节三棱镜两个光学面与分光计中心轴线平行，应调节小平台哪两个螺钉？此时还能不能调节望远镜的倾斜度？

4. 分光计读数装置有两个窗口同时显示读数，有什么好处？读数装置由主刻度盘和游标盘所组成，主刻度盘的格值为多少？游标盘的格值是多少？

附：游标圆盘偏心差的消除及游标零线越过刻度盘 360°刻度线时角度的计算

为了提高测量精度，消除仪器偏心误差，在仪器相对于 180°的方向上设置两个计数系统，取两边计数的 $\theta_{左}$ 和 $\theta_{右}$ 的平均值作为测量值：

$$\theta = \frac{1}{2}(\theta_{左} + \theta_{右})$$

此外，在计数时，当游标盘零线越过刻度盘 360°刻度线时，应将小于 180°的角度加上 360°。例如望远镜从位置 1 转到位置 2 时，两窗口读得的角度读数为

	游标 A	游标 B
位置 1	$T_1 = 170°45'30''$	$T_1' = 355°45'0''$
位置 2	$T_2 = 295°43'45''$	$T_2' = 115°43'30''$

游标 A 的零线未越过刻度盘 0°线，望远镜转过的角度为

$$T_2 - T_1 = 119°58'15''$$

游标 B 的零线越过了刻度盘 0°线，望远镜转过的角度应按下列公式计算：

$$(360° + T_2') - T_1' = 119°58'30''$$

实验 3.13　金属电子逸出功的测定

【简介】

电子从加热金属中发射出来的现象称为热电子发射。热电子发射的性能与金属材料的逸出电位或逸出功有关。本实验用理查逊(Richardson)直线法测量钨的逸出电位，这一方法有丰富的物理思想，通过本实验能使学生更好地掌握数据处理基本知识。

【实验目的】

1. 了解有关热电子发射的基本规律。

2. 用理查逊直线法测定钨丝的电子逸出电位 φ。

【实验仪器】

WF—3 型金属电子逸出功测定仪、WF—3 型组合数字电表、理想二极管及座架。

【预习提示】

1. 为何不直接用热电子发射公式来计算逸出功？
2. 电子管阴极温度 T 的测定有哪些方法？

【实验原理】

在高真空（10^{-6}Pa 以下）的电子管中，一个由被测金属丝做成的阴极 K，通过电流 I_f 加热，并在另一个阳极上加上正电压时，在连接这两个电极的外电路中将有电流 I_a 通过，如图 3.13-1所示，这种现象称为热电子发射。

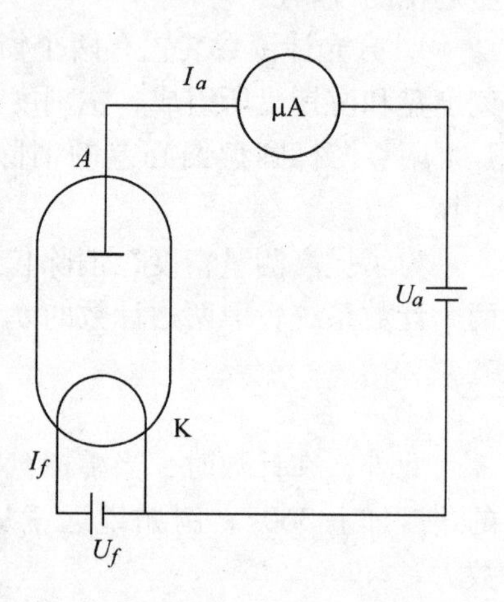

图 3.13-1 电子管产生热电子发射

1. 电子的逸出功、逸出电位

在通常温度下由于金属表面存在一个厚约 10^{-10}m 左右的电子——正电荷的偶电层，它的电场阻碍电子从金属表面逸出，也就是说金属表面与外界（真空）之间存在一个势垒 E_b，电子逸出至少必须具有 E_b 的动能。在 0K 时电子逸出金属表面至少要从外界得到的能量为 E_0，即必须克服偶电层的阻力做功 $e\varphi = E_0$。

$$E_0 = E_b - E_f = e\varphi \tag{3.13-1}$$

式中，E_0 称为金属电子的逸出功，常用单位为电子伏特（eV）；φ 则称为电子的逸出电位。

2. 热电子发射公式

热电子发射的理查逊-杜西曼公式（Richardson-Dushman formuta）为

$$I = AST^2 e^{-e\varphi/kT} \tag{3.13-2}$$

式中，I 为热电子发射的电流，单位为 A；S 是阴极金属的有效发射面积，单位为 cm^2；T 是热阴极的热力学温度，单位为 K；A 为与阴极化学纯度有关的系数，单位为 $A \cdot cm^{-2} \cdot K^{-2}$；$k$ 是玻耳兹曼常数，$k = 1.38 \times 10^{-23} J \cdot K^{-1}$。$A$ 和 S 难以测定，所以在实际测量中，通常采用理查逊直线法，设法避开 A 和 S 的测量。

3. 理查逊直线法

将式（3.13-2）两边除以 T^2，再取对数得到

$$\lg \frac{I}{T^2} = \lg AS - \frac{e\varphi}{2.30kT} = \lg AS - 5.04 \times 10^3 \varphi \frac{1}{T} \tag{3.13-3}$$

从式（3.13-3）可以看出 $\lg \frac{I}{T^2}$ 与 $\frac{1}{T}$ 成线性关系。以 $\lg \frac{I}{T^2}$ 与 $\frac{1}{T}$ 作图，由所得直

线的斜率即可求出电子的逸出电位 φ，这方法就叫作理查逊直线法。

4. 肖特基(Schottky)效应与外延法求零场电流

为了维持阴极发射的热电子能连续不断地飞向阳极，必须在阳极和阴极间加一个加速电场 E_a，由于 E_a 的存在会使阴极表面的势垒 E_b 降低，因而逸出功减小，发射电流增大，这就是肖特基效应。在加速电场 E_a 作用下阴极发射电流 I_a 与 E_a 有如下关系：

$$I_a = I\exp\left(\frac{0.439\sqrt{E_a}}{T}\right) \tag{3.13-4}$$

式中，I_a 和 I 分别是加速电场为 E_a 和零时的发射电流。加速电场可表示为 $E_a = U_a/\left(r_1 \times \ln\frac{r_2}{r_1}\right)$，式中，$r_1$ 和 r_2 分别为阴极和阳极的半径；U_a 为加速电压。对式(3.13-4)两边取对数，并整理得

$$\lg I_a = \lg I + \frac{0.439\sqrt{U_a}}{2.30T\sqrt{r_1 \times \ln\frac{r_2}{r_1}}} \tag{3.13-5}$$

$\lg I_a$ 和 $\sqrt{U_a}$ 呈线性关系，以 $\sqrt{U_a}$ 为横坐标，以 $\lg I_a$ 为纵坐标作图，得一直线。此直线的外延直线与纵坐标的交点为 $\lg I$。

5. 温度测量与理想的二极管

阴极温度 T 的测定一般有两种方法：一是用光测高温计通过理想二极管阳极中间的一个小圆孔来测量阴极的温度，但这种测温需要判定二极管阴极和光测高温计的亮度是否一致，该项判定误差大；另一方法是根据已标定的理想二极管的灯丝(阴极)电流 I_f 来计算它的温度，此种方法的实验结果比较稳定，本实验采用此种方法。二极管灯丝(阴极)电流 I_f 与灯丝温度 T 的对应数值关系由表 3.13-1 给出。

表 3.13-1　理想二极管灯丝电流与温度关系

I_f/A	0.50	0.55	0.60	0.65	0.70	0.75	0.80
$T/\times10^3$K	1.72	1.80	1.88	1.96	2.04	2.12	2.20

【实验装置】

理想二极管及座架上的实验电路分布如图 3.13-2 所示，其中灯丝电流 I_f 和阳极电压 U_a 由金属电子逸出功测定仪来调节，I_a、I_f 和 U_a 通过组合数字电表来测量。

【实验内容】

1. 按图 3.13-2 连接实验电路。

2. 取理想二极管灯丝电流 I_f 从 0.55 ~0.75A，每间隔 0.05A 进行一次测量。在阳极上加 25, 36, 49, 64, …, 144（V）电压，在不同的 I_f 下测出阳极电流 I_a，记录数据于自制的表 1 中，表 1 内容为 I_f、I_a 和 U_a。自制表 2，表 2 中把表 1 的 I_f、I_a 和 U_a 分别转换成 $T(10^3\text{K})$、$\lg I_a$、$\sqrt{U_a}$ 列表。

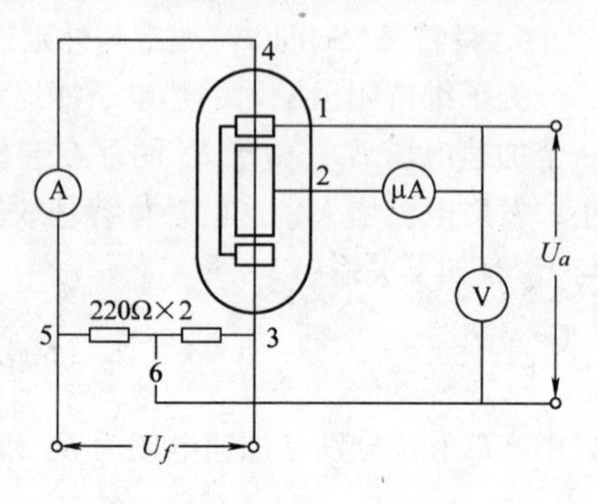

图 3.13-2

3. 根据表 2 数据，做出 $\lg I_a$-$\sqrt{U_a}$ 图线。求出截距 $\lg I$，即可得到在不同阴极温度时的零场热电子发射电流 I。并换算成表 3（自制），表 3 中内容为 $T(10^3\text{K})$、$\lg I$、$\lg\dfrac{I}{T^2}$、$\dfrac{1}{T}(\times10^{-4}\text{K}^{-1})$。

4. 根据表 3 数据，做出 $\lg\dfrac{I}{T^2}$-$\dfrac{1}{T}$ 图线。从直线斜率求出钨的逸出功 $e\varphi$（或逸出电位 φ）。

直线斜率 m = ______　　逸出功 $e\varphi$ = ______ eV

逸出功公认值 $e\varphi$ = 4.54eV　　相对误差 E = ______%

【思考题】

1. 理查逊直线法如何测得逸出电位 φ？它的优点是什么？
2. 在有加速电场存在的情况下如何求得零场电流？

实验 3.14　用光栅分光计测 H 原子的 R_H

【简介】

我们使用光栅作色散元件，将原子发的光散开为光栅光谱，然后用分光计测定各谱线的衍射角，就可精确测定各谱线的波长，进而测算 H 原子 Rydberg 常量。

【实验目的】

1. 复习分光计的调节和使用。
2. 学一种精确测定光波长的方法——光栅法。
3. 测算 H 原子 Rydberg 常量。

【实验仪器】

FGY—01 型分光计、透射光栅、H 灯及其附件。

【预习提示】

1. 分光计的调节步骤有哪些？

2. 测定光波长的方法有哪几种？

【实验原理】

1. Balmer 公式

H 原子光谱在可见光范围内为 Balmer 系，谱线波长之间的联系有著名的 Balmer 公式

$$\lambda = \frac{1}{R}\frac{4n^2}{n^2-4} \quad (n=3,4,5,\cdots)$$

式中，R 称为 Rydberg 常量(为与推广后区别,常记为 R_H)。由此可见，只要测出谱线波长 λ 就可算出 R_H，即

$$R_H = \frac{1}{\lambda}\frac{4n^2}{n^2-4} \quad (n=3,4,5,\cdots) \tag{3.14-1}$$

2. 光栅方程

一维透射光栅可看成是数目很大的一组等距等宽的平行狭缝。当光线射到光栅后，每个狭缝都将使光发生衍射。由于这些衍射光来自同一光源，所以各个狭缝衍射的光是相干的。由于是多光束干涉，产生的明条纹细而亮。于是，明条纹的方位可精确测定。当平行光垂直光栅平面正入射到光栅上时，明条纹满足的相长干涉公式(光栅方程)是

$$d\sin\varphi = k\lambda \quad (k=0,\pm1,\pm2,\pm3,\cdots) \tag{3.14-2}$$

式中，d 称为光栅常数或光栅的空间周期(其倒数称为空间频率)；λ 为波长；φ 是明条纹对应的衍射角，可用分光计来测定。由于明条纹细而亮，衍射角 φ 可测得很精确，所以这是一种测波长的精确方法。

3. 比较测定

光栅常数可用读数显微镜测出，也可由已知波长反用式(3.14-2)而测定：$d=\frac{k'\lambda'}{\sin\varphi'}$，其中 λ'为已知波长；φ'仍由分光计测定。其实为求波长，光栅常数不一定要解出来，因为可代入消去，得

$$\lambda = \lambda'\frac{\sin\varphi}{\sin\varphi'} \quad (已取\ k'=k) \tag{3.14-3}$$

这相当于通过分光计去比较未知波长和已知波长。

【实验装置】

分光计的构造参看实验3.6“分光计的调节与使用”。

【实验内容】

1. 调节分光计。

分光计调节的目的和方法见实验3.6。

2. 调节光栅平面与平行光管的主轴垂直，并且光栅的“刻痕”与仪器的转

轴平行。

调节光栅的“刻痕”与仪器的转轴平行。如果正负同级谱线不等高，即光谱倾斜，但谱线本身竖直，则表明光栅的“刻痕”与仪器转轴不平行，尽管“刻痕”平面已与转轴平行。此时应调节平台的调平螺钉c，即光栅平面通过的螺钉，直到左右谱线等高。注意只能调螺钉c，其他两个螺钉a、b不能动。

光栅调好的标志是正负同级谱线既等距又等高，在分光计中观察左右对称的清晰彩色谱线。

3. 测定两条(H_α、Na)一级谱线的衍射角(φ_C、φ_D)。H原子Balmer系有四条谱线可见：H_α（红）、H_β（绿）、H_γ（蓝）、H_δ（紫），其波长分别记为λ_C、λ_F、λ_G、λ_H。我们只使用$k=\pm1$的第一级光谱，因为它较明亮。

选Na黄线波长$\lambda_D=589.29\text{nm}$为已知波长；以红色谱线$H_\alpha$的波长$\lambda_C$为待测波长。先测$k=+1$级黄红两谱线的角位置$\theta_D$、$\theta_C$，再测$k=-1$级黄红两谱线的角位置$\theta_{-D}$、$\theta_{-C}$，每次都要记下分度盘左(L)右(R)两窗的读数。采用左右两窗读数(对径读数法)是为了消除分度盘的偏心差；而测同级正负谱线求平均则是为了消除残余斜入射带来的误差(图3.14-1)。

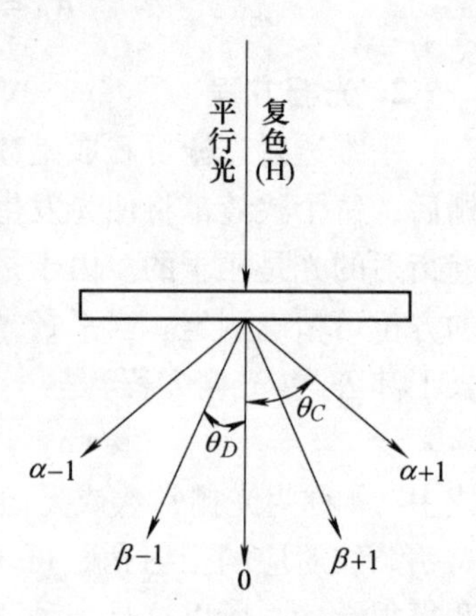

图3.14-1 复色光各波长衍射角

$$\varphi_C^{\mathrm{L}}=\frac{1}{2}(\theta_{+C}^{\mathrm{L}}-\theta_{-C}^{\mathrm{L}}),\ \varphi_C^{\mathrm{R}}=\frac{1}{2}(\theta_{+C}^{\mathrm{R}}-\theta_{-C}^{\mathrm{R}})$$

而

$$\varphi_C=\frac{1}{2}(\varphi_C^{\mathrm{L}}+\varphi_C^{\mathrm{R}})$$

所以

$$\varphi_C=\frac{1}{4}(\theta_{+C}^{\mathrm{L}}-\theta_{-C}^{\mathrm{L}}+\theta_{+C}^{\mathrm{R}}-\theta_{-C}^{\mathrm{R}})$$

同理可得

$$\varphi_D=\frac{1}{4}(\theta_{+D}^{\mathrm{L}}-\theta_{-D}^{\mathrm{L}}+\theta_{+D}^{\mathrm{R}}-\theta_{-D}^{\mathrm{R}})$$

而

$$\lambda_C=\lambda_D\frac{\sin\varphi_C}{\sin\varphi_D}$$

4. 推算H原子R_{H}。由$R=\frac{1}{\lambda}\frac{4n^2}{n^2-4}$及$\lambda=\lambda_D\frac{\sin\varphi}{\sin\varphi_D}$可推算$R$。对于$C$线，$n=3$，故$R_C=\frac{7.2}{\lambda_C}$，并与标准值$R_A$($R_A=1.09677576\times10^7\text{m}^{-1}$)比较求出相对误差。

【思考题】

1. 角游标的读数，“大数”和“小数”各如何读出？为何采取“对径读数法”？游标零线越过度盘零点该如何计角？

2. 光栅如何放在小平台上？为什么还要调光栅方位，怎样才算调好了？

参 考 文 献

[1] 张兆奎，缪连元，张立．大学物理实验[M]．北京：高等教育出版社，1990.

[2] 宋玉海，梁宝社．大学物理实验[M]．北京：北京理工大学出版社，2006.

[3] 林抒，龚镇雄．普通物理实验[M]．北京：人民教育出版社，1982.

[4] 程守洙，江之永．普通物理学[M]．5版．北京：高等教育出版社，1997.

[5] 吕斯骅，段家忯，等．新编基础物理实验[M]．北京：高等教育出版社，2006.

[6] 邓金祥，刘国庆，等．大学物理实验[M]．北京：北京工业大学出版社，2006.

[7] 丁慎训，张孔时．物理实验教程[M]．北京：清华大学出版社，1992.

第 4 章　综合性实验

实验 4.1　夫兰克-赫兹实验

【简介】

在原子物理学的发展中，丹麦物理学家玻尔(N. Bohr)因为在 1913 年发表了原子模型而获得了 1922 年度诺贝尔物理学奖。1914 年，德国科学家夫兰克(J. Franck)和赫兹(G. Hertz)用慢电子与稀薄气体原子碰撞的方法，使原子从低能级激发到高能级。他们对电子与原子碰撞时能量交换的研究所发现的规律性，直接证明了原子能级的存在，即原子能量的量子化现象。夫兰克和赫兹的实验证明了玻尔原子理论的正确性，因而，他们获得了 1925 年度诺贝尔物理学奖。这就是原子物理学上著名的“夫兰克-赫兹”(F-H)实验。

【实验目的】

1. 了解夫兰克-赫兹实验的原理和方法。
2. 验证原子能级的存在，并测定氩原子的第一激发电位。
3. 了解计算机数据采集、数据处理的方法。

【实验仪器】

智能夫兰克-赫兹实验仪(ZKY-FH 型)、示波器。

【预习提示】

1. F-H 实验仪的各部分都起什么作用？
2. 简要说明 I_A-U_{G2K} 曲线的形成原因。
3. 实测曲线和理论曲线有何区别？是什么原因造成的？

【实验原理】

玻尔提出的原子理论指出：原子只能较长久地停留在一些稳定状态(简称为定态)，原子处在定态时，不发射或吸收能量，各个定态的能量值 E_n 称为原子的能级，其数值是彼此分立的。原子的能量不论通过什么方式发生改变，它只能使原子从一个定态跃迁到另一个定态。从而，原子吸收或辐射的能量不会是连续的，必定是某两个能级的能量差 $E_m - E_n$。

原子从低能级向高能级的跃迁，可以通过电子与原子相碰撞进行能量交换的办法来实现。例如，用电场加速电子，使其获得能量 E，这些电子在稀薄的氩气中与氩原子碰撞，就可能会发生能量交换。记氩原子的基态能量为 E_1，第一激

发态的能量为 E_2，$eU_0 = E_2 - E_1$（其中 e 为电子电荷量）。如果电子传递给氩原子一份 eU_0 的能量，氩原子就会从基态跃迁到第一激发态，U_0 被称为氩原子的第一激发电位。测出 U_0，就可以求出氩原子的基态和第一激发态之间的能量差。(其他气体原子情况类似)

氩原子还有更高的第二、第三激发态等，原理类似，本实验只讨论第一激发态。

一般情况下，原子在激发态是不稳定的，短时间后会回到基态，同时释放出具有一定能量的光子来。这种光辐射的频率 ν、波长 λ 满足下式：

$$eU_0 = h\nu = h\frac{c}{\lambda} \quad (h = 6.63 \times 10^{-34}\,\mathrm{J \cdot s})$$

有关实验证明确实存在着此波长的谱线，从而从另一方面证明了原子能级的存在。

1. 电子-原子碰撞规则

按玻尔的原子理论，当电子与氩原子碰撞时，如果电子能量 $E < eU_0$，电子和氩原子只发生弹性碰撞，能量交换很小可忽略不计；如果电子能量 $E \geqslant eU_0$，电子和氩原子发生非弹性碰撞，电子将损失一整份 eU_0 的能量，氩原子吸收此能量后跃迁到激发态。此规则的要点在于，电子-原子碰撞时，不会有连续的能量交换，而只可能发生整份 eU_0 的能量交换，亦即能量的交换是量子化的。

通过实验证明每次碰撞时电子损失能量为定值，就可以验证上述碰撞规则的存在，由此可证实原子能级理论的正确性。

2. 夫兰克-赫兹管的结构及工作原理

夫兰克-赫兹管的结构如图 4.1-1 所示，管中填充有稀薄的氩气。通电后灯丝加热阴极 K 发射电子，电子由阴极 K 发出，阴极 K 和第二栅极 G2 之间的加速电压 U_{G2K}使电子加速，获得能量 $E = eU_{G2K}$。电子能量增加后会与氩原子碰撞损

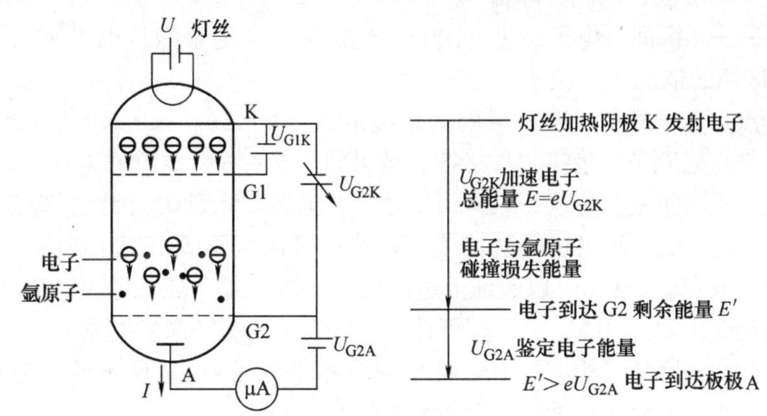

图 4.1-1　夫兰克-赫兹管的结构

失部分能量，到达第二栅极 G2 时剩余能量记作 E'。栅极是网格状金属电极，大部分电子都可从中穿过，奔向板极 A。在 G2 和板极 A 之间设有减速电压 U_{G2A}（反向拒斥电压），其作用是鉴定电子能量：显然只有 $E' > eU_{G2A}$ 的电子才能克服 U_{G2A} 的排斥作用到达板极 A，能量较低的电子则被 U_{G2A} 排斥反弹回 G2 方向。板极 A 为板状金属电极，其作用是收集电子，板极电流 I_A 可由电流表检测，I_A 的大小正比于单位时间内到达板极的电子数目。

注意：阴极 K 附近设有第一栅极 G1，加有一个很小的加速电压 U_{G1K} 约 1.5V，其功能是消除阴极电子散射的影响，相当于对电子起导向作用。这是一个辅助电极，对实验原理和实验结果都没有影响。

3. 实验方法

给定灯丝电压、U_{G1K}、U_{G2A}；缓慢增加 U_{G2K}，测出相应的板极电流 I_A。理论上，I_A 与 U_{G2K} 的对应关系应如图 4.1-2 所示。

在 0—a—b 区间内，电子能量小于 eU_0，按碰撞规则，电子-原子间只有弹性碰撞，不发生能量交换。其中，图中 0—a 段，当 $U_{G2K} < U_{G2A}$ 时，由于拒斥电压的限制，电子不能到达板极，电流为 0。a—b 段，当 U_{G2K} 超过 U_{G2A} 后，电子可以克服拒斥电压到达板极，形成电流 I，U_{G2K} 越大，电子能量越高，速度越快，单位时间内到达板极的电子数越多，电流越大。

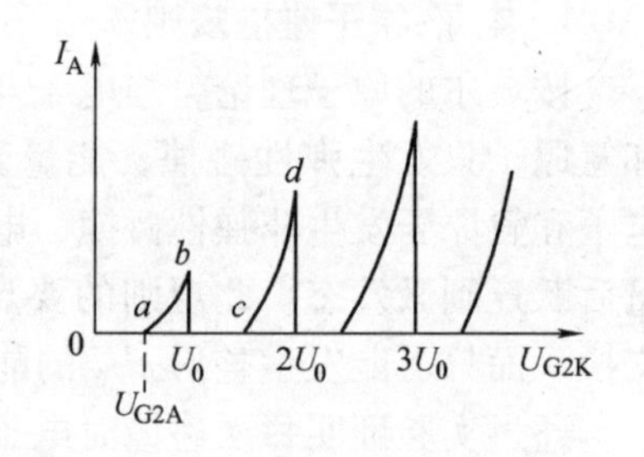

图 4.1-2 I_A-U_{G2K} 特性曲线理论图形

在 b 点，电子能量 $E = eU_{G2K} = eU_0$，此时电子与氩原子发生非弹性碰撞，损失能量 eU_0，电子剩余能量为 $E' = 0$。按拒斥电压 U_{G2A} 的鉴定作用，$E' < eU_{G2A}$，电子不能到达板极，电流会降为 0。

在 b—c—d 区间，电子经过一次非弹性碰撞后，剩余能量小于 eU_0，将重复 0—a—b 区间的情况。

在 d 点，电子经一次碰撞后的剩余能量 $E' = e \cdot 2U_0 - eU_0 = eU_0$，按碰撞规则，电子将与氩原子发生第二次碰撞，结果同 b 点一样，电流降为 0。

此规律不断重复，每次 $U_{G2K} = nU_0$ 时，电流都会降到 0。因此，理论上，I_A-U_{G2K} 曲线呈锯齿状，测出这样的曲线即可证明每次电子-原子碰撞时，电子损失能量都是定值 eU_0，从而可以验证上述碰撞规律。同时，测出每次电流降为 0 时对应的加速电压 U_0，$2U_0$，…，即可计算出氩原子的第一激发电位 U_0。

但是，在实际测量中，I_A-U_{G2K} 特性曲线并非是图 4.1-2 所示的锯齿状曲线，而是形如图 4.1-3 所示。两者的主要区别在于：

（1）实际的 I_A-U_{G2K} 特性曲线中，板极电流并不是突然下降的，而是有平滑的过渡。这主要是由于从阴极发射出来的电子初始能量并不完全相同，服从一定的统计规律，有的快些，有的慢些。这就使电流峰总有一定的宽度，不会突然下降。

（2）实际的 I_A-U_{G2K} 特性曲线中，I_A 一般不会降到零。这是由于电子与氩原子的碰撞有一定的概率，当大部分电子与氩原子的碰撞而损失能量的时候，还会存在一些电子没有碰撞而到达了板极，所以会有一些残余的板极电流，I_A 不会降到零。

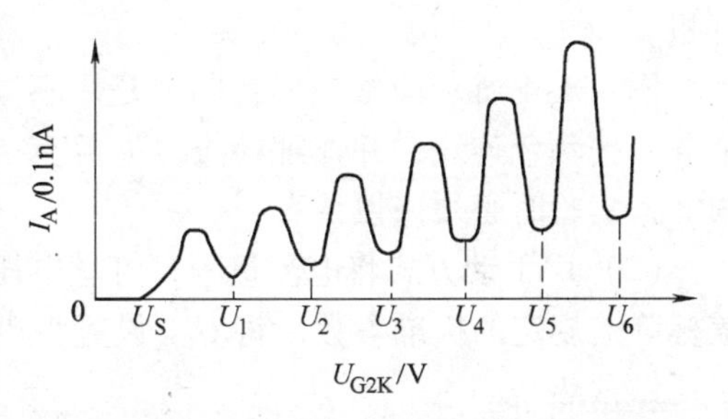

图 4.1-3　I_A-U_{G2K} 特性曲线实测图形

在实测曲线中，虽然 I_A 不会降到零，但相邻的波峰-波峰之间的电压差值仍为 U_0，波谷-波谷之间电压差值也是 U_0。测出各波谷对应的电压 $U_1, U_2, U_3, \cdots$，也可求得激发电位 U_0。

历史上，1914 年，夫兰克和赫兹所用的是一支充汞的三极管，只有阴极、加速栅极和板极，实验测得汞原子的第一激发电位 $U_0 = 4.9\text{V}$。1920 年，他们对实验装置进行了改进，使电子在加速区获得高于 4.9eV 的能量，从而测量出汞原子的一系列较高的激发电位，进一步证实了原子内部能量状态的不连续性。

【实验内容】

智能夫兰克-赫兹实验仪面板图如图 4.1-4 所示，左侧方框内即为夫兰克-赫兹管所在位置。实验仪上盖板的标牌上有每台仪器所使用的标准参数，如灯丝电压、U_{G1K}、U_{G2A} 等。

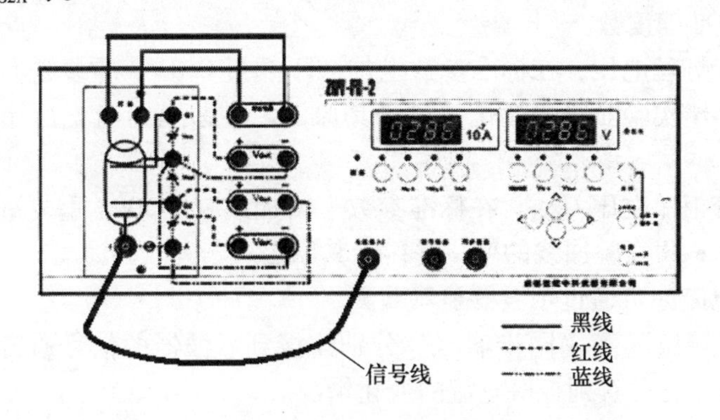

图 4.1-4　仪器面板图及接线图

实验仪有三种可选的工作方式：A 手动，B 自动，C 联机测试。

其中，A、B 方式不由《计算机辅助实验系统软件》控制，智能夫兰克-赫兹实验仪可单独运行。C 方式必须与计算机相连接，由计算机控制智能夫兰克-赫兹实验仪运行。

1. 熟悉实验装置结构和使用方法（亦可在计算机该实验系统中查阅）

（1）关闭电源，按照实验要求连接实验线路，务必详细检查无误后方可开机。

图 4. 1-4 所示面板在实物图上是用不同形式的线条标明了不同颜色的连线，请务必按颜色连线，并详细检查。夫兰克-赫兹管价格昂贵，连线错误极易造成损坏，实验时必须谨慎认真。

（2）用手动方式将电流量程，灯丝电压，U_{G1K}电压，U_{G2A}电压调至仪器箱上盖标牌上规定的标准参数，将 U_{G2K}设置为 30V，预热 3min。（仪器若已预热就不必再做预热）

2. 测氩原子的第一激发电位

测量过程用联机测试方式完成。

（1）联机测试：测绘 I_A-U_{GK}曲线。

1）实验仪器置自动测试状态；计算机进入实验系统，“用户”、“密码”均为“sa”。

2）点击“数据通讯-开始实验”；“工作方式”采用“联机测试”；“仪器号”采用“1/A 设备”；进入“下一步”。（未说明的空白处均按要求填入）

3）记录仪器箱上盖标牌所规定的标准参数，并输入程序中，单击“下一步”，按系统提示，可观察到 I_A-U_{G2K}曲线的变化情况。

4）移动实验窗口中的十字准线，读取并记录各峰值、谷值的电压及电流数据（注意电流单位）。如需精确读数，可点击窗口右下的“ << ”按钮，调出曲线测量数据查找准确读数。

（2）改变灯丝电压，在标准参数上加减不超过 0. 3V，重复进行实验，测绘曲线。分析 F-H 实验曲线的变化并讨论其原因。（提示：灯丝电压影响阴极发射的电子数目）

（3）改变拒斥电压 U_{G2A}，在标准参数上增加或减小 2V，重复进行实验，测绘曲线。分析 F-H 实验曲线的变化并讨论其原因。

3. 测试电流亦可通过示波器显示观测

将“信号输出”和“同步输出”分别连接到示波器的信号通道和外同步通道，在示波器上也可看到板极电流的变化情况。

4. 实验结束，将实验装置恢复为原始状态

【数据记录与处理】

自行设计表格记录数据。

1. 根据标准参数所测 I_A-U_{G2K}曲线的数据，由各波谷的电位求出第一激发电位 U_0。计算方法可取 6 组数据，用逐差法计算。如数据不足 6 组，也可简单地用前后数据相减取平均的方式计算 U_0。

2. 将实验测得的氩原子的第一激发电位 U_0 与公认值 11.55V 比较，求出百分差。

3. 用毫米方格纸画出 I_A-U_{G2K} 曲线。

【思考题】

1. 本实验装置能否测氩原子第二激发电位？为什么？

2. 依据实验数据，从以下几方面分析灯丝电压、拒斥电压对 F-H 实验曲线的影响：电流大小如何变化？曲线是否有左右平移现象？改变参数后，测得的 U_0 有没有变化？说明产生这些结果的原因。

实验 4.2　光电效应法测定普朗克常量

【简介】

1900 年普朗克创造性地提出了“量子”观点，并引入普适常量 h。1905 年，爱因斯坦在普朗克量子假说的基础上提出光子理论，成功地解释了光电效应现象。十年后，密立根以光电效应实验证实了爱因斯坦的光电效应方程，较为精确地测得了普朗克常量。因此，通过光电效应实验测普朗克常量，有助于学生理解光电效应的基本原理以及更好地理解光的粒子性。

【实验目的】

1. 通过实验了解光电效应的基本规律，加深理解爱因斯坦的光电子理论。

2. 验证爱因斯坦方程，用光电效应法测定普朗克常量。

3. 了解计算机数据采集、图形显示、数据处理的方法。

【实验仪器】

ZKY—GD—4 智能光电效应实验仪，实验仪由光电检测装置和实验仪主机两部分组成。

【预习提示】

1. 了解光电效应的基本规律。

2. 了解用爱因斯坦光子理论测定普朗克常量的方法。

【实验原理】

当单色光照射到光电管的阴极 K 金属表面时，电子将从阴极表面逸出，阴极 K 与阳极 A 之间在电场作用下，电路中会有电流产生，这种现象称为光电效应。逸出的电子称为光电子，由它形成的电流称为光电流(图 4.2-1)。

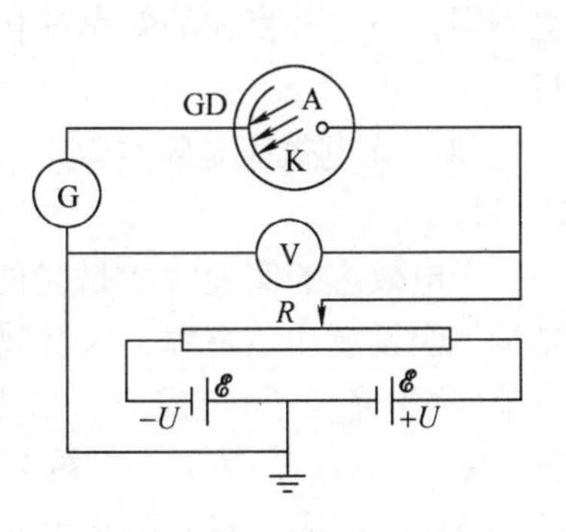

图 4.2-1　原理示意图

光电效应具有以下实验规律：

（1）饱和电流大小与光强成正比。入射光频率一定时，光电流随两极电压的增大而增大，最终趋于饱和值。对于不同的光强，饱和电流 I 与光强 P 成正比（图4.2-2a）。

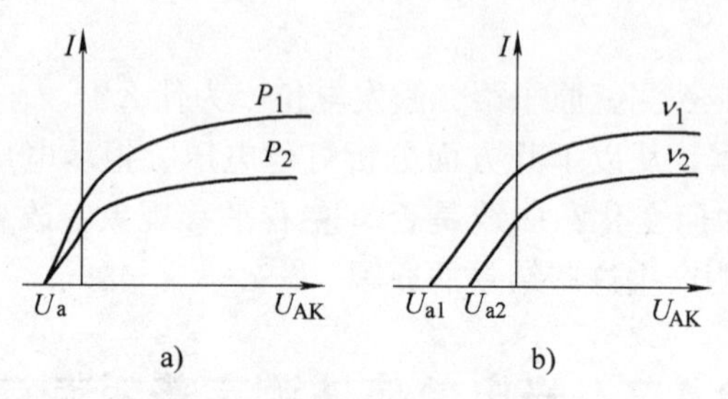

图4.2-2　光电效应的伏安特性曲线

（2）截止电压的概念：当两极间的加速电压减小到零并逐渐为负值时，光电流减小，但不为零，只有当反向电压值等于 U_a 时，光电流才等于零。这时的电压 U_a 称为截止电压。这表明此时具有最大动能的光电子被反向电场所阻挡。则光电子释放时，最大初动能与截止电压 U_a 的关系为

$$e|U_a| = \frac{1}{2}mv_m^2 \tag{4.2-1}$$

（3）光电子的最大初动能与入射光的频率成正比，与光强无关。不同的入射光频率有不同的初动能，即不同的入射光频率对应着不同的截止电压 U_a 如图4.2-2b所示。而且光电效应存在一个阈频率 ν_0，当入射光频率 $\nu < \nu_0$ 时，不论光强多大、照射时间多长，都没有光电子产生，故 ν_0 又称为截止频率。对于不同金属的阴极，ν_0 值也不同，但这些直线的斜率都相同(图4.2-3)。

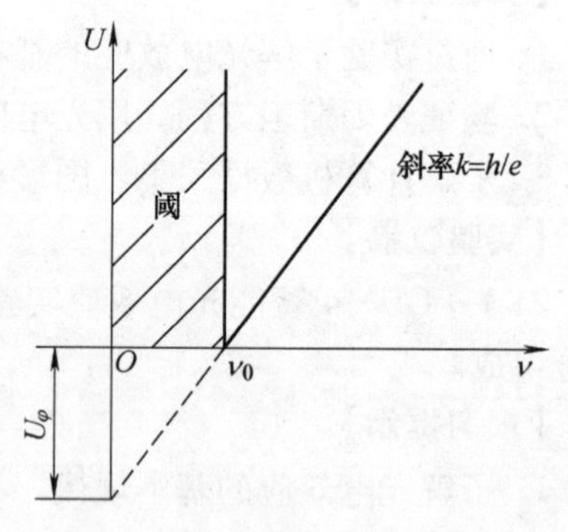

图4.2-3　截止电压与光频率关系曲线

（4）光电效应是瞬时效应，一经光线照射，立即产生光电子，一般不超过 10^{-9}s。

光电效应的实验规律是光的波动理论所不能解释的。1905年，爱因斯坦的光量子假设成功地解释了这些物理现象。光子理论认为光束是由能量 $E = h\nu$ 的粒子(称为光粒子)组成的，当光束照射到金属表面时，光只能是一份份地被吸收，每份能量($E = h\nu$)一次被金属中的电子全部吸收，电子把这些能量的一部分用来克服金属表面对它的吸力而做逸出功 W，余下的则变为电子离开金属表面时

的最大初动能$\frac{1}{2}mv_{m}^{2}$。按照能量守恒原理，爱因斯坦提出了著名的光电效应方程：

$$h\nu=\frac{1}{2}mv_{m}^{2}+W \tag{4.2-2}$$

h的公认值为6.62×10^{-34}J·s，ν为入射光频率。

由式(4.2-1)与式(4.2-2)可知，当$\nu\geqslant\frac{W}{h}=\nu_0$时，则爱因斯坦光电效应方程可改写为

$$e|U_a|=\frac{1}{2}mv_{m}^{2}=h\nu-W$$

即

$$|U_a|=\frac{h}{e}\nu-\frac{h}{e}\nu_0=\frac{h}{e}(\nu-\nu_0) \tag{4.2-3}$$

由式(4.2-3)可知，由于逸出功W是金属的固有属性，给定的金属材料逸出功是一个定值，故U_a与ν呈线性关系，由直线斜率可求出h，还可以求出截止频率ν_0(横坐标截距)和逸出电势U_φ(纵坐标截距)(图4.2-3)。

在实验中测得的U-I特性曲线与理想曲线有些不同的原因：

(1) 存在反向电流。光电管在制造过程中，工艺上很难保证阳极不被阴极材料所沾染，而且这种沾染还会在光电管的使用过程中日趋加重。被沾染后的阳极其逸出功降低，当从阴极反射过来的散射光照到它时，便会发射出光电子而形成阳极电流，如图4.2-4中的虚线所示。

(2) 存在暗电流和本底电流。暗箱中的光电管即使没有光照射，在外加电压下也会有微弱电流流过，称作暗电流，其主要原因是极间绝缘电阻漏电、阴极在常温下的热电子辐射等。本底电流则是由于外界各种漫反射光入射到光电管上所致。但两者与外加电压基本上呈线性关系。

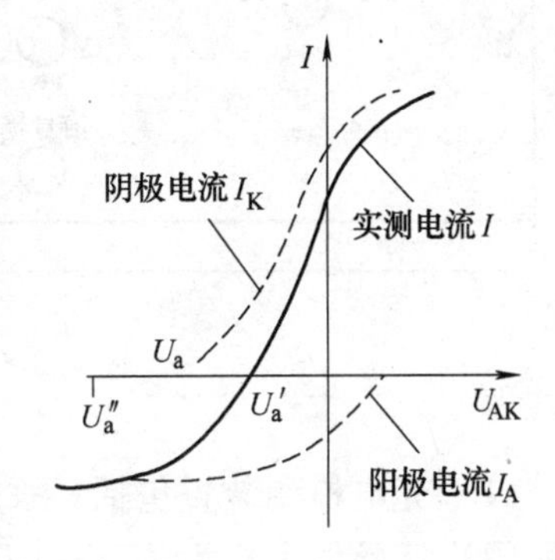

图4.2-4　光电管实测的U-I特性曲线

由于以上原因，实测的U-I特性曲线如图4.2-4所示。实测电流则是阴极电流、阳极反向电流和暗电流等叠加的结果。由图中曲线可知，由于反向电流的存在，当实测电流为零时，阴极电流并不为零，特性曲线与U轴的交点电势U_a'也并不是截止电压U_a。这样，由于阳极反向电流和暗电流的存在，截止电压的测定变得困难，对于不同的光电管，应根据U-I特性曲线的特点，选用不同的方法确定截止电压。

由于本实验仪器的电流放大器灵敏度高，稳定性好；光电管阳极反向电流、暗电流都很小，截止电压与真实值相差较小；且各谱线的截止电压都相差 ΔU，对 U_a-ν 曲线的斜率无大的影响，因此测量截止电压则采用零电流法，即直接将光照射下测得的电流为零时所对应的电压作为截止电压 U_a，这对 h 的测量不会产生大的影响。为此，准确地找出各种频率入射光所对应的外加截止电压，是本实验成功与否的关键所在。

【实验装置】

ZKY—GD—4 智能光电效应实验仪由光电检测装置和实验仪主机两部分组成。整套仪器结构如图 4.2-5 所示，实验仪面板如图 4.2-6 所示。

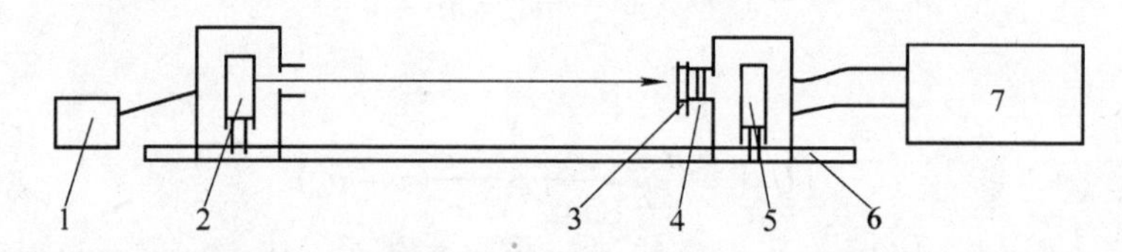

图 4.2-5　光电效应整套实验装置结构示意图

1—汞灯电源　2—汞灯　3—滤色片　4—光阑　5—光电管　6—基座　7—测试仪

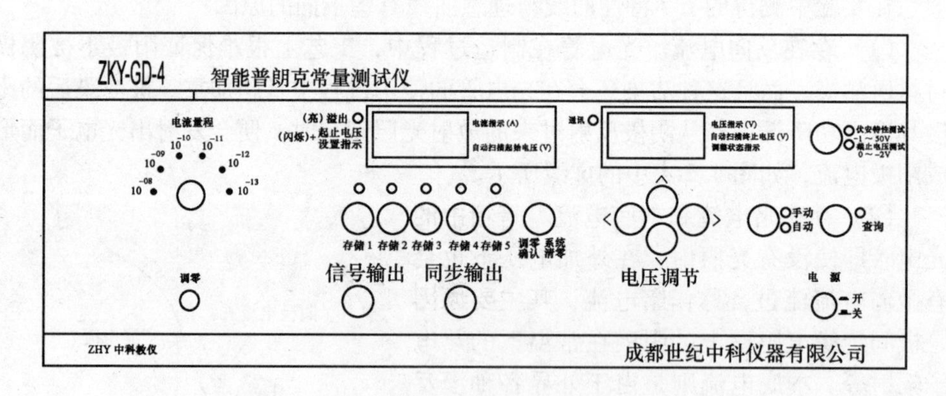

图 4.2-6　光电效应实验仪面板图

（1）光电检测装置包括：汞灯及电源、滤色片、光阑、光电管(在暗箱内)。

（2）实验仪主机为 ZKY—GD—4 型智能光电效应实验仪(以下简称实验仪)，它由微电流放大器和扫描电压源发生器两部分组成。

实验仪的主要功能及特点：

（1）实验仪通过选择实验类型、改变输出电压档位的方式支持利用光电效应测量普朗克常量和光电管伏安特性曲线两组实验。

（2）实验仪自身提供了手动测试和自动扫描测试两种工作方式，并可进一步升级为计算机联机测试，从而使得测试操作、数据记录及数据处理更加方便。

(3) 实验仪提供了五个独立的测试数据存储区(每个存储区可以存储500组数据)，可以存储五次测试的数据，同时可以对测试数据进行查询。

(4) 实验仪扫描电压源能分别提供 $-2\sim-0V$ 及 $-1\sim50V$ 两档扫描电压，供进行光电效应测量普朗克常量实验及光电管伏安特性实验使用；实验仪主机微电流放大器分有六档，测量范围为 $10^{-8}\sim10^{-13}A$，最大指示值为 $2\mu A$。

(5) 通过普通示波器可以观察测试曲线的动态过程，从而更容易理解实验所表达的物理特性。

(6) 实验仪可与计算机连接，使用者可以通过计算机对实验仪进行控制和操作，完成实验的全部内容。

【实验内容】

1. 测试前的准备

将实验仪及汞灯电源接通(汞灯及光电管暗箱遮光盖盖上)，预热20min。

调整光电管与汞灯距离约为40cm，并保持不变。

用专用连接线将光电管暗箱电压输入端与实验仪电压输出端(后面板)连接起来(红—红,蓝—蓝)。

将“电流量程”选择开关置于所选档位。在截止电压测试和伏安特性测试中，电流档位分别为 $10^{-13}A$ 和 $10^{-10}A$。

实验仪调零：首先应将光电管暗箱电流输出端与实验仪微电流输入端(后面板)断开；旋转“调零”旋钮，使电流指示值为000.0；调节好后，将光电管暗箱的微电流输出端与实验仪的光电管微电流信号输入端连接起来。按“调零确认/系统清零”键，跳出调零状态，系统进入测试状态。

注意事项：

实验仪在开机或改变电流量程后，都要对其进行重新调零。

2. 测量普朗克常量

测量截止电压时，“伏安特性测试/截止电压测试”状态键应为截止电压测试状态，“电流量程”开关应处于 $10^{-13}A$ 档。

(1) 手动测试：

① 选择实验仪的工作状态，使“手动/自动”模式键处于手动模式。

② 将直径4mm的光阑及365nm的滤色片装在光电管暗箱输入口上，打开汞灯遮光盖。

③ 用电压调节键调节 U_{AK}，使电压从低到高变化(绝对值减小)，观察电流的变化，寻找电流为零时对应的电压 U_{AK}，以其绝对值作为该波长对应的截止电压 U_a，将此数据记录于表格中。

④ 依次换上405nm，436nm，546nm，577nm的滤色片，重复以上测量步骤。

（2）自动测试：

① 选择实验仪的工作状态，使“手动/自动”模式键处于自动模式。

② 设置自动扫描电压。此时电流表左边的指示灯闪烁。对各条谱线，建议扫描范围大致设置为：365nm，-1.900～-1.500V；405nm，-1.600～-1.200V；436nm，-1.350～-0.950V；546nm，-0.800～-0.400V；577nm，-0.650～-0.250V。

③ 按动相应的存储区按键，仪器将先清除存储区原有数据，等待30s，然后按4mV的步长自动扫描，并显示、存储相应的电压、电流值(灯亮表示该存储区已存有数据,灯不亮为空存储区,灯闪烁表示系统预选的或正在存储数据的存储区)。

④ 数据查询。扫描完成后，仪器自动进入数据查询状态，此时查询灯亮，显示区显示扫描起始电压和相应的电流值。用电压调节键改变电压值，就可查阅到在测试过程中，扫描电压为当前显示值时相应的电流值。读取电流为零时对应的U_{AK}，以其绝对值作为该波长对应的U_a，并把此数据记录于表格中。

将以上手动测试和自动测试的截止电压输入计算机进行数据处理，并作图求出普朗克常量h。

（3）计算机测试：

使用者可以通过计算机对实验仪器进行控制和操作，完成实验的全部内容，并且将采集获得的实验数据自动记录、存储、图形显示，形成实验报告及打印结果。

3. 测光电管的伏安特性曲线

测量光电管的伏安特性时，“伏安特性测试/截止电压测试”状态键应为伏安特性测试状态，“电流量程”开关应处于10^{-10}A档，并重新调零。

（1）测伏安特性曲线可选用“手动/自动”两种模式之一，测量的最大范围为-1～50V，自动测量时步长为1V。仪器的功能及使用方法如前所述。将相应的实验数据记录于表格中。

（2）本实验还可以通过“联机显示/联机测试”两种模式测试伏安特性曲线，具体实验步骤请进入计算机的“光电效应-计算机辅助实验系统”。

根据实验需要：

1）可同时观察、测量五条谱线在同一光阑、同一距离下的伏安饱和特性曲线。

2）可同时观察、测量某条谱线在不同距离(即不同光强)、同一光阑下的伏安饱和特性曲线。

3）可同时观察、测量某条谱线在不同光阑(即不同光通量)、同一距离下的伏安饱和特性曲线。由此可验证光电管饱和光电流与入射光强成正比。

【思考题】

1. 简述光电效应法测定普朗克常量的基本思路。
2. 要正确测得普朗克常量，什么量是关键？本实验的确定方法是什么？
3. 实际测量得到的光电流曲线与理想曲线是否相同？为什么？

实验 4.3 密立根油滴法测电子电荷

【简介】

密立根油滴实验由著名的美国物理学家密立根（R. A. Millikan）首先设计并完成的，用于测定电子的电量 e，在近代物理学的发展史上是十分重要的一个实验。它证明了任何带电体所带的电量都是某一最小电荷量——基本电荷的整数倍，由此证明了电荷是量子化的，并精确地测定了基本电荷的数值，为从实验上测定其他一些基本物理量提供了可能性。这一成就大大促进了人们对电和物质结构的研究和认识，密立根也因为这个实验荣获 1923 年诺贝尔物理学奖。

密立根油滴实验设计巧妙、原理清楚、设备简单、结果准确，是一个很有启发性的物理实验。通过学习密立根油滴实验的设计思想和实验技巧，可以提高学生的实验能力和素质。该实验还被评为“物理最美实验”之一。

【实验目的】

1. 学习和理解密立根油滴实验的巧妙设计及微观量的宏观测量方法。
2. 测定油滴的带电量，并推算电子电荷的量值。
3. 验证电荷的不连续性及电子电量 e 的量子性。

【实验仪器】

密立根油滴仪（MOD—5BC）、监视器（SP—709）。

【预习提示】

1. 如何通过测量油滴的电荷量推算出电子 e 的电荷量？
2. 油滴在不加电压时为先加速后匀速运动，为何忽略加速运动的时间？
3. 实验中为什么有时油滴会在显示器上消失？应该如何控制油滴？
4. 怎样选择合适的油滴？

【实验原理】

油滴法测量电子的电荷，可以分为静态（平衡）测量法或动态（非平衡）测量法。但由于静态（平衡）测量法原理更简单易懂，因此本实验只介绍静态测量法。

1. 油滴电荷量 q 的测定

用喷雾器将油喷入两块相距为 d 的水平放置的平行极板之间，油在喷射撕裂成油滴时，一般都是带电的。设油滴的质量为 m，所带的电荷为 q，两极板间的电压为 U，则油滴在平行极板间将受到两个力的作用，分别为向下的重力 mg 和向上静电力 qE，如图 4.3-1 所示。如果调节两极板间的电压 U，可使两力达到平衡，这时

$$mg = qE = q\frac{U}{d} \tag{4.3-1}$$

显然，若想要测得油滴电荷量 $|q|$，就必须先测出油滴的质量 m。

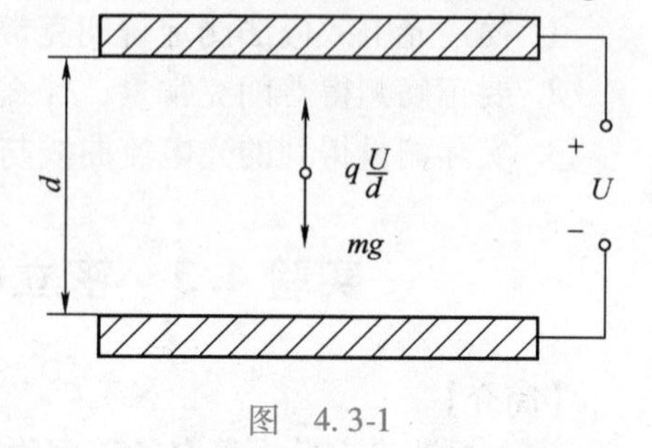

图　4.3-1

2. 油滴质量 m 的测定

当平行极板不加电压时，油滴受重力作用而加速下降。但由于同时受到空气阻力 f_r 的作用，油滴下降一段距离后，加速度将不断减小至零，油滴速度将增大至其最大值 $v_g V$，并保持匀速运动。这时，重力 mg 与空气阻力 f_r 达到平衡（空气浮力忽略不计），如图 4.3-2 所示。根据斯托克斯定律，在静止的黏滞流体中运动的刚性小球受到的阻力为

$$f_r = 6\pi a\eta v_g \tag{4.3-2}$$

式中，a 是油滴的半径（由于表面张力的原因，油滴总是接近小球状）；η 是空气的黏度数。因此在匀速运动状态中有

$$mg = f_r = 6\pi a\eta v_g \tag{4.3-3}$$

油滴　v_g

图　4.3-2

设油的密度为 ρ，油滴的质量 m 可以用下式表示：

$$m = \frac{4}{3}\pi a^3\rho \tag{4.3-4}$$

联立式（4.3-3）和式（4.3-4），得到油滴的半径为

$$a = \sqrt{\frac{9\eta v_g}{2\rho g}} \tag{4.3-5}$$

由于油滴的半径 a 为微米量级（$a < 10^{-6}$m），其大小与空气分子的间隙相当，空气已经不能看成是连续介质，故此时斯托克斯定律不严格成立。如仍沿用上述 f_r 的表达式，则可将 η 修正为 η'，即

$$\eta' = \frac{\eta}{1 + \dfrac{b}{pa}} \tag{4.3-6}$$

式中，b 为修正常数（$b = 6.17 \times 10^{-6}$ m · cmHg）；p 为大气压强。用式（4.3-6）

η'代替式（4.3-5）η 可得到

$$a=\sqrt{\frac{9\eta v_g}{2\rho g}\frac{1}{1+\frac{b}{Pa}}} \tag{4.3-7}$$

其中，半径 a 仍处于修正项中，但由于实验结果的误差存在，不需十分精确，可将式（4.3-5）代入式（4.3-7）中的根号内，得

$$m=\frac{4}{3}\pi\left[\frac{9\eta v_g}{2\rho g}\frac{1}{1+\frac{b}{pa}}\right]^{\frac{3}{2}}\rho \tag{4.3-8}$$

3. v_g 的测定

v_g 代表当电压 $U=0$ 时，油滴匀速运动的速度，故可以用下述方法测出。设油滴在平行极板之间匀速下降距离为 l，所需的时间为 t，则

$$v_g=\frac{l}{t} \tag{4.3-9}$$

将式（4.3-9）代入式（4.3-8），可得

$$m=\frac{4}{3}\pi\left[\frac{9\eta l}{2\rho gt}\frac{1}{1+\frac{b}{pa}}\right]^{\frac{3}{2}}\rho \tag{4.3-10}$$

再将式（4.3-10）代入式（4.3-1），最后得

$$q=ne=\frac{18\pi}{\sqrt{2\rho g}}\left[\frac{\eta l}{t\left(1+\frac{b}{pa}\right)}\right]^{\frac{3}{2}}\frac{d}{U} \tag{4.3-11}$$

式中，$a=\sqrt{\frac{9\eta l}{2\rho gt}}$；$n$ 为正整数；e 为电子电荷量。

【实验装置】

密立根油滴仪，监视器外形图如图4.3-3所示。

密立根油滴仪的基本结构由油滴盒、油滴照明装置、调平系统、CCD显微镜、电压表、计时器（数字毫秒计）、控制开关及电源（在机箱内）等组成。

油滴盒置于有机玻璃防风罩中，是用两块经过精磨的平行极板（上、下电极板）中间垫以绝缘环组成。平行极板的距离为 d，绝缘环上有发光二极管的进光孔、显微镜观察孔和紫外线进光石英玻璃窗口。上电极板中央有一个 $\phi0.4$mm

图　4.3-3

1—油滴盒（在防风罩内）　2—有机玻璃防风罩　3—有机玻璃油雾室
4—油滴照明 LED 管　5—调平螺钉　6—水准泡（在防风罩内）
7—CCD 测量显微镜　8—数字电压表　9—电压调节旋钮
10—工作电压控键开关　11—数字计时器　12—计时/复位按钮
13—CCD　14—监视器

的小孔，油滴从油雾室经油雾孔落入小孔，进入上、下电极之间，整套装置如图 4.3-4 所示。油滴由高亮度发光二极管照明。油滴盒可以通过调节仪器下面的螺钉调节水平，并由水泡进行检查。

油滴盒有机玻璃防风罩前装有测量显微镜，调节显微镜两侧对称的调焦手轮，通过绝缘环上的观察孔观察平行极板间的油滴，再通过 CCD 成像系统将油滴的运动状况显示在监视器的屏幕上。

平行板之间的电压可以通过数字电压表上读出，并由工作电压选择开关控制。开关分三档，“平衡（balance）”档供极板以平衡电压，使得油滴处于平衡静止状态；“下落（down）”档除去平衡电压，使油滴自由下落；“提升（up）”档是在平衡电压上叠加了一个 200V 左右的提升电压，将油滴从视场的下端提升上来，防止油滴丢失。

油滴的运动时间由数字计时器计时，通过油滴仪右侧的 start/stop 以及 reset 按钮进行控制。

监视器用来观察油滴在两极板间电场中的运动情况。监视器屏幕如图 4.3-5 所示。监视器屏幕上纵向 4 个格子，每个格子的高度表示两极板间 0.5mm 的垂直距离，4 个格子共显示 2mm 的距离，用以测量油滴运动的距离 l。实验中，测量下落时间就是在油滴匀速下落 2mm 的距离时进行计时。使用监视器时，监视器的对比度放最大，背景亮度要很暗。

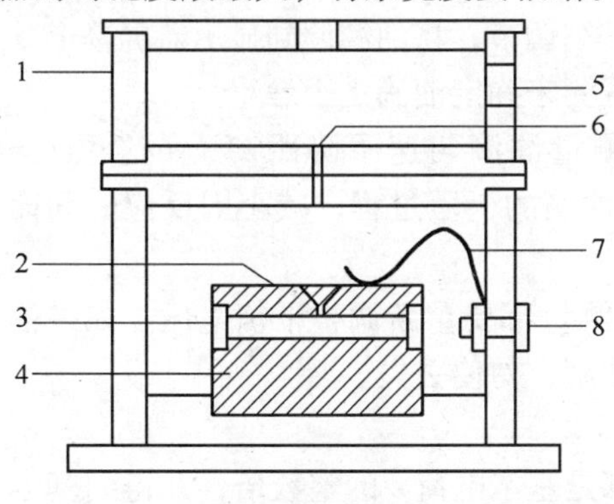

图　4.3-4

1—油雾室　2—上电极　3—油滴盒　4—下电极
5—喷雾口　6—油雾孔　7—上电极压簧
8—上电极插孔

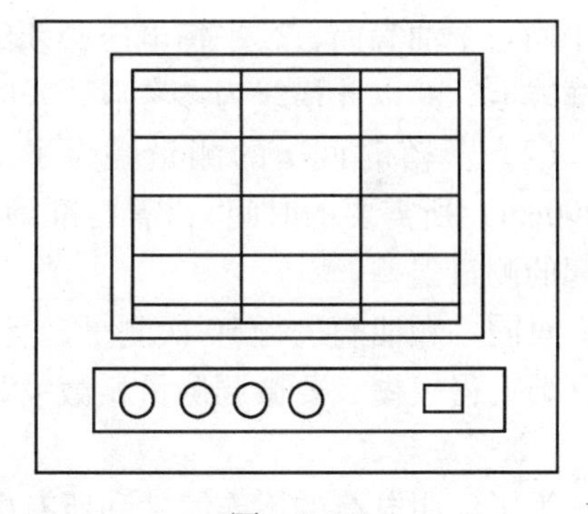

图　4.3-5

成套装置还配有喷雾器及相应连线电缆等。

【实验内容】

1. 调整仪器

将仪器放平稳，调节仪器底部左右两只调平螺钉，使水准气泡位置居中，这时平行极板处于水平位置。打开电源，预热10min。将油从油雾室旁的喷雾口喷入（喷一次即可），微调测量显微镜的调焦手轮，监视器荧光屏上出现大量清晰的油滴，如夜空繁星。

注意：调整仪器时，如要打开有机玻璃油雾室，应先将工作电压调节至零。

2. 练习测量

（1）练习控制和测量油滴运动的时间：将工作（平衡）电压调至200V左右，工作电压选择开关置“平衡”档，驱走不需要的油滴，同时利用up/down档位来控制油滴上下运动，从大量油滴中选择几颗缓慢运动的油滴。反复使用上下档位学会控制油滴，用计时器测出它们下降一段距离所需要的时间，以掌握测量油滴运动时间的方法。

（2）练习选择油滴：选择的油滴体积不能太大也不要太小。太大的油滴虽然比较亮，但一般带的电荷量比较多，下降速度也比较快，时间不容易测准确；油滴也不能选得太小，太小则布朗运动明显。通常可以选择平衡电压在200V左右，匀速下降2mm时用的时间在20s左右的油滴，其大小和带电量都比较合适。

3. 正式测量

通过公式（4.3-11）可以看出，若要得到油滴电荷量q必须测量两个量。

（1）平衡电压 U 的测量：平衡电压代表在这个电压下，油滴完全静止不动。对于同一个油滴而言，平衡电压必须经过仔细调节，将油滴调到显示器屏幕上某条横线上，并以此横线为参考点，长时间观测来确定油滴是否静止。

（2）下落时间 t 的测量：为了准确测量油滴匀速下降距离 l（这里 $l=0.200\text{cm}$）所需要的时间 t，需要准确把握油滴的下落过程，减小因反应时间而引起的测量误差。

对同一颗油滴进行10次测量，且每次测量都要重新调整平衡电压。如果油滴逐渐变得模糊，要微调测量显微镜跟踪油滴，勿使丢失。

【数据处理】

为了证明电荷的不连续性和所有电荷都是基本电荷 e 的整数倍，并得到基本电荷 e 值，我们应该测量多组实验数据，并对多组实验数据求最大公约数。这个最大公约数就是基本电荷 e 值，即电子的电荷值。但是由于课堂时间有限，这里采用“倒过来验证”的方法。

（1）将实验测得的 U、t 数据代入式（4.3-11）计算油滴所带电荷量 q_i，利用公式

$$q=ne \tag{4.3-12}$$

将公认值 $e_0=1.602\times10^{-19}\text{C}$ 除各个 q_i，并取整数，确定所测的油滴带多少个基本电荷，即 $n_{整}\approx n_i=\dfrac{q_i}{e_0}$，然后计算电子电荷 $e_i=\dfrac{q_i}{n_{整}}$值，最后求出 $\bar{e}=\dfrac{1}{k}\sum\limits_{i=1}^{k}e_i$。

（2）根据表格4.3-1中实验参数值，将下落时间 $\bar{t}$ 代入，计算油滴的半径 $\bar{a}$ 和油滴质量 $\bar{m}$。

（3）由数据处理（1）计算出电子电荷值 $\bar{e}$，再与公认值 e_0 比较，求百分差。

注意事项

1. 喷雾器中喷油不能太多。

2. 喷雾时喷雾器要竖着拿，喷口对准油雾室的喷雾口，切勿伸入口内，以防止大的油滴堵塞油雾孔。

3. 喷雾时轻按一下橡皮球就可以，不要反复挤压。

4. 使用完毕将喷雾器放回支架上，喷雾器口向上，以免漏油，污染环境。

5. 观察油滴的运动，如油滴斜向运动，则可转动显微镜上的圆形CCD，使油滴在垂直方向运动。

【思考题】

1. 如何避免油滴在测量过程中丢失？

2. 为什么要求油滴不能太亮也不能太暗？分别代表什么？

3. 实验过程中，如果未调节水平螺钉（即平行极板未处于水平位置），则对

实验结果有何影响?

表 4.3-1　密立根油滴实验参数

参数	数值
油的密度（$T=20℃$）	$\rho=981\text{kg}\cdot\text{m}^{-3}$
重力加速度	$g=9.80\text{m}\cdot\text{s}^{-2}$
空气黏度	$\eta=1.83\times10^{-5}\text{kg}\cdot\text{m}^{-1}\cdot\text{s}^{-1}$
油滴匀速下降的距离	$l=2.00\times10^{-3}\text{m}$
修正常数	$b=6.17\times10^{-6}\text{m}\cdot\text{cmHg}$
大气压强	$p=76.0\text{cmHg}$
平行极板距离	$d=5.00\times10^{-3}\text{m}$
电荷量 q	$q=\dfrac{1.43\times10^{-14}}{[t(1+0.0196\sqrt{t})]^{\frac{3}{2}}}\dfrac{1}{U}\text{C}$
油滴半径	$a=\dfrac{4.14\times10^{-6}}{[t(1+0.0196\sqrt{t})]^{\frac{1}{2}}}\text{m}$
油滴质量	$m=\dfrac{4}{3}\pi a^3\rho=4.11\times10^3\times a^3\text{kg}$

由于油的密度 ρ 和空气的黏度 η 都是温度的函数，重力加速度 g 和大气压强 p 又受实验地点和条件的影响，因此，上式的计算是近似的。在一般条件下，这样的计算引起的误差约 1%，对于学生的实验，这是可取的。

实验 4.4　光纤通信实验

【简介】

光纤传输系统的基本结构如图 4.4-1 所示，它由三部分组成：①信号源、半导体发光二极管 *LED* 及其调制、驱动电路组成的光信号发送部分；②传输光纤部分；③由硅光电池 *SPD*、前置电路、光功率计和功放电路组成的光信号接收部

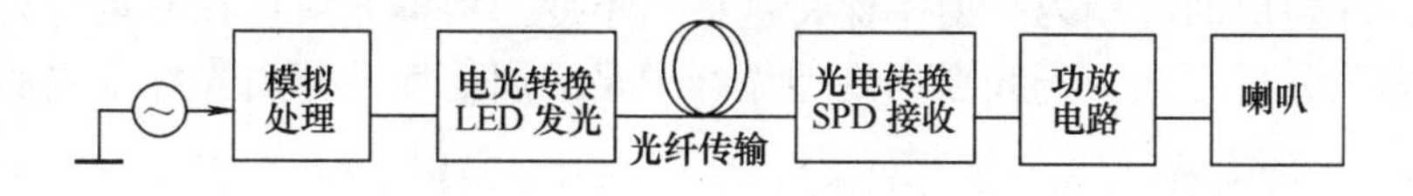

图 4.4-1　光纤传输系统原理框图

分。信号经模拟处理后调制 *LED* 发光，光信号经光纤传输到接收端，*SPD* 接收光信号并转化为电信号，经放大处理后得到最终输出。理想状态的传输系统，一方面要尽量减少传输时的信号衰减；另一方面要避免波形失真，使输出波形与输入的信号波形一致。

【实验目的】

1. 了解光纤传输系统的构成、工作原理及选配各主要部件的原则。
2. 熟悉半导体电光/光电器件的基本性能及其主要特性的测试方法。
3. 学习光纤传输系统的调试技术，掌握如何调整参数消除失真。
4. 通过观察系统各节点的波形，了解信号在系统中的传递方式。

【实验仪器】

SGT—1 数字光纤通信实验仪、示波器、收音机、信号线。

【预习提示】

1. 信号通过 *LED* 时产生削波失真的原因是什么？如何消除？
2. 系统中产生谐波失真的原因是什么？如何避免？

【实验原理】

1. 系统的组成

本实验的光纤传输系统中使用的传输光纤是低损耗多模塑料光纤，半导体发光二极管采用发光亮度很高的红光发光二极管，光电转换采用高灵敏的硅光电池作为转换元件。

2. 光导纤维的结构及传光原理

本实验使用的光纤为阶跃型多模塑料光纤，其结构如图 4. 4-2 所示，由纤芯和包层两部分组成。纤芯的半径为 a，折射率为 n_1；包层的外径为 b，折射率为 n_2，且 $n_1 > n_2$。光在光纤中传播时，可以在纤芯和包层的界面上发生全反射，就可以避免光能的泄漏，大大降低传输的损耗，因此光纤可以应用于长距离低损耗传输。由于光纤制作工艺的提高，目前光纤的损耗已容易做到 20dB/km 以下。光纤的损耗与工作波长有关，所以在工作波长的选用上，应尽量选用低损耗的工作波长。光纤通信最早是用短波长 0. 85μm，近来发展至用 1. 3 ~ 1. 55μm 范围的波长。

光纤按其构造可分为阶跃型光纤和渐变型光纤。在渐变型光纤中，纤芯折射率随离开光纤轴线距离的增加而逐渐减小，直到在纤芯-包层界面处减到某一值后，在包层的范围内折射率保持这一值不变。根据光射线在非均匀介质中的传播理论分析可知，光线在渐变型光纤中是沿周期性地弯向光纤轴线的曲线传播。

光纤按其模式性质又可以分成单模光纤和多模光纤。单模光纤的纤芯直径通常只有 5 ~ 10μm，包层直径约 125μm，只允许一种电磁场形态的光波在纤芯内

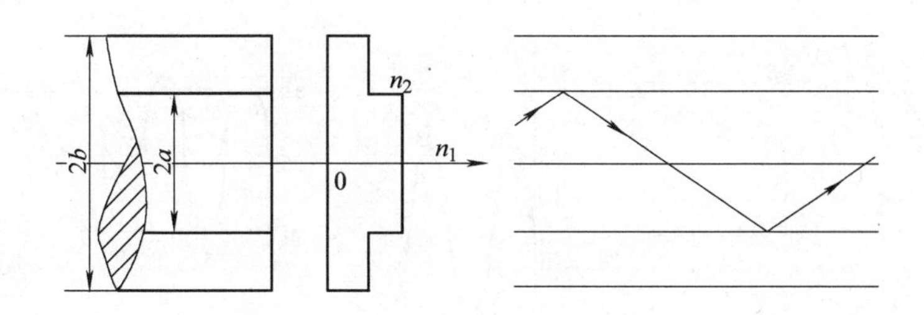

图 4. 4-2　阶跃型光纤的结构示意图及传光原理

传播。多模光纤的纤芯直径为 20 ~ 2000μm，包层厚度为 3 ~ 5μm，允许多种电磁场形态的光波传播。

3. 光纤通信中半导体发光二极管(LED)的作用

光纤通信系统中对光源器件在发光波长、电光功率、工作寿命、光谱宽度和调制性能等许多方面均有特殊要求。目前在以上各个方面都能较好满足要求的光源器件主要有半导体发光二极管(LED)和半导体激光器(LD)。本实验中使用的就是 LED。在制作 LED 时，选择不同的材料组分，就可改变 LED 的发光中心波长。为了减少损耗，LED 发光波长应与传输光纤的低损耗波长一致。LED 的调制方式特别简单，只要调制 LED 的驱动电流就可以获得经调制的光强。

LED 的电气特性与普通的半导体二极管一样，具有单向导电性，而且有最大允许电流 I_{max}。工作时，驱动电流必须限制在小于其最大允许电流 I_{max} 的范围内。

由于 LED 的允许电流区间为 0 ~ I_{max}，调制信号的电流值如超出这一区间，就会造成削波失真。例如，某 LED 允许电流区间为 0 ~ 50mA(图 4. 4-3a)，输入的正弦信号电流范围为 -10 ~ 10mA(图 4. 4-3b 中 A 信号)，如果直接作为调制电流输入，信号中只有 0 ~ 10mA 的部分能通过，这就造成信号波谷被削平。解决方法是给 LED 加一个偏置电流 $I_{偏}$。例如加上 $I_{偏}$ = 35mA，调制电流范围变为 25 ~ 45mA(图 4. 4-3c 中 A′信号)，就可以无失真通过。将 $I_{偏}$ 设为允许电流区间的中点，可使允许通过的信号峰-峰值达到最大。例如，对上述参数，设置 $I_{偏}$ = 25mA，可通过信号的最大电流范围为 - 25 ~ 25mA(图 4. 4-3b 中 B 信号，图 4. 4-3c 中B′信号)。

LED 发的光是经一根光导纤维(称为尾纤)输出的，尾纤出口处的光功率 P 与 LED 驱动电流的关系称 LED 的电光特性。电光特性为线性关系的区间就是 LED 的线性工作区间。

在 LED 加上调制信号时，由电光特性引起的非线性失真很小，主要失真来

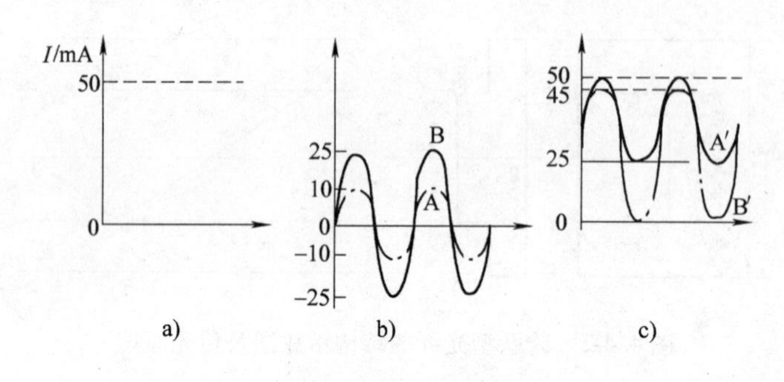

图　4.4-3

自于工作电流上下限造成的削波失真（又称截止畸变）。为了避免和减少非线性失真，LED 的偏置电流 I 应设为线性工作区间的中点，而调制信号的峰-峰值应处于线性工作区间内。这样可使 LED 获得无削波失真而且幅度最大的调制，这有利于信号的远距离传输。

一般来说，在允许电流区间 $0 \sim I_{max}$ 上，LED 的电光特性都呈现较好的线性关系。所以对于非线性失真要求不高的情况，可直接将允许电流区间 $0 \sim I_{max}$ 作为线性工作区间。

4. 光信号接收器

图4.4-4 是光信号接收器的电路图，其中硅光电池 SPD 可以将传输光纤输出的光功率 P 转变为光电流 I_0。I_0-P 曲线即为 SPD 的光电特性曲线。理想的 SPD 光电特性应为线性关系。

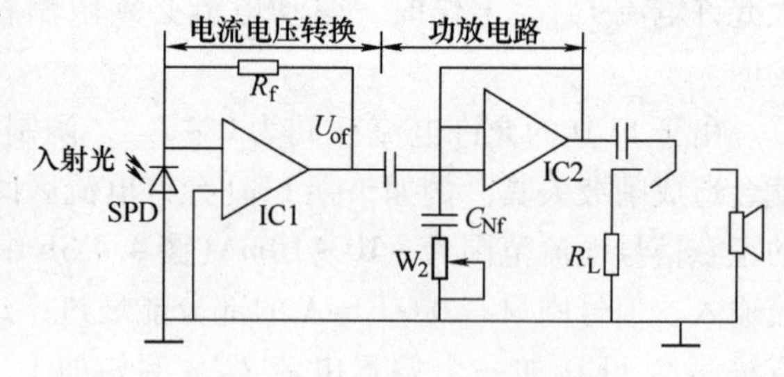

图 4.4-4　光信号接收器电路图

IC1 组成的 I-U 转换电路可以把光电流转换成电压 U_{of} 输出，其中 $U_{of} = R_f I_0$。

以 IC2（LA4112 芯片）为主构成的是一个音频功放电路，该电路的电阻元件（包括反馈电阻在内）均集成在芯片内部，只要调节外接的电位器 W_2，即可改变功放电路的电压增益，从而可以改变功放电路的输出功率。

【实验内容】

总结前述原理，我们可以将本光纤传输系统的详细原理框图绘制如图 4.4-5 所示，仪器面板上各测量点在系统中的大致位置也已标出。

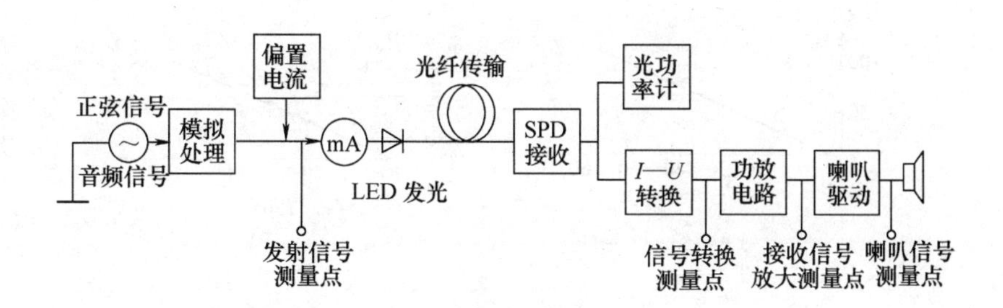

图 4.4-5　系统详细原理框图及测量点位置图

一、光信号的调制与发送实验

1.1　LED-传输光纤组件电光特性的测定

本实验系统中，LED 输出的光功率与传输光纤是直接耦合的，LED 的正负极通过光纤绕线盘上的电流插口与发送器的调制驱动电路连接。对本系统采用的 LED，在驱动电路中还设置了限流电阻，使 $I_{max}=60$mA。测量 LED-光纤组件的电光特性时，首先将光纤盘的 LED 端接面板上的“LED 输出”，SPD 端航空插头接面板上“光功率输入”，注意 SPD 航空插头有用作定位的缺口，必须对齐缺口接入。打开主机电源，将偏置电流调为零，此时光功率计无输入，用“光功率调零”旋钮将光功率计读数调为零。当“偏置电流”调节到 10mA 以上时，可见发光二极管红亮，此光即沿光纤传至另一端，被硅光电池接收，而且目视可见，电流越大，光越强。选择“模拟通道”，不加输入信号。以上准备工作就绪后，便可进行测试。

调节 LED 偏置电流的大小 I_D，并记录对应光功率计的示值 P，记入表 4.4-1 中。以 P 为纵坐标，I_D 为横坐标，便可在(P,I_D)坐标系中画出包括传输光纤与 LED 的连接损耗及传输光纤的传输损耗在内的 LED-光纤组件的电光特性曲线即 P-I_D 曲线(图 4.4-6a)。曲线上的直线线段对应的电流范围就是 LED 的线性工作区间。确定此区间范围：________ ~ ________。

表　4.4-1

I_D/mA	0	10	20	30	40	50	I_{max}
P/μW							
U_{of}/mV							
I_0/μA $I_0=U_{of}/R_f$							

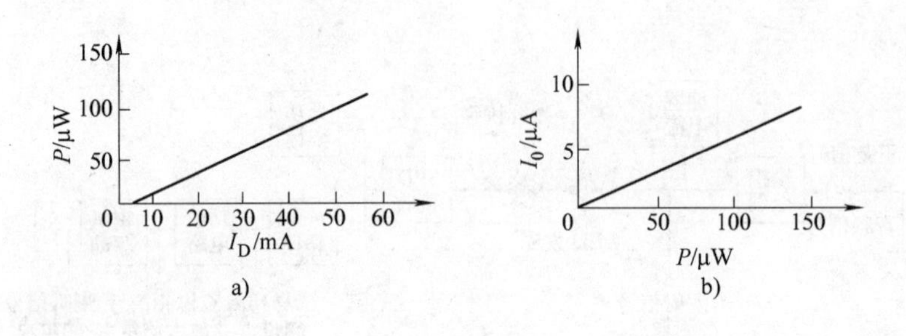

图　4.4-6

a）LED-光纤组件的电光特性　b）SPD 光电特性曲线

本系统中，通常 I_D 在 $0 \sim I_{max}$ 内基本上是线性的，非线性偏差一般在 8% 以内。

1.2　LED 偏置电流与无截止畸变最大调制幅度关系的测定

与其他光源比较，半导体发光二极管的优点就在于只需调制它的驱动电流就可简单地实现其发光强度的调制。进行光信号调制时，首先根据 LED 的光电特性曲线选择一个适当的偏置电流(一般选为其电光特性较好线段中点对应的驱动电流,本实验中可使用 30mA)，然后把某一信号(实验中使用 1kHz 的正弦或三角波)引至“信号输入”插孔，并用示波器接“发射信号测量点”，观测此处电压 U_0 的波形。(示波器用法见本实验后附)。由于此处的电压 U_0 与 LED 驱动电流 I_D 成正比，所以 U_0 的波形反映了 I_D 随时间变化的波形，在 LED 电光特性的线形范围内，此波形也代表了光功率 P 的波形。如观察到的这一波形具有严重的削波失真，适当调节“输入信号灵敏度调节”旋钮，可使光信号的波形不失真。

接收器灵敏度一定时，光信号幅度愈大，光信号传输的距离就愈远。适当调节 $I_{偏}$ 和输入信号灵敏度（即信号幅度），可获得无削波失真的最大幅度调制信号。具体做法是，先将输入信号灵敏度调到最小，$I_{偏}$ 调至 20 ~ 30mA，然后逐渐增加信号灵敏度，直到波形发生失真。如波形下方先发生失真，说明 $I_{偏}$ 太小，适当增大 $I_{偏}$ 可使信号重新回到不失真的状态，反之亦然。如此重复调节直到波形上下两端都恰好不失真，此时信号波形恰好充满 LED 的线性工作区间，对应的波形幅度最大，记录此时的最佳偏置电流 $I_{偏}$ = ________。

1.3　光信号发送器调制放大电路幅频特性的测定

系统传输的信号通常都是不同频率信号的合成，例如对于语音信号，其频谱在 300 ~ 3400Hz 范围内；对于音乐信号，是在(20 ~ 20k) Hz 范围内。而传输系统的带宽一般是有限的，即系统只能对某一频率范围内的信号作无失真的线性放大，超出此频率范围的信号就会引起谐波失真。为避免谐波失真，要求传输系统幅频特性的带宽能覆盖被传信号的频谱范围。在光纤传输系统中，作为信道的光导纤维，其带宽远大于音频范围带宽，故在音频信号光纤传输系统中，系统的带宽主要取决于发射端和接收端的电子放大电路。

保持1.2中的偏置电流大小，将1kHz交流信号接入“信号输入”插孔，信号峰-峰值调节为某一适当值如$U_{in}=20mV$。然后在保持U_{in}不变的情况下，在10Hz～20kHz范围内，改变调制信号的频率f，用示波器观测调制放大器输出端“发射信号测量点”电压波形的峰-峰值U_S。适当选取测量点，列表记下不同频率f对应的U_S。测量时频率变化的间隔应根据实际情况确定，在上、下截止频率附近，频率间隔应适当密集一些。

根据以上测试条件下的U_{in}值和各测试频率f所对应的U_S值，便可在坐标纸上绘出发送器调制放大电路的幅频特性曲线(图4.4-7,注意图中横轴以$\log f$进行分度)。在幅频特性曲线为直线的区间，所有频率的信号放大幅度都是线性的，这一区间即为传输系统的带宽，频率处在这一区间内的信号不会有谐波失真。U_s/U_{in}为系统的增益。

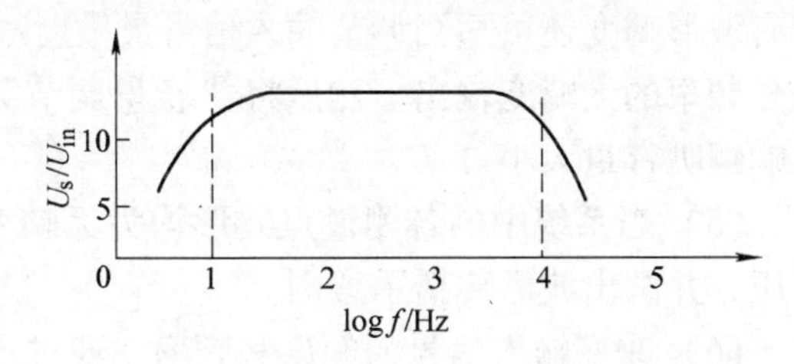

图4.4-7 发送部分音频放大电路幅频特性曲线

二、光信号的接收实验

光电池光电特性的测定

(1) 不加输入信号，将光纤盘输出端连接到“SPD输入”插孔内。电表转换开关打到“接收信号电压”处，这时数字电压表读数为接收端I-U变换电路输出电压U_{of}。

(2) 调节LED偏置电流的大小I_D，从零开始，每增加10mA读取一次U_{of}的值，记入表4.4-1。由反馈电阻R_f为30kΩ及公式$U_{of}=R_fI_0$，可算出I_0。结合表4.4-1中LED-光纤组件的电光特性曲线，即可得到硅光电池的光电特性曲线，即I_0-P曲线(图4.4-6b)。由这一特性曲线，就可按以下公式算出被测硅光电池的响应度：

$$r=\frac{\Delta I_0}{\Delta P}\quad(\mu A/\mu W)$$

式中，ΔP表示两个测量点对应的入照光功率的差值；ΔI_0是对应的光电流的差值；r即为曲线的斜率。响应度表征了硅光电池的光电转换效率，它是一个在光电转换电路的设计工作中常用的重要参数。通常由于硅光电池的光电特性具有很好的线性度，故一般也可选取零光功率输入和最大光功率输入情况下对应的两个测量点进行计算。

三、系统的组成及光信号的传输试验

3.1 模拟通道信号传输观测

（1）接上步，将1kHz正弦信号(也可以用方波或三角波信号)接到“信号输入”接口，偏置电流调为1.2中测得的$I_{偏}$。用示波器观测“发射信号测量点”的波形，适当调节“输入信号灵敏度”，使波形达到无失真最大值。

（2）用示波器观测“信号转换测量点”的波形。

（3）用示波器观测“收信号放大测量点”的波形。

（4）用示波器观测“喇叭信号测量点”的波形。首先将“音量调节”旋钮逆时针调至最小(即将功放电路中电位器W_2的阻值调到最小)，进行波形观察。若有波形畸变还可适当调节输入信号灵敏度和偏置电流大小，以获得最终的中等信号频率的无畸变输出。然后将“音量调节”旋钮调至最大，观测波形。W_2只影响喇叭音量大小。

（5）当系统中的各测量点波形均为无畸变波形时，记录各点的信号峰-峰值电压，并画出波形传播示意图。

（6）改变输入信号的幅度和频率，通过示波器观察传输效果。

3.2 语言信号的传输

用音源(收音机输出)代替信号发生器并把其输出插入发送器前面板上的“信号输入”插孔，将“音量调节”调到最小，接通“喇叭”开关，即可进行话音传输实验，并试验整个音频信号光纤传输系统的音响效果。试验时，根据实际情况可适当调节“输入信号灵敏度”、“偏置电流”、“音量调节”等旋钮，考察传输系统的听觉效果。还可用示波器监测系统的输入和输出信号的波形变化。

3.3 数字通道传输实验

（1）开关打到数字通道。在此模式下，系统首先自动给LED加上一个频率为12.5kHz的方波信号作为基频信号。不另加信号，直接在“发射信号测量点”用示波器观测此方波信号，调整偏置电流的大小至方波信号的波形不失真，并保持该电流值的稳定。

再观测“信号转换测量点”、“收信号放大测量点”、“喇叭信号测量点”的波形。此时“信号转换测量点”、“收信号放大测量点”应为有少许失真的方波波形，而“喇叭信号测量点”波形应为无信号的直线。(也可能有很小的噪声)

（2）将1kHz正弦信号接入“信号输入”。数字信号的调制不采用信号波形与基频方波直接叠加的方法，而是通过数字调制电路，用信号波形调制基频方波的占空比。用示波器观测输入信号测量点波形，可见该点的基频方波占空比已经被调制。

再观测“信号转换测量点”、“收信号放大测量点”的波形。此时“信号转换测量点”、“收信号放大测量点”的方波波形也被调制。将此调制后的基频方波再通过数字解调电路，即可还原出调制信号。观测“喇叭信号测量点”的波形，可见此处得到的信号波形与输入的1kHz正弦信号完全相同。

(3) 在数字通道下，将语言信号接入，比较数字/模拟两通道的传输效果。

注意事项

(1) 连接好线路后，接通电源开关，若发送器数字电流表有显示、光纤盘尾纤有红光输出、接收板面发光二极管亮，说明系统的电源部分正常工作。

(2) 在实验过程中，光纤盘的LED端应始终接面板上的“LED输出”不动，避免它的引脚与实验系统和测试仪器的地线相碰损坏LED。

(3) 实验过程中光纤盘上光导纤维与光功率计或硅光电池入照窗口的耦合连接均已事先调好，不需调节，勿硬拉强扭。

【数据记录与处理】

本实验所需测量的内容已在实验步骤中提到，此处加以小结：

1. 在实验内容1.1中，测P-I_D关系，并用毫米方格纸作P-I_D曲线。

确定LED的线性工作区间范围：________ ~ ________。

2. 在实验内容1.2中，调出LED无失真最大调制信号通过，记录对应偏置电流$I_{偏}$ = ________。

3. 在实验内容1.3中，记录U_{in} = ________；设计表格，记录U_S和f的对应关系。用毫米方格纸作U_S/U_{in}-log f曲线；确定系统带宽为：________ ~ ________；带宽内系统增益为U_S/U_{in} = ________。

4. 在实验内容2.1中，测U_{of}-I_D关系，结合表4.4-1，作I_0-P曲线，并计算SPD的响应度：r = ________。

5. 在实验内容3.1中，观测各节点的信号波形和峰-峰值大小，绘图表明信号的传输过程。

6. 在实验内容3.3中，在不加信号和加正弦信号两种情况下分别观测各节点的信号波形，并绘图表明信号的传输过程。

【思考题】

1. 在图4.4-6a所示电光特性曲线中，假设曲线的线性区段为10~45mA，该LED可允许无失真通过的最大信号范围是多少？此时$I_{偏}$应取何值？

2. 模拟通道和数字通道在传输信号时有何区别？

【附录】 示波器简明使用方法

本实验使用的4316型示波器是一种双踪示波器，可以观察单路信号波形，并测量信号大小；也可以同时观测两路信号波形，进行对比，其面板图如图4.4-8所示。仪器的各旋钮按钮的使用方法和作用如下：

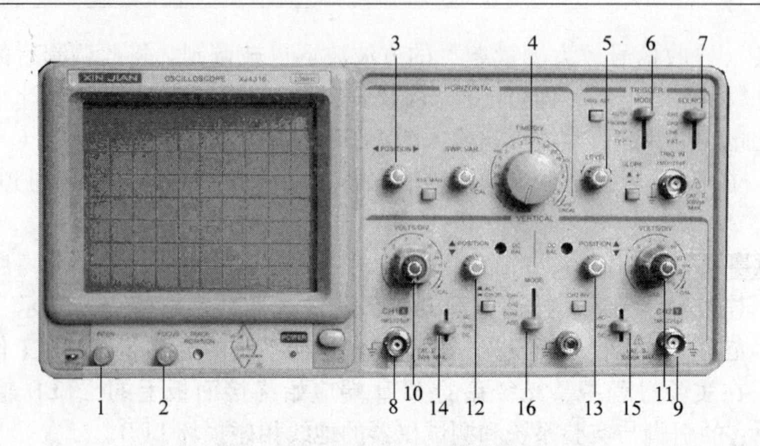

图4.4-8 4316型示波器面板图

（1）辉度，调整波形亮度。（2）聚焦，调整波形清晰度。（3）X轴位移电位器，用以调节波形的水平位置。（4）“t/div”X方向扫描速度选择，用以调节波形X方向的疏密。（5）触发电平，波形不稳定时，调节此旋钮可使波形达到同步稳定。（6）触发源，选CH1。（7）触发方式，选Auto。（8、9）CH1/CH2通道信号输入。（10、11）Y轴衰减旋钮，用以调节波形垂直方向的放大倍数。档位所标数值为屏幕上每大格所表示的电压，可用来读出波形的峰-峰电压。可从最左端开始顺时针调节，使波形逐步放大至合适大小。（12、13）Y轴位移电位器，用以调节波形的垂直位置。（14、15）信号输入方式，选DC交流。（16）垂直显示方式。选CH1/CH2，只显示CH1/CH2的波形；选DUAL，同时显示CH1和CH2的波形；选ADD，显示CH1+CH2，两者叠加的波形。

本实验中，一般可将CH1通道接“发射信号测量点”，用CH2通道先后接“信号转换测量点”、“收信号放大测量点”、“喇叭信号测量点”进行观测。只需单独观察某一路信号时，开关(16)可调至CH1/CH2单独观察；需进行比较观察时，开关(16)可调至DUAL同时观察两路信号进行比较。

实验4.5 霍尔效应

【简介】

置于磁场中的载流体，如果电流方向与磁场垂直，则在与电流和磁场都垂直的方向会产生一附加的横向电场，这个现象是霍普斯金大学研究生霍尔于1879年发现的，后被称为霍尔效应。

【实验目的】

1. 了解霍尔效应实验原理。

2. 学习用“对称测量法”消除副效应的影响，通过测绘试样的 U_H-I_s 和 U_H-I_M 曲线计算霍尔灵敏度 K_H。

3. 确定试样的导电类型，了解载流子浓度等参量的计算方法。

【实验仪器】

DH4512 型霍尔效应实验仪。

【预习提示】

1. 霍尔效应是怎样产生的？

2. 霍尔系数和霍尔灵敏度的物理意义是什么？

【实验原理】

霍尔效应从本质上讲是运动的带电粒子在磁场中受洛伦兹力作用而引起的偏转。当带电粒子（电子或空穴）被约束在固体材料中，这种偏转就导致在垂直电流和磁场的方向上产生正负电荷的聚积，从而形成附加的横向电场，即霍尔电场，对于图 4.5-1 所示的 N 型半导体试样，若通以电流 I_s，在垂直于半导体样品的方向加磁场 B，试样中载流子（电子）将受到向上的洛伦兹力，其值为

$$F = e\bar{v}B \tag{4.5-1}$$

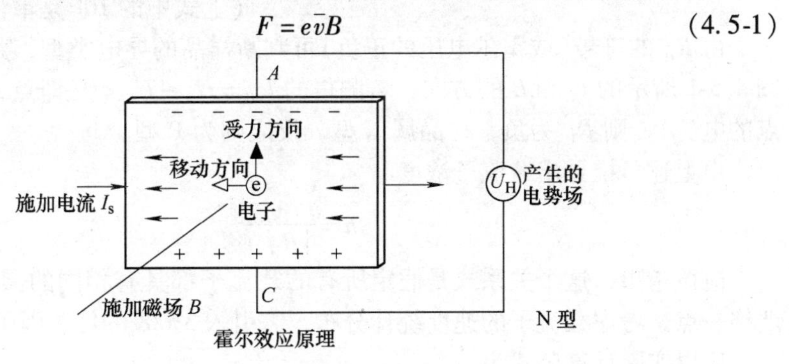

图 4.5-1 霍尔效应原理图

则在半导体试样的上下方向，即试样 A、C 电极两侧就开始聚积异号电荷而产生相应的附加电场——霍尔电场。电场的指向取决于试样的导电类型。对 N 型试样，霍尔电场沿 C-A 方向，P 型试样则沿 A-C 方向，有

$$E_H < 0 \quad (\text{N 型})$$

$$E_H > 0 \quad (\text{P 型})$$

显然，该电场将阻止载流子继续向侧面偏移，当载流子所受的电场力 $e \cdot E_H$ 与洛伦兹力 $e\bar{v}B$ 相等时，样品两侧电荷的积累就达到平衡，霍尔电场不再增加，故

$$eE_H = e\bar{v}B \tag{4.5-2}$$

式中，E_H 为霍尔电场；$\bar{v}$ 是载流子在电流方向上的平均漂移速度。对于图 4.5-1 所示长方形样品，设其宽为 b（沿 AC 方向）、厚为 d（沿磁场 B 方向），载流子浓

度为 n、载流子速度 v，则流过样片的电流 I_s 与它们之间的关系如下：

$$I_s = nedvb \tag{4.5-3}$$

垂直方向施加磁感应强度为 B 的磁场时，产生的霍尔电压 U_H 与它们之间的关系为

$$U_H = \frac{I_s B}{ned} = \frac{R_H I_s B}{d} \tag{4.5-4}$$

式中，比例系数 R_H 称为霍尔系数，$R_H = \frac{1}{ne}$。

即霍尔电压 U_H($U_H = U_A - U_C$)与 $I_s B$ 乘积成正比，与载流子浓度成反比，与试样厚度成反比。比例系数 R_H(霍尔系数)是反映材料霍尔效应强弱的重要参数，在高斯单位制中，只要测出 U_H(V)以及知道 I_s(安)、B(GS[⊖])和 d(cm)，可按下式计算 R_H(cm^3/C)：

$$R_H = \frac{U_H d}{I_s B} \times 10^8 \tag{4.5-5}$$

（上式中的 10^8 是单位换算而引入。）

由 R_H 的符号(或霍尔电压的正负)可判断样品的导电类型，判断的方法是按图 4.5-1 所示的 I_s 和 B 的方向，若测得的 $U_H = U_A - U_C < 0$(即点 A 的电位低于 C 点的电位)，则 R_H 为负，样品属 N 型，反之则为 P 型。

由上述可推导出载流子浓度

$$n = \frac{1}{|R_H| e}$$

应该指出，这个关系式是假定所有的载流子都具有相同的漂移速度得到的，严格一点，考虑载流子的速度统计分布，需引入 $3\pi/8$ 的修正因子。

所以实际计算公式为

$$n = \frac{3\pi}{8} \frac{1}{|R_H| e}$$

根据上述可知，要得到大的霍尔电压，其中一个关键是要选择霍尔系数大的材料。对已经加工好的霍尔器件而言，其厚度是一定的，所以实用上常采用

$$K_H = \frac{R_H}{d} = \frac{1}{ned}$$

来表示器件的主要性能参数，K_H 称为霍尔灵敏度，单位为 V/A · T。

本实验中，采用国际单位制，霍尔灵敏度计算公式为

$$K_H = \frac{U_H}{I_s B} \tag{4.5-6}$$

式中，各量单位分别为 U_H(V)、I_s(A)、B(T)。注意上式与式(4.5-5)的联系与

⊖ $1\text{Gs} = 10^{-4}\text{T}$

区别。

在产生霍尔效应的同时，因伴随着多种副效应及不等电位，以致实验测得的 A、C 两电极之间的电压并不等于真实的 U_H 值。我们采用电流和磁场换向的对称测量法即可消除副效应的影响。具体的做法是 I_s 和 B(即 I_M)的大小不变，并在设定电流和磁场的正、反方向后(以图 4.5-1 所示方向作为正向)，依次测量 I_s 和 B 按下列四组不同方向组合时 A、C 两点之间的电压 U_1、U_2、U_3 和 U_4(见下表)：

测 量 顺 序	工作电流方向	施加的磁场方向	电极引出端电压测量
第一次测量	$+I_s$	$+B$	U_1
第二次测量	$+I_s$	$-B$	U_2
第三次测量	$-I_s$	$-B$	U_3
第四次测量	$-I_s$	$+B$	U_4

然后求上述四数据 U_1、U_2、U_3 和 U_4 的代数平均值，可得

$$U_H = \frac{U_1 - U_2 + U_3 - U_4}{4} \tag{4.5-7}$$

由于本实验中使用亥姆霍兹线圈所产生的磁场精度较高，在线圈的中央位置，可认为磁感应强度 B 与励磁电流 I_M 成正比：$B = \kappa \cdot I_M$。(其中 $\kappa = 0.011760$ T/A)

【实验装置】

DH4512 型霍尔效应实验仪用于演示霍尔电场产生的原理及其测量方法，通过施加磁场，可以测出霍尔电压并计算它的灵敏度。实验仪由实验架和测试仪两个部分组成，采用亥姆霍兹线圈产生实验所需要的磁场，用功率继电器进行电流方向的切换。实验架各接线柱连线如图 4.5-2 所示。

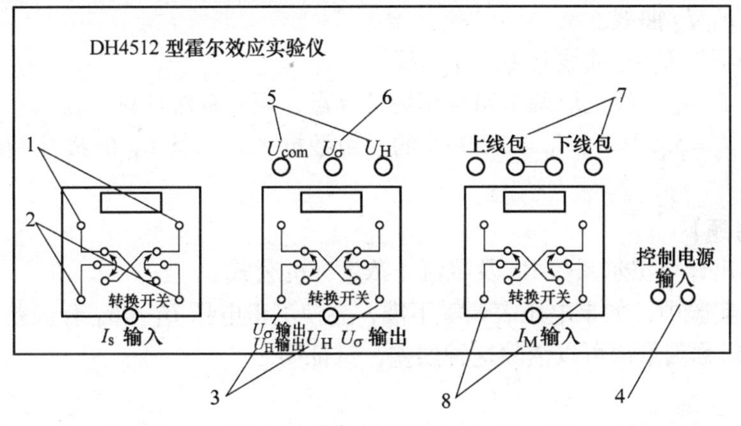

图　4.5-2

图中各个数字代表的含义如下：

1. 连接到霍尔片的工作电流端；

2. 连接到测试仪上霍尔工作电流端；

3. 连接到测试仪上霍尔电压输入端；

4. 用一边是分开的接线插、一边是双芯插头的控制连接线与测试仪背部的插孔相连接；

5. 连接到霍尔片霍尔电压输出端；

6. 测量载流子浓度端子，在霍尔片上它与霍尔电压端子是同一根连线，可以不用；

7. 连接到磁场励磁线圈端子，出厂前已在内部连接好了；

8. 连接到测试仪磁场励磁电流端。

仪器开机前应将 I_s、I_M 调节旋钮逆时针方向旋到底，使其输出电流趋于最小状态，然后再开机。仪器接通电源后，预热数分钟即可进行实验。

"I_s 调节"和"I_M 调节"分别来控制样品工作电流和励磁电流的大小，其电流随旋钮顺时针方向转动而增加，要细心操作。通过按下、按上转换开关，可以实现与继电器相连的连接线的换向功能。

【实验内容】

连接好实验架与控制箱之间的三组连线及一根控制线。确定电压输出的转换开关弹起，表明输出电压为 U_H。当 I_s 及 I_M 换向开关弹起时，指示灯向下亮，表明 I_s 及 I_M 均为正向；当转换开关按下时，指示灯向上亮，表明 I_s 及 I_M 为负向。

1. 保持 I_M 值不变（取 $I_M = 0.500\text{A}$），I_s 测量范围为 2.00 ~ 5.00mA，自拟表格，测绘 U_H-I_s 曲线。

2. 保持值 I_s 不变（取 $I_s = 3.00\text{mA}$），I_M 测量范围为 0.100 ~ 0.500A，自拟表格，测绘 U_H-I_M 曲线。

3. 分别作 U_H-I_s 曲线与 U_H-I_M 曲线。

4. 在 U_H-I_s 曲线上取两个新点作为计算点，用图解法计算 K_H。

5. 取 $I_s = 5.00\text{mA}$，$I_M = 0.500\text{A}$ 的一组数据，利用其 U_H 的极性判断样品导电类型。

【思考题】

1. 列出计算霍尔系数 R_H 及载流子浓度 n 的公式。

2. 本实验中，如果电压表调零不准，会使测得电压 $U_1 \sim U_4$ 有误差，但实验中采用的对称测量法可以消除这种误差，试证明之。

实验 4.6　多普勒效应的研究

【简介】

对于机械波、声波、光波和电磁波而言，当波源和观察者（或接收器）之间发生相对运动，或者波源、观察者不动而传播介质运动，或者波源、观察者、传播介质都在运动时，观察者接收到的波的频率和发出的波的频率不相同的现象，称为多普勒效应。

多普勒效应在核物理、天文学、工程技术、交通管理以及医疗诊断等方面有十分广泛的应用，如用于卫星测速、光谱仪、多普勒雷达、多普勒彩色超声诊断仪等。

【实验目的】

1. 观测多普勒效应现象。
2. 掌握多普勒效应测速原理。
3. 了解多普勒效应的应用。

【实验仪器】

实验仪器装置系统由实验仪、智能运动控制系统和测试架组成。

【预习提示】

1. 什么是多普勒效应?
2. 如何利用多普勒效应测定速度?

【实验原理】

声波的多普勒效应

设声源在原点，声源振动频率为f，接收点在x处，运动和传播都在x方向。对于三维情况，处理稍复杂一点，其结果相似。声源、接收器和传播介质不动时，在x方向传播的声波的数学表达式为

$$p = p_0\cos\left(\omega t - \frac{\omega}{c_0}x\right) \tag{4.6-1}$$

(1) 声源运动速度为U_S，介质和接收点不动。

设声速为c_0，在时刻t，声源移动的距离为

$$U_S(t - x/c_0)$$

因而声源实际的距离为

$$x = x_0 - U_S(t - x/c_0)$$

$$x = (x_0 - U_S t)/(1 - M_S) \tag{4.6-2}$$

式中，$M_S = U_S/c_0$，为声源运动的马赫数，声源向接收点运动时U_S(或M_S)为正，反之为负，将式(4.6-2)代入式(4.6-1)得

$$p = p_0\cos\left\{\frac{\omega}{1 - M_S}\left(t - \frac{x_0}{c_0}\right)\right\}$$

可见，接收器接收到的频率变为原来的$\frac{1}{1 - M_S}$，即

$$f_S = \frac{f}{1 - M_S} \tag{4.6-3}$$

（2）声源、介质不动，接收器运动速度为 U_r。同理可得接收器接收到的频率

$$f_r=(1+M_r)f=\left(1+\frac{U_r}{c_0}\right)f \tag{4.6-4}$$

式中，$M_r=\frac{U_r}{c_0}$，为接收器运动的马赫数，接收点向着声源运动时 U_r（或 M_r）为正，反之为负。

（3）介质不动，声源运动速度为 U_S，接收器运动速度为 U_r。可得接收器接收到的频率

$$f_{rS}=\frac{1+M_r}{1-M_S}f \tag{4.6-5}$$

（4）介质运动。设介质运动速度为 U_m，得

$$x=x_0-U_m t$$

根据式(4.6-1)可得

$$p=p_0\cos\left\{(1+M_m)\omega t-\frac{\omega}{c_0}x_0\right\} \tag{4.6-6}$$

式中，$M_m=U_m/c_0$，为介质运动的马赫数，介质向着接收点运动时 U_m（或 M_m）为正，反之为负。

可见若声源和接收器不动，则接收器接收到的频率

$$f_m=(1+M_m)f \tag{4.6-7}$$

还可看出，若声源和介质一起运动，则频率不变。

为了简单起见，本实验只研究第2种情况：声源、介质不动，接收器运动速度为 U_r。根据式(4.6-4)可知，改变 U_r 就可得到不同的 f_r 以及不同的 $\Delta f=f_r-f$，从而验证了多普勒效应。另外，若已知 U_r、f，并测出 f_r，则可算出声速 c_0，可将用多普勒频移测得的声速值与用时差法测得的声速作比较。若将仪器的超声换能器用作速度传感器，就可用多普勒效应来研究物体的运动状态。

【实验装置】

实验仪由信号发生器和接收器、功率放大器、微处理器、液晶显示器等组成，其面板图如图4.6-1所示。

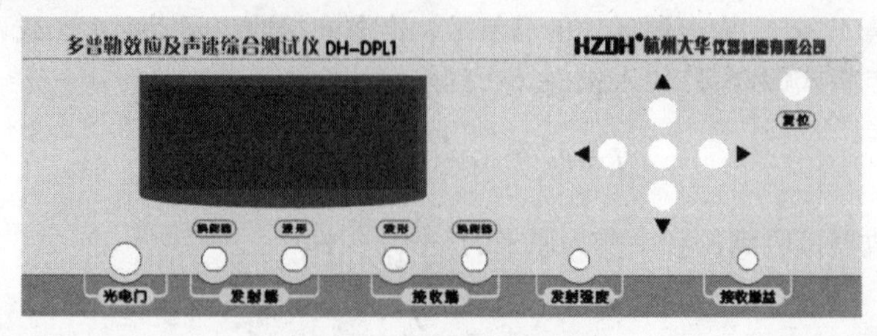

图4.6-1 主测试仪面板图

智能运动控制系统由步进电机、电机控制模块、单片机系统组成，用于控制载有接收换能器的小车的速度，其面板图如图 4. 6-2 所示。

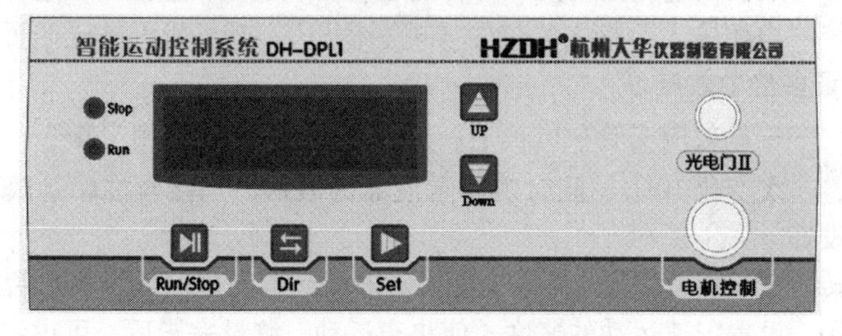

图 4. 6-2　智能运动控制系统面板图

测试架由底座、超声发射换能器、导轨、载有超声接收器的小车、步进电机、传动系统、光电门等组成，其结构示意图如图 4. 6-3 所示。

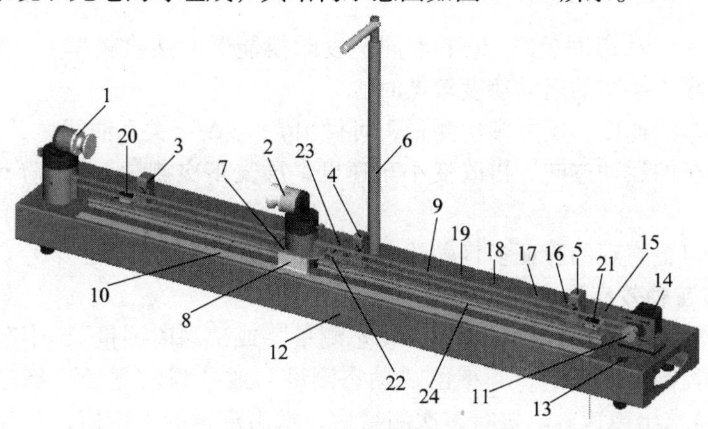

图 4. 6-3　测试架结构示意图

1—发射换能器　2—接收换能器　3、5—左右限位保护光电门　4—测速光电门　6—接收线支撑杆　7—小车　8—游标　9—同步带　10—标尺　11—滚花帽　12—底座　13—复位开关　14—步进电机　15—电机开关　16—电机控制　17—限位　18—光电门Ⅱ　19—光电门Ⅰ　20—左行程开关　21—右行程开关　22—行程撞块　23—挡光板　24—运动导轨

在验证多普勒效应和直射式测声速时，超声发射器和接收器面对面平行对准；在反射式测声速时，超声发射器和接收器应转一定的角度，使入射角度近似等于反射角。

【实验内容】

把测试架上收发换能器（固定的换能器为发射，运动的换能器为接受）及光电门Ⅰ连在实验仪上的相应插座上，实验仪上的“发射波形”及“接收波形”与普通双踪示波器相接，将“发射强度”及“接收增益”调到最大；将测试架上的光电门Ⅱ、限位及电机控制接口与智能运动控制系统相应接口相连；将智能运动控制系统“电源输入”接实验仪的“电源输出”。开机后可进行下面的实验。

1. 验证多普勒效应

进入“多普勒效应实验”画面后，先“设置源频率”，用“▶”“◀”增减信号频率，一次变化 10Hz，同时观察示波器的波形，当接收波幅达最大时，源频率即已设好。

接着转入“瞬时测量”，确保小车在两限位光电门之间后，开启智能运动控制系统电源，设置匀速运动的速度，使小车运动，测量完毕后，可得到过光电门时的信号频率，多普勒频移及小车的运动速度。

改变小车的速度，反复多次测量，可做出 $\bar{f}$-$\bar{v}$ 或 $\Delta\bar{f}$-$\bar{v}$ 关系曲线。

改变小车的运动方向，再改变小车的速度，反复多次测量，做出 $\bar{f}$-$\bar{v}$ 或 $\overline{\Delta f}$-$\bar{v}$ 关系曲线。

然后转入“动态测量”，记下不同速度时换能器的接收频率变化值。注意：动态测量仅限于小车的运动速度较低时。

改变小车的速度，反复多次测量，可做出 $\bar{f}$-$\bar{v}$ 或 $\overline{\Delta f}$-$\bar{v}$ 关系曲线。

改变小车的运动方向，再改变小车速度，反复多次测量，做出 $\bar{f}$-$\bar{v}$ 或 $\overline{\Delta f}$-$\bar{v}$ 关系曲线。

动态法可更直观的验证多普勒效应。

2. 用多普勒效应测声速

测量步骤和 1 相同，只是转入“动态测量”或“瞬时测量”，小车运动速度由智能运动控制系统确定，频率由“动态测量”或“瞬时测量”确定，因而可由式(4.6-4)求出声速 c_0。进行多次测量后，求出声速的平均值，并与由时差法测出的声速作比较。

3. 研究物体的运动状态

将超声换能器用作速度传感器，可进行匀速直线运动、匀加(减)直线运动、简谐振动等实验。这时应进入“变速运动实验”，设置好采样点数，采样步距后，“开始测量”，测量完后显示出结果。

进行运动实验时，除了用智能运动系统控制的小车外，还可换用手动小车，这时注意应该推动小车系统的底部使小车运动，并且不能用力过大、过猛。

4. 用时差法测空气中的声速

可在直射式和反射式两种方式下进行，进入“时差法测声速”画面，这时超声发射换能器发出 75μs 宽(填充 3 个脉冲)，周期为 30ms 的脉冲波。在直射方式下，接收换能器接收直达波，在反射方式下接收由反射面来的反射波，这时显示一个 Δt 值：Δt_1；用步进电机或用手移动小车(注意:手动移动小车时候,最好通过转动步进电机上的滚花帽使小车缓慢移动,以减小实验误差)，或改变反射面的位置，再得到一个 Δt 值：Δt_2，从而算出声速值 c_0，$c_0=\dfrac{\Delta x}{\Delta t_2-\Delta t_1}$，其中 Δx 为小车移动的距离(可以直接从标尺上读出或参考控制器中显示的距离)或为反射法时前后两次经过反射面的声程差。

注意事项

（1）使用时，应避免信号源的功率输出端短路。

（2）注意仪器部件的正确安装、线路正确连接。

（3）仪器的运动部分是由步进电机驱动的精密系统，严禁运行过程中人为阻碍小车的运动。

（4）注意避免传动系统的同步带受外力拉伸或人为损坏。

（5）小车不允许在导轨两侧的限位位置外侧运行，意外触发行程开关后要先切断测试架上的电机开关，接着把小车移动到导轨中央位置后再接通电机开关并且按一下复位键即可。

【思考题】

1. 小车在导轨上运动时，不可避免地会受到摩擦力的作用，试分析摩擦力对实验结果的影响。

2. 多普勒雷达有什么实际应用?

实验4.7　微波光学综合实验

【简介】

微波波长从1m到0.1mm不等，其频率范围为300MHz~3000GHz，是无线电波中波长最短的电磁波。微波波长介于一般无线电波与光波之间，因此微波有似光性，它不仅具有无线电波的性质，还具有光波的性质，即具有光的直射传播、反射、折射、衍射、干涉等现象。由于微波的波长比光波的波长在量级上大10000倍左右，因此用微波进行波动实验将比光学方法更简便和直观。

【实验目的】

1. 了解与学习微波产生的基本原理以及传播和接收等基本特性。

2. 观测微波干涉、衍射、偏振等实验现象。

3. 通过迈克耳逊干涉实验测量微波波长。

【实验仪器】

DHMS—1型微波光学综合实验仪一套，包括：X波段微波信号源、微波发生器、发射喇叭、接收喇叭、微波检波器、检波信号数字显示器、可旋转载物平台和支架，以及实验用附件(反射板、分束板、单缝板、双缝板、读数机构等)。

【预习提示】

1. 什么叫微波？微波有何特点？
2. 光的干涉条件是什么？
3. 单缝衍射的特点如何？
4. 什么是光的偏振性？

【实验原理】

微波是一种电磁波，它和其他电磁波如光波、X射线一样，在均匀介质中沿直线传播，都具有反射、折射、衍射、干涉和偏振等现象。

1. 微波的反射实验

微波的波长较一般电磁波短，相对于电磁波更具方向性，因此，在传播过程中遇到障碍物就会发生反射。如当微波在传播过程中碰到一金属板时，就会发生反射现象，且同样遵循和光线一样的反射定律：即反射线在入射线与法线所决定的平面内，反射角等于入射角。

2. 微波的单缝衍射实验

当一平面微波入射到一宽度和微波波长可比拟的一狭缝时，在缝后就要发生如光波一般的衍射现象。同样中央零级最强，也最宽，在中央的两侧衍射波强度将迅速减小。根据光的单缝衍射公式推导可知，如为一维衍射，微波单缝衍射图样的强度分布规律也为

$$I = I_0 \frac{\sin^2\mu}{\mu^2},\ \mu = \frac{\pi a \sin\varphi}{\lambda} \tag{4.7-1}$$

式中，I_0 是中央主极大中心的微波强度；a 为单缝的宽度；λ 是微波的波长；φ 为衍射角；$\sin^2\mu/\mu^2$ 常叫作单缝衍射因子，表征衍射场内任一点微波相对强度的大小。一般可通过测量衍射屏上从中央向两边微波强度的变化来验证公式(4.7-1)。同时与光的单缝衍射一样，当满足

$$a\sin\varphi = \pm k\lambda \qquad k = 1,\ 2,\ 3,\ \cdots \tag{4.7-2}$$

时，相应的 φ 角位置衍射度强度为零。如测出衍射强度分布，则可依据第一级衍射最小值所对应的 φ 角度，利用公式(4.7-2)，求出微波波长 λ。

3. 微波的双缝干涉实验

当一平面波垂直入射到一金属板的两条狭缝上时，狭缝就成为次级波波源。由两缝发出的次级波是相干波，因此在金属板的背后面空间中，将产生干涉现象。当然，波通过每个缝都有衍射现象，因此实验将是衍射和干涉两者结合的结果。为了只研究主要来自两缝中央衍射波相互干涉的结果，令双缝的缝宽 a 接近 λ，例如：$\lambda = 3.2\text{cm}$。$a = 4\text{cm}$。当两缝之间的间隔 b 较大时，干涉强度受单缝衍射的影响小，当 b 较小时，干涉强度受单缝衍射的影响大。干涉加强的角度为

$$\varphi = \sin^{-1}\left(\frac{k\lambda}{a+b}\right) \quad k=1, 2, 3, \cdots \tag{4.7-3}$$

干涉减弱的角度为

$$\varphi = \sin^{-1}\left(\frac{2k+1}{2}\frac{\lambda}{a+b}\right) \quad k=1, 2, 3, \cdots \tag{4.7-4}$$

4. 微波的迈克尔逊干涉实验

在微波前进的方向上放置一个与波传播方向成45°角的半透射半反射的分束板，如图 4.7-1 所示。分束板将入射波分成两束：一束向反射板 A 传播，另一束向反射板 B 传播。由于 A、B 金属板的全反射作用，两列波再回到半透射半反射的分束板，会合后到达微波接收器处。这两束微波同频率，在接收器处将发生干涉，干涉叠加的强度由两束波的波程差(即位相差)决定。当两波的相位差为 $2k\pi$($k = \pm1, \pm2, \pm3, \cdots$)时，干涉最强；当两波的相位差为 $(2k+1)\pi$ 时，干涉最弱。当 A、B 板中的一块板固定，另一块板可沿着微波传播方向前后移动，微波接收信号从极小(或极大)值到又一次极小(或极大)值时，则反射板移动了 $\lambda/2$ 距离。由这个距离就可求得微波波长。

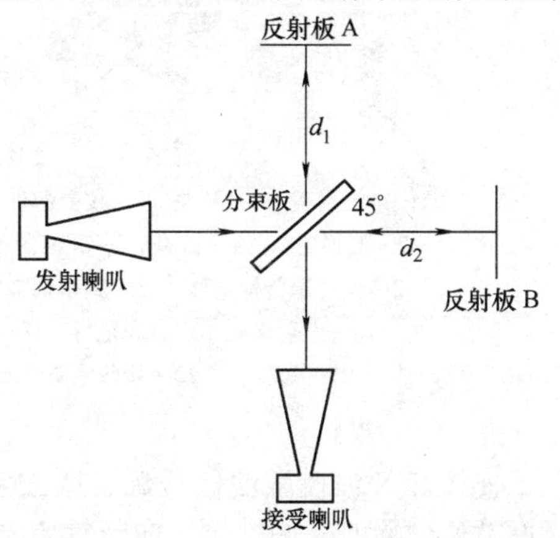

图 4.7-1　迈克尔逊干涉实验

5. 微波的偏振实验

电磁波是横波，它的电场强度 $\boldsymbol{E}$ 和波的传播方向垂直。如果 $\boldsymbol{E}$ 始终在垂直于传播方向的平面内某一确定方向变化，这样的横电磁波叫线极化波，在光学中也叫偏振光。如一线极化电磁波以能量强度 I_0 发射，而由于接收器的方向性较强(只能吸收某一方向的线极化电磁波，相当于一光学偏振片)，发射的微波电场强度 $\boldsymbol{E}$ 如在 P_1 方向，经接收方向为 P_2 的接收器后(发射器与接收器类似起偏器和检偏器)，其强度 $I = I_0\cos^2\alpha$，其中 α 为 P_1 和 P_2 的夹角。这就是光学中的马吕斯(Malus)定律，在微波测量中同样适用。

【实验装置】

微波光学实验系统装置如图 4.7-2 所示。

【实验内容】

将实验仪器放置在水平桌面上，调整底座四只脚使底盘保持水平。调节保持发射喇叭、接收喇叭、接收臂、活动臂为直线对直状态，并且调节发射喇叭，接收喇叭的高度相同。

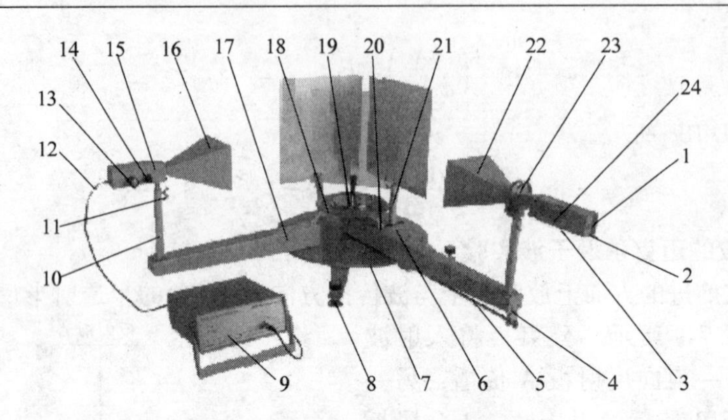

图 4.7-2 微波光学实验系统装置

1—电池后盖 2—开关 3—接受部件 4—转动臂 5—紧固装置 6—移动装置 7—圆形底盘 8—机脚 9—X 波段信号源 10—长支柱 11—紧固蝶形螺钉 12—信号源传输电缆 13—频率调节旋钮 14—功率调节旋钮 15—发射部件 16—发射喇叭 17—固定臂 18—载物圆台 19—圆形支架 20—指针 21—短支柱 22—接收喇叭 23—接收旋转部件 24—液晶显示器

连接好 X 波段微波信号源、微波发生器间的专用导线，将微波发生器的功率调节旋钮逆时针调到底，即微波功率调至最小，通电并预热 10min。

1. 微波的反射

将金属反射板安装在支座上，安装时板平面法线应与载物小平台 0°位一致，并使固定臂指针、接收臂指针都指向 90°，这意味着小平台零度方向即是金属反射板法线方向。

打开检波信号数字显示器的按钮开关。接着顺时针转动小平台，使固定臂指针指在某一角度处，这角度读数就是入射角，然后顺时针转动活动臂在液晶显示器上找到一最大值，此时活动臂上的指针所指的小平台刻度就是反射角。做此项实验，入射角最好取 30°～65°，因为入射角太大接收喇叭有可能直接接收入射波，同时应注意系统的调整和周围环境的影响。

数据记录：

入射角(°)	30	32	34	36	38	40	…	64
反射角(°)								

2. 微波的单缝衍射

按需要调整单缝衍射板的缝宽。将单缝衍射板安置在支座上时，应使衍射板平面与载物圆台上90°指示线一致。转动载物圆台使固定臂的指针在载物圆台的 180°处，此时相当于微波从单缝衍射板法线方向入射。这时让活动臂置小平台

0°处，调整微波发生器的功率使液晶显示器显示一定值，然后在0°线的两侧，每改变1°~3°，读取一次液晶显示器读数，并记录下来。

根据记录数据，画出单缝衍射强度与衍射角度的关系曲线。并根据微波衍射强度一级极小角度和缝宽 a，计算微波波长 λ 和其百分误差（表中 $U_{左}$、$U_{右}$ 是相对于0刻度两边对应角度的电压值）。

数据记录：

φ(°)	0	3	6	9	12	15	…
$U_{左}$/mV							
$U_{右}$/mV							

3. 微波的双缝干涉

按需要调整双缝干涉板的缝宽。将双缝干射板安置在支座上时，应使双缝板平面与载物圆台上90°指示线一致。转动小平台使固定臂的指针在小平台的180°处。此时相当于微波从双缝干涉板法线方向入射。这时让活动臂置小平台0°处，调整信号使液晶显示器显示较大，然后在0°线的两侧，每改变1°~3°，读取一次液晶显示器的读数，并记录下来，然后就可以画出双缝干涉强度与角度的关系曲线。并根据微波衍射强度一级极大角度和缝宽 a，计算微波波长 λ 和其百分误差。

数据记录：

φ(°)	0	2	4	6	8	10	12	14	16	…	80
$U_{左}$/mV											
$U_{右}$/mV											

4. 迈克尔逊干涉实验

在微波前进的方向上放置一玻璃板，使玻璃板面与载物圆台45°线在同一面上，固定臂指针指向90°刻度线，接收臂指针指向0°刻度线。按实验要求安置固定反射板、可移动反射板、接收喇叭。使固定反射板固定在大平台上，并使其法线与接收喇叭的轴线一致。可移动反射板装在一旋转读数机构上后，然后移动旋转读数机构上的手柄，使可移反射板移动，测出 $n+1$ 个微波极小值。并同时从读数机构上读出可移反射板的移动距离 L。（注意：旋转手柄要慢，并注意回程差的影响）。波长满足：$\lambda=2L/n$。

最小点读数(mm)							

5. 微波的偏振干涉实验

按实验要求调整喇叭口面相互平行，且正对共轴。调整信号使显示器显示一定值，然后旋转接收喇叭短波导的轴承环（相当于偏转接收器方向），每隔5°记录液晶显示器的读数，直至90°，就可得到一组微波强度与偏振角度关系数据，验证马吕斯定律。注意，做实验时应尽量减少周围环境的影响。

数据记录：

转角	0°	10°	20°	30°	40°	50°	60°	70°	80°	90°
实验										

注意事项

（1）实验前要先检查电源线是否连接正确。

（2）电源连接无误后，打开电源使微波源预热10min左右。

（3）实验时，先要使两喇叭口正对，可从接收显示器看出（正对时示数最大）。

（4）为减少接收部分电池消耗，在不需要观测数据时，要把显示开关关闭。

（5）实验结束后，关闭电源。

【思考题】

1. 各实验内容误差主要影响是什么？

2. 金属是一种良好的微波反射器。其他物质的反射特性如何？是否有部分能量透过这些物质还是被吸收了？比较导体与非导体的反射特性。

3. 在偏振实验中所产生的误差是什么原因造成的？

实验4.8 磁致双折射（Cotton-Mouton）效应实验

【简介】

科顿（Cotton）和穆顿（Mouton）于1907年发现光通过处在横向磁场内的液体时，介质表现出单轴晶体的性质，会产生双折射现象，光轴沿磁场方向，主折射率之差正比于磁感应强度的平方（低磁场强度时），这种现象称为科顿-穆顿（Cotton-Mouton）效应，亦称作磁致双折射效应。利用科顿-穆顿（Cotton-Mouton）效应结合偏振光学系统，可实现光开关和光强衰减器等光学元器件的功能。

磁性液体简介：

磁性液体是由纳米级（10nm左右）的强磁性微粒高度弥散于某种液体之中所形成的稳定的胶体体系，首先是美国航空航天局用于火箭在无重力系统环境下燃料控制系统及人造卫星磁热控制系统的高科技产品，是一种新型纳米功能材料。磁性液体中的磁性微粒和基液混成一体，从而使磁性液体既具有普通磁性材料的磁性，同时又具有液体的流动性，因此具有许多独特的性质。磁性液体可用于旋转轴动态密封(真空度: $<6\times10^{-7}$ Torr㊀, 耐压: ~5kg/cm^2, 转速: ~3000r/min)、高品质扬声器，还可用于计算机高速硬盘所用的磁性液体轴承，用于分离比重不同的非磁性矿物，用于步进马达及各种防震台的阻尼和减振，用于磁性液体无触点开关、倾斜传感器、测角仪、加速度计、比重计、压力传感器、流量传感器，用于能量变换、热泵、热导管、磁制冷，用于任意曲面精细研磨、光学快门、界面层控制装置，用于磁性印刷、磁性药物载体、医用发热器、细胞分离、X 射线造影剂等众多领域。

【实验目的】

1. 了解磁致双折射效应的产生机理。
2. 掌握测量双折射的方法。
3. 测量一种材料的磁致双折射大小与磁场强度和方向的关系。
4. 培养学生调整光路、操作仪器的实际动手能力。

【实验仪器】

电磁铁、大功率氦氖(He-Ne)激光器、起偏器、中性密度滤波片、样品、检偏器、电流可调恒流源、激光功率计、高斯计/特斯拉计、纳米磁性液体等。

【预习提示】

1. 复习有关双折射的知识。
2. 请仔细阅读实验中的[注意事项]。

【实验原理】

本实验以纳米磁性液体为材料进行磁致双折射实验。纳米磁性液体在外磁场的作用下，其内部的磁性颗粒会沿着外磁场的方向排列成周期性的结构，如图 4.8-1 所示。这使得磁性液体呈现出较强的各向异性，进而呈现出双折射效应。

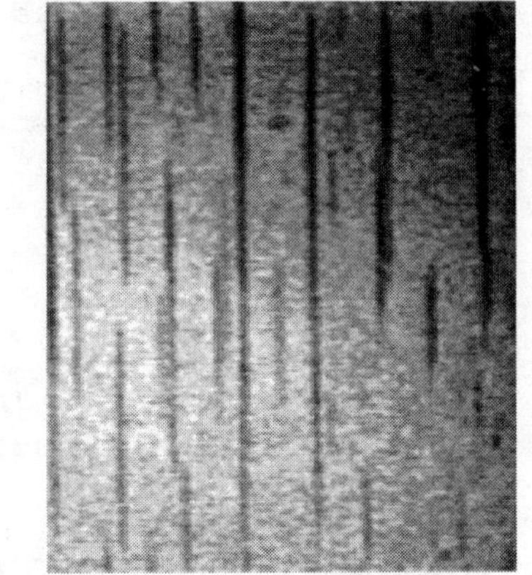

图 4.8-1　磁性液体中的磁性颗粒在外磁场作用下形成的有序结构

当入射光的传播方向和磁场的方向垂直时，磁性液体对入射光中平行于磁场方向的光分量和垂直于磁场方向的光分量具有不同的折射率。他们的折射率差设为 Δn，设样品的厚度为 d，则这两个分量的光产生的相位差为 $\varphi=2\pi\cdot\Delta n\cdot d/\lambda$。

设入射光的偏振方向和磁场方向的夹角为 45°，检偏器的透振方向和起偏器的透振方向相互垂直。若材料是各向同性的，则通过检偏器的光强为零。若材料具有双折射，则通过检偏器的光强不为零。在一定范围内，通过检偏器的光强与

㊀ 1Torr = 133.322Pa

双折射的大小成正比。

设入射光的偏振方向和磁场的方向的夹角为 45°，检偏器的透振方向和起偏器的透振方向相互平行。若材料是各向同性的，则通过检偏器的光强最大。若材料具有双折射，则通过检偏器的光强会变小。在一定范围内，通过检偏器的光强与双折射的大小成反比。

（有兴趣的同学可自行利用马吕斯定律推导出射光强与相位差 φ 的定量表达式。设入射光的偏振方向和磁场的方向的夹角为 θ，检偏器的透振方向和磁场的方向的夹角为 η，亦可利用马吕斯定律推导这种普遍情况下出射光强与相位差 φ 的定量表达式。）

另外，纳米磁性液体的双折射大小是与外磁场的强度成正比的。所以，根据上述的两种实验思路可以实现利用外磁场（或电流）来控制输出光强度的目的，这是光开关、光衰减器、光调制器等光子器件的基本工作原理。

根据上述的实验原理，本实验采用的实验原理示意图如图 4. 8-2 所示。

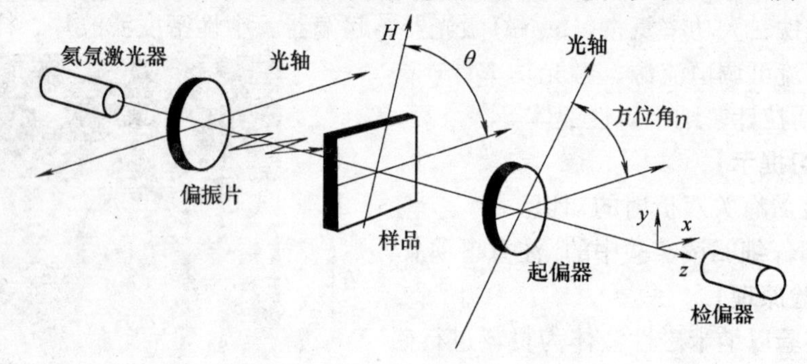

图 4. 8-2　实验原理示意图

【实验装置】

本实验中的实验装置示意图和相应的实物图如图 4. 8-3 所示，水平放置的激光器 1 出射的光为竖直偏振方向，入射到透振轴与水平方向呈 45°的起偏器 2 上，出射光照射到置于电磁铁 3 中的磁流体薄膜 4 上，磁场方向为水平，与入射光传播方向垂直，与起偏器透振方向呈 45°角。光通过磁流体薄膜后通过偏振片 5 被探头 6 接收，从 7 上得到光强读数。

【实验内容】（实验前，先阅读“注意事项”）

在熟悉实验原理和装置示意图的基础上，根据实验室提供的条件，选择相应的实验器件进行系统搭建，调整光路。

制作样品。由于磁性液体为液态，必须放入样品盒中进行实验。通常可用液晶盒，或自行利用载玻片制作样品盒。

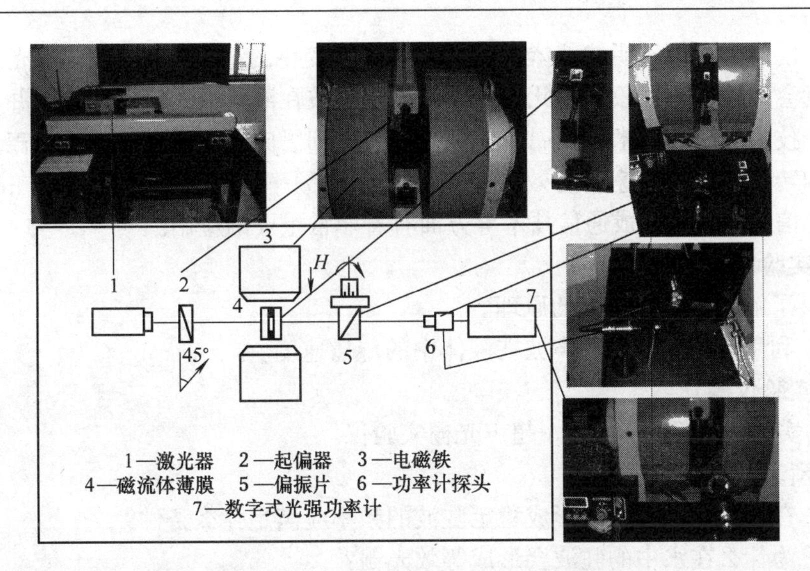

图 4.8-3　实验装置示意图和实物图

在起偏器和检偏器的透振方向相互垂直的情况下，固定 θ 和 η，测量透射光强与磁场强度的关系。

在起偏器和检偏器的透振方向相互平行的情况下，固定 θ 和 η，测量透射光强与磁场强度的关系。

固定 θ 和磁场强度，测量透射光强与 η 的关系。

处理实验数据，分析实验结果。

注意事项

激光对眼睛有损伤，切记不要用眼睛直接对视激光的出光口。正确的操作方法是，站立俯视各光学元件、调整光路和进行实验，不要把眼睛和光学元件放在同一水平面上，以免光学元件的反射光损伤眼睛。

【思考题】

1. 磁性液体的双折射取决于哪些因素？

2. 如果有磁致二向色性存在，怎样消除它对实验结果的影响？

3. 利用磁性液体的双折射可调的特点，可以实现哪些光学功能器件？请说出实现的方案。

实验 4.9　超声光栅实验

【简介】

光波在液体介质中传播时被超声波衍射的现象，称为超声致光衍射（亦称声光效应），这种现象是光波与介质中声波相互作用的结果。超声波调制了液体的密度，使原来均匀透明的液体变成折射率周期变化的“超声光栅”，当光束穿过时，就会产生衍射现象，由此可以准确测量声波在液体中的传播速度。并且，由于激光技术和超声技术的发展，使声光效应得到了广泛的应用。如制成声光调制器和偏转器，可以快速而有效地控制激光束的频率、强度和方向，它在激光技术、光信号处理和集成通信技术等方面有着非常重要的应用。

【实验目的】

1. 了解超声致光衍射的原理。

2. 利用声光效应测量声波在液体中的传播速度。

【实验仪器】

本实验使用FD—UG—A超声光栅实验仪。

【预习提示】

1. 在有限尺寸液槽内形成稳定驻波的频率应满足什么条件?

2. 为什么在水中的驻波会形成等效光栅?

3. 简述波长、波速、频率和波数之间的关系。

【实验原理】

压电陶瓷片（PZT）在高频信号源（频率约10MHz）所产生的交变电场的作用下，发生周期性的压缩和伸长振动，其在液体中的传播就形成超声波，当一束平面超声波在液体中传播时，其声压使液体分子作周期性变化，液体的局部就会产生周期性的膨胀与压缩，这使得液体的密度在波传播方向上形成周期性分布，促使液体的折射率也做同样分布，形成了所谓疏密波，这种疏密波所形成的密度分布层次结构，就是超声场的图像。此时，若有平行光沿垂直于超声波传播方向通过液体，平行光会被衍射。以上超声场在液体中形成的密度分布层次结构是以行波运动的，为了使实验条件易实现，衍射现象易于稳定观察，实验中是在有限尺寸液槽内形成稳定驻波条件下进行观察，由于驻波振幅可以达到行波振幅的两倍，这样就加剧了液体疏密变化的程度。驻波形成以后，某一时刻t，驻波某一节点两边的质点涌向该节点，使该节点附近成为质点密集区，在半个周期以后，即在时刻（$t+T/2$）以后，这个节点两边的质点又向左右扩散，使该波节附近成为质点稀疏区，而相邻的两波节附近成为质点密集区。

图4.9-1为在t和$t+T/2$（T为超声振动周期）两时刻振幅y、液体疏密分布和折射率n的变化分析。由图可见，超声光栅的性质是，在某一时刻t，相邻两个密集区域的距离为λ，为液体中传播的行波的波长，而在半个周期以后，所有这样区域的位置整个漂移了一个距离$\lambda/2$，而在其他时刻，波的现象则完全消失，液体的密度处于均匀状态。超声场形成的层次结构消失，在视觉上是观察不到的，当光线通过超声场时，观察驻波场的结果是，波节为暗条纹（不透光），波腹为亮条纹（透光）。明暗条纹的间距为声波波长的一半，即为$\lambda/2$。由此我们

对由超声场的层次结构所形成的超声光栅性质有了了解。当平行光通过超声光栅时，光线衍射的主极大位置由光栅方程

$$d\sin\phi_k = k\lambda \quad (k=0,1,2,\cdots) \tag{4.9-1}$$

决定。光路图如图 4.9-2 所示。

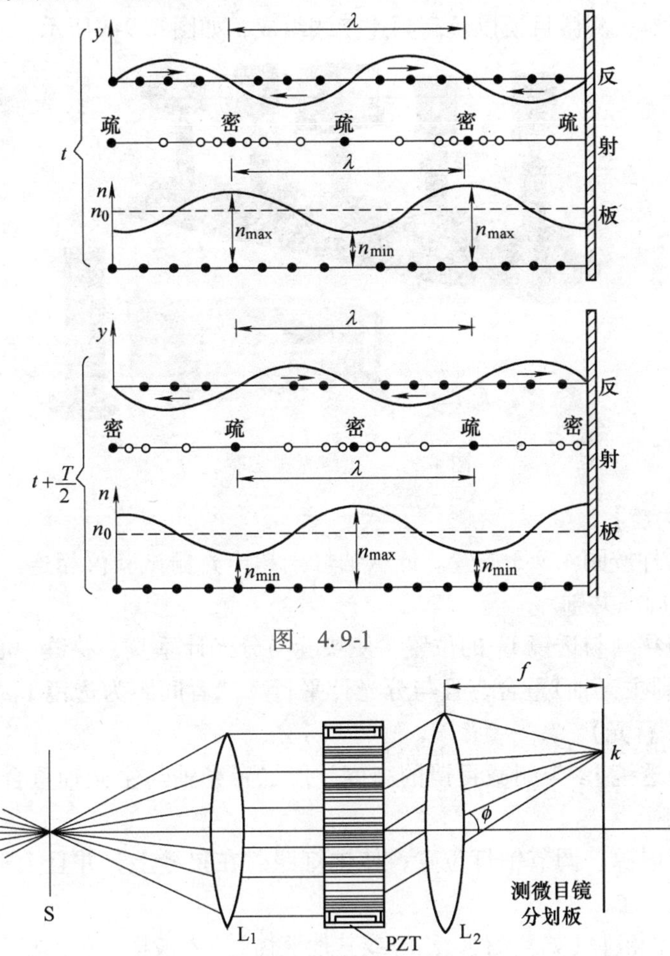

图 4.9-1

图 4.9-2 超声光栅实验光路图

实际上由于 ϕ 角很小，可以认为

$$\sin\phi_k = \frac{l_k}{f} \tag{4.9-2}$$

式中，l_k 为衍射零级光谱线至第 k 级光谱线的距离；f 为 L_2 透镜的焦距，所以超声波的波长

$$d = k\lambda/\sin\phi_k = k\lambda f/l_k \tag{4.9-3}$$

超声波在液体中的传播速度

$$v = \lambda \nu \tag{4.9-4}$$

式中，ν 为信号源的振动频率。

【实验装置】

实验装置主要由控制主机(超声信号源)、低压钠灯、光学导轨、光学狭缝、透镜、超声池、测微目镜以及高频连接线组成，如图4.9-3所示。

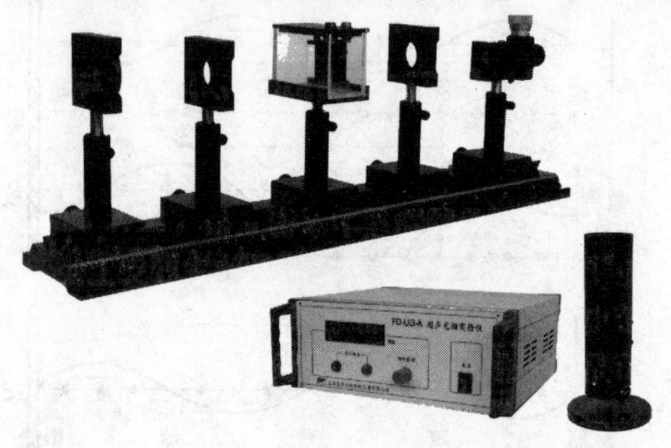

图4.9-3 超声光栅实验装置

【实验内容】

1. 将器件按图4.9-3放置。低压钠灯于超声光栅试验仪相连。调节器件时，注意保持其同高共轴。

2. 调节狭缝与透镜 L_1 的位置，使狭缝与分光计垂直，狭缝中心法线与透镜 L_1 的光轴(即主光轴)重合，且与分光计平行。二者间距为透镜 L_1 的焦距(即透镜 L_1 射出平行光)。

3. 调节透镜 L_2 与测微目镜的高度，使二者光轴与主光轴重合。调焦目镜，使十字丝清晰。

4. 开启电源。调节钠灯位置，使钠灯照射在狭缝上，并且上下均匀，左右对称，光强适宜。

5. 将待测液体(如蒸馏水、乙醇或其他液体)注入液槽，将液槽放置于分光计上，放置时，使液槽两侧表面基本垂直于主光轴。液槽置于载物台上必须稳定，在实验过程中应避免震动，以使超声在液槽内形成稳定的驻波。

6. 将高频连接线的一端接入液槽盖板上的接线柱，另一端接入超声光栅仪上的输出端。导线分布电容的变化会对输出信号频率有影响，因此不能触碰连接液槽和信号源的导线。

7. 调节测微目镜与透镜 L_2 的位置，使目镜中能观察到清晰的衍射条纹。

8. 前后移动液槽，从目镜中观察条纹间距是否改变，若是，则改变透镜 L_1 的位置，直到条纹间距不变。

9. 微调超声光栅仪上的调频旋钮，使信号源频率与压电陶瓷片谐振频率相同，此时，衍射光谱的级次会显著增多且谱线更为明亮。微转液槽，使射于液槽的平行光束垂直于液槽，同时观察视场内的衍射光谱亮度及对称性。重复上述操作，直到从目镜中观察到清晰而对称稳定的2～4级衍射条纹为止。

10. 利用测微目镜逐级测量各谱线位置读数，测量时单向转动测微目镜鼓轮，以消除转动部件的螺纹间隙产生的空程误差(例如:从－3、－2、－1、0到＋1、＋2、＋3)。

11. 自拟数据表格，记录各级各谱线的位置读数，计算各谱线衍射条纹平均间距，并计算液体中的声速 v。

【思考题】

1. 怎样判断平行光束垂直入射到超声光栅面?
2. 怎样判断压电陶瓷片处于共振状态?

实验4.10 磁电阻效应实验

【简介】

磁电阻效应(MR)是指某些材料的电阻值随外加磁场的变化而变化的现象。磁电阻效应在1857年由英国物理学家威廉·汤姆森发现，随后磁阻研究得到进一步发展，研究人员又发现了巨磁电阻(GMR)、庞磁电阻(CMR)、穿隧磁电阻(TMR)、直冲磁电阻(BMR)和异常磁电阻(EMR)等一系列物理机制不同的磁电阻效应。磁电阻器件具有灵敏度高、抗干扰能力强等优点，因而在工业、交通、仪器仪表、医疗器械、探矿等领域得到广泛应用，如数字式罗盘、交通车辆检测、导航系统、伪钞鉴别、位置测量等。2007年诺贝尔物理学奖授予来自法国国家科学研究中心的物理学家阿尔伯特·福特和来自德国尤利希研究中心的物理学家彼得·格林德，以表彰他们发现了巨磁电阻效应。

【实验目的】

1. 测量锑化铟传感器的电阻与磁感应强度的关系。
2. 做出锑化铟传感器的电阻变化与磁感应强度的关系曲线。
3. 对此关系曲线的非线性区域和线性区域分别进行拟合。

【实验仪器】

FD—MR—Ⅱ磁阻效应实验仪。

【预习提示】

1. 简述霍尔效应及原理。
2. 什么叫作磁阻效应?霍尔传感器为何有磁阻效应?
3. 磁电阻效应与霍尔效应的区别是什么?

【实验原理】

同霍尔效应一样，磁阻效应是由于载流子在磁场中受到洛伦兹力而产生的。在达到稳态时，某一速度的载流子所受到的电场力与洛伦兹力相等，载流子在两端聚集产生霍尔电场，比该速度慢的载流子将向电场力方向偏转，比该速度快的载流子则向洛伦兹力方向偏转。这种偏转导致载流子的漂移路径增加，沿外加电场方向运动的载流子数减少，从而使电阻增加。实验中通常以电阻率的相对改变量来表示磁阻，即

$$MR=\frac{\Delta\rho}{\rho_0}\times 100\% =\frac{\rho_M-\rho_0}{\rho_0}\times 100\% \tag{4.10-1}$$

式中，ρ_M 和 ρ_0 分别为有磁场和无磁场时的电阻率。

磁场与外电场垂直时所产生的磁阻称为横向磁阻，磁场平行于外电场时所产生的磁阻称为纵向磁阻。本实验仅讨论前者。

如图 4.10-1 所示的长方形 n 型半导体薄片，当施加直流恒定电流，并放置于图示方向的磁场 B 中时，半导体内的载流子将受到洛伦兹力的作用而发生偏转，在 a、b 端产生电荷积聚，因而产生霍尔电场。如果霍尔电场作用和某一速度的载流子的洛伦兹力作用刚好抵消，那么小于或大于该速度的载流子将发生偏转，因而沿外加电场方向运动的载流子数目将减少，使该方向的电阻增大，表现横向磁阻效应。如果将 a，b 端短接，霍尔电场将不存在，所有电子将向 b 端偏转，使电阻变得更大，因而磁阻效应加强。

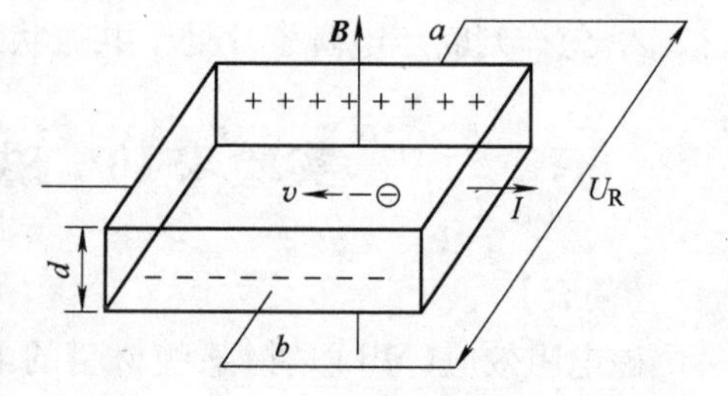

图 4.10-1　磁阻效应原理

在实际测量中，常用磁阻器件的磁电阻相对改变量 $\Delta R/R$ 来研究磁阻效应，由于 $\Delta R/R\propto\Delta\rho/\rho$，$\Delta R=R(M)-R(0)$，则

$$\frac{\Delta R}{R}=\frac{R(M)-R(0)}{R(0)} \tag{4.10-2}$$

式中，$R(M)$是磁场为 B 时的磁电阻；$R(0)$为零磁场时的磁电阻。实验证明，当金属或半导体处于较弱磁场中时，一般磁阻传感器电阻相对变化率 $\Delta R/R(0)$正比于磁感应强度 B 的平方，而在强磁场中，$\Delta R/R(0)$与磁感应强度 B 呈线性关系。磁阻传感器的上述特性在物理学和电子学方面有着重要应用。

如果半导体材料磁阻传感器处于角频率为 ω 的弱正弦波交流磁场中，由于磁电阻相对变化量 $\Delta R/R(0)$正比于 B^2，则磁阻传感器的电阻值 R 将随角频率 2ω 做周期性变化，即在弱正弦波交流磁场中，磁阻传感器具有交流电倍频性能。若外界交流磁场的磁感应强度 B 为

$$B = B_0 \cos\omega t \tag{4.10-3}$$

式中，B_0 为磁感应强度的振幅；ω 为角频率；t 为时间。设在弱磁场中

$$\Delta R/R(0) = KB^2 \tag{4.10-4}$$

式中，K 为常量。由式(4.10-3)和式(4.10-4)可得

$$\begin{aligned} R(M) &= R(0) + \Delta R = R(0) + R(0)[\Delta R/R(0)] \\ &= R(0) + R(0)KB_0^2\cos^2\omega t \\ &= R(0) + \frac{1}{2}R(0)KB_0^2 + \frac{1}{2}R(0)KB_0^2\cos 2\omega t \end{aligned} \tag{4.10-5}$$

式中，$R(0)+\frac{1}{2}R(0)KB_0^2$ 为不随时间变化的电阻值；$\frac{1}{2}R(0)KB_0^2\cos 2\omega t$ 为以角频率 2ω 做余弦变化的电阻值。因此，磁阻传感器的电阻值在弱正弦波交流磁场中，将产生倍频交流电阻阻值变化。

【实验装置】

FD—MR—Ⅱ型磁阻效应实验仪包括直流双路恒流电源、0～2V 直流数字电压表、电磁铁、数字式毫特仪(GaAs 作探测器)、锑化铟(InSb)磁阻传感器、电阻箱、双向单刀开关及导线等组成。仪器装置如图 4.10-2 所示。

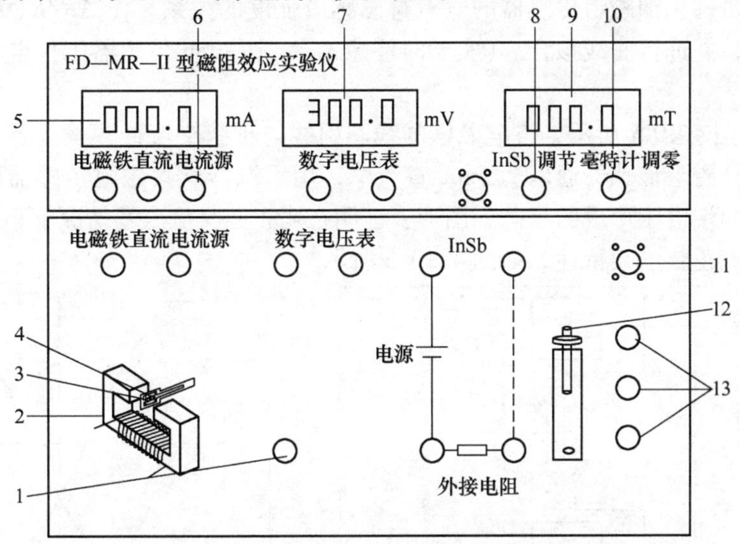

图 4.10-2 FD—MR—Ⅱ型磁阻效应实验仪装置

1—固定及引线铜管 2—U 型矽钢片 3—锑化铟(InSb)磁阻传感器 4—砷化镓(GaAs)霍尔传感器 5—电磁铁直流电流源显示 6—磁铁直流电流源调节 7—数字电压显示 8—锑化铟磁阻传感器电流调节 9—电磁铁磁场强度大小显示 10—电磁铁磁场强度大小调零 11—航空插头：(详见图 4.10-3：其中 1 和 2 是给锑化铟传感器提供小于 3mA 直流恒流电流源；3 和 4 是给砷化镓传感器提供电压源；5 和 6 是砷化镓传感器测量电磁铁间隙磁感应强度大小；7 为悬空） 12—单刀双向开关 13—单刀双向开关接线柱

【实验内容】

1. 按图4.10-4所示将锑化铟(InSb)磁阻传感器与电阻箱串联，并与可调直流电源相接，数字电压表的一端连接磁阻传感器电阻箱公共接点，另一端与单刀双向开关的刀口处相连。

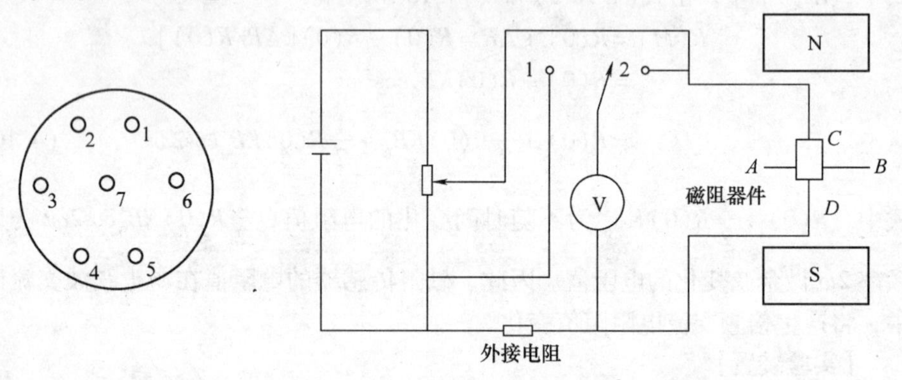

图4.10-3　航空插头说明　　　　图4.10-4　测量磁电阻电路

2. 调节通过电磁铁的电流，在锑化铟磁阻传感器电流或电压保持不变的条件下，测量锑化铟磁阻传感器的电阻与磁感应强度的关系。作 $\Delta R/R(0)$ 与 B 的关系曲线，并进行曲线拟合。(实验时注意 GaAs 和 InSb 传感器工作电流应小于3mA)

3. 如图4.10-5所示，将电磁铁的线圈引线与正弦交流低频发生器输出端相接；锑化铟磁阻传感器通以2.5mA直流电，用示波器观察磁阻传感器两端电压与电磁铁两端电压形成的李萨如图形，证明在弱正弦交流磁场情况下，磁阻传感器具有交流正弦倍频特性，如图4.10-6所示。

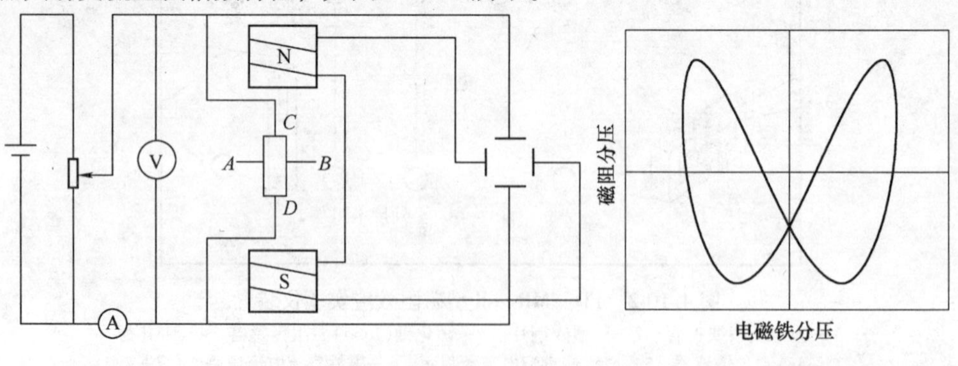

图4.10-5　观察磁阻传感器倍频效应　　　　图4.10-6　倍频特性的李萨如图形

【思考题】

1. 霍尔效应的强弱对磁电阻效应会产生什么影响？为什么？

2. 进一步了解巨磁电阻及其机制。

实验 4.11　传感器系列实验

【简介】

传感器亦称为换能器、变换器、变送器、探测器等。传感器是实验测量获取信息的重要环节，目前传感器技术发展极为迅速，传感技术已成为现代信息技术（传感与控制技术、通信技术和计算机技术）的三大基础之一。

传感器是能感受规定的被测量并按照一定的规律将其转换成可用输出信号的器件或装置，通常由敏感元件和转换元件组成。其中，敏感元件是指传感器中能直接感受或响应被测量的部分；转换元件是指传感器中能将敏感元件感受或响应的被测量转换成适于传输或测量的电信号部分。传感器是获取信息的重要手段。

传感器按其变换原理和工作机理可分为物理传感器、化学传感器和生物传感器。物理传感器是利用某些变换元件的物理性质以及某些功能材料的特殊物理性能制成的传感器。如利用金属或半导体材料在被测量作用下引起的电阻值变化的电阻式传感器；利用磁阻随被测量变化的电感和差动变压器式传感器；利用压电晶体在被测力作用下产生的压电效应而制成的压电式传感器；利用半导体材料的压阻效应、光电效应、霍尔效应制成的压敏、光敏和磁敏传感器。

本系列实验将分别研究被测体材料对电涡流传感器特性的影响、光电传感器测转速实验、差动变面积式电容传感器的静态特性、PN 结温度传感器测温实验、光纤位移传感器静态实验、光纤位移传感器的动态测量。

通过实验，使学生了解和掌握常用传感器的原理和特性，培养学生使用实验设备和运用实验方法研究检测的初步能力。要求学生掌握常用传感器的原理、结构、特性和应用，了解实验仪器、设备的工作原理和使用方法。

【实验仪器】

DH—CG2000 型传感器实验仪。它是一个综合性的实验仪器，综合了多种传感器，可以做几十个传感器实验，包括电涡流传感器、电感传感器、电容传感器、压力传感器、光纤传感器等，其整体是由若干个功能独立的部件组成的，如图 4.11-1 所示。实验仪主要由四部分组成：传感器安装台、显示与激励源、传感器符号及引线单元、处理电路单元。

传感器安装台部分：装有双平行振动梁（应变片、热电偶、PN 结、热敏电阻、加热器、压电传感器、梁自由端的磁钢）、激振线圈、双平行梁测微头、光纤传感器的光电变换座、光纤及探头小电机、电涡流传感器及支座、电涡流传感器引线 ϕ3.5 插孔、霍尔传感器的两个半圆磁钢、振动平台（圆盘）测微头及支架、振动圆盘（圆盘磁钢、激振线圈、霍尔片、电涡流检测片、差动变压器的可动芯子、电容传感器的动片组、磁电传感器的可动芯子）、扩散硅压阻式传感器、气敏传感器及湿敏元件安装盒。

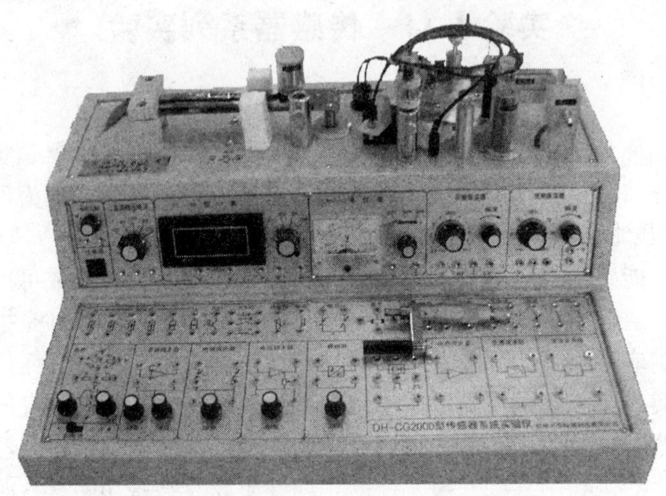

图 4. 11-1　DH—CG2000 型系列传感器系统实验仪

显示及激励源部分：电机控制单元、主电源、直流稳压电源（±2～±10V 档位调节）、F/V 数字显示表（电压表和频率表）、动圈毫伏表（5～500mV）及调零、音频振荡器、低频振荡器、±15V 不可调稳压电源。

实验主面板上传感器符号单元：所有传感器（包括激振线圈）的引线都从内部引到这个单元上的相应符号中，实验时传感器的输出信号（包括激励线圈引入低频激振器信号）按符号从这个单元插孔引线（选配传感器例外）。

处理电路单元：由电桥单元、差动放大器、电容变换放大器、电压放大器、移相器、相敏检波器、电荷放大器、低通滤波器、涡流变换器等单元组成。

一、被测体材料对电涡流传感器特性的影响实验

【简介】

电涡流传感器能静态和动态地非接触、高线性度、高分辨力地测量被测金属导体距探头表面的距离。它是一种非接触的线性化计量工具。电涡流传感器能准确测量被测体（必须是金属导体）与探头端面之间的相对位移变化。

【实验目的】

1. 了解电涡流式传感器的结构、工作原理和基本特性。
2. 通过实验说明不同被测体材料对电涡流传感器性能的影响。

【实验仪器】

DH—CG2000 型传感器实验仪。

所需单元：涡流传感器、涡流变换器、铁测片、V 表、测微头、铝测片、震动片、震动台、主、副电源。

【预习提示】

1. 什么是电涡流式传感器。
2. 电涡流传感器的结构与工作原理。
3. 不同被测材料对电涡流传感器特性有何影响。

【实验原理】

电涡流式传感器由传感器线圈和金属涡流片组成，如图 4.11-2 所示：

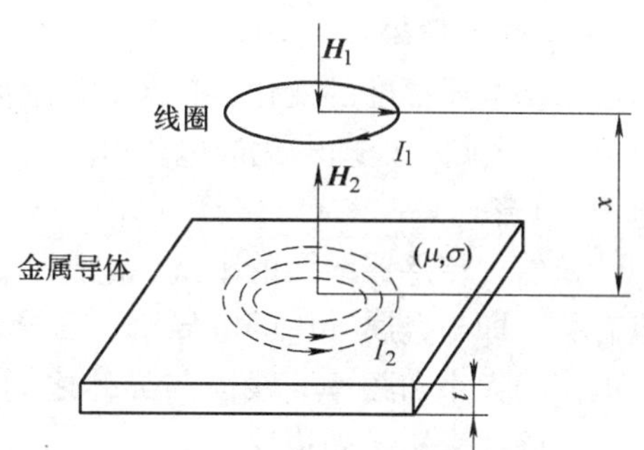

图 4.11-2　电涡流式传感器原理图

根据法拉第电磁感应定律，将一块金属置于交变磁场中，或使金属块在磁场中做切割磁力线的运动，那么在金属体内将产生呈涡旋状的感应电流，这种电流叫作电涡流。这种现象称为电涡流效应。利用电涡流效应制成的传感器称为电涡流式传感器。

1. 电涡流式传感器工作原理

基本原理就是将传感器与被测体间的距离转换为传感器的品质因数 Q 值、等效阻抗 Z 及等效电感 L 三个参数，并用相应的测量电路来测量。

在金属导体上方放置一个线圈，当线圈中通入交变电流 I_1 时，线圈的周围就产生交变磁场 H_1，则金属导体中将产生感生电流 I_2，称为电涡流。而此电涡流将产生交变磁场 H_2，它的方向与磁场 H_1 方向相反，由于磁场 H_2 的反作用使导电线圈的电感量、阻抗及品质因数等发生变化，这些参数变化量的大小与金属导体的电阻率、磁导率、几何形状以及线圈与金属导体间的距离有关。限制其中的其他参数不变，只让其中某个参数变化，就构成了测量该参数的传感器。

2. 电涡流式传感器涡流变换的基本原理

传感器线圈与电容 C 组成并联电路谐振回路，谐振频率为

$$f_0 = \frac{1}{2\pi\sqrt{LC}}$$

测量时，当传感器线圈远离被测金属导体时，LC 回路处于谐振状态，谐振频率为石英晶体振荡器的振荡频率，谐振回路上的输出电压也最大；当传感器线圈接近被测金属导体时，线圈的等效电感发生变化，导致回路失谐而偏离谐振频率，使输出电压下降。输出的电压再经过放大、检波、滤波后由指示仪表(电压/频率表)读出，或输入示波器显示电压波形。这样就实现了将 L-x 关系转换成 U-x 关系，通过对输出电压的测量，可确定电涡流传感器线圈与被测金属导体之间的距离 x。

如图 4.11-2 所示，若有一块电导率为 σ、磁导率为 μ、厚度为 t、温度为 T 的金属板，邻近金属板一侧 x 处有一半径为 r 的线圈，当线圈中通以交变电流 I_1 时，

线圈周围空间就产生交变磁场 H_1。此时置于磁场中的金属板中将产生感应电动势，从而形成电涡流 I_2，此电涡流又将产生一个磁场 H_2。由于 H_2 对线圈的反作用(减弱线圈原磁场)，从而导致线圈的电感量、阻抗和品质因数发生变化。因而引起振荡电压幅度的变化，而这个随距离变化的振荡电压经过检波、滤波、线性补偿、放大归一处理转化成电压(电流)变化,最终完成由机械位移(间隙)转换成电压(电流)。

显然，传感器线圈的阻抗、电感和品质因数的变化与电涡流效应及静磁学效应有关。即与金属导体的电导率、磁导率、几何形状，以及线圈的几何参数、激励电流的大小和频率、线圈与导体之间的距离等参数有关。线圈的阻抗 Z 可以用一个函数表达式来描述：

$$Z = F(\sigma, \mu, t, r, x, I, \omega)$$

当被测物体和传感器测微头被确定以后，影响传感器线圈阻抗 Z 的一些参数是不变的，此时，线圈的阻抗 Z 就成为距离 x 的单值函数。这就是涡流式传感器测位移的原理。

【实验内容】

1. 不同被测体对电涡流传感器特性的影响

电涡流传感器特性与被测体的电导率 σ、磁导率 μ 有关，当被测体为导磁材料(如普通钢、结构钢、铁等)时，由于涡流效应和磁效应同时存在，磁效应反作用于涡流效应，使得涡流效应减弱，即传感器的灵敏度降低。而当被测体为弱导磁材料(如铜、铝、合金钢等)时，由于磁效应弱，相对来说，涡流效应要强，因此传感器感应灵敏度要高。

开启仪器电源，用测微头将线圈与涡流片分开一定距离，此时输出端有一电压值输出。用测头带动振动平台使线圈完全贴紧金属片，此时涡流变换器输出电压为零。涡流变换器中的振荡电路停振。然后，旋动测微头，使线圈平面离开金属片，从电压表开始有读数起每位移 0.05mm 记录一个读数，并用示波器观察变换器的高频震荡波形。记录 U-x 数据，并做出 U-x 曲线，找出线性范围，求出灵敏度 $S_n(\Delta U/\Delta x)$。

不同被测材料会使传感器的线性范围和灵敏度指标有明显不同，如材料的电阻率越小，涡流效应越明显，传感器的灵敏度越高。因此对本实验选用的铁、铝两种不同的材料需分别进行静态标定，并进行比较。

2. 实验步骤

(1) 安装好涡流传感器，调整好位置。装好测微头。

(2) 按图 4.11-3 所示接线，检查无误，

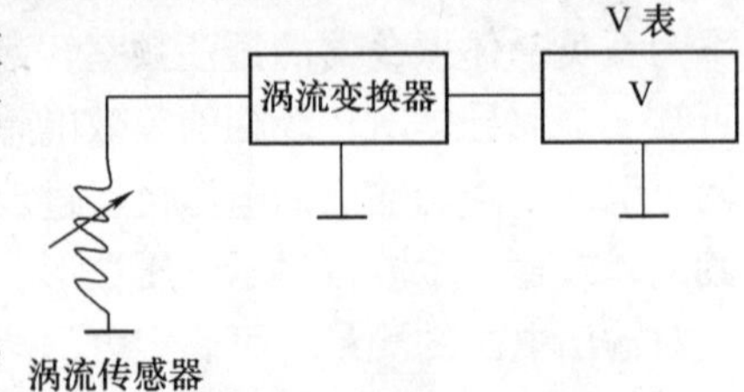

图 4.11-3　涡流传感器接线图

开启主、副电源。

(3) 从传感器与铁测片接触开始，旋动测微头，改变传感器与被测体的距离，记录V表读数(V表置20V档)。到出现明显的非线性为止，然后换上铝测片重复上述过程，(由于材料不同,对于铝金属涡流片,涡流变换器初始输出电压不为零)，将结果填入下表(建议每隔0.05mm读数)：

x/mm								
U[illegible]/V								
U[illegible]/V								

根据所得结果，在同一坐标纸上画出被测体为铝和铁的两条 $U\text{-}x$ 曲线，根据实验数据画出的 $U\text{-}x$，计算灵敏度与线性度(最好能用误差理论的方法求出线性范围内的线性度与灵敏度)，比较它们的线性范围和灵敏度。关闭主、副电源。

注意事项

(1) 传感器在初步时可能会出现一段死区。

(2) 此涡流变换器线路属于变频调幅式线路，传感器是振荡器中一个元件，因此被测材料与传感器输出特性之间的关系与定频调幅式线路不同。

【思考题】

1. 电涡流传感器是把什么物理量转换为什么物理量的装置？
2. 这种电涡流式传感器在被测体不同时必须重新进行____________工作。

二、光电传感器测转速实验

【简介】

光电式传感器是各种光电检测系统中实现光电转换的关键元件，它是把光信号(红外、可见及紫外光辐射)转变成为电信号的器件。它分为投射式和反射式两类。投射式光电转速传感器的读数盘和测量盘有间隔相同的缝隙。测量盘随被测物体转动，每转过一条缝隙，从光源投射到光敏元件上的光线产生一次明暗变化，光敏元件即输出电流脉冲信号。反射式光电传感器在被测转轴上设有反射记号，由光源发出的光线通过透镜和半透膜入射到被测转轴上。转轴转动时，反射记号对投射光点的反射率发生变化。反射率变大时，反射光线经透镜投射到光敏元件上即发出一个脉冲信号；反射率变小时，光敏元件无信号。在一定时间内对信号计数便可测出转轴的转速值。

【实验目的】

1. 理解光电传感器的工作原理和性能。
2. 了解光电转速传感器测量转速的原理和方法。

【实验仪器】

DH—CG2000 型传感器实验仪。

所需单元：电机控制单元、小电机、F/V 表、光电传感器、+5V 电源（内部）、可调 ±2 ~ ±10V 直流稳压电源、主副电源、示波器。

【预习提示】

1. 什么是光电传感器。

2. 光电传感器的结构与工作原理。

3. 如何用光电传感器测转速。

【实验原理】

光电式传感器是一种将被测量通过光量的变化再转换成电量的传感器，它的物理基础是光电效应。

1. 光电效应

光电效应是指物体吸收了光能后转换为该物体中某些电子的能量，从而产生的电效应。光电传感器的工作原理正是基于光电效应。光照射在物体上可以看成一连串具有一定能量的光子轰击这些物体，根据爱因斯坦假说：一个光子的能量只能给一个电子，因此电子增加的能量为 $h\nu$。电子获得能量后释放出来，参与导电。这种物体吸收光的能量后产生电效应的现象叫作光电效应。

2. 光电传感器基本原理

光电传感器是指能够将可见光转换成某种电量的传感器。本实验中的光电传感器由红外发射二极管、红外接收管、达林顿输出管及波形整形组成。电机带动光电盘转动后，光电传感器通电工作。发射管发射红外光，经电机转页空隙，接收管接收到发射信号，经放大、波形整形，输出方波，再经 V 转换测出频率，计算得出转速。

【实验内容】

光电式传感器一般由光源、光学元件和光电元件三部分组成，光源发射出一定光通量的光线，由光电元件接收，在检测时，被测量使光源发射出的光通量变化，因而使接收光通量的光电元件的输出电量也做相应的变化，最后用电量来表示被测量的大小。

【实验步骤】

1. 合上主、副电源，将可调整 ±2 ~ ±10V 的直流稳压电源的切换开关切换到 ±10V，在电机控制单元的 V+ 处接入 +10V 电压，电机控制单元的 V+ 接至直流稳压电源的 U_0^+。

2. 将 F/V 表的切换开关切换到 2k 档测频率，F/V 表显示频率值，可用示波器观察，如图 4.11-4 所示接线。

3. 根据测到的频率及电机转页档片数目算出此时的电机转速，即

$$N = \text{F/V 表显示值} \div 6 \times 60(\text{n/min})$$

4. 实验完毕，关闭主、副电源。

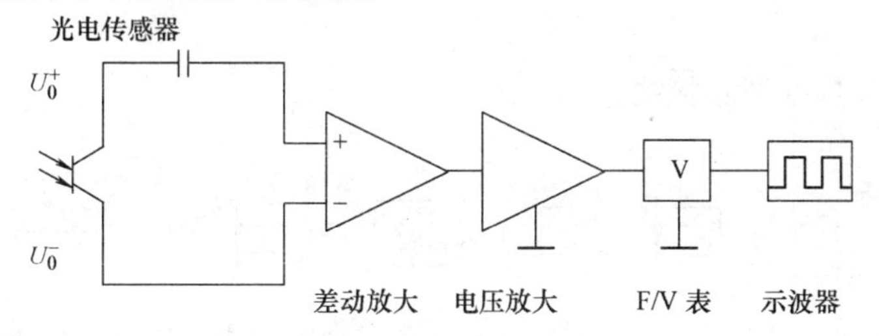

图 4.11-4　光电传感器接线图

【思考题】

光电传感器测转速产生误差的原因是什么?

三、差动变面积式电容传感器的静态特性

【实验目的】

了解差动变面积式电容传感器的原理及其特性。

【实验仪器】

DH—CG2000 型传感器实验仪。

所需单元：电容变换器、差动放大器、低通滤波器、F/V 表。

有关旋钮的初始位置：电压放大器增益旋钮置于中间，F/V 表置于 2V 档。

【预习提示】

1. 电容式传感器主要有哪几种类型?
2. 电容式传感器的优势有哪些?

【实验原理】

电容式传感器是将被测非电量的变化转换为电容量变化的一种传感器。它结构简单、体积小、分辨率高，可非接触式测量，并能在高温、辐射和强振动等恶劣条件下工作，广泛应用于压力、压差、液位、振动、位移、加速度、成分含量等多方面测量。电容式传感器可分为变面积型、变极距型和变介质型三种类型。

本实验中使用的差动变面积式电容传感器工作原理如图 4.11-5 所示。传感器由两组定片和一组动片构成，当安装在振动台上的动片上下改变位置，与两组定片间的重叠面积发生变化时，极间电容亦发生相应变化，此称为差动电容。如将上层定片与动片形成的电容定为 C_{x1}，下层定片与动片形成的电容定为 C_{x2}，当将 C_{x1} 和 C_{x2} 接入桥路作为相邻两臂时，桥路的输出电压与电容量变化有关，即与振动台的位移有关。

【实验装置】

电容变换器、电压放大器、低通滤波器、F/V 表。

【实验内容】

1. 按图 4. 11-5 所示接线。

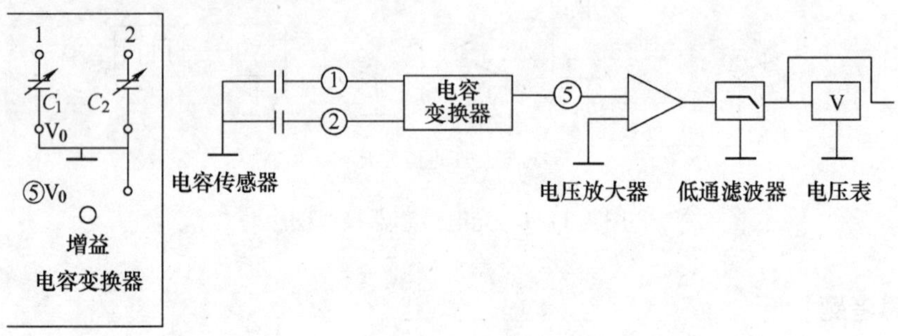

图 4. 11-5　差动变面积式电容传感器工作原理图

2. F/V 表打到 20V，调节测微头，使输出为零。

3. 转动测微头，每次转 0. 1mm，记下此时测微头的读数及电压表的读数，直至电容动片与上（或下）静片覆盖面积为最大时为止。

x/mm				
U/mV				

4. 退回测微头至初始位置。并开始以相反方向旋动。同上法，记下 x(mm) 及 U(mV) 的值。

5. 计算系统灵敏度 $S=\Delta U/\Delta x$（式中，ΔU 为电压变化；Δx 为相应的梁端的位移变化），并做出 U-x 关系曲线。

x/mm				
U/mV				

【思考题】

1. 为什么要采用差动电容结构?

2. 试推导电压随覆盖面积而变化的表达式。（设差动电容分别为 C_1、C_2）

3. 差动变面积式电容传感器线性度误差是多少？灵敏度是多少？

四、PN 结温度传感器测温实验（998 型）

【简介】

早在 20 世纪 60 年代初，人们就试图用 PN 结正向压降随温度升高而降低的特性作为测温元件，但由于当时PN结的参数不稳定，始终未能进入实用阶段。随着半导体工艺水平的提高以及人们不断地探索，到20世纪70年代时，PN结以及在此基础上发展起来的晶体管温度传感器，已成为一种新的测温技术跻身于各个应用领域了。

常用的温度传感器有热电偶、测温电阻器和热敏电阻等，这些温度传感器均有各自的优点，但也有它的不足之处，如热电偶适用温度范围宽，但灵敏度低、线性差且需要参考温度；热敏电阻灵敏度高、热响应快、体积小，缺点是非线性，这对于仪表的校准和控制系统的调节均不方便；测温电阻器（如铂电阻）虽有精度高、线性好的长处，但灵敏度低且价格昂贵；而PN结温度传感器则具有灵敏度高、线性好、热响应快和体小轻巧等特点，尤其是温度数字化、温度控制以及用微机进行温度实时讯号处理等方面，乃是其他温度传感器所不能相比的，其应用势必日益广泛。目前结型温度传感器主要以硅为材料，原因是硅材料易于实现功能化，即将测温单元和恒流、放大等电路组合成一块集成电路。美国Motorola电子器件公司在1979年就开始生产测温晶体管及其组件，如今灵敏度高达100mV/℃、分辨率不低于0.1℃的硅集成电路温度传感器也已问世。但是以硅为材料的这类温度传感器也不是尽善尽美的，在非线性不超过标准值0.5%的条件下，其工作温度一般为-50~150℃，与其他温度传感器相比，测温范围的局限性较大，如果采用不同材料如锑化铟或砷化镓的PN结，则可以展宽低温区或高温区的测量范围。20世纪80年代中期我国就研制成功以SiC为材料的PN结温度传感器，其高温区可延伸到500℃，并荣获国际博览会金奖。

【实验目的】

1. 了解PN结正向压降随温度变化的基本关系式。
2. 了解PN结温度传感器的特性及工作情况。
3. 学习用PN结测温的方法。

【实验仪器】

DH—CG2000型传感器实验仪。

所需单元：主电源、可调直流稳压电源、15V稳压电源、差动放大器、电压放大器、F/V表、加热器、电桥。

旋钮初始位置：直流稳压电源±6V档，差放“增益”最小，即逆时针到底（1倍），“调零”逆时针到底。

【预习提示】

1. PN结测温的依据是什么？
2. 改善PN结温度传感器的线性度主要有哪些方法？

【实验原理】

理想PN结的正向电流I_F和压降U_F存在如下近似关系式：

$$I_F = I_s \exp(qU_F/kT) \tag{4.11-1}$$

式中，q 为电子电荷；k 为玻耳兹曼常数；T 为热力学温度；I_s 为反向饱和电流，它是一个和 PN 结材料的禁带宽度以及温度等有关的系数，可以证明

$$I_s = CT^r \exp[-qU_g(0)/kT] \tag{4.11-2}$$

式中，C 是与结面积、掺杂浓度等有关的常数；r 也是常数；$U_g(0)$ 为 0K 时 PN 结材料的导带底和价带顶的电势差。将式(4.11-2)代入式(4.11-1)，两边取对数可得

$$U_1 = U_g(0) - \left(\frac{k}{q}\ln\frac{c}{I_F}\right)T$$

$$U_F = U_g(0) - \left(\frac{k}{q}\ln\frac{c}{I_F}\right)T - \frac{kT}{q}\ln T^r = U_1 + U_{n1} \tag{4.11-3}$$

式中，$U_{n1} = -\frac{kT}{q}(\ln T^r)$。方程(4.11-3)就是 PN 结正向压降作为电流和温度函数的表达式，它是 PN 结温度传感器的基本方程。令 I_F = 常数，则正向压降只随温度而变化，但是在方程(4.11-3)中，除线性项 U_1 外还包含非线性项 U_{n1}。下面来分析一下 U_{n1} 项所引起的线性误差。

设温度由 T_1 变为 T 时，正向电压由 U_{F1} 变为 U_F，由式(4.11-3)可得

$$U_F = U_g(0) - [U_g(0) - U_{F1}]\frac{T}{T_1} - \frac{kT}{q}\ln\left(\frac{T}{T_1}\right)^r \tag{4.11-4}$$

按理想的线性温度响应，U_F 应取如下形式：

$$U_{理想} = U_{F1} + \frac{\partial U_{F1}}{\partial T}(T - T_1) \tag{4.11-5}$$

由式(4.11-3)可得

$$\frac{\partial U_{F1}}{\partial T} = -\frac{U_g(0) - U_{F1}}{T_1} - \frac{k}{q}r \tag{4.11-6}$$

所以

$$U_{理想} = U_{F1} + \left[-\frac{U_g(0) - U_{F1}}{T_1} - \frac{k}{q}r\right](T - T_1)$$

$$= U_g(0) - [U_g(0) - U_{F1}]\frac{T}{T_1} - \frac{k}{q}r(T - T_1) \tag{4.11-7}$$

将理想线性温度响应式(4.11-7)和实际响应式(4.11-4)相比较，可得实际响应对线性的理论偏差为

$$\Delta = U_{理想} - U_F = \frac{k}{q}r(T_1 - T) + \frac{kT}{q}\ln\left(\frac{T}{T_1}\right)^r \tag{4.11-8}$$

设 T_1 = 300K，T = 310K，取 r = 3.4，由式(4.11-8)可得 Δ = 0.048mV，而相应的 U_F 的改变量约 20mV，相比之下误差甚小。不过当温度变化范围增大时，U_F 温度响应的非线性误差将有所递增，这主要由于 r 因子所致。

综上所述，在恒流供电条件下，PN 结的 U_F 对 T 的依赖关系取决于线性项 U_1，即正向压降几乎随温度升高而线性下降，这就是 PN 结测温的依据。必须指出，上述结论仅适用于杂质全部电离，本征激发可以忽略的温度区间(对于通常的硅二极管来说,温度范围约为 -50 ~ 150℃)。如果温度低于或高于上述范围时，由于杂质电离因子减小或本征载流子迅速增加，U_F-T 关系将产生新的非线性，这一现象说明 U_F-T 的特性还随 PN 结的材料而异，对于宽带材料(如 GaAs)的 PN 结，其高温端的线性区则宽；而材料杂质电离能小(如 InSb)的 PN 结，则低温端的线性范围宽，对于给定的 PN 结，即使在杂质导电和非本征激发温度范围内，其线性度亦随温度的高低而有所不同，这是非线性项 U_{n1} 引起的，由 U_{n1} 对 T 的二阶导数$\frac{dU_{n1}}{dT}$可知，变化与 T 成反比，所以 U_F-T 的线性度在高温优于低温端，这是 PN 结温度传感器的普遍规律。此外，由式(4.11-4)可知，减小 I_F，可以改善线性度，但并不能从根本上解决问题，目前行之有效的方法大致有两种：

(1) 利用对管的两个 be 结(将三极管的基极与集电极短路,与发射极组成一个 PN 结)，分别在不同电流 I_{F1}、I_{F2} 下工作，由此获得两者之差($U_{F1}-U_{F2}$)与温度成线性函数关系，即

$$U_{F1}-U_{F2}=\frac{kT}{q}\ln\frac{I_{F1}}{I_{F2}}$$

由于晶体管的参数有一定的离散性，实际与理论仍存在差距，但与单个 PN 结相比，其线性度与精度均有所提高，这种电路结构与恒流、放大等电路集成一体，便构成集成电路温度传感器。

(2) Okira Ohte 等人提出的采用电流函数发生器来消除非线性误差。由式(4.11-3)可知，非线性误差来自 T'项，利用函数发生器，I_F 正比于热力学温度的 r 次方，则 U_F-T 的线性理论误差为 $\Delta=0$。实验结果与理论值颇为一致，其精度可达 0.01℃。

【实验装置】

主电源、可调直流稳压电源、15V 稳压电源、差动放大器、电压放大器、F/V 表、加热器、电桥。

【实验内容】

1. 解 PN 结、加热器、电桥在实验仪上所在的位置及它们的符号。

2. 直流稳压电源 V_+ 插口用所配的专用电阻线(51k)与 PN 结传感器的正向端相连，并按图 4.11-6 所示接好放大电路，注意各旋钮的初始位置。

3. 开启主电源，调节 W_1 电位器，差放调零，使电压表指示为零。

4. 调节电压放大器至放大 4.5 倍。将差放“+”接 V_i，读数 0.5，再将电压放大输出接 V_i，读数，调至读数 =0.5 * 4.5 =2.25V。

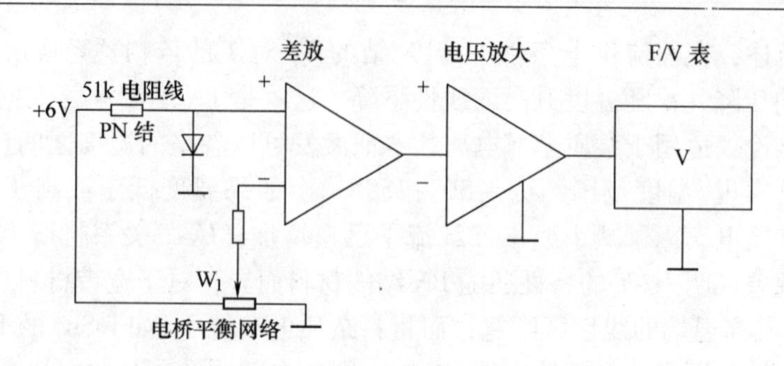

图 4.11-6　PN 结温度传感器测温实验接线图

5. 将 –15V 接入加热器（–15V 在低频振荡器右下角），加热丝右端接地。观察电压表读数的变化，因 PN 结温度传感器的温度变化灵敏度约为：–2.1mV/℃。随着温度的升高，其 PN 结电压将下降 ΔU，将 ΔU 电压经差动放大器隔离传递（增益为 1），至电压放大器放大 4.5 倍，此时的系统灵敏度 $S \approx$ 10mV/℃。待电压表读数稳定后，即可利用这一结果，将电压值转换成温度值，从而演示出加热器在 PN 结温度传感器处产生的温度值（ΔT）。

注意事项

加热器不要长时间地接入电源，此实验完成后应立即将 –15V 电源拆去，以免影响梁上的应变片性能。

【思考题】

1. 分析一下该测温电路的误差来源。

2. 如要将其作为一个 0～100℃ 的较理想的测温电路，你认为还必须具备哪些条件？

五、光纤位移传感器静态实验

【简介】

近年来由于低损耗光导纤维的问世以及检测用特殊光纤的开发，在光纤应用领域继光纤通信技术之后又出现了一门崭新的光纤传感器工程技术。光纤传感器是以光学技术为基础，将被敏感的状态以光信号形式取出。光信号不仅人能直接感知，而且，利用半导体二极管，诸如光电二极管、雪崩光电二极管、发光二极管之类的小型而简单的元件很容易进行光电、电光转换，所以易与高度发展的电子装置匹配，这是光纤传感器的突出优点。此外，由于光纤不仅是敏感元件，而且也是一种优良的低损耗传输线，因此，不必考虑测量仪器和被测物体的相对位置，从而特别适用于电子传感器等不太适用的地方。

与其他机械量相比，位移是既容易检测又容易获得高精度的检测量，所以测量中常采用将被测对象的机械量转换成位移来检测的方法。例如，将压力转换成膜的位移，将加速度转换成重物位移等；而且这种方法结构简单，所以位移传感器是机械量传感器中的基本传感器。

以光纤在传感器中所起的作用划分，光纤传感器有功能型和传输型两大类。反射式光纤位移传感器是一种传输型光纤传感器。

而以对信号的解调方式划分，反射式光纤位移传感器有强度型和干涉型两大类，本实验所用传感器为反射式强度型光纤传感器，同时它也属于传输型光纤传感器。反射式强度型光纤传感器具有原理简单、设计灵活、价格低廉等特点，并已在许多物理量（如位移、压力、振动、表面粗糙度等）的测量中获得成功应用。这种位移传感器在小的测量范围内能进行高速位移测量，它具有非接触、探头小、频响高、线性度好等特点。

【实验目的】

了解反射式光纤位移传感器的原理、结构、性能。

【实验仪器】

DH—CG2000 型传感器实验仪。

组成单元：电桥、主、副电源、差动放大器、V 表、光纤、测微头、光电变换器、振动台。

【预习提示】

1. 反射式光纤位移传感器的结构与工作原理。

2. 反射式光纤传感器的输出特性曲线。

【实验原理】

1. 光纤结构及光传输特性

光导纤维是利用光的完全内反射原理传输光波的一种介质。它是由高折射率的纤芯和包层所组成。包层的折射率小于纤芯的折射率，直径大致为 0.1 ~ 0.2mm。当光线通过端面透入纤芯，在到达与包层的交界面时，由于光线的完全内反射，光线反射回纤芯层。这样经过不断的反射，光线就能沿着纤芯向前传播。

2. 反射式位移传感器的结构原理

反射式光纤位移传感器是一种传输型光纤传感器。其原理如图 4.11-7 所示：光纤采用 Y 型结构，两束光纤一端合并在一起组成光纤探头，另一端分为两支，分别作为光源光纤和接收光纤。光从光源耦合到光源光纤，通过光纤传输，射向反射片，再被反射到接收光纤，最后由光电转换器接收，转换器接收到的光源与反射体表面性质、反射体到光纤探头距离有关。当反射表面位置确定后，接收到的反射光光强随光纤探头到反射体的距离的变化而变

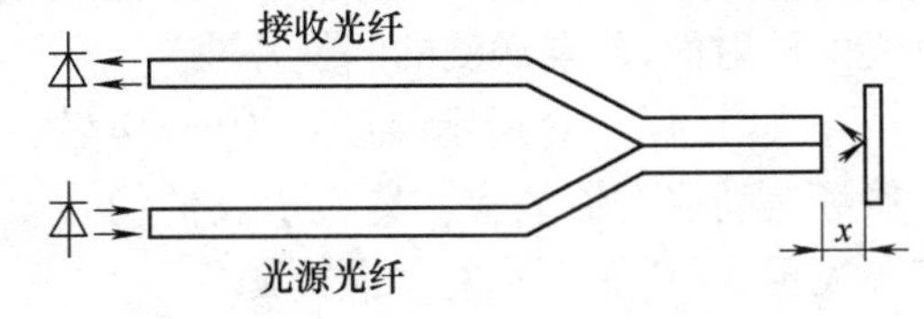

图 4.11-7 反射式位移传感器原理

化。显然，当光纤探头紧贴反射片时，接收器接收到的光强为零。随着光纤探头离反射面距离的增加，接收到的光强逐渐增加，到达最大值点后又随两者距离的增加而减小。图4.11-8所示就是反射式光纤位移传感器的输出特性曲线，利用这条特性曲线可以通过对光强的检测得到位移量。反射式光纤位移传感器是一种非接触式测量，具有探头小、响应速度快、测量线性化（在小位移范围内）等优点，可在小位移范围内进行高速位移检测。

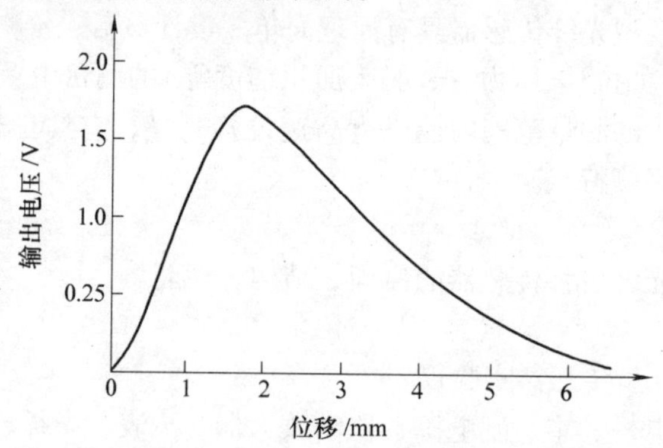

图4.11-8　反射式光纤位移传感器的输出特性

在本实验中，光纤只起到传输信号的作用，光发射器发出的光经光纤照射到反射体，被反射的光经接收光纤至光电转换元件，将接收到的光信号转换成电信号。由于接收光纤输出的光强取决于反射体距光纤探头的距离，通过对光强的检测可得到位移量。

【实验内容】

1. 观察光纤位移传感器结构，它由两束光纤混合后，组成Y形光纤，探头固定在Z型安装架上，外表为螺钉的断面，为半圆分布。

2. 了解振动台在实验仪上的位置（实验仪台面上右边的圆盘，在振动台上装有光的反射面，即电涡流的测铁片兼）

3. 如图4.11-9所示接线：因光/电转换器内部已安装好，所以可将电信号直接经差动放大器放大。V显示表的切换开关置2V档，开启主、副电源。

4. 旋转测微头，使光纤探头与振动台面接触，调节差动放大器增益最大，调节 W_1 后再调节差动放大器零位旋钮使电压表读数尽量为零，旋转测微头使贴有反射纸的被测体慢慢离开探头，观察电压读数由小-大-小的变化。

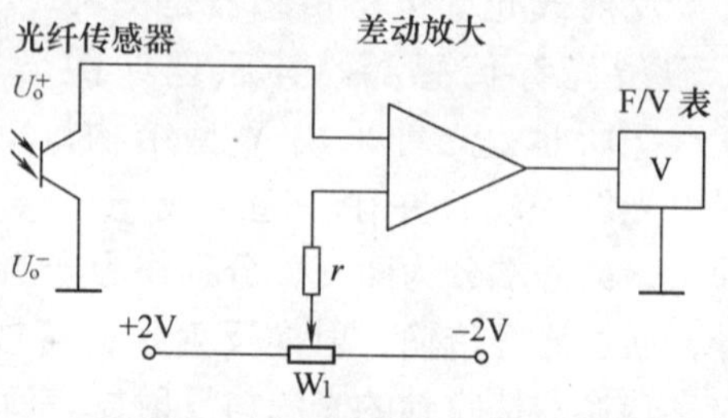

图4.11-9　电路结构

5. 旋转测微头使 V 表指示重新回零；旋转测微头，每隔 0.05mm 读出电压表的读数，并将其填入下表：

Δx/mm	0.05	0.10	0.15	0.20	…	10.00
指示/V						

6. 关闭主、副电源，把所有旋钮复原到初始位置。

7. 做出 U-Δx 曲线，计算灵敏度 $S=\Delta U/\Delta x$ 及线性范围。

注意事项

(1) 实验时，请保持反射面的清洁和与光纤探头端面的垂直度。

(2) 工作时，光纤端面不宜长时间直接照射强光，以免内部电路受损。

(3) 注意背景光对实验的影响，避免强光直接照射反光表面，造成测量误差。

(4) 切勿将光纤折成锐角，保护光纤不受损伤。

(5) 光纤探头在支架上固定时，应保持其端口与反光面平行，切不可相擦，以免使光纤探头端面受损。

【思考题】

1. 如何利用光纤传感器位移测试的原理，设计一个光纤传感器压力测试单元？(提示:压力致使物体产生形变)

2. 能否根据光纤传感器位移测试的原理做一个光纤测温实验装置？(提示：将器件在温度场中感受到的温度变化量转化为光纤探头反射面间距变化)

实验 4.12　光拍法测量光速

【简介】

光速是一个非常重要的物理量，在物理学理论研究的发展过程中，它不仅推动了光学实验的发展，也打破了光速无限的传统观念；它不仅为粒子说和波动说的争论提供了判定的依据，而且最终推动了爱因斯坦相对论理论的发展。

光速 $c=3\times10^8$m/s，因速度太快，早期只能在野外进行测量；又光速可表示为：$c=f\lambda$，说明我们还可有其他途径来测量光速，但因为光的频率太高：$f\approx10^{14}$Hz，所以很难用常规仪器进行精确测量。若能运用某种手段将光波的频率 f 和波长 λ 相应改变为 30MHz 和 10m 左右，那就能比较容易精确测量了。本实验就是利用声光频移效应合成光拍频波来实现这一目标，从而精确测量光速。

【实验目的】

1. 理解光拍的概念。

2. 了解获得光拍频波的方法。

3. 掌握光拍法测量光速的技术。

【实验仪器】

CG—Ⅳ型光速测定仪、AS3345 数字式频率计、YB—4328 示波器、米尺等。

【预习提示】

1. 为什么我们用拍频波来测量光速？
2. 怎样产生光拍频波？
3. 画出同相和反相的波形图。

【实验原理】

1. 光拍法测光速的设计思想

图4.12-1 所示为光拍法测光速的方框图，我们是利用声光频移效应使激光产生一个很小的频率移动，叠加形成频率 f 和波长 λ 相应为 30MHz 和 10m 左右光拍频波，通过测量光拍频波的频率和波长来间接测量光速。

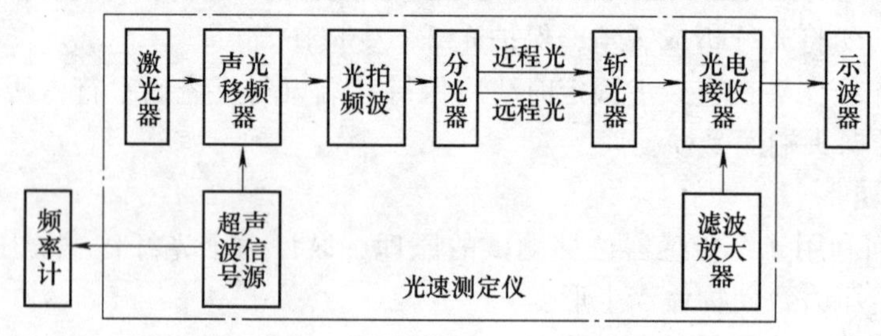

图 4.12-1

2. 光拍频波的产生和传播

假设有两束频率分别为 f_1、f_2（频差 $f=f_1-f_2$ 较小）的光束（为简化讨论，假定它们具有相同的振幅，且初相为零）：同向、共线传播的简谐波相迭加：

$$E_1 = E\cos 2\pi(f_1 t - f_1 x/c)$$

$$E_2 = E\cos 2\pi(f_2 t - f_2 x/c)$$

叠加得

$$E_s = E_1 + E_2 = 2E\cos\left[\pi(f_1 - f_2)\left(t - \frac{x}{c}\right)\right]\cos\left[\pi(f_1 + f_2)\left(t - \frac{x}{c}\right)\right] \tag{4.12-1}$$

即得到频率为 $(f_1+f_2)/2$，振幅为 $2E\cos\left[\pi(f_1-f_2)\left(t-\frac{x}{c}\right)\right]$ 的带有低频调制的高频波。注意到 E_s 的振幅周期性地发生强弱变化，所以我们称它为拍频波。

我们用光电检测器接收这个拍频波，因为光电检测器的光敏面对光照反应所产生的光电流是由光强（即电场强度的平方）所引起的，所以输出光电流为

$$i_0 = gE_s^2 \tag{4.12-2}$$

式中，g 为接收器的光电转换常数，把式(4.12-1)代入式(4.12-2)，由于接收器光敏面来不及反映光强的高频率变化，因此检测器所产生的光电流只能是在响应

时间 τ 内的平均值，经积分计算得

$$\bar{i}_0 = \frac{1}{\tau}\int_t gE_s^2\mathrm{d}t = gE^2\left\{1 + \cos\left[2\pi(f_1 - f_2)\left(t - \frac{x}{c}\right) + \varphi\right]\right\} \quad (4.12\text{-}3)$$

可见光电检测器输出的光电流含有直流和光拍频交变信号两种成分，滤去直流成分，即得频率为拍频 $f_{拍} = f_1 - f_2$、位相与光传播距离有关的光拍频电信号。由波动知识可以知道，两相邻同相点的距离即为波长 $\lambda_{拍}$，这就提示我们可以通过比较拍频波位相的方法来测定拍频波的波长 $\lambda_{拍}$。测定了拍频波的波长 $\lambda_{拍}$ 和光拍频 $f_{拍}$，即可确定光速 c：

$$c = f_{拍}\lambda_{拍}$$

本实验即用此方法来测量光速。

3. 产生拍频波的两光束的获得

得到光拍频波首要问题是要求相叠加的两光束具有一定频差，那就首先要使激光束的频率产生一个固定微小的频率移动。本实验是利用声光相互作用产生的声光频移法：让超声波在一介质中与反射波叠加形成驻波声场，造成介质的局部压缩和伸长而产生弹性应变，该应变随空间作周期性变化，使介质出现疏密相间的规则分布，如同一个光栅，从而使从该介质通过的激光产生衍射现象，第 l 级的衍射光频率为

$$f_{l,m} = f_0 + (l + 2m)f_{声}$$

式中，f_0 为入射激光的频率；$f_{声}$ 为超声波的频率；l 为衍射光的级次；m 为第 l 级的衍射光中的第 m 分量，且：l，$m = 0, \pm 1, \pm 2, \cdots$。可见经驻波声光频移器件衍射后的任一级衍射光束内含有多种频率成分，这相当于许多束不同频率的激光的叠加（当然强度各不相同）。因此很容易就能获得拍频波。例如，选取第一级，由 $m = 0$ 和 1 的两种频率成分叠加可得到拍频为 $2f_{声}$ 的拍频波。

4. 拍频波的接收与测量

图 4.12-2 所示是用光拍法测量光速的实验仪器安排图，考虑到信号的强度，取从驻波声光频移器出射的第一级衍射光作为本实验的工作拍频光束，我们把一级衍射光通过分光镜分为①近程光和②远程光两路光，经不同的路径分别射到光电接收器，将光信号转换成电信号，然后再用示波器显示并比较两路光拍频波的位相。不同光程的拍频光波具有不同的位相，当两路光的位相差为零时，两路光的光程差为光拍频波的波长的整数倍，示波器将显示两波形步调一致。逐渐增加远程光光程至两路光的位相差又为零时，则远程光的光程的改变量恰为一个光拍频波的波长，测出该光程增加量即波长，并用数字式频率计测出超声波的频率即可确定光速 c。

由于光电接收系统任一时刻都只能接收两条光路中的一路光拍频波信号，为了比较两路光的位相，我们用一小电机驱动旋转式斩光器，在任何时刻只让一束

光通过它照到光电接收器，截断另一束；旋转斩光器可使近程光和远程光交替照射到光电接收器转换成电信号，并传输到示波器上显示出波形。利用示波器的余辉，在单通道示波器上可"同时"看到两路拍频光波的波形，从而达到比较两路光拍频波位相的目的。为了正确地比较拍频波的位相，在检测时必须用统一的时基，我们用功率信号作为示波器的外触发同步信号。

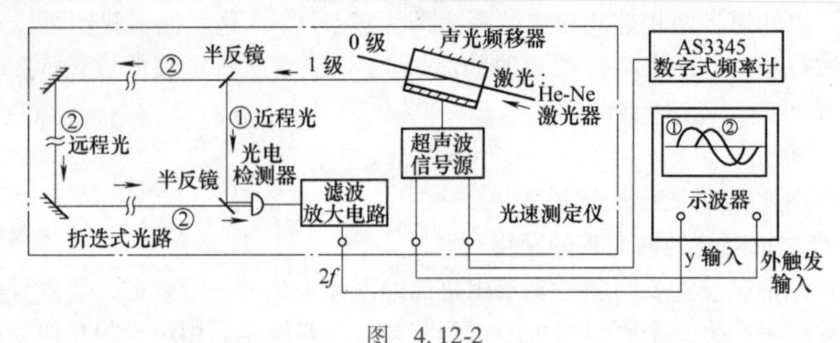

图 4.12-2

【实验装置】

CG—Ⅳ型光速测定仪。

本仪器专为光拍法测量光速而设计，内置超声波高频信号源用于实现声光移频及合成拍频波，配备了电动旋转式斩光器使近程光和远程光能交替被光电接收器接收、转换并传送至显示器，以利用示波器的余辉比较相位，仪器还设置了带电动滑块的反射镜和导轨，可方便调整远程光光程和相位，图 4.12-3 所示为其外形结构图。

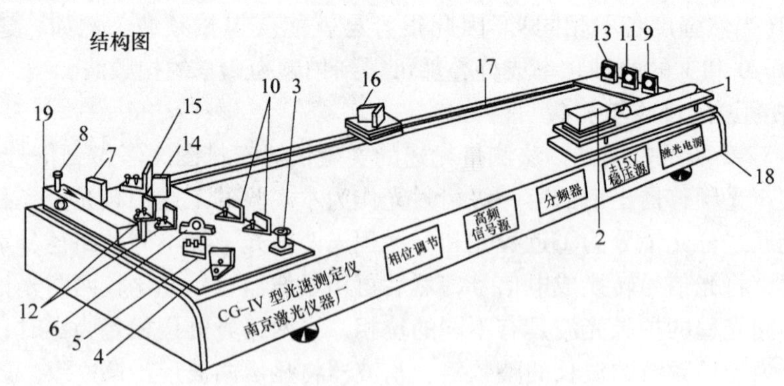

图 4.12-3　CG—Ⅳ型光速测定仪结构图

主机介绍：

1. 发射部分：氦氖激光器(1)，声光移频器(2)，高频信号源(内置)。

2. 光路：光栏(3)，全反镜(4、9～16)，半反镜(5、7)，斩光器(6)，导轨

(17)，光敏面调节装置(8)，箱体(18)。

3. 接收部分：光电接收盒(19)。

4. 电源：氦氖激光器电源(内置)，±15V 直流稳压源(内置)。

【实验内容】

分别在光程差为一个和半个拍频波长的情况下测量 He-Ne 激光在空气中的速度。

1. 按图 4.12-2 所示接线，并接通各仪器电源开关。

2. 调整示波器处于正常工作状态，并将触发信号源选择钮调至外触发。

3. 根据激光光线调节光栏(3)高度和位置，使 +1 级或 -1 级衍射光通过光栏入射到反射镜(4)的中心。

4. 用斩光器(6)挡住远程光并让近程光从窗口通过，调节全反镜(4)和半反镜(7)，使近程光通过透镜入射到光电二极管的光敏面上，(通过光电接收器盒(19)上的窗口可观察激光是否进入光敏面)，这时，示波器上应有与近程光束相应的光拍波形出现。

5. 用斩光器(6)挡住近程光并让远程光从窗口通过，调节半反镜(5)、全反镜(9~15)和正交反射镜组(16)，使远程光经半反镜(7)与近程光同路入射到光电二极管的光敏面上，这时，示波器屏上应有与远程光束相应的光拍波形出现，调节光敏面调节装置(8)，使波形幅度最大。4)、5) 二步骤应反复调节，直至波形幅度最大。为了保证测量精度，应使远程光、近程光两光束均沿同一轴入射到光电二极管的光敏面上。

6. 检查示波器是否工作在外触发状态。

7. 接通斩光器(6)的电机开关(在 ±15V 稳压电源上)，调节微调旋钮使斩波器频率约 30Hz 左右，这样借助示波器管的余辉可在屏上“同时”显示出近程光、远程光和零信号的波形。

8. 打开滑块移动电源，按下左或右移动开关就可移动导轨上的装有正交反射镜的滑块，调节远程光与近程光的光程差，直到示波器显示两光拍信号同相(位相差为 2π)。

9. 测量近程光和远程光的长度，记录相应的数据和 $f_{声}$。

10. 通过减少远程光路中反射镜数目，改变两光束的位相差(如为 π)，调节远程光与近程光的光程差，直到示波器显示两光拍信号反相，再次测量、记录相应的数据。

【数据记录与处理】

根据测量的数据设计表格，进行数据处理。

计算光程差 ΔL，拍频 $f_{拍}=2f_{声}$，其中，$f_{声}$ 为功率信号源的工作频率。

根据公式 $c=f_{拍}\lambda_{拍}=2\pi f_{拍}\Delta L/\Delta\varphi$，计算光速 c。

若 $\Delta\varphi = 2\pi$，两光拍波同相，则

$$\Delta L = \lambda_{拍}，为光拍波长；$$

若 $\Delta\varphi = \pi$，两光拍波反相，则

$$\Delta L = \lambda_{拍}/2，为半个光拍波长。$$

【思考题】

1. 用半个拍频波长测量光速时，远程光大约多少长？需几次反射就能满足要求？要去掉几块反射镜？在给定装置中是否方便？

2. 测量误差主要来自哪里？估算因此造成的相对误差。

实验 4.13　塞曼效应实验

【简介】

塞曼效应是物理学史上一个著名的实验。荷兰物理学家塞曼在1896年发现，把产生光谱的光源置于足够强的磁场中，磁场作用于发光体，使光谱发生变化，一条谱线即会分裂成几条偏振化的谱线，这种现象称为塞曼效应。塞曼效应证实了原子具有磁矩和空间取向量子化的现象，至今塞曼效应仍是研究能级结构的重要方法之一。

【实验目的】

1. 观察塞曼效应现象。

2. 把实验结果和理论结果进行比较。

3. 了解使用CCD及多媒体计算进行实验图像测量的方法。

【实验仪器】

塞曼效应实验系统装置。

【预习提示】

1. 什么叫塞曼效应？

2. 法布里-珀罗标准具精密测量的依据是什么？

【实验原理】

1. 原子的总磁矩与总动量矩的关系

在原子物理中我们知道，原子中的电子不但有轨道运动，而且还有自旋运动。因此，原子中的电子具有轨道角动量 $\boldsymbol{p}_{\mathrm{L}}$ 和轨道磁矩 $\boldsymbol{\mu}_{\mathrm{L}}$，以及自旋角动量 $\boldsymbol{p}_{\mathrm{S}}$ 和自旋磁矩 $\boldsymbol{\mu}_{\mathrm{S}}$。它们的关系为

$$\left.\begin{aligned}\boldsymbol{\mu}_{\mathrm{L}} = \frac{e}{2m}\boldsymbol{p}_{\mathrm{L}},\ \left|\boldsymbol{p}_{\mathrm{L}}\right| = \sqrt{L(L+1)}\frac{h}{2\pi}\\ \boldsymbol{\mu}_{\mathrm{S}} = \frac{e}{m}\boldsymbol{p}_{\mathrm{S}},\ \left|\boldsymbol{p}_{\mathrm{S}}\right| = \sqrt{S(S+1)}\frac{h}{2\pi}\end{aligned}\right\} \tag{4.13-1}$$

式中，L、S 分别表示轨道量子数和自旋量子数；e、m 分别为电子的电荷和质量。

原子核有磁矩，但它比一个电子的磁矩要小三个数量级，故在计算单电子原子的磁矩时，可以把原子核的磁矩忽略，只计算电子的磁矩。

对多电子原子，考虑到原子实总角动量和总磁矩为零，故只对其原子外层价电子进行累加。磁矩的计算可用矢量图来进行，如图 4. 13-1 所示。

由于 $\boldsymbol{\mu}_S$ 与 $\boldsymbol{p}_S$ 的比值比 $\boldsymbol{\mu}_L$ 与 $\boldsymbol{p}_L$ 的比值大一倍，因此合成的原子总磁矩不在总动量矩 $\boldsymbol{p}_J$ 的方向上。但由于 $\boldsymbol{\mu}$ 绕 $\boldsymbol{p}_J$ 运动，只有 $\boldsymbol{\mu}$ 在 $\boldsymbol{p}_J$ 方向的投影 $\boldsymbol{\mu}_J$ 对外平均效果不为零。根据图 4. 13-1 进行向量叠加运算，$\boldsymbol{\mu}_J$ 与 $\boldsymbol{p}_J$ 的关系为

图 4. 13-1　电子磁矩与角动量关系

$$\boldsymbol{\mu}_J = -g\frac{e}{2m}\boldsymbol{p}_J$$

式中，g 称为朗德因子。对于 LS 耦合有

$$g = 1 + \frac{J(J+1) - L(L+1) + S(S+1)}{2J(J+1)} \tag{4. 13-2}$$

它表征了原子的总磁矩与总角动量的关系，而且决定了能级在磁场中分裂的大小。

2. 外磁场对原子能级的作用

原子的总磁矩在外磁场中受到力矩 $\boldsymbol{L}$ 的作用，且

$$\boldsymbol{L} = \boldsymbol{\mu}_J \times \boldsymbol{B} \tag{4. 13-3}$$

力矩 $\boldsymbol{L}$ 使总角动量发生旋进，角动量的改变的方向就是力矩的方向。原子受磁场作用而旋进所引起的附加能量 ΔE 为

$$\Delta E = -\mu_J B\cos\alpha = g\frac{e}{2m}p_J B\cos\beta \tag{4. 13-4}$$

其中，角 α 和 β 的意义见图 4. 13-2。

由于 $\boldsymbol{\mu}_J$ 或 $\boldsymbol{\mu}_J$ 在磁场中的取向是量子化的，也就是 $\boldsymbol{p}_J$ 在磁场方向的分量是量子化的，$\boldsymbol{p}_J$ 的分量只能是 h 的整数倍，即

$$p_J\cos\beta = M\frac{h}{2\pi} \tag{4. 13-5}$$

式中，M 称为磁量子数，$M = J,\ (J-1),\ \cdots,\ -J$，共有 $2J+1$ 个值。将式(4. 13-5)代到式(4. 13-4)得

$$\Delta E = Mg\frac{eh}{4\pi m}B \tag{4. 13-6}$$

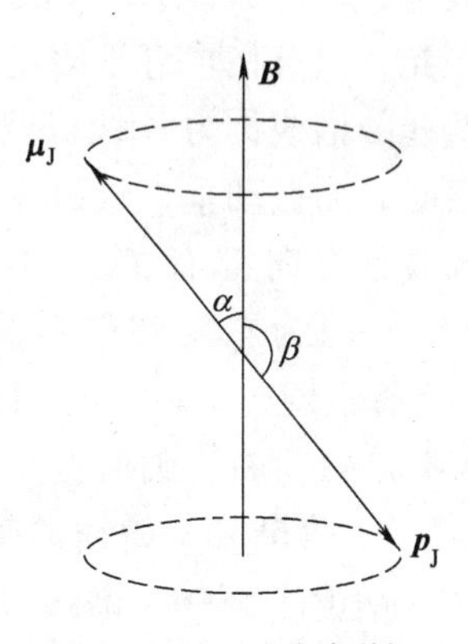

图 4. 13-2　原子总磁矩受场作用发生的旋进

这样，在无外磁场时的一个能级，在外磁场的作用下分裂成 $2J+1$ 个子能级。每个子能级的附加能量由式(4.13-6)决定，它正比于外磁场 B 和朗德因子 g。

3. 塞曼效应的选择定则

设谱线是由 E_1 和 E_2 两能级间跃迁产生的，此谱线的频率由下式确定：

$$h\nu = E_2 - E_1 \tag{4.13-7}$$

在外场作用下的能级 E_2 和 E_1 分别分裂为 $(2J_2+1)$ 和 $(2J_1+1)$ 个能级，附加能量分别是 ΔE_2 和 ΔE_1，产生出新的谱线频率可由下式确定：

$$h\nu' = (E_2 + \Delta E_2) - (E_1 + \Delta E_1) \tag{4.13-8}$$

分裂后谱线与原谱线的频率差为

$$\Delta\nu = \nu' - \nu = \frac{1}{h}(\Delta E_2 - \Delta E_1) = (M_2 g - M_1 g)\frac{e}{4\pi m}B \tag{4.13-9}$$

用波数($\tilde{\nu} = 1/\lambda$)差来表示为

$$\begin{aligned}\Delta\tilde{\nu} &= \frac{\Delta\nu}{c} = (M_2 g - M_1 g)\frac{e}{4\pi mc}B \\ &= (M_2 g - M_1 g)L \\ &= 46.7(M_2 g - M_1 g)B\end{aligned} \tag{4.13-10}$$

式中，$L = \left(\frac{e}{4\pi mc}\right)B$，称为洛伦兹单位；$B$ 以 Gs 为单位。

塞曼跃迁的选择定则为

$$\Delta M = M_2 - M_1 = 0,\ \pm 1 \tag{4.13-11}$$

其中，$\Delta M = 0$ 跃迁的谱线称为 π 线(π 型偏振)，其振动方向平行于磁场的线偏振光，只有在垂直于磁场方向才能观察到，平行于磁场方向观察不到；$\Delta M = \pm 1$ 跃迁的谱线称为 σ 线(σ 型偏振)，其振动方向垂直于磁场方向，垂直于磁场观察时，为振动垂直于磁场的线偏振光，平行于磁场观察时，其偏振性与磁场方向及观察方向都有关。(1)沿磁场正向观察时(即磁场方向离开观察者$\otimes$)，$\Delta M = +1$ 为右旋圆偏振光(σ^+ 偏振)，$\Delta M = -1$ 为左旋圆偏振光(σ^- 偏振)；(2)沿磁场逆向观察时(即磁场指向观察者时$\odot$)，$\Delta M = +1$ 为左旋圆偏振光，$\Delta M = -1$ 为右旋圆偏振光。

4. 钠 5890Å 谱线的塞曼分裂举例

钠黄线 5890Å 谱线是($^2P_{3/2} \rightarrow {}^2S_{1/2}$)的跃迁，上能级的 g_2 因子为 4/3，下能级的 g_1 因子为 2，能级分裂的大小和可能的跃迁用列表的方法表示，如表 4.13-1 所示(根据 ΔM 只能为 0，±1)。

表　4.13-1

M		3/2	1/2	−1/2	−3/2	
M_2g_2		6/3	2/3	−2/3	−6/3	
M_1g_1			1	−1		
$M_2g_2-M_1g_1$	−5/3	−3/3	−1/3	1/3	3/3	5/3
偏振态	σ	σ	π	π	σ	σ

能级的分裂和可能的跃迁也可从塞曼能级图上更清楚地看出（图 4.13-3）。图 4.13-3 的下部分表示塞曼效应的光谱位移图，中间的 0 点表示无外磁场时的光谱位置，横线中的黑点表示一个洛伦兹单位，用 L 表示，横线上面的竖线表示 π 成分，下面的竖线表示 σ 成分。5890Å 谱线在磁场中分裂为六条，垂直磁场观察时，中间两条线为 π 成分。两旁的四条线为 σ 成分，沿着磁场观察 π 成分不出现。对应的四条 σ 线分别为右旋圆偏振和左旋圆偏振。

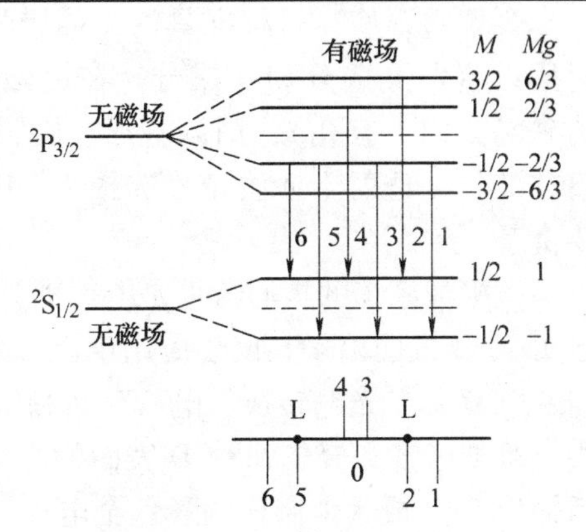

图 4.13-3　钠 5890Å 谱线的塞曼分裂示意图

在观察塞曼分裂时，一般光谱线最大的塞曼分裂仅有几个洛伦兹单位，用一般棱镜光谱仪观察是困难的。因此，在实验中我们采用高分辨率仪器，即法布里-珀罗标准具（简称 F-P 标准具）。F-P 标准具由平行放置的两块平面板组成，在两板相对的平面上镀薄银膜和其他有较高反射系数的薄膜。两平行的镀银平面的间隔是由某些热膨胀系数很小的材料做成的环固定起来。由于标准具是多光束干涉，干涉花纹的宽度非常细锐，仪器的分辨能力很高。

实验中观察汞 5461Å 谱线 $\{6s7s\}\,^3S_1\rightarrow\{6s6p\}\,^3P_2$ 的塞曼分裂，同学们在做实验前，应把上述谱线的塞曼分裂能级图及符合选择定则的谱线用图表画出来。

【实验装置】

研究塞曼效应的实验仪器装置如图 4.13-4 所示。

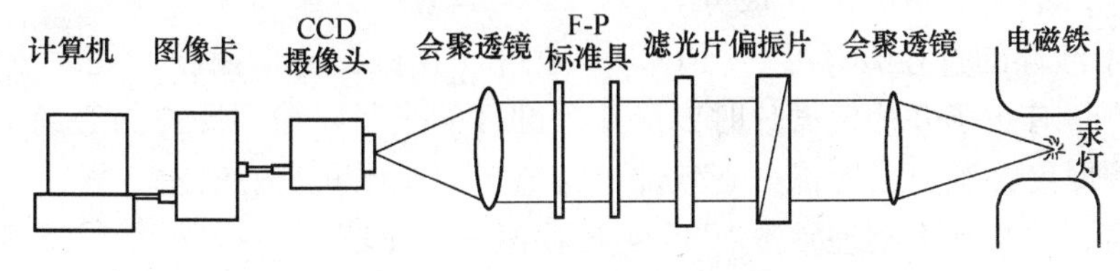

图 4.13-4　塞曼效应的实验装置

在本实验中，在电磁铁的两极之间放上一支水银辉光放电灯，用220V交流电源通过自耦变压器接电灯变压器，点燃放电管。自耦变压器用来调节放电管的电流大小。实验中把自耦变压器调节到75V上。N-S为电磁铁的磁极，电磁铁用直流稳压电源供电，电流与磁场的关系可用高斯计进行测量，使用电磁铁时要先接通冷却水，然后慢慢调节自耦变压器，使磁场电流缓慢达到5A。注意磁场电流不准超过5A，以免电磁铁电源烧坏。

会聚透镜使通过标准具的光强增强；偏振片的作用是在垂直磁场方向观察时用以鉴别π成分和σ成分，在沿磁场方向观察时，（本实验中用的电磁铁，沿磁场方向上有孔），用以鉴别左旋圆偏振和右旋圆偏振光；根据实验中所观察的波长，透射干涉滤光片选择为5461Å；F-P标准具已调节好，请同学们不要乱动。

微摄像系统的核心器件是电荷耦合器件，简称CCD（Charge Coupled Device）。自1970年发明以来，由于应用广泛，发展极为迅速。作为对光敏感的图像传感器，CCD具有光电转换、电荷存储和电荷传输的功能。由面阵CCD制成的摄像头，可把经镜头聚焦到CCD表面的光学图像扫描变换为相应的电信号，经编码后输出PAL或其他制式的彩色全电视视频信号，此视频信号可由监视器或多媒体计算机接收并播放。

多媒体计算机采用Pentium-133以上机型，加装视频多媒体组件，工作于32位Windows操作环境。视频多媒体组件的核心是多媒体图像采集卡，可将输入的PAL或NTSC制视频信号解码并转换为数字信息，此信息可用于在计算机显示器上同步显示所输入的电视图像，并可作进一步的分析处理。

本实验中用CCD作为光探测器，通过图像卡使F-P标准具的干涉花样成像在计算机显示器上，实验者可使用本实验专用的实时图像处理软件读取实验数据。

【实验内容】

1. 观察汞5461Å谱线的塞曼效应，实验前应先弄清楚它们应有的塞曼分裂花样。

2. 电磁铁的磁场强度，可以在磁场电流5A以下任意选择。

3. 对垂直于磁场方向的现象进行观察，先观察零场花样，然后再加磁场，加偏振片，鉴别π成分和σ成分。

4. 干涉环的直径D，可利用CCD，通过计算机图像卡及图像处理软件直接测量。测量有磁场并加偏振片时二级6个圆环的半径。输入测得的磁场值及F-P的间隔圈厚度，则可由图像处理软件求得电子荷质比和实验误差。测量三遍，算出平均值，并与基本物理常数1986年推荐值进行比较。（$-e/m$为1.75881962×10^{11}C/kg）

注意事项

（1）汞灯电压近万伏，暗室操作请注意高压安全。

（2）所有光学元件应保持清洁，标准具和滤色片的光学面严禁触摸。

（3）F-P 标准具已调节好，请同学们不要乱动。

（4）电磁铁加电前应先通水，工作电流不得超过 5A。

【思考题】

1. 调整法布里-珀罗标准具时，常用眼睛上下左右移动来判断两个内表面是否严格平行。当眼睛向上移动时，若干涉条纹从中心冒出，则应把上方的螺钉

a. 压紧；b. 放松

2. 在实验中用偏振片观察和鉴别塞曼分裂谱线中的 π 成分和 σ 成分。当偏振片的偏振方向与磁场平行时，则观察到

a. σ 成分；b. π 成分

3. 本实验中汞 546. 1nm 谱线是由 $6s7s^3S_1$ 跃迁到 $6s6p^3P_2$ 产生的吗？

a. 是；b. 否

4. 汞的 546. 1nm 谱线在磁场中分裂为______条线，垂于磁场观察时，π 成分为______条线，σ 成分为______条线。

a. 2，8，5；b. 9，2，9；c. 9，3，6

实验 4. 14　椭圆偏振法测量薄膜厚度及折射率

【简介】

椭圆偏振法简称椭偏法，是一种先进的测量薄膜纳米级厚度的方法。它是利用光的偏振特性，在光的反射和折射定律的基础上对许多固体材料的光学结构和性质进行测量、分析和研究，至今已有一百多年的发展历史。其显著特点是通过测量偏振光与固体材料相互作用后的振幅和相位变化，可得到有关材料光学常数等各种信息，如吸收系数、反射率、复折射率和复介电常数等。利用基于菲涅尔公式发展起来的椭圆偏振法来研究材料的光学性质具有实时快速、测量精度高（比一般的干涉法高 1 ~ 2 个数量级）、测量灵敏度高（可探测生长中的小于 0. 1nm 的薄膜厚度变化）、无破坏性、应用范围广（可测量金属、半导体、绝缘体、超导体等固体薄膜）的特点，在世界各国固体光谱实验室受到普遍重视，并得到了进一步的发展。

【实验目的】

1. 了解椭圆偏振法的基本原理，认识金属材料的磁性及其差异。

2. 测量纳米级介质薄膜氧化铝的厚度和折射率。

【实验原理】

椭圆偏振法测量的基本原理是，起偏器产生的线偏振光经取向一定的1/4波片后成为特殊的椭圆偏振光（等幅椭圆偏振光），把它投射到待测样品表面时，经反射的光束偏振状态（包括振幅和相位）将发生变化。只要起偏器取适当的透光方向，经待测样品表面反射出来的光将是线偏振光。根据偏振光在反射前后的偏振状态变化（包括振幅和相位的变化），便可以确定样品的膜厚和折射率。

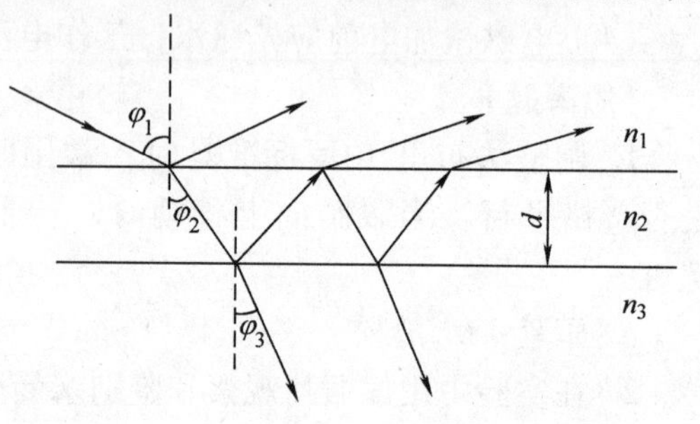

图 4. 14-1　光在界面反射透射示意图

设待测样品是均匀涂镀在衬底上的透明同性膜层。如图 4. 14-1 所示，n_1、n_2 和 n_3 分别为环境介质、薄膜和衬底的折射率，d 是薄膜的厚度，入射光束在膜层上的入射角为 φ_1，在薄膜及衬底中的折射角分别为 φ_2 和 φ_3。按照折射定律有

$$n_1\sin\varphi_1 = n_2\sin\varphi_2 = n_3\sin\varphi_3 \tag{4.14-1}$$

光的电矢量分解为两个分量，即在入射面内的 p 分量及垂直于入射面的 s 分量。根据折射定律及菲涅尔反射公式，可求得 p 分量和 s 分量在第一界面上的菲涅耳振幅反射系数分别为

$$r_{1p} = \frac{n_2\cos\varphi_1 - n_1\cos\varphi_2}{n_2\cos\varphi_1 + n_1\cos\varphi_2} = \frac{\tan(\varphi_1 - \varphi_2)}{\tan(\varphi_1 + \varphi_2)} \tag{4.14-2}$$

$$r_{1s} = \frac{n_1\cos\varphi_1 - n_2\cos\varphi_2}{n_1\cos\varphi_1 + n_2\cos\varphi_2} = -\frac{\sin(\varphi_1 - \varphi_2)}{\sin(\varphi_1 + \varphi_2)} \tag{4.14-3}$$

而在第二个界面处则有

$$r_{2p} = \frac{n_3\cos\varphi_2 - n_2\cos\varphi_3}{n_3\cos\varphi_2 + n_2\cos\varphi_3} \tag{4.14-4}$$

$$r_{2s} = \frac{n_2\cos\varphi_2 - n_3\cos\varphi_3}{n_2\cos\varphi_2 + n_3\cos\varphi_3} \tag{4.14-5}$$

设 $(E_{p0})_i$ 和 $(E_{s0})_i$ 分别为入射光波中 p 分量和 s 分量的振幅，$(E_{p0})_r$ 和 $(E_{s0})_r$ 分别为总的反射波中 p 分量和 s 分量的振幅，定义该薄膜系统的总反射系数大小为

$$|R_p| = \frac{(E_{p0})_r}{(E_{p0})_i} \tag{4.14-6}$$

$$|R_s| = \frac{(E_{s0})_r}{(E_{s0})_i} \tag{4.14-7}$$

从图 4.14-1 可以看出，入射光在两个界面上会有很多次的反射和折射，总反射光束将是许多反射光束干涉的结果，利用多光束干涉的理论，得 p 分量和 s 分量的总反射系数

$$R_p = \frac{r_{1p} + r_{2p}\exp(-\mathrm{i}\delta)}{1 + r_{1p}r_{2p}\exp(-\mathrm{i}\delta)} \tag{4.14-8}$$

$$R_s = \frac{r_{1s} + r_{2s}\exp(-\mathrm{i}\delta)}{1 + r_{1s}r_{2s}\exp(-\mathrm{i}\delta)} \tag{4.14-9}$$

其中

$$\delta = \frac{4\pi}{\lambda} n_2 d\cos\varphi_2 \tag{4.14-10}$$

是相邻反射光束之间的相位差，而 λ 为光在真空中的波长。

光束在反射前后的偏振状态的变化可以用总反射系数比 R_p/R_s 来表征。在椭偏法中，用椭偏参量 ψ 和 Δ 来描述反射系数比，其定义为

$$\frac{R_p}{R_s} = \tan\psi\exp(\mathrm{i}\Delta) \tag{4.14-11}$$

设入射光束和反射光束电矢量的 p 分量和 s 分量分别为 $(E_p)_i$、$(E_s)_i$、$(E_p)_r$、$(E_s)_r$，其复数表达式分别为

$$(E_p)_i = (E_{p0})_i \mathrm{e}^{\mathrm{i}\beta_{pi}} \tag{4.14-12}$$

$$(E_s)_i = (E_{s0})_i \mathrm{e}^{\mathrm{i}\beta_{si}} \tag{4.14-13}$$

$$(E_p)_r = (E_{p0})_r \mathrm{e}^{\mathrm{i}\beta_{pr}} \tag{4.14-14}$$

$$(E_s)_r = (E_{s0})_r \mathrm{e}^{\mathrm{i}\beta_{sr}} \tag{4.14-15}$$

则由

$$R_p = \frac{(E_p)_r}{(E_p)_i}, \quad R_s = \frac{(E_s)_r}{(E_s)_i}$$

于是

$$\frac{R_p}{R_s} = \frac{\dfrac{(E_{p0})_r}{(E_{p0})_i}}{\dfrac{(E_{s0})_r}{(E_{s0})_i}} \mathrm{e}^{\mathrm{i}[(\beta_{pr}-\beta_{sr})-(\beta_{pi}-\beta_{si})]} = \frac{\dfrac{(E_{p0})_r}{(E_{p0})_i}}{\dfrac{(E_{s0})_r}{(E_{s0})_i}} \mathrm{e}^{\mathrm{i}(\beta_r-\beta_i)} = \tan\psi\exp(\mathrm{i}\Delta) \tag{4.14-16}$$

ψ、Δ 是可以用椭圆偏振仪测量的物理量，$\tan\psi$ 为 p 分量和 s 分量的振幅衰减比，在 λ、φ_1、n_1、n_3 确定的条件下，ψ 和 Δ 只是薄膜厚度 d 和折射率 n_2 的函数，只要测量出 ψ 和 Δ，原则上应能解出 d 和 n_2。

为了使 ψ 和 Δ 成为比较容易测量的物理量，应该设法满足下面的两个条件：

（1）使入射光束满足

$$(E_{p0})_i=(E_{s0})_i \tag{4.14-17}$$

（2）使发射光束成为线偏振光，也就是令反射光两分量的相位差为0或π。

满足上述两个条件时，有

$$\tan\psi=\frac{(E_{p0})_r}{(E_{s0})_r} \tag{4.14-18}$$

$$\Delta=(\beta_{pr}-\beta_{sr})-(\beta_{pi}-\beta_{si}) \tag{4.14-19}$$

$$\beta_{pr}-\beta_{sr}=0 \quad 或 \quad \pi \tag{4.14-20}$$

其中β_{pi}、β_{si}、β_{pr}、β_{sr}分别是入射光束和反射光束的p分量和s分量的相位。

图4.14-2是本实验装置的示意图，在图中的坐标系中，x轴和x'轴位于入射面内且分别与入射光束或反射光束的传播方向垂直，而y轴和y'轴垂直于入射面。起偏器和检偏器的透光轴t和t'与x轴或x'轴夹角分别为φ和A。

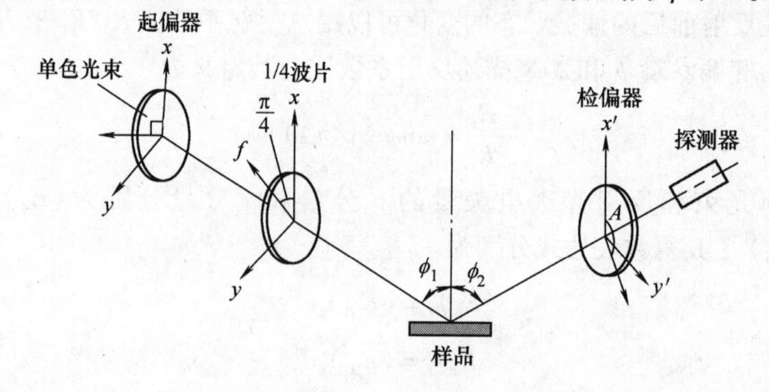

图4.14-2　实验装置示意图

从后面的推演将会看到，只需让1/4波片的快轴f与x轴（P轴）的夹角呈π/4（即45°），便可以在1/4波片后得到满足条件$|E_{pi}|=|E_{si}|$的特殊椭圆偏振入射光束（等幅椭圆偏振光）。

图4.14-3中的E表示偏振化方向为φ（与P轴的夹角）的入射线偏振光。当它投射到快轴与x轴（P轴）夹角为π/4的1/4波片时，将在波片的快轴f和慢轴s方向上分解为

$$E_{f1}=E_0\cos\left(\varphi-\frac{\pi}{4}\right) \tag{4.14-21}$$

$$E_{s1}=E_0\sin\left(\varphi-\frac{\pi}{4}\right) \tag{4.14-22}$$

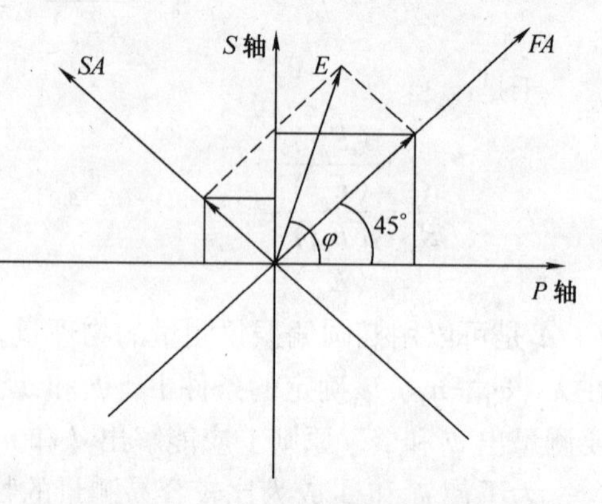

图4.14-3　1/4波片快慢轴取向

通过1/4波片后，E_f将比E_s超

前 π/2，于是在 1/4 波片之后应有

$$E_{f2}=E_{f1}\mathrm{e}^{\mathrm{i}\frac{\pi}{2}}=E_0\mathrm{e}^{\mathrm{i}\frac{\pi}{2}}\cos\left(\varphi-\frac{\pi}{4}\right) \tag{4.14-23}$$

$$E_{s2}=E_{s1}=E_0\sin\left(\varphi-\frac{\pi}{4}\right) \tag{4.14-24}$$

把这两个分量分别在 x 轴及 y 轴上投影并再合成为 $E_x(E_p)$ 和 $E_y(E_s)$，便得到

$$\begin{aligned}
(E_p)_i &= E_{f2}\cos\frac{\pi}{4}-E_{s2}\sin\frac{\pi}{4}=\frac{\sqrt{2}}{2}(E_{f2}-E_{s2})\\
&=\frac{\sqrt{2}}{2}\left[E_0\mathrm{e}^{\mathrm{i}\frac{\pi}{2}}\cos\left(\varphi-\frac{\pi}{4}\right)-E_0\sin\left(\varphi-\frac{\pi}{4}\right)\right]\\
&=\frac{\sqrt{2}}{2}\left[E_0\mathrm{e}^{\mathrm{i}\frac{\pi}{2}}\cos\left(\varphi-\frac{\pi}{4}\right)+E_0\mathrm{e}^{\mathrm{i}\pi}\sin\left(\varphi-\frac{\pi}{4}\right)\right]\\
&=\frac{\sqrt{2}}{2}E_0\mathrm{e}^{\mathrm{i}\frac{\pi}{2}}\left[\cos\left(\varphi-\frac{\pi}{4}\right)+\mathrm{e}^{\mathrm{i}\frac{\pi}{2}}\sin\left(\varphi-\frac{\pi}{4}\right)\right]\\
&=\frac{\sqrt{2}}{2}E_0\mathrm{e}^{\mathrm{i}\frac{\pi}{2}}\left[\cos\left(\varphi-\frac{\pi}{4}\right)+\mathrm{e}^{\mathrm{i}\frac{\pi}{2}}\sin\left(\varphi-\frac{\pi}{4}\right)\right]\\
&=\frac{\sqrt{2}}{2}E_0\mathrm{e}^{\mathrm{i}\frac{\pi}{2}}\left[\cos\left(\varphi-\frac{\pi}{4}\right)+\mathrm{i}\sin\left(\varphi-\frac{\pi}{4}\right)\right]\\
&=\frac{\sqrt{2}}{2}E_0\mathrm{e}^{\mathrm{i}\frac{\pi}{2}}\mathrm{e}^{\mathrm{i}\left(\varphi-\frac{\pi}{4}\right)}\\
&=\frac{\sqrt{2}}{2}E_0\mathrm{e}^{\mathrm{i}\left(\varphi+\frac{\pi}{4}\right)}
\end{aligned} \tag{4.14-25}$$

$$\begin{aligned}
(E_s)_i &= E_{f2}\sin\frac{\pi}{4}+E_{s2}\cos\frac{\pi}{4}=\frac{\sqrt{2}}{2}(E_{f2}+E_{s2})\\
&=\frac{\sqrt{2}}{2}\left[E_0\mathrm{e}^{\mathrm{i}\frac{\pi}{2}}\cos\left(\varphi-\frac{\pi}{4}\right)+E_0\sin\left(\varphi-\frac{\pi}{4}\right)\right]\\
&=\frac{\sqrt{2}}{2}\left[E_0\mathrm{e}^{\mathrm{i}\frac{\pi}{2}}\cos\left(\varphi-\frac{\pi}{4}\right)-E_0\mathrm{e}^{\mathrm{i}\pi}\sin\left(\varphi-\frac{\pi}{4}\right)\right]\\
&=\frac{\sqrt{2}}{2}E_0\mathrm{e}^{\mathrm{i}\frac{\pi}{2}}\left[\cos\left(\varphi-\frac{\pi}{4}\right)-\mathrm{e}^{\mathrm{i}\frac{\pi}{2}}\sin\left(\varphi-\frac{\pi}{4}\right)\right]\\
&=\frac{\sqrt{2}}{2}E_0\mathrm{e}^{\mathrm{i}\frac{\pi}{2}}\left[\cos\left(\varphi-\frac{\pi}{4}\right)-\mathrm{e}^{\mathrm{i}\frac{\pi}{2}}\sin\left(\varphi-\frac{\pi}{4}\right)\right]\\
&=\frac{\sqrt{2}}{2}E_0\mathrm{e}^{\mathrm{i}\frac{\pi}{2}}\left[\cos\left(\varphi-\frac{\pi}{4}\right)-\mathrm{i}\sin\left(\varphi-\frac{\pi}{4}\right)\right]\\
&=\frac{\sqrt{2}}{2}E_0\mathrm{e}^{\mathrm{i}\frac{\pi}{2}}\mathrm{e}^{-\mathrm{i}\left(\varphi-\frac{\pi}{4}\right)}\\
&=\frac{\sqrt{2}}{2}E_0\mathrm{e}^{\mathrm{i}\left(\frac{3\pi}{4}-\varphi\right)}
\end{aligned} \tag{4.14-26}$$

也就是即将投射到待测样品表面的入射光束的 p 分量和 s 分量 $E_x(E_p)$ 和 $E_y(E_s)$ 可写为

$$(E_p)_i = \frac{\sqrt{2}}{2}E_0 e^{i\left(\varphi + \frac{\pi}{4}\right)} \qquad (4.14\text{-}27)$$

$$(E_s)_i = \frac{\sqrt{2}}{2}E_0 e^{i\left(\frac{3\pi}{4} - \varphi\right)} \qquad (4.14\text{-}28)$$

显然，入射光束已经成为满足条件 $|E_{pi}| = |E_{si}|$ 的特殊圆偏振光,其两分量的相位差为

$$(\beta_{pi} - \beta_{si}) = 2\varphi - \frac{\pi}{2} \qquad (4.14\text{-}29)$$

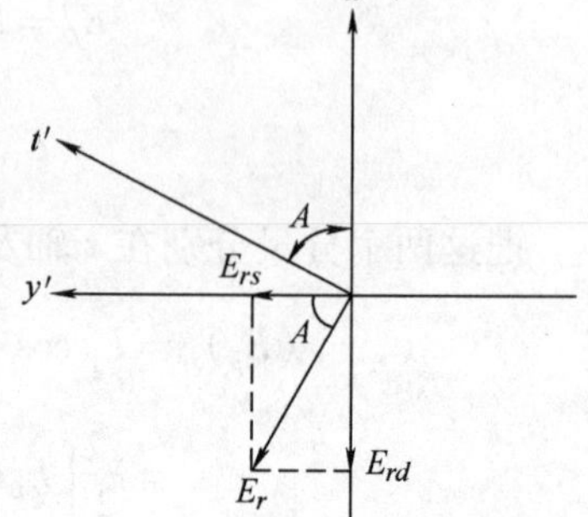

图 4.14-4　检偏器透光轴的取向

由图 4.14-4 可以看出,当检偏器的透光轴 t' 与合成的反射线偏振光束的电矢量 E_r 垂直时，即反射光在检偏器后消光时，应该有

$$\frac{E_{pr}}{E_{sr}} = \tan A$$

这样，由式（4.14-18）~式（4.14-20）可得

$$\tan\psi = \tan A \qquad (4.14\text{-}30)$$

$$\Delta = (\beta_{pr} - \beta_{sr}) - \left(2\varphi - \frac{\pi}{2}\right) \qquad (4.14\text{-}31)$$

$$\beta_{pr} - \beta_{sr} = 0 \quad 或 \quad \pi \qquad (4.14\text{-}32)$$

可以约定，A 在坐标系（x', y'）中只在第一及第四象限内取值。当 A 在第一象限时 $A>0$，当 A 在第四象限时 $A<0$。下面分别讨论（$\beta_{rp} - \beta_{rs}$）为0或 π 时的情形。

（1）（$\beta_{rp} - \beta_{rs}$）$=\pi$。此时的 φ 记为 φ_1，合成的反射线偏振光的 E_r 在第二及第四象限，于是 A 在第一象限并记为 A_1。由式（4.14-30）、式（4.14-31）和式（4.14-32）可得到

$$\begin{cases} \psi = A_1 \\ \Delta = \pi - \left(2\varphi_1 - \frac{\pi}{2}\right) = \frac{3\pi}{2} - 2\varphi_1 \end{cases} \qquad (4.14\text{-}33)$$

（2）（$\beta_{rp} - \beta_{rs}$）$=0$。此时的 φ 记为 φ_2，合成的反射线偏振光 E_r 在第一及第三象限，于是 A 在第四象限并记为 A_2，由式（4.14-30）、式（4.14-31）和式（4.14-32）可得到

$$\begin{cases} \psi = -A_2 \\ \Delta = 0 - \left(2\varphi_2 - \frac{\pi}{2}\right) = \frac{\pi}{2} - 2\varphi_2 \end{cases} \qquad (4.14\text{-}34)$$

从式（4.14-33）和式（4.14-34）可得到（φ_1, A_1）和（φ_2, A_2）的关系为

$$
\begin{cases} A_1 = -A_2 \\ \varphi_1 = \dfrac{\pi}{2} + \varphi_2 \end{cases} \tag{4.14-35}
$$

因此，在图4.14-2的装置中只要使1/4波片的快轴f与x轴的夹角为$\pi/4$，然后测出检偏器后消光时的起、检偏器方位角（φ_1，A_1）或（φ_2，A_2），便可按式（4.14-34）或式（4.14-35）求出（ψ，Δ），从而完成总反射系数比的测量。借助本实验附带的根据（ψ，Δ）~（d，n）间的关系设计的辅助程序计算，即可得出待测薄膜的厚度d和折射率n_2。

【实验仪器】

ELLIPER Ⅲ型自动椭圆偏振仪实物图如图4.14-5所示，由两臂、载物平台和刻度盘构成。图4.14-6为ELLIPER Ⅲ型自动椭圆偏振仪两臂及载物平台示意图，激光光源、起偏器、1/4波片构成起偏机构臂（入射臂），检偏器、光电倍增管构成检偏机构臂（出射臂），两臂内设内置同步马达。光电倍增管出来的信号连接计算机，用于测量和计算。

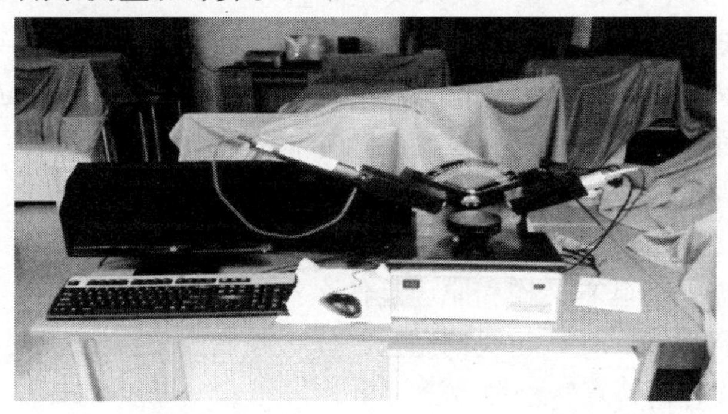

图4.14-5　ELLIPER Ⅲ型自动椭圆偏振仪

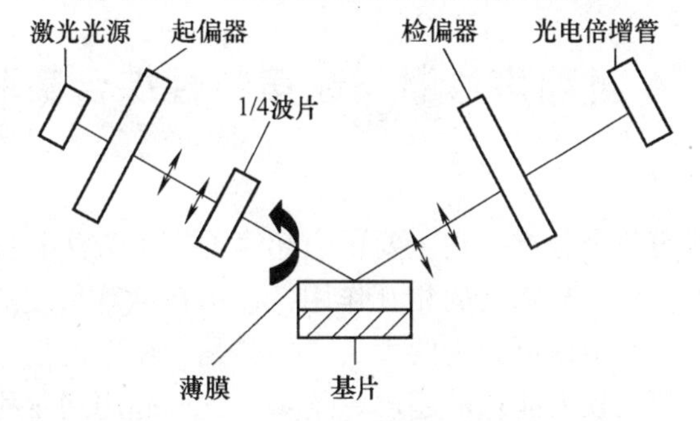

图4.14-6　ELLIPER Ⅲ型自动椭圆偏振仪两臂及载物平台示意图

【实验内容】

1. 开启电源

开启氦氖激光光源，检查是否有光束从入射臂小孔出射。开启计算机电源和电控箱电源。

2. 水平检查

起偏机构臂（入射臂）和检偏机构臂（出射臂）调水平，检查从入射臂小孔出射的光束是否进入检偏机构臂（出射臂）小孔。

3. 调节准直

调节入射臂悬臂至0°位，调节平台旋扭使入射到样品上的光束经样品反射后返回入射臂小孔。

4. 选定角度

选定入射角和反射角 φ_1（如70°、65°等，每一格为5°）。

5. 调整平台

调节起偏机构臂（入射臂）和检偏机构臂（出射臂）角度至待测位，调整平台上下使经样品表面反射后的激光束刚好通过检偏器入光口。

6. 实施测量

运行测量程序，实施测量。获取实验测量数据。

7. 程序处理

用计算机程序处理实验测量数据，输入实验测量数据得到的 ψ 和 Δ，经过计算机程序处理后便得到薄膜的厚度 d 和折射率 n_2 的最后结果。

【预习与思考】

1. 椭圆偏振法的测量基本思路是什么?
2. 椭圆偏振仪的基本结构和原理是什么?
3. 什么叫自然光? 什么叫线偏振光? 什么叫椭圆偏振光?
4. 1/4 波片有何特点?
5. 单色光在单层膜表面多次反射后会出现什么情况?

实验 4.15　A 类超声诊断与超声特性综合实验仪的使用

【简介】

超声学是声学的一个分支，它主要研究超声的产生方法和探测技术、超声在介质中的传播规律、超声与物质的相互作用，包括在微观尺度的相互作用以及超声的众多应用。超声的用途可分为两大类，一类是利用它的能量来改变材料的某些状态，为此需要产生较大能量的超声，这类用途的超声通常称为功率超声，如超声加湿、超声清洗、超声焊接、超声手术刀、超声马达等；另一类是利用它来采集信息，超声波测试分析包括对材料和工件进行检验和测量，由于检测的对象和目的不同，具体的技术和措施也是不同的，因而产生了名称各异的超声检测项目，如超声测厚、超声发射、超声测硬度、超声测应力、超声测金属材料的晶粒度及超声探伤等。

【实验目的】

1. 了解超声波产生和发射的机理。
2. 测量水中声速或测量水层厚度。
3. 测量固体中声速。
4. 超声定位诊断实验。
5. 测试超声实验仪器对于铝合金材料的分辨力。
6. 利用脉冲反射法进行超声无损探伤实验。

【实验原理】

超声波是指频率高于20kHz的声波，与电磁波不同，它是弹性机械波。不论材料的导电性、导磁性、导热性、导光性如何，只要是弹性材料，它都可以传播过去，并且它的传播与材料的弹性有关，如果弹性材料发生变化，超声波的传播就会受到干扰，根据这个扰动，就可了解材料的弹性或弹性变化的特征，这样超声就可以很好地检测到材料特别是材料内部的信息，对某些其他辐射能量不能穿透的材料，超声更显示出了这方面的实用性。与X射线、γ射线相比，超声的穿透本领并不优越，但由于它对人体的伤害较小，使得它的应用仍然很广泛。

产生超声波的方法有很多种，如热学法、力学法、静电法、电磁法、磁致伸缩法、激光法以及压电法等，但应用得最普遍的方法是压电法。

压电效应：某些介电体在机械压力的作用下会发生形变，使得介电体内正负电荷中心发生相对位移以致介电体两端表面出现符号相反的束缚电荷，其电荷密度与压力成正比，这种由“压力”产生“电”的现象称为正压电效应；反之，如果将具有压电效应的介电体置于外电场中，电场会使介质内部正负电荷中心产生位移，从而导致介电体发生形变，这种由“电”产生“机械形变”的现象称为逆压电效应，逆压电效应只产生于介电体，形变与外电场呈线性关系，且随外电场反向而改变符号。压电体的正压电效应与逆压电效应统称为压电效应。如果对具有压电效应的材料施加交变电压，那么它在交变电场的作用下将发生交替的压缩和拉伸形变，由此而产生了振动，并且振动的频率与所施加的交变电压的频率相同，若所施加的电频率在超声波频率范围内，则所产生的振动是超声频的振动，若把这种振动耦合到弹性介质中去，那么在弹性介质中传播的波即为超声波，这利用的是逆压电效应。若利用正压电效应，可将超声能转变成电能，这样就可实现超声波的接收。

超声探头：把其他形式的能量转换为声能的器件，亦称为超声波换能器。在超声波分析测试中常用的换能器既能发射声波，又能接收声波，称之为可逆探头。在实际应用中要根据需要使用不同类型的探头，主要有：直探头、斜探头、水浸式聚焦探头、轮式探头、微型表面波探头、双晶片探头及其他型式的组合探头等。本实验仪器采用的是直探头。

超声波的分类：按振动质点与波传播方向的关系可分为纵波和横波。当介质中质点振动方向与超声波的传播方向平行时，称为纵波；当介质中质点振动方向与超声波传播方向垂直时，称为横波。按波阵面的形状可分为球面波和平面波。按发射超声的类型可分为连续波和脉冲波。本实验仪器直探头发出来的是纵波、平面波、脉冲波，脉冲频率为2.5MHz。

超声的衰减：超声在介质中传播时，其声强将随着距离的增加而减弱。衰减的原因主要有两类，一类是声束本身的扩散，使单位面积中的能量下降。另一类是由于介质的吸收，将声能转化为热能，而使声能减少。

超声波的反射：如果介质的声阻抗相差很大，比如说声波从固体传至固气界面或从液体传至液气界面时将产生全反射，因此可以认为声波难以从固体或液体中进入气体。

超声回波信号的显示方式：主要有幅度调制显示（A型）和亮度调制显示及两者的综合显示，其中亮度调制显示按调制方式的不同又可分为B型、C型、M型、P型等。A型显示是以回波幅度的大小表示界面反射的强弱，即在荧光屏上以横坐标代表被测物体的深度，纵坐标代表回波脉冲的幅度，横坐标有时间或距离的标度，可借以确定产生回波的界面所处的深度。本实验仪器采用的显示方式即A型。

超声的生物效应、机械效应、温热效应、空化效应、化学效应等几种效应对人体组织有一定的伤害作用，必须重视安全剂量。一般认为超声对人体的安全阈值为$100\mathrm{mW}\cdot\mathrm{cm}^{-2}$。本仪器小于$10\mathrm{mW}\cdot\mathrm{cm}^{-2}$，可安全使用。

医用A类超声

医用A类超声波是按时间顺序将信号转变为显示器上位置的不同来分析人体组织的位置、形态等。这项技术可用于人体腹腔内器官位置及厚度的测量与颅脑的占位性病变的分析诊断。如图4.15-1所示，超声波从探头发出，先后经过腹外壁、腹内壁、脏器外壁、脏器内壁，t为探头所探测到的回波信号在示波器时间轴上所显示的时间，即超声波到达界面后又返回探头的时间。若已知声波在腹壁中的传播速度u_1、腹腔内的传播速度u_2与在脏器壁的传播速度u_3，则可求得腹壁的厚度为

$$d_1=u_1(t_2-t_1)/2 \tag{4.15-1}$$

脏器距腹内壁的距离为

$$d_2=u_2(t_3-t_2)/2 \tag{4.15-2}$$

脏器的厚度为

$$d_3=u_3(t_4-t_3)/2 \tag{4.15-3}$$

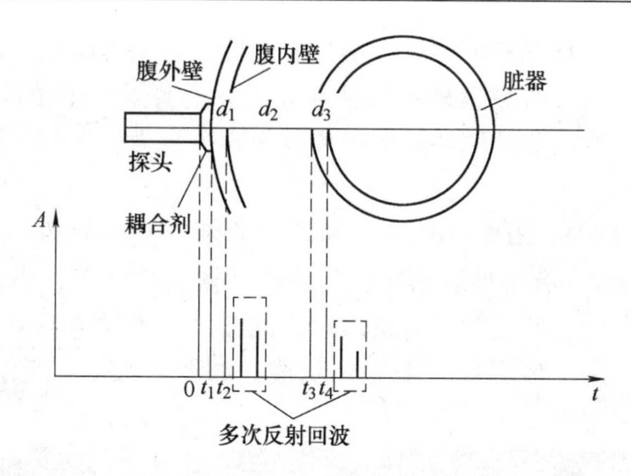

图 4. 15-1　A 类超声诊断原理图

超声脉冲反射法探伤

对于有一定厚度的工件来说，若其中存在缺陷，则该缺陷处会反射一与工件底部声程不同的回波，一般称之为缺陷回波。如图 4. 15-2 所示为一存在裂缝缺陷的工件。

图 4. 15-2a、b、c 分别反映了同一超声探头在 a、b、c 三个不同位置时的反射情况。在位置 a 时，超声信号被缺陷完全反射，此时缺陷回波的高度为 A_0；在位置 c 时，该处不存在缺陷，回波完全由工件底面反射；而在位置 b 时，由于超声信号一半由缺陷反射，一半由工件底面反射，缺陷回波的高度降为 $A_0/2$，此处即为缺陷的边界——这种确定缺陷边界的方法称为半高波法。测量出工件的厚度 D，分别记录工件表面、底面及缺陷处回波信号的时间 t_1、t_2、t'，再利用半高波法，就可得到工件中缺陷的深度 d 及其位置。

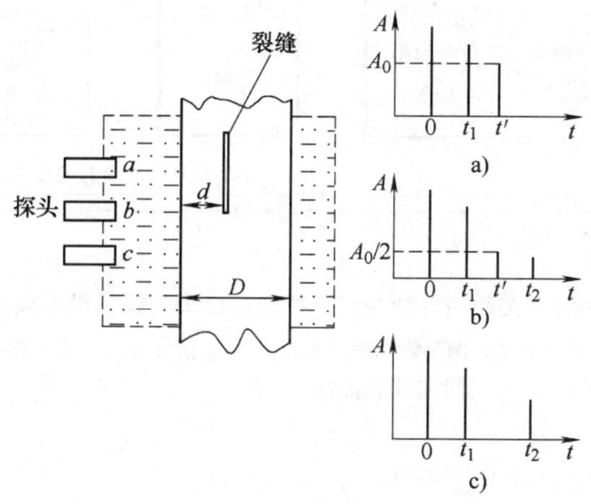

图 4. 15-2　超声脉冲反射法探伤原理图

超声探头本身的频率特征及脉冲信号源的性质等条件决定了超声波探伤具有时间上的分辨率，该分辨率反映在介质中即为区分距离不同的相邻两缺陷的能力，称为分辨力。能区分的两缺陷的距离越小，分辨力就越高。

【实验仪器】

该实验主要由FD—UDE—B型A类超声诊断与超声特性综合实验仪主机、数字示波器（选配）、有机玻璃水箱、配件箱（样品架两个，横向导轨一个，横向滑块一个，铝合金、冕玻璃、有机玻璃样品按高度不同各两个，分辨力测试样块一个，探伤实验用工件样块一个等）组成，如图4.15-3所示。其中，实验主机面板如图4.15-4所示。

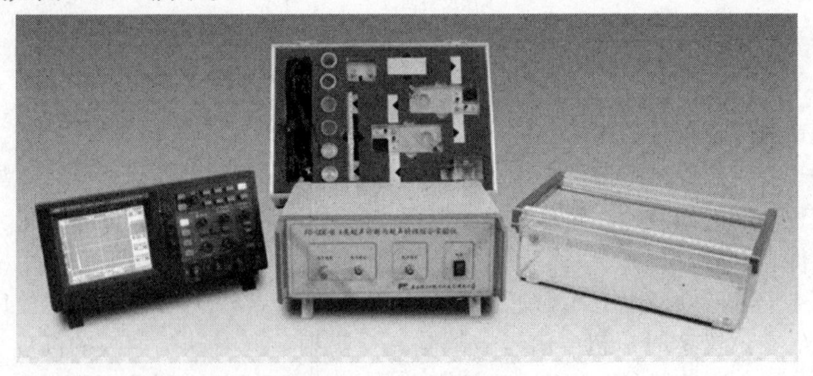

图4.15-3　A类超声诊断与超声特性综合实验装置

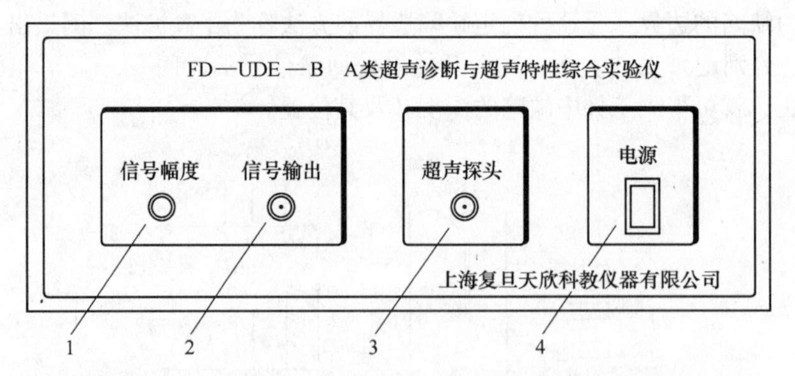

图4.15-4　A类超声诊断与超声特性综合实验仪主机面板示意图

1—信号幅度：调节信号幅度的旋钮　2—信号输出：接示波器

3—超声探头：接超声探头　4—电源开关

主机内部工作原理见下面框图（图4.15-5）。

仪器的工作原理：电路发出一个高速高压脉冲至换能器，这是一个幅度呈指数形式减小的脉冲。此脉冲信号有两个用途：一是作为被取样的对象，在幅度尚未变化时被取样处理后输入示波器形成始波脉冲；二是作为超声振动的振动源，即当此脉冲幅度变化到一定程度时，压电晶体将产生谐振，激发出频率等于谐振频率的超声波（本仪器采用的压电晶体的谐振频率点是2.5MHz）。第一次反射回来的超声波又被同一探头接收，此信号经处理后送入示波器形成第一回波，根据不同材料中超声波的衰减程度、不同界面超声波的反射率，还可能形成第二回波等多次回波。

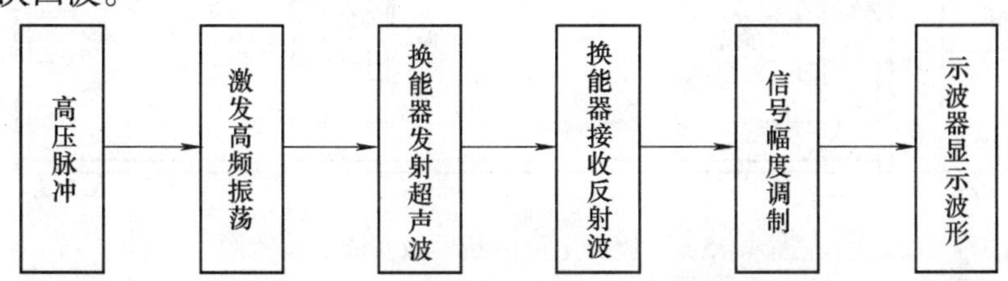

图4.15-5　主机内部工作原理框图

【实验内容】

1. 准备工作。在有机玻璃水箱侧面装上超声波探头后注入清水，至超过探头位置1cm左右即可。由于水是良好的耦合剂，下列实验均在水中进行。探头另一端与仪器“超声探头”相接。“信号输出”通过Q9线与示波器的CH1或CH2相连。示波器调至交流信号档，使用上升沿触发方式，并找到一适当的触发电平使波形稳定。

2. 将任一圆柱样品固定在样品架上，把样品架搁在导轨上并微调样品架使反射信号最大。移动样品架至水箱中的不同位置，测出每个位置下超声探头与样品第一反射面间超声波的传播时间，可每隔2cm测一个点，将结果作$X-t/2$的线性拟合，根据拟合系数求出水中的声速，与理论值比较。注意实验过程中有时能看到水箱壁反射引起的回波，应该分辨出来并且舍弃之。

3. 测量样品中超声波传播的速度。将某种材料的圆柱样品固定在样品架上，把样品架搁在导轨上并微调样品架使反射信号最大。测出样品第一反射面的回波与第二反射面的回波时间差的一半$\frac{t_2-t_1}{2}$，量出样品长度d，算出速度。每种材料都有两个不同长度的样品，可分别对不同长度的样品进行多次测量并取平均值。

4. 模拟人体脏器进行超声定位诊断。使样品1与探头相隔一小段距离，作为腹壁；样品2与样品1相隔一定距离，作为内脏，这样便形成了与图4.15-1相似的探测环境，从而模拟超声定位诊断测量环境。测量中要注意鉴别超声波在样品间或样品内部多次反射形成的回波。（由于有机玻璃对超声波衰减较大，样品宜采用冕玻璃或铝合金。）

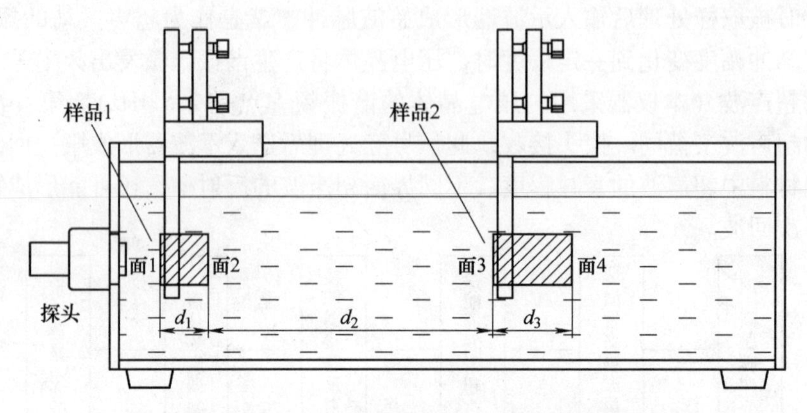

图 4.15-6　超声定位诊断模拟实验的装置图

5. 分辨力测量实验。实验中，将分辨力样块通过两个手拧螺钉固定在横向滑块的底部，搁置在横向导轨的中间位置，使超声探头能够透过样块前表面探测到后表面中间台阶左右不同声程的信号。

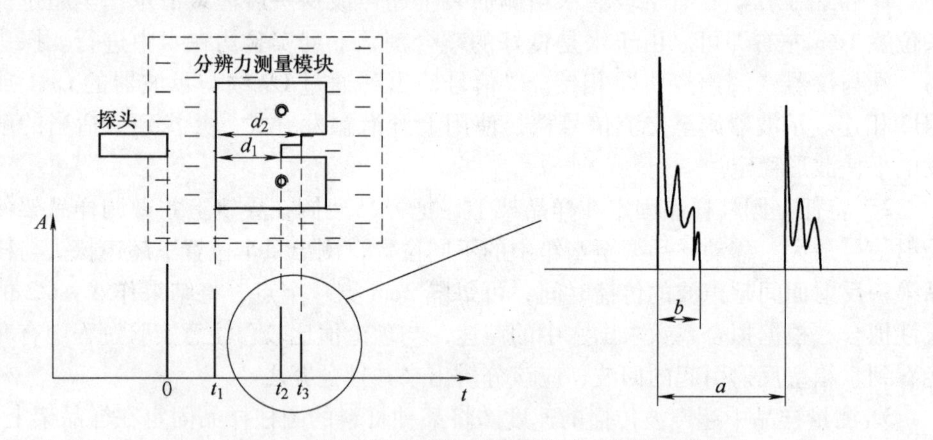

图 4.15-7　测量超声实验仪器对于铝合金材料的分辨力

如图 4.15-7 所示，测量出 d_1、d_2，从示波器上读出 a 和 b，代入公式

$$F=(d_2-d_1)\frac{b}{a} \tag{4.15-4}$$

即可计算出仪器对于该种介质的分辨力 F。

【思考题】

1. 简述超声定位诊断实验的原理。
2. 简述测量超声实验仪器对于铝合金材料分辨力的原理。
3. 实验中应注意哪些主要事项？

实验4.16 LED光色热电性能综合测试实验

【简介】

LED技术作为一种新型的节能、环保照明方式极大地改变了我们的世界，已经成为未来最主流的照明方式。由于耗散功率的增加和环境温度的变化，会引起LED芯片结温的显著变化，而LED的结温变化又会影响其光通量、出光效率、颜色、波长以及正向电压等光度、色度和电气参数的改变，进而影响器件的寿命和可靠性。因此，对LED的电光特性、色度以及结温、热阻等热特性参数进行准确快速的测量就显得十分必要。

【实验目的】

1. 掌握测量LED V—T、V—I曲线的方法。
2. 掌握测量LED光谱特性的方法。
3. 掌握测量LED结温、热阻的测量原理及方法。

【实验仪器】

LED光色热电性能综合测试系统（LED—201—1型）。

【预习提示】

1. LED结温、热阻等热特性参数是如何定义的?
2. LED结温、热阻的测量原理是什么?
3. 如何测量LED的热特性参数?
4. 如何测量LED的电光和光谱特性?

【实验原理】

1. LED的结构与发光原理

LED是一种电致发光器件，核心部分是由P型半导体和N型半导体组成的芯片，在两种半导体之间有一个过渡层，称为PN结，其能带结构可解释LED发光原理。N区导带上的实心点代表电子，P区价带上的空心点代表空穴。热平衡状态下PN结的能带图如图4.16-1a所示，由于N区和P区存在载流子浓度差，因此会产生多子的扩散运动，扩散运动的结果会在PN结附近产生一个内建电场。该电场会促使少子漂移，同时阻止多子扩散。当载流子的扩散和漂移相等的时候便达到一种热平衡的状态，此时N区和P区费米能级保持一致。当在PN结加正向电压时（N区接负电极，P区接正电极），PN结势垒降低，N区电子会注入P区，P区空穴注入N区，形成如图4.16-1b所示的非平衡状态。被注入的电子和空穴称为非平衡载流子（又称少数载流子）。非平衡载流子和多数载流子在PN结附近会产生复合，同时不断地将多余的能量以光的形式辐射出来，形成发光现象。LED的相关特性主要包括：电特性、光特性及热特性。

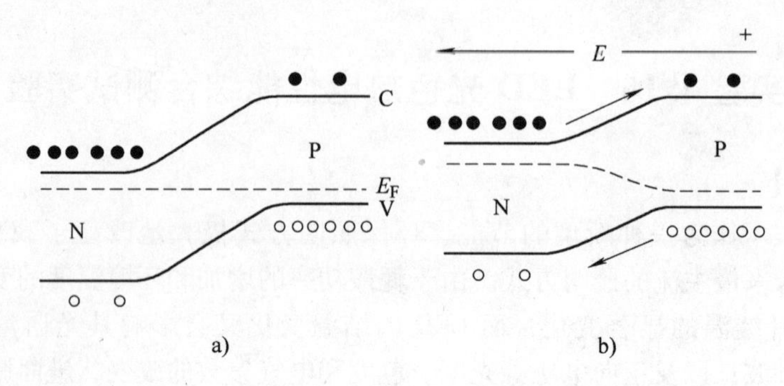

图 4.16-1

a）在热平衡下PN结的能带图 b）在外加正向电压后少数载流子的注入

2. LED的伏安特性曲线

LED理论伏安特性如图4.16-2所示，LED的正向电压U与正向电流I间的关系为

$$I = I_0[\exp(eU/\beta kT - 1)] \tag{4.16-1}$$

式中，U为PN结外加电压；I_0为定值；e为电子电荷；k为玻耳兹曼常数；常数β近似取2，当外加电压较高，电流I以扩散电流为主时，β近似等于1；T为温度。LED的伏安特性是表征LED芯片PN结制备性能的主要参数，它具有非线性及单向导电性。

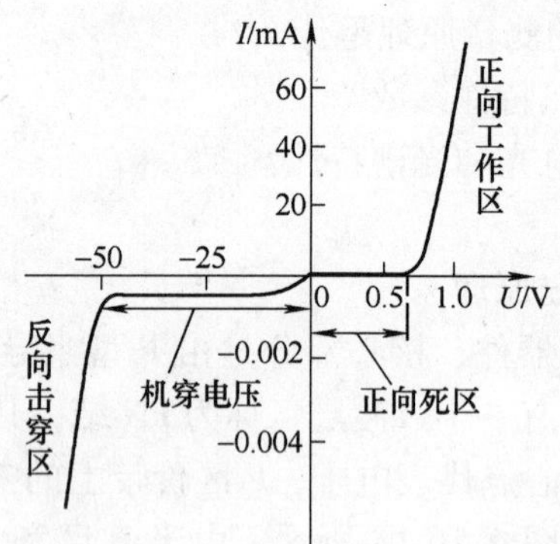

图4.16-2 LED的I-U曲线

3. 电压法测量二极管热阻

在LED点亮后达到热量传导稳态时，芯片表面每耗散1W的功率，芯片PN结点的温度与连接的支架或铝基板之间的温度差称为LED的热阻R_{th}，单位为°C/W。热阻计算公式可表示为

$$R_{th} = (T_j - T_0)/P \tag{4.16-2}$$

式中，T_j为施加大小为P的加热功率脉冲后测得的LED结温；T_0为热沉铝基板

上的温度，也即 PN 结在未加该功率脉冲之前的温度。一般来说，LED 芯片 PN 结温度升高 10°C，波长会漂移 1 ~ 2nm，光强会下降 1% 。LED 热阻数值越低越有利于降低芯片中 PN 结的温度，从而延长 LED 的使用寿命。

LED 热阻的测量有多种方法，如红外光谱法、波长分析法和电压法等。本实验采用电压法进行热阻测量。电压法测量 LED 结温的主要原理是：特定电流下 LED 的正向压降 U_F 与 LED 芯片的温度 T_j 呈很好的线性关系：

$$U_{Fj} = U_{F0} + K(T_j - T_0) \tag{4.16-3}$$

式中，U_{Fj}、U_{F0}分别是结温为 T_j 和 T_0 时的输入的电压；K 为热敏温度系数，单位是 mV/°C，它与芯片衬底材料、芯片结构、封装结构、发光波长等都有关系。通过此热敏温度系数，在恒定偏置电流 I_M 作用下，可将功率恒流脉冲施加前后的结电压变化量 ΔU_F 换算为相应的结温变化量，所以通过式（4. 16-2）和式（4. 16-3）可以得到

$$R_{th} = \Delta U_F / K \cdot P \tag{4.16-4}$$

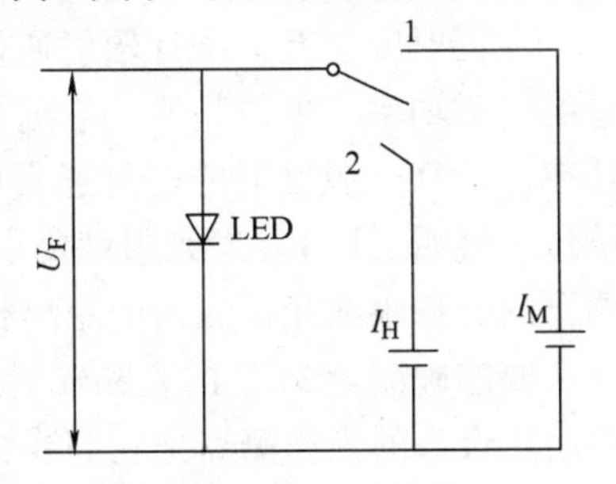

图 4. 16-3　正向电压法测量 LED 热阻示意图

如图 4. 16-3 所示，U_F 代表 LED 两端工作电压；I_M 为测试电流，其电流值的选取通常为二极管的一般工作电流，在实验中通常小于 0. 5A；I_H 为加热电流，一般而言，该电流大小可以有 0. 75A、1. 0A 等多种选择，由 LED 的参数以及客户要求决定。测量时，首先在二极管两端提供测量恒流 I_M，并测量此时二极管两端的导通电压，记为 U_{Fi}；之后，迅速将恒流替换为加热恒流 I_H，待电压稳定后，记录电压为 U_H，第三步，将 I_H 迅速替换为 I_M，并记录电压 U_{Ff}。实验过程中，大致的电流与电压的时序、幅度关系如图 4. 16-4、图 4. 16-5 所示。

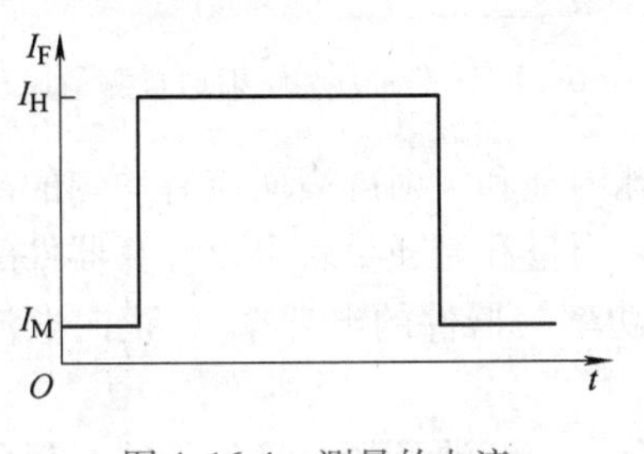

图 4. 16-4　测量的电流

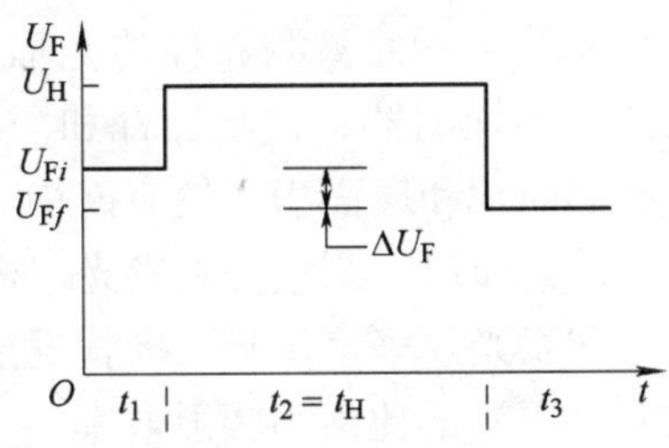

图 4. 16-5　测量的电压

经过测量，发现 U_{Fi}、U_{Ff}并不是同一数值。这时，由于经过 I_H的加热，结温在电流转换的一瞬间仍然保持着较高的水平，通过电压的变化，再根据已经绘制出的曲线，可以达到我们间接测量结温的目的。经过计算，可以得到电压的插值 ΔU_F。再将 ΔU_F 代入式（4. 16-2），得出 ΔT，将 U_H 与 I_H 相乘，即可得到 P 的

值。再将上述结果代入式（4.16-3），即可得到二极管的热电阻。

在采用电压法测量结温的时候测试电流 I_M 必须足够小，以免在测试过程中引起芯片温度变化，但是太小又会引起电压测量不稳定，有些 LED 存在匝流体效应会影响 U_F 测试的稳定性，所以要求测试电流不小于 I-U 曲线的拐点位置的电流值。电压测量的稳定度也必须足够高，连续测量的波动幅度应小于 1mV。另外由于测试 LED 结温是在工作条件件下进行的，从加热电流降到测试电流的过程必须足够快和稳定，U_F 测试的时间也必须足够短，才能保证测试过程不会引起结温下降。

4. 光通量及光谱特性

在辐射度学上，LED 辐射通量 Φ_E 用来衡量发光二极管在单位时间内发射的总的电磁功率，单位是 W。它通常表示 LED 在空间 4π 度范围内每秒钟所发出的功率。LED 光源发射的辐射通量中能引起人眼视觉的那部分，称为光通量 Φ_V，单位是流明（lm）。发光强度要求光源是一个点光源，或者要求光源的尺寸和探测器的面积跟离光探测器的距离相比足够小，表示为 $IV = \mathrm{d}\Phi_V / \mathrm{d}\Omega$。

要准确测量 LED 的光和辐射通量必须要把所有发射的光辐射能量收集起来，然后用合适的光探测器把它们线性地转换成光电流，再通过定标确定被测量的大小，图 4.16-6 为用积分球测量光通量和辐射通量的原理。被测 LED 器件发射的光辐射经积分球壁的多次反射，导致产生一个均匀的与光通量（或辐射通量）成比例的光（或辐射）照度，可用一个位于球壁的探测器来测量这个光（或辐射）照度。图中漫射屏挡住光线，不使被测器件的光辐射直接照射到探测器；被测器件和漫射屏开孔的面积和球面积比较应该相对较小，球内壁和漫射屏表面应有均匀的高反射率漫反射镀层。测量得到发光二极管的辐射通量和光通量就可以计算器件的辐射效率和发光效率，发光二极管发射的辐射功率与器件的电功率（ 正向电流乘以正向电压）的比值为辐射效率。

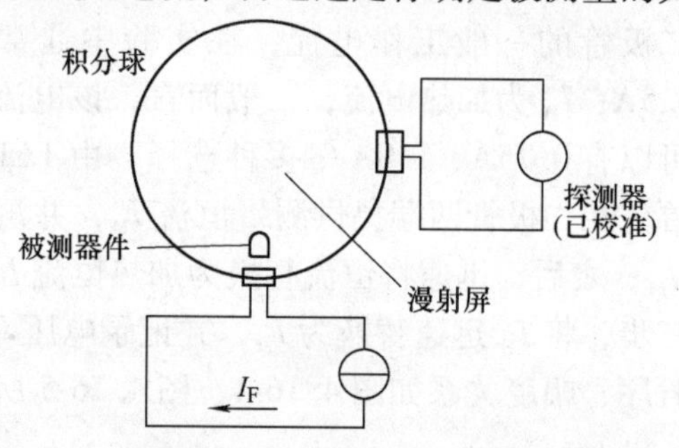

图 4.16-6　LED 光通量和辐射通量测量原理

在光源中，用波长来描述单色光源的颜色。理解波长的含义就能够对颜色有更深层次的理解。它所具有的波长范围在 380 ~ 780nm 之间。但是在这区间中，不同波长的辐射进入人眼的颜色感受不同，例如，波长为 700nm 的 LED 辐射所引起的感觉是红色，波长为 580nm 的 LED 辐射所引起的感觉是黄色，波长为 510nm 的 LED 辐射所引起的感觉是绿色，波长为 450nm 的 LED 辐射所引起的感觉是蓝色等。所以，LED 光的颜色与进入人眼的光辐射的相对光谱能量分布有关，当进入到眼睛的光谱辐射波长发生改变或者它们的相对光谱能量分布发生改变时，人眼对光的颜色感受也随着发生变化。通过色谱测量我们可以得到 LED 的主波长、峰值波长、色坐标、色纯度、色温等相关特性。

【实验装置】

本仪器为浙大三色公司生产的 LED 光色热电性能综合测试系统（LED—201—1 型），如图 4.16-7 所示，可以对 LED 芯片进行电特性、光特性及热特性的测量。图 4.16-8 为其测试软件界面图。

图 4.16-7　LED 光色热电性能综合测试系统

【实验内容】

1. 用导热硅脂将 LED 芯片与热沉相连接，接好温度探测线。

2. 采用“IV 测试”选项测量 LED 的伏安特性曲线，选取热阻测量时所需要的测试电流 I_{M}。

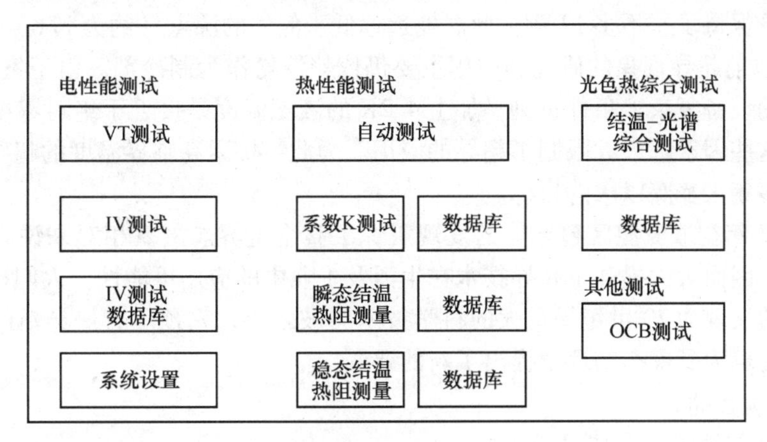

图 4.16-8　LED 光色热电性能综合测试系统（LED—201—1 型）

3. 采用“系数 K 测试”选项测量热敏温度系数 K。

4. 选取“稳态结温热阻测量”选项测量稳态结温热阻。

5. 将 LED 芯片放入积分球中，用“结温-光谱综合测试”选项测量 LED 的光通量及光谱特性。

6. 将所得到的 LED 芯片电特性、光特性、热特性参数整理，打印输出。

【思考题】

1. 影响热阻测量精度的因素都有哪些？

2. 热阻实验中测试电流是怎样选取的？

实验 4.17 高温超导转变温度测量实验

【简介】

1908 年，荷兰物理学家海克 · 卡末林 · 昂内斯（Heike Kamerlingh Onnes）首次成功将氦气液化（氦气的沸点约为 4K）。利用液氦所能达到的极低温条件，昂内斯指导其学生（Gilles Holst）进行金属在低温下电阻率的研究，于 1911 年发现在温度稍低于 4.2K 时水银的电阻率突然下降到一个很小的值，据估计约为 $3.6\times10^{-23}\Omega\cdot cm$，而当时正常金属的最低电阻率大约为 $10^{-13}\Omega\cdot cm$。据此，可以认为汞进入了电阻完全消失的新状态——超导态。因对物质在低温状态下性质的研究以及液化氦气昂内斯于 1913 年被授予诺贝尔物理学奖。

我们定义超导体开始失去电阻时的温度为超导转变温度或超导临界温度，通常用 T_C 表示。超导现象发现以后，实验和理论研究都有很大发展，但是临界温度的提高一直很缓慢。1986 年以前，经过 75 年的努力，临界温度只达到 23.2K，这一记录保持了差不多 12 年。此温度远远低于氮气的沸点（约为 77K），故而在 1986 年以前超导现象的研究和应用主要仍依赖液氦作为制冷剂。由于氦气昂贵、液化氦的设备复杂、条件苛刻，加上 4.2K 的液氦温度是接近于绝对零度的极低温区，这些因素都大大限制了超导的应用。为此，探索高临界温度的超导材料成为人们多年来梦寐以求的目标。

1987 年初液氮温区超导体的发现震惊了整个世界。液氮相对来说容易制备和保存，因而大大提高了超导技术在生活及工业中的应用可能性。人们称高温超导材料的发现为 20 世纪最重大的科学技术突破之一，它预示着一场新的技术革命，同时也为凝聚态物理学提出了新的课题。

【实验目的】

1. 学习液氮低温技术。

2. 测量氧化物超导体 YBaCuO 的临界温度，掌握用测量超导体电阻-温度关系确定超导转变温度 T_C 的方法。

3. 了解超导体的最基本特性以及判定超导态的基本方法。

【实验仪器】

FD—RT—Ⅱ型高温超导转变温度测量仪。

【预习提示】

1. 了解超导现象的基本特征。

2. 了解使用高温超导转变温度测量仪测量超导转变温度的原理。

【实验原理】

超导材料处于超导状态时有许多特性，其中最主要的有以下两个特性：

1. 零电阻现象：当把金属或合金冷却到某一确定温度 T_C 以下，其直流电阻突然消失。这种在低温下发生的零电阻现象称为物质的超导电性，具有超导电性的材料称为超导体。电阻突然消失的某一确定温度 T_C 叫作超导体的临界温度或转变温度。在 T_C 以上，超导体和正常金属都具有有限的电阻值，这种超导体处于正常态。由正常态向超导态的过渡是在一个有限的温度间隔里完成的，即有一个转变宽度 ΔT_C，它取决于材料的纯度和晶格的完整性。理想样品的 $\Delta T_C \leqslant 10^{-3}$K。基于这种电阻变化可以确定 T_C，通常是把样品的电阻降到转变前正常态电阻值一半时的温度定义为超导体的临界温度 T_C。

2. 完全抗磁性：当把超导体置于外加磁场时，磁感线不能穿透超导体，因而超导体内的磁感应强度 B 始终保持为零（$B \equiv 0$），超导体的这个特性又称为迈斯纳（Meissner）效应。

超导体的这两个特性既相互独立又有紧密的联系，完全抗磁性不能由零电阻特性派生出来，但是零电阻特性却是迈斯纳效应的必要条件。本实验利用 FD—RT—Ⅱ型高温超导转变温度测量仪测量并绘制高温超导材料电阻随温度变化的曲线关系，来得到材料的超导转变温度 T_C。

【实验装置】

FD—RT—Ⅱ高温超导转变温度测量仪主要由实验主机、低温液氮杜瓦瓶、实验探棒以及前级放大器组成，如图 4. 17-1 所示。

1. 探棒

探棒是安装了超导样品和温度计、供插入低温杜瓦瓶实现变温的实验装置。其上部装有前级放大器，底部是样品室。棒身采用薄壁的德银管或不锈钢管制作。底部样品室的结构见图 4. 17-2。样品室外壁和内部样品架均由紫铜块加工而成，通过紫铜块外壁与液氮的热接触，将冷量传到内部紫铜块样品架中。样品架的温度取决于与环境的热平衡。控制探棒插入液氮中的深度，可以改变样品架的温度变化速度。超导样品为常规的四引线接头方式，其电流、电压引线分别连接到样品架的相应接头上。图中，并排的中间两引线是电压接头，靠外的两引线是电流引线。样品架的温度由铂电阻温度计测定。样品电阻的四引线和铂电阻的四引线通过紫铜热沉接至探棒上端，再分别接至各自的恒流源和电压表。

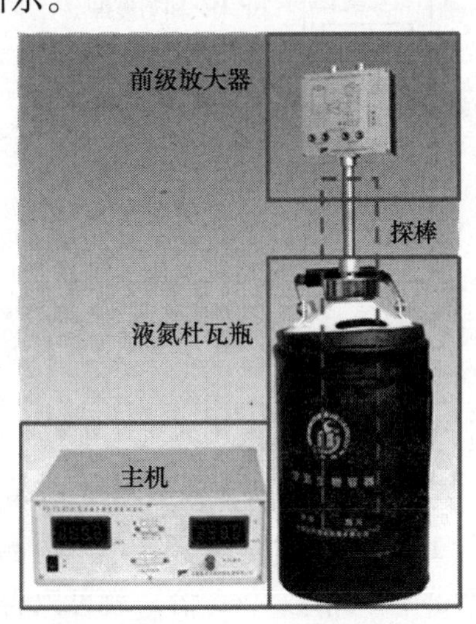

图 4. 17-1　高温超导转变温度测量仪仪器装置

2. 前级放大器

前级放大器的框图见图 4. 17-3。图中：

1—样品上的电压经放大器放大 1000 倍后的输出，其与主机的连接线在 5 芯航空头上。

2—样品电流的测量端，其与主机的连接线也在 5 芯航空头上。

3—两个插座为样品两电压端的直接引出点，未经放大，此处可直接连到记录仪的 X-Y 端。

4—两个插座是铂电阻温度计的电压输出端，此处可直接连到记录仪的 X-Y 端；温度计电压的放大倍数为 40 倍。

5、6—五芯的航空接头，是前级运放信号的输入和输出端。

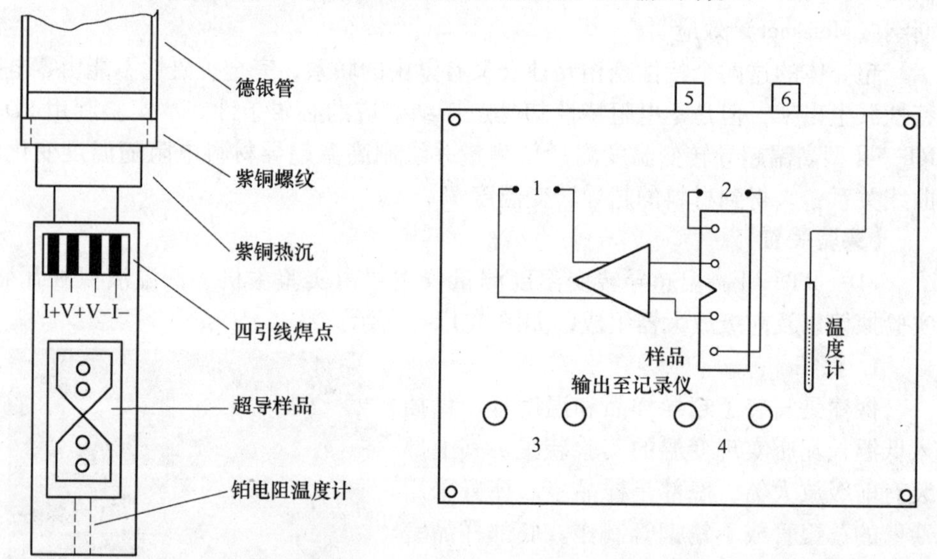

图 4. 17-2　探棒样品室内部结构示意图

图 4. 17-3　前级放大器框图

3. 测量仪主机

测量仪主机前视图如图 4. 17-4 所示。图中：

1—数字电压表：用于显示样品电流或经放大后的温度计电压值，只要除以已知的放大倍数（40 倍）就可以得到温度计的原始电压值，通过查表（本实验附录 2），就可以得出其对应的温度值。

2—按键开关：左边的开关控制左边表的显示，可分别显示样品电流和经放大后的温度计电压；右边的开关控制右边表的显示，可分别显示温度计电流和经放大后的样品电压值。

3—放大倍数按键开关：为适应因形状、制备工艺、性能材料成分等因素不同引起的样品阻值的不同，测量仪样品电压测量备有不同的放大倍数。三档放大倍数如面板上所示为：2000倍、6000倍和10000倍。

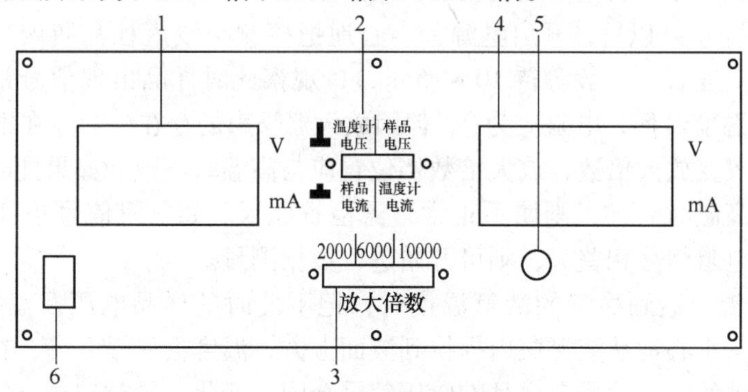

图4.17-4 测量仪主机前面板

4—数字电压表：显示温度计电流或经放大后的样品电压值，只要除以已知的放大倍数（通过放大倍数切换开关来获得），就可以得到样品的原始电压值，样品的阻值由原始电压值除以样品电流值得到。

5—样品电流调节电位器：用来调节样品所需要的电流大小，电流范围为1.5～33mA，连续可调。

6—电源开关：仪器电源的控制端。

4. 测量仪的技术指标

工作电压：220V±10%，50Hz　　仪器功率：15W

温度计工作电流：1.00mA　　温度计电压放大倍数：40倍

样品电流调节范围：1.5～33mA

【实验内容】

本实验的目的是测量超导材料的转变温度，也就是在常气压环境下超导体从非超导态变为超导态时的温度。由于超导材料在超导状态时电阻为零，因此我们可用检测其电阻随温度变化的方法来判定其转变温度。实验中要测电阻及温度两个量。样品的电阻用四引线法测量，通以恒定电流，测量两端的电压信号，由于电流恒定，电压信号的变化即是电阻的变化。温度用铂电阻温度计测量，它的电阻会随温度变化而变化，比较稳定，线性也较好，实验时通以恒定的1.00mA电流，测量温度计两端电压随温度变化情况，从表中（本实验附录2）可查到其对应的温度。温度的变化利用液氮杜瓦瓶空间的温度梯度来获得。样品及温度计的电压信号可从主机的数字显示表中读得，也可用X-Y记录仪记录。

具体的实验步骤：

1. 先将样品用导热胶粘放在样品架中，并用电烙铁将超导样品的四引线接头焊接到探棒样品架的相应接头上；可用万用表检查焊接是否成功或是否短路；随后将前级放大器与测量仪主机用连接线连接起来。

2. 仪器连接好以后，开启电源，小心地把探测头浸入杜瓦瓶内，待样品温度达到液氮温度后（一般等待10～15min），观察此时样品出现信号是否处于零附近（此时温度最低，电阻应为0，但因放大器噪声的存在，会存在本底信号），此时不能再改变放大倍数，放大倍数档位置应与高温时一致。如果此时电压信号仍很大，与高温时一样，则属不正常，需检查原因。如电阻信号小（零附近），与高温时的电阻信号相差大，则可开始进行数据测量。

3. 样品温度达到稳定的液氮温度时，记下此时的样品电压及温度电压值，然后把探测头小心地从液氮瓶内提拉到液面上方，温度会慢慢升高，在这变化过程中，温度计的电压信号及样品的电压信号会同时变化，同时记录这两个值，记下50～60个数据。用这些数据作图，即可求得转变温度。在过程中要耐心观察，特别是在转变温度附近，最好多测些数据。

4. 如时间允许可从高温到低温再测量一次，观察两条曲线是否重合，并分析、解释原因。

5. 将本仪器与计算机连接，使用本仪器的专用软件可实时记录样品的超导转变曲线。计算机的连接和所用软件的使用说明详见本实验附录1。

6. 实验结束工作：

（1）实验结束后关掉仪器电源，用热吹风把探测头吹干。

（2）旋开探测头的外罩，把样品吹干，使其表面干燥无水气。

（3）用烙铁把样品与样品架连接的四个焊点焊开，可用万用表检查焊开之后样品架的接头是否还正常。

（4）取出样品，用滤纸包好，放回干燥箱内，以备下组实验者使用。

注意事项

1. 实验操作过程中不要用手直接接触样品表面，要带好手套，以免沾污样品表面。

2. 样品探测头放进液氮杜瓦瓶时应小心地慢慢进行，以免碰坏容器，皮肤不要接触液氮，以免冻伤。万一容器瓶损坏，液氮溢出瓶外室内便充满雾气，这时也不要紧张，这是液氮在气化蒸发，只要不接触到皮肤，就不会冻伤，过一会儿挥发完就好了。

3. 灌倒液氮时要小心，不要泼在手上、脚上，其严重灼伤皮肤程度比开水更甚。

4. 超导样品不宜长期接触水汽使结构破坏、成分分解，导致超导性能丧失。故做完实验后宜从低温处取出，用热吹风烘干表面潮气，置于有干燥剂的密封容器中保存，待实验时再取出。

【思考题】

1. 什么叫超导现象？超导材料有什么主要特性？从你的电阻测量实验中如何判断样品进入超导态了？

2. 如何能测准超导样品的温度？

3. 测定超导样品的电阻为什么要用四引线法？

4. 为什么样品必须保持干燥？如何保存样品？

【附录 1】　高温超导转变温度测量软件使用说明

本软件设置为串行口输入，可选择不同的串行口（com1 或 com2），采样的记录格式形同于记录纸，X 坐标为温度值（以温度的形式来显示），每格大小在界面的右边显示。Y 坐标所对应的是样品电压，每格所对应的电压值可供选择，这里设置了三个级别的电压值供选择。对于记录下的曲线，可以进行存盘、打印等操作，也可删除及重新开始记录。在计算机采样的时候，我们可以通过选择不同的颜色来区分降温和升温的曲线；记录完毕后，可以通过鼠标的点击来显示曲线上每一点的坐标值，横坐标的温度值可直接显示对应的温度，不需要查表。

本软件显示的窗口界面如图 4.17-5 所示。

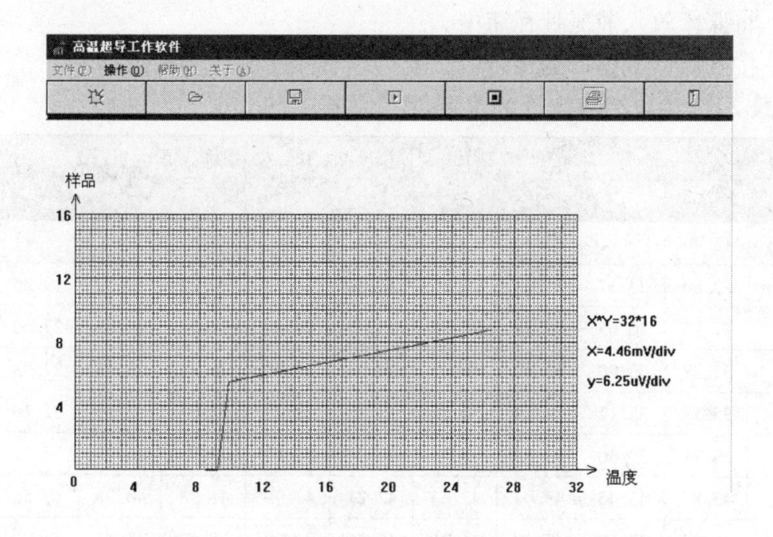

图 4.17-5　软件显示的窗口界面

1. 软件界面介绍

（1）标题栏：本软件的名称。

（2）菜单栏：此栏由文件、编辑、操作、帮助、关于等五个部分组成，具体说明如下：

A. 文件：可以对文件进行存盘、打开、打印等操作。

B. 编辑：可以对采样到的图形进行处理。

C. 操作：能对本软件运行进行控制，如选择串行口、改变Y轴分度值等。

D. 帮助：可以得到本软件使用的一切说明。

E. 关于：仪器生产公司的介绍。

（3）工具栏：由新建、打开、存盘、运行、暂停、打印、退出等七个部分组成，其具体功能和菜单栏上各项说明一致。

（4）实验监视栏：此栏设在屏幕下方，能了解实验是否正在进行，能记录实验所花费的时间和采样到的数据点的个数。

2. 软件使用操作步骤

（1）先将样品用导热胶粘放在样品架中，并焊接四引线。

（2）将放大器上的航空头分别接到主机上对应的航空插座上。

（3）通过连接电缆将仪器（主机）与计算机的串行口相连。

（4）打开本软件，选择合适的串行口（com1 或 com2）和显示的Y轴分度值，如果选择不对，软件会进行提示。

（5）将探棒放入液氮杜瓦瓶中。

（6）按下计算机窗口的运行键，就可以对样品进行实时采样。

【附录2】 铂电阻温度计的电阻-温度关系

温度/℃	电阻值/Ω（JJG 229—87） $R_0=100.00\Omega$									
	0	1	2	3	4	5	6	7	8	9
-200	18.49	—	—	—	—	—	—	—	—	—
-190	22.80	22.37	21.94	21.51	21.08	20.65	20.22	19.79	19.36	18.93
-180	27.08	26.65	26.23	25.80	25.37	24.94	24.52	24.09	23.66	23.23
-170	31.32	30.90	30.47	30.05	29.63	29.20	28.78	28.35	27.93	27.50
-160	35.53	35.11	34.69	34.27	33.85	33.43	33.01	32.59	32.16	31.74
-150	39.71	39.30	38.88	38.46	38.04	37.63	37.21	36.79	36.37	35.95
-140	43.87	43.45	43.04	42.63	42.21	41.79	41.38	40.96	40.55	40.13
-130	48.00	47.59	47.18	46.76	46.35	45.94	45.52	45.11	44.70	44.28
-120	52.11	51.70	51.20	50.88	50.47	50.06	49.64	49.23	48.82	48.41
-110	56.19	55.78	55.38	54.97	54.56	54.15	53.74	53.33	52.92	52.52
-100	60.25	59.85	59.44	59.04	58.63	58.22	57.82	57.41	57.00	56.60
-90	64.30	63.90	63.49	63.09	62.68	62.28	61.87	61.47	61.06	60.66
-80	68.33	67.92	67.52	67.12	66.72	66.31	65.91	65.51	65.11	64.70
-70	72.33	71.93	71.53	71.13	70.73	70.33	69.93	69.53	69.13	68.73

（续）

温度/℃	电阻值/Ω（JJG 229—87）R_0 = 100.00Ω									
	0	1	2	3	4	5	6	7	8	9
-60	76.33	75.93	75.53	75.13	74.73	74.33	73.93	73.53	73.13	72.73
-50	80.31	79.91	79.51	79.11	78.72	78.32	77.92	77.52	77.13	76.73
-40	84.27	83.88	83.48	83.08	82.69	82.29	81.89	81.50	81.10	80.70
-30	88.22	87.83	87.43	87.04	86.64	86.25	85.85	85.46	85.06	84.67
-20	92.16	91.77	91.37	90.98	90.59	90.19	89.80	89.40	89.01	88.62
-10	96.09	95.69	95.30	94.91	94.52	94.12	93.75	93.34	92.95	92.55
0	100.00	99.61	99.22	98.83	98.44	98.04	97.65	97.26	96.87	96.48
10	103.90	104.29	104.68	105.07	105.46	105.85	106.24	106.63	107.02	107.40
20	107.79	108.18	108.57	108.96	109.35	109.73	110.12	110.51	110.90	111.28
30	111.67	112.06	112.45	112.83	113.22	113.61	113.99	114.38	114.77	115.15
40	115.54	115.93	116.31	116.70	117.08	117.47	117.85	118.24	118.62	119.01
50	119.40	119.78	120.16	120.55	120.93	121.32	121.70	122.09	122.47	122.86

实验 4.18　光学多道分析器（OMA）的应用

【简介】

CCD 光学多道分析器是一种多通道探测系统，它主要由光栅光谱仪、CCD 探测器（包括相关电路）和计算机组成，利用光栅衍射的方法对入射光进行分光而获得光谱。光栅衍射具有分辨本领高，衍射光线强等特点，因而被广泛应用于特征谱线的分析中，成为研究物质微观结构的重要手段，在物理、材料、化学、生物、环保、考古、冶金等许多学科中起了重要的作用。

CCD 探测器是一种具有多个光敏元的列阵光电探测器件，是一种用耦合方式传输电荷量并用电荷量来表示光强大小的器件。它具有自动扫描、光谱范围宽、动态范围大、体积小、功耗低、寿命长、可靠性高等优点。将 CCD 一维线阵放在光谱面上，一次曝光就可获得整个光谱。

本实验通过测量氢原子在可见光波段的发射光谱使学生学习光谱测量的基本方法，了解光谱与微观结构（能级）间的联系。

【实验目的】

学会用光学多道分析器测量物质的发射光谱，并通过对氢原子巴尔末系在可见光区域内谱线的测量与分析，掌握光谱及谱线测量的基本技术，并学习确定里德伯常量的方法。

【实验仪器】

WGD-6 型光学多道分析器、汞灯及电源、氢灯及电源。

【预习提示】

1. CCD 探测器如何接收光信号？

2. 如何操作才能使待测谱线出现在显示屏上？

3. 怎样测量待测谱线的波长？

【实验原理】

1. 氢原子光谱

根据玻尔的氢原子理论，氢原子允许的分立能级为

$$E_n = -\frac{2\pi^2 me^4}{(4\pi\varepsilon_0)^2 h^2 (1 + m/m')} \cdot \frac{1}{n^2} \tag{4.18-1}$$

式中，h 为普朗克常数；e 为电子电荷；m 为电子质量；m'为氢原子核质量；n 为主量子数。当一个电子从能级 n_1 跃迁到 n_2 时，将伴随着吸收或发射一个能量为 $h\nu = E_{n_2} - E_{n_1}$ 的光子，其中 ν 为光子的频率，设波数 $\sigma = \dfrac{1}{\lambda} = \dfrac{\nu}{c}$，波数又可以表示为

$$\sigma = \frac{E_{n_2} - E_{n_1}}{hc} = \frac{2\pi^2 me^4}{(4\pi\varepsilon_0)^2 ch^3 \left(1 + \dfrac{m}{m'}\right)} \left(\frac{1}{n_1^2} - \frac{1}{n_2^2}\right) = R_{\mathrm{H}} \left(\frac{1}{n_1^2} - \frac{1}{n_2^2}\right) \tag{4.18-2}$$

其中，$n_1 = 1，2，3，\cdots$，对每一个 n_1，$n_2 = n_1 + 1，n_1 + 2，\cdots$，构成一个谱线系。

对于巴尔末系：$n_1 = 2$，则各条谱线的波数为

$$\sigma = R_{\mathrm{H}} \left(\frac{1}{2^2} - \frac{1}{n_2^2}\right) \quad (n_2 = 3, 4, 5, 6, \cdots) \tag{4.18-3}$$

其中，里德伯常量

$$R_{\mathrm{H}} = \frac{2\pi^2 me^4}{(4\pi\varepsilon_0)^2 ch^3 (1 + m/m')} \tag{4.18-4}$$

若设原子核的质量为无限大，则里德伯常量为

$$R_\infty = \frac{2\pi^2 me^4}{(4\pi\varepsilon_0)^2 h^3 c} \tag{4.18-5}$$

里德伯常量 R_∞ 是重要的基本物理常量之一。在 1986 年国际光谱学会议上发表并推荐的里德伯常量量值为

$$R_\infty = (10973731.534 \pm 0.012)\,\mathrm{m}^{-1} \tag{4.18-6}$$

2. 未知谱线的测量方法

测量未知谱线采用线性插入法。其基本原理是，在光谱图上间隔较小的范围内，光栅光谱仪的线色散可认为是常数，既谱线间隔与谱线波长差成正比。故可

将待测谱线与标准谱线进行比较，从而定出待测谱线。如图 4. 18-1 所示，设待测谱线 λ_x 位于标准谱线 λ_1、λ_2 之间，λ_1 与 λ_2 两条谱线相距为 d，待测谱线 λ_x 与 λ_1 的距离为 d_x，则由线形插入法可给出

$$\lambda_x = \lambda_1 + \frac{d_x}{d}(\lambda_2 - \lambda_1) \tag{4.18-7}$$

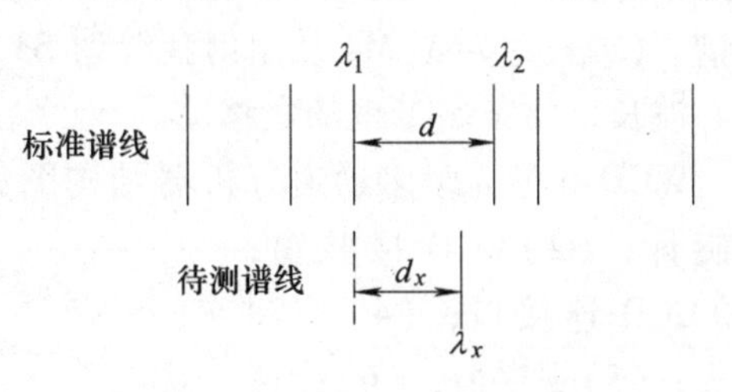

图 4. 18-1　线性插入法原理图

但是，必须注意，实际上光栅光谱仪的线色散是波长的函数，所以，应用线性插入法时，必须选用两条最靠近的标准谱线进行定标。

当采用 CCD 光学多道分析器时，常将汞灯作为标准谱光源用于定标，计算机根据线性插入法进行数据处理后，可直接给出待测谱线的波长数值。

【实验装置】

1. 光学多道分析器的原理

光学多道分析器的原理如图 4. 18-2 所示。电荷耦合器件 CCD 的突出特点是以电荷作为信号，而不同于其他大多数器件是以电流或者电压为信号。所以 CCD 的基本功能是电荷的存储和电荷的转移。在结构上，CCD 器件是由一系列排列很紧密的 MOS(金属-氧化物-半导体)电容器列阵组成。在光的照射下，能量大于半导体禁带宽度的那些光子将在 MOS 电容中产生电子-空穴对，且产生的电子数正比于光强，因而可用 CCD 进行空间光强分布的探测。

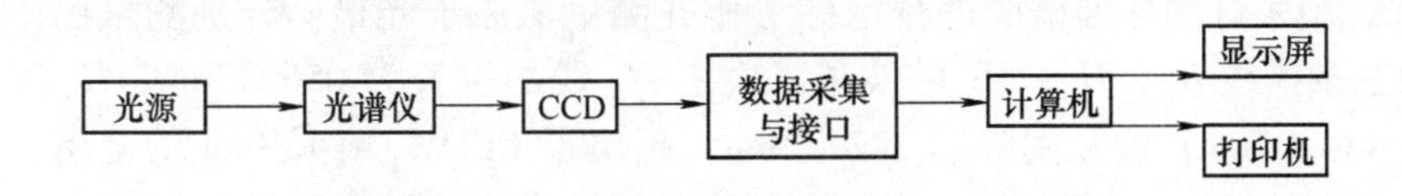

图 4. 18-2　光学多道分析器原理图

将 CCD 列阵置于光谱仪焦平面上，在驱动脉冲的作用下，CCD 中的光电信号被移出该器件，经放大和采样保存后，送入模数变换器(A/D)，计算机用于采集 A/D 变换器输出的电信号，并对光谱数据进行处理。

2. WGD-6 型光学多道分析器

分析器由光栅单色仪、CCD 接收单元、扫描系统、电子放大器、A/D 采集单元、计算机组成。光学系统采用 C-T 型，如实验 4. 15 中图 4. 15-1 所示。光源发出的光束进入入射狭缝 S1，S1 位于反射式准光镜 M2 的焦面上。光经过反射镜 M1 反射到 M2 上，并经过 M2 反射成平行光束投向平面光栅 G，衍射后的平

行光束经物镜 M3 成像在 S2 上，此处的 CCD 所有像元同时曝光，即可获得整个光谱。(或经过转镜 M4 从出射狭缝射 S3 射出(观察窗))。转动光栅 G，可改变中心波长，整条谱带也随之移动。

WGD-6 型光学多通道分析器结构图如图 4. 18-3 所示。其中，(1)入射狭缝螺旋计；(2) CCD 接收窗；(3) CCD 连接口；(4)控制接头；(5)观察窗；(6)计算机接头；(7)电源开关。

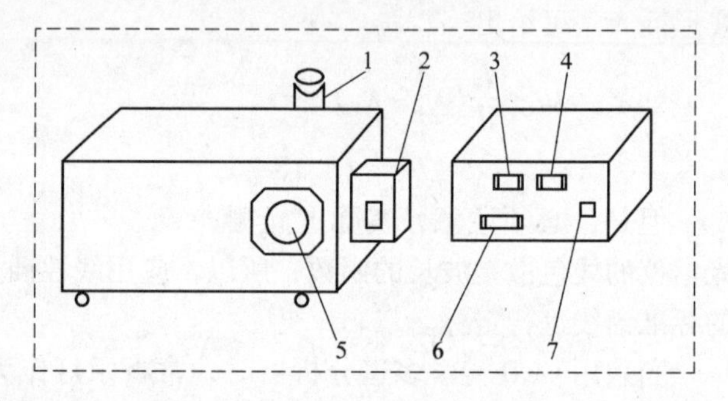

图 4. 18-3　WGD-6 型光学多通道分析器结构图

光学多道分析器(OMA)的优点是所有的 N 个像元(称为道)同时曝光，整个光谱可同时取得，比一般的单通道光谱系统检测同一波段的总时间快 N 倍；在摄取一段光谱的过程中不需要谱仪进行机械扫描，不存在由于机械系统引起的波长不重复的误差；减少了光源强度不稳定引起的谱线相对强度误差；可测量光谱变化的动态过程。

【实验内容】

1. 熟悉 CCD 光学多道分析器的工作原理和使用方法(参阅仪器说明书)。

2. 打开计算机，进入 WGD—6 型光学多道分析器的工作界面，了解有关软件的使用。

3. 用汞灯的标准谱线进行定标工作并测量氢原子光谱。分别测量巴尔末线系中三条谱线 H_α，H_β，H_γ 的波长。由于 H_α 线的波长为 656. 28nm，H_γ 线的波长为 434. 05nm，波长间隔达 222. 23nm，超出了 CCD 一帧 159nm 的范围，所以要分两次进行定标和测量。(汞灯和氢灯的标准谱线波长参阅表 4. 18-1)

表 4. 18-1　汞、氢光谱的标准波长表

<table>
<tr><th>光源</th><th colspan="9">颜色和波长/nm</th></tr>
<tr><td rowspan="2">氦</td><td>蓝</td><td>蓝</td><td>蓝绿</td><td>蓝绿</td><td>蓝绿</td><td>蓝绿</td><td>黄</td><td>红</td><td>红</td></tr>
<tr><td>438. 79</td><td>447. 15</td><td>471. 32</td><td>492. 19</td><td>501. 57</td><td>504. 77</td><td>587. 56</td><td>667. 82</td><td>706. 57</td></tr>
<tr><td rowspan="2">汞</td><td>紫</td><td>紫</td><td>蓝</td><td>蓝绿</td><td>绿</td><td>黄</td><td>黄</td><td>红</td></tr>
<tr><td>404. 66</td><td>407. 80</td><td>435. 84</td><td>491. 60</td><td>546. 07</td><td>576. 96</td><td>579. 07</td><td>623. 40</td></tr>
<tr><td rowspan="2">氢</td><td colspan="3">紫(H_γ)</td><td colspan="3">蓝(H_β)</td><td colspan="3">红(H_α)</td></tr>
<tr><td colspan="3">434. 05</td><td colspan="3">486. 13</td><td colspan="3">656. 28</td></tr>
</table>

4. 由所测得的氢光谱的三个波长，分别代入式(4. 18-3)计算氢的里德伯常

量，求出里德伯常量的平均值，并与公认值比较，算出测量的不确定度。

5. 观察三维光谱。

6. 用摄像方式观察光谱。

7. 实验结束后，关闭电源和计算机，整理好仪器设备。

注意事项

（1）仔细阅读说明书，规范操作，避免损坏仪器。

（2）键盘及鼠标操作速度不可太快，以免死机。

（3）光谱仪中的狭缝是比较精密的机械装置，调节时，动作一定要轻缓。

【思考题】

1. 用CCD多道分析器测量光谱波长为什么要找标准光源？应根据什么原则选取用于定标的标准谱线？

2. 氢原子光谱巴尔末线系的三条谱线 H_α，H_β，H_γ 的量子数 n 各为多少？

3. 在氢光谱中，怎样判断你所观察到的那些谱线是氢原子发出的，而不是氢分子发出的？氢分子光谱与氢原子光谱有什么不同？

实验4.19 电子自旋共振实验

【简介】

磁共振技术来源于1939年美国物理学家拉比(I. I. Labi)所创立的分子束共振法，他用这种方法首先实现了核磁共振这一物理思想，精确地测定了一些原子核的磁矩，并因而获得了1944年度诺贝尔物理奖。此后，磁共振技术迅速发展，经历了半个多世纪而长盛不衰，孕育了众多的诺贝尔奖获得者。它还渗透到化学、生物、医学、地学和计量等学科领域，以及众多的生产技术部门，成为测试中不可缺少的实验手段。

所谓磁共振，是指磁矩不为零的原子或原子核处于恒定磁场中，由射频或者微波电磁场引起塞曼能级之间的共振跃迁现象(塞曼效应,Zeeman Effect)。如果这种共振现象为原子核磁矩的能级跃迁便是核磁共振；如果为电子自旋磁矩的能级跃迁则为电子自旋共振(由于电子轨道磁矩的贡献往往不可忽略,故又称作电子顺磁共振)。此外，还有与此有关的铁磁性物质的铁磁共振、核电荷分布非球对称物质的核四极共振以及建立在光抽运基础上的光泵磁共振等。这些现象各有其特点，但它们之间也有许多共同点。

电子自旋共振(简称ESR)，是1944年扎伏伊斯基首先观测到的，它是探测物质中未耦合电子以及它们与周围原子相互作用的非常重要的方法，具有很高的灵敏度和分辨率，并且具有不破坏样品结构的优点，目前在化学、物理、生物和医学等方面都获得了广泛应用。

【实验目的】

1. 研究了解自旋共振现象，包括原理、对象和应用。
2. 学习用微波频段检测电子自旋共振信号的方法。
3. 了解测量朗德因子的方法。

【实验仪器】

FD-TX-ESR-Ⅰ型电子顺磁共振谱仪、示波器。

【预习提示】

1. 电子自旋共振用于研究何种物质？共振跃迁产生的条件是什么？
2. 如何逐步捕捉并调出最佳共振信号？
3. 如何测出 g 因子（朗德因子）？

【实验原理】

1. 原子磁矩

原子的磁性来源于原子磁矩，由于原子核的磁矩很小，可以忽略不计，所以原子的总磁矩由原子中各电子的磁矩（轨道磁矩和自旋磁矩）所决定。原子的总磁矩 $\boldsymbol{\mu}_J$ 与总角动量 $\boldsymbol{p}_J$ 之间满足如下关系：

$$\boldsymbol{\mu}_J = -g\frac{\mu_B}{\hbar}\boldsymbol{p}_J = \gamma\boldsymbol{p}_J \tag{4.19-1}$$

式中，μ_B 是玻尔磁子；$\hbar$ 是约化普朗克常量；γ 是回磁比，且

$$\gamma = -g\frac{\mu_B}{\hbar} \tag{4.19-2}$$

按照量子理论，电子 L-S 耦合的朗德因子为

$$g = 1 + \frac{J(J+1) + S(S+1) - L(L+1)}{2J(J+1)} \tag{4.19-3}$$

对于单纯自旋运动（$L=0, J=S$），则 $g=2$；对于单纯轨道运动（$S=0, J=L$），则 $g=1$；如果自旋和轨道运动二者都有贡献，则朗德因子的数值介于1和2之间。因此，测定朗德因子的数值可判断电子的运动状态，从而有助于了解原子的结构。

2. 外磁场中原子的磁能级

在外磁场中，$\boldsymbol{\mu}_J$ 与 $\boldsymbol{p}_J$ 的空间取向都是量子化的，$\boldsymbol{p}_J$ 在外磁场方向（z 向）上的投影为

$$p_z = m\hbar \quad (m = -J, J-1, \cdots, J-1, J) \tag{4.19-4}$$

相应的磁矩 $\boldsymbol{\mu}_J$ 在外磁场方向上的投影为

$$\mu_z = \gamma p_z = -mg\mu_B \tag{4.19-5}$$

既然总磁矩 $\boldsymbol{\mu}_J$ 的空间取向是量子化的，磁矩与外磁场 $\boldsymbol{B}$ 的相互作用能也是不连续的，其相应的能量为

$$E = -\boldsymbol{\mu}_J \boldsymbol{B} = -\gamma m \hbar B = -mg\mu_B B \tag{4.19-6}$$

不同磁量子数 m 所对应的状态上的电子具有不同的能量，各磁能级是等距分裂的，两相邻磁能级之间的能量差为

$$\Delta E = \gamma \hbar B \tag{4.19-7}$$

3. EPR（电子顺磁共振）或 ESR（电子自旋共振）

在唯象理论中、电子自旋好像一个高速自转的“陀螺”，其磁矩在外恒磁场的作用下发生拉莫尔进动，这种运动受到材料内部阻尼作用的影响，幅度会逐渐减小，最后磁矩将停留在外磁场的方向上。如果在加外磁场的同时，沿垂直于外磁场方向加一个微波场，当微波的频率与磁矩进动的频率一致时，微波能量将被强烈吸收，这就是共振现象。被吸收的能量为磁矩进动提供克服阻尼的动力，使进动能够持续下去。

从量子力学的观点看，当垂直于恒定磁场 $\boldsymbol{B}$ 的平面上同时存在一个交变的微波电磁场 $\boldsymbol{B}'$，且其角频率 ω 满足条件

$$\hbar\omega = \Delta E = \gamma \hbar B \tag{4.19-8}$$

即 $\omega = \gamma B$ 时，电子在相邻的磁能级之间将产生磁偶极共振跃迁。为了满足这个共振条件，实验中可以采用改变微波频率（扫频法）或改变外恒磁场（扫场法）两种方式来进行调节，本实验采用固定微波频率改变外磁场的扫场方式。

根据以上分析，这种共振跃迁现象只能发生在原子的固有磁矩不为零的顺磁材料中，故称为电子顺磁共振。而在顺磁物质中，由于电子受到原子外部电荷的作用，使电子轨道平面进动，电子的轨道角动量量子数 L 的平均值为 0，在做一级近似时，可以认为电子轨道角动量近似为零，因此顺磁物质中的磁矩主要是电子自旋磁矩的贡献。故电子顺磁共振又称为电子自旋共振。此时，$J = S = \frac{1}{2}$，$m = -\frac{1}{2}$，$\frac{1}{2}$，在外磁场中，电子自旋能级分裂为两个，如图 4.19-1 所示，能级差仍为 $\Delta E = \gamma\hbar B = g\mu_B B$，能级差随着 B 的增大而线性增加。

当满足共振条件时，由式（4.19-2）、式（4.19-8）可解出 g 因子：

$$g = \frac{\hbar\ \omega}{\mu_B B}$$

通常所见的化合物，它们所有的电子轨道都已成对地填满了电子，因此自旋磁矩完全抵消，没有固有磁矩，电子自旋共振不能研究这样的逆磁性化合物。它只能研究具有未成对的电子的特殊化合物，如本实验中所用的样品 DPPH（diphehcryl picryl hydrazal），它的化学名称是二苯基苦酸基联氨，其分子结构式为 $(C_6H_5)_2N\text{-}NC_6H_2(NO_2)_3$，如图 4.19-2 所示，它的第二个氮原子上存在一个未成对的电子，构成有机自由基，实验观测的就是这类电子的磁共振现象。

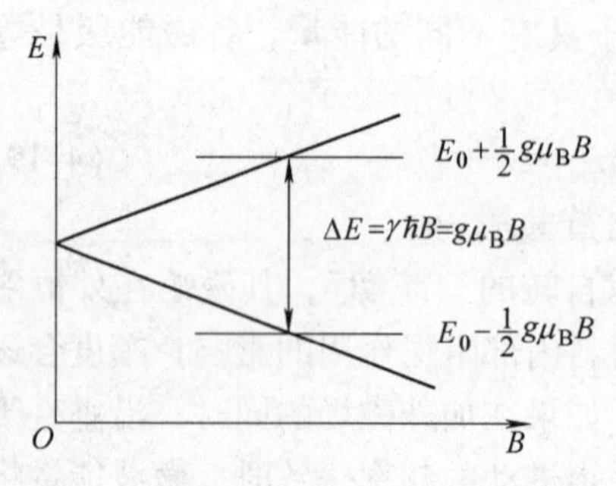

图 4.19-1　在磁场中电子自旋能级的分裂示意图

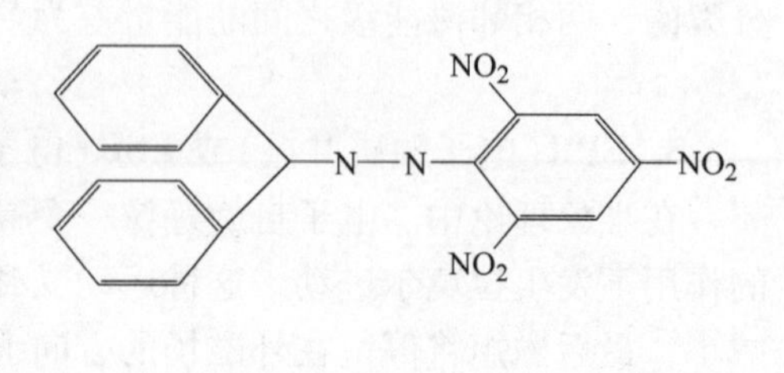

图 4.19-2　DPPH 的结构

实际上样品是一个含有大量原子的系统。在共振跃迁过程中，电子从低能级跃迁到高能级和从高能级跃迁到低能级的概率是相同的；在热平衡时，分布于两个能级上的电子数满足玻耳兹曼分布，即低能级上的电子数总比高能级的多一些，外加磁场越强，温度越低，两个能级上的电子数差就越大。因此，吸收过程占优势。随着共振吸收的进行，高低能级上的粒子差数将趋于零，上述系统不再从辐射场吸收能量，共振吸收信号消失，这一现象称为共振饱和。但在系统中还存在另一个过程，即弛豫过程，在这个过程中，电子从高能级跃迁到低能级释放的能量不是以光子的形式发射，而是通过粒子间的自旋-自旋相互作用和自旋-晶格相互作用进行，这能量最后转变为热能。弛豫过程使整个系统有恢复到玻耳兹曼分布的趋势。当这两个过程达到动态平衡时，出现稳定的共振吸收信号，称为稳态共振吸收，如图 4.19-3 所示。吸收信号表示的是样品动态磁化率的虚部分量，即吸收磁化率；色散信号表示的是样品动态磁化率的实部分量，即色散磁化率。

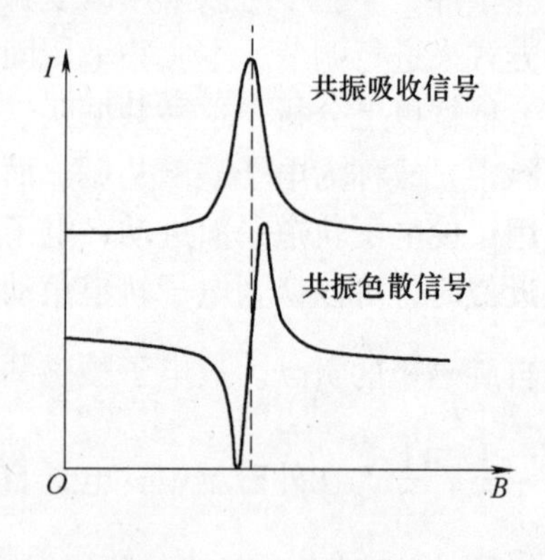

图 4.19-3　信号图

【实验装置】

系统的基本构成如图 4.19-4 所示。由微波传输部件把 X 波段体效应二极管信号源的微波功率反馈给谐振腔内的样品，样品处于磁场中，磁场由通以直流电的线圈产生的恒定磁场 B_1 和通以 50Hz 交流电的线圈产生的扫描磁场 $\tilde{B}_2=B_{2m}\cos\tilde{\omega}t$ 组成，故 $B=B_1+B_{2m}\cos\tilde{\omega}t$。当改变直流电流和扫场电流时，$B$ 随之改变，当满足共振条件时输出共振信号，信号由示波器直接检测。以下介绍各个微波部件的原理、性能及使用方法。

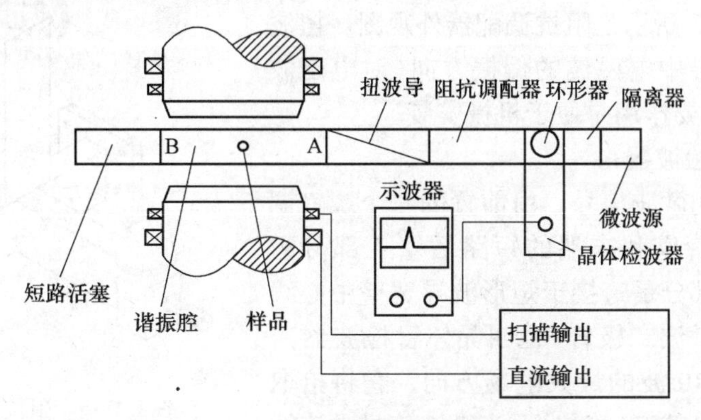

图4.19-4　系统示意图

1. 谐振腔　短路活塞

谐振腔由可调矩形波导组成，输入端A为谐振腔耦合膜片，可使微波能量进入微波谐振腔；矩形谐振腔的末端B为可变短路调节器(即短路活塞)，是可移动的活塞，用来改变谐振腔的长度。

短路活塞是接在传输系统终端的单臂微波元件，它接在终端对入射微波功率几乎全部反射而不吸收，从而在传输系统中形成纯驻波状态。它是一个可移动金属短路面的矩形波导，其短路面的位置可通过螺旋来调节并可直接读数。

实验样品为密封于一段玻璃管中的有机自由基DPPH，处于微波磁场的最强处。

2. 微波源　隔离器　环行器

微波源由体效应管、变容二极管、频率调节、电源输入端组成。微波源供电电压为12V，其发射频率为9.37GHz。微波源提供的微波信号经过隔离器、环行器、阻抗调配器、扭波导后，进入谐振腔。

隔离器具有单向传输功能。1输入、2输出时，基本无衰减；2输入、1输出时，有极大的衰减。

环行器具有定向传输功能。1输入、2输出无衰减，3输出衰减>30dB；2输入，3输出无衰减，1输出衰减>30dB；3输入，1输出无衰减，2输出衰减>30dB。

3. 阻抗调配器　扭波导

阻抗调配器是双轨臂波导元件，调节E面、H面的短路活塞可以改变波导元件的参数，从而改变微波系统的负载状态，使其可以处于匹配状态、容性负载、感性负载等不同状态。本实验中的主要作用是，当调节至不同状态时，示波器上将相继出现共振吸收信号或共振色散信号。图 4. 19-5 所示是阻抗调配器外观图。扭波导会改变波导中电磁波的偏振方向（对电磁波无衰减），主要作用是便于机械安装。

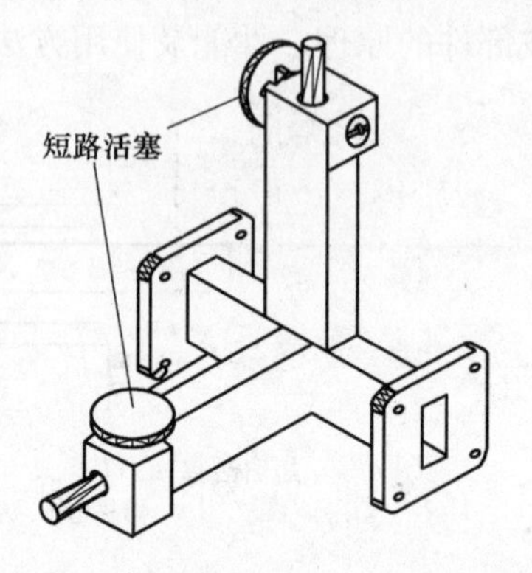

图 4. 19-5　阻抗调配器

4. 晶体检波器

用于检测微波信号，由前置的三个螺钉调配器、晶体管座和末端的短路活塞三部分组成。其核心部分是跨接于矩形波导宽壁中心线上的点接触微波二极管（也叫晶体管检波器），其管轴沿 TE10 波的最大电场方向，它将拾取到的微波信号整流（检波）。当微波信号是连续波时，整流后的输出为直流。输出信号由与二极管相连的同轴线中心导体引出，接到示波器。测量时要反复调节波导终端的短路活塞的位置以及输入前端三个螺钉的穿伸度，使检波电流达到最大值，以获得较高的测量灵敏度。其结构如图 4. 19-6 所示。

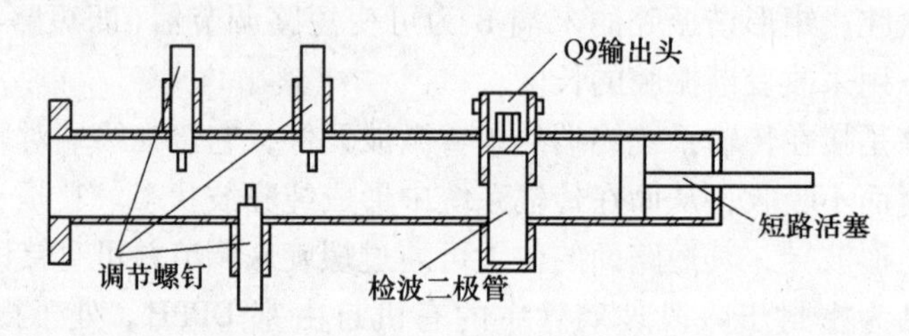

图 4. 19-6　检波器示意图

5. 仪器主机结构

仪器面板图如图 4. 19-7 所示。

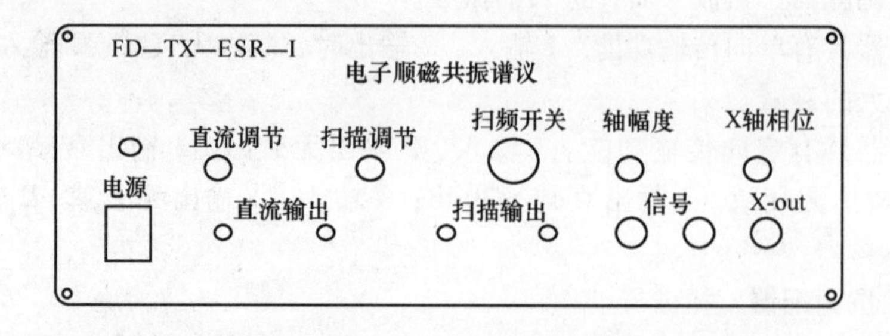

图 4. 19-7　仪器面板

直流输出：此输出端将会输出0～600mA的电流，通过直流调节电位器来改变输出电流的大小；当亥姆赫兹线圈中通以该直流电时，将产生恒定磁场B_1。

扫描输出：此输出端将会输出0～1000mA的交流电流，其大小由扫描调节电位器来改变；当亥姆赫兹线圈中通以该电流时，将产生一交变的扫描磁场$\tilde{B}_2$。

扫频开关：用来改变扫描信号的频率。

IN与OUT：此两个接头是一组放大器的输入和输出端，放大倍数为10倍，IN端为放大器的输入端，OUT端为放大器的输出端。

X-out：此输出端为一组正弦波的输出端，X轴幅度为正弦波的幅度调节电位器，X轴相位为正弦波的相位调节电位器。

仪器后面板上的五芯航空头为微波源的输入端。

【实验内容】

1. 连接线路

通过连接线将主机上的扫描输出端接到磁铁的一端；

将主机上的直流输出端连接在磁铁的另一端；

将微波源上的连接线连到主机后面板上的五芯插座上；

通过Q9连接线将检波器的输出连到示波器上。

2. 微波系统的连接

装配图如图4.19-8所示。

将微波源与隔离器相接（按箭头方向连接）；

将隔离器的另一端与环行器中的（Ⅰ）端相连；

将扭波导与环行器中的（Ⅱ）端相接；

将环行器中的（Ⅲ）端与检波器相接；

将扭波导的另一端与直波导（即谐振腔）的一端连接；

将直波导（即谐振腔）的另一端与短路活塞相接。

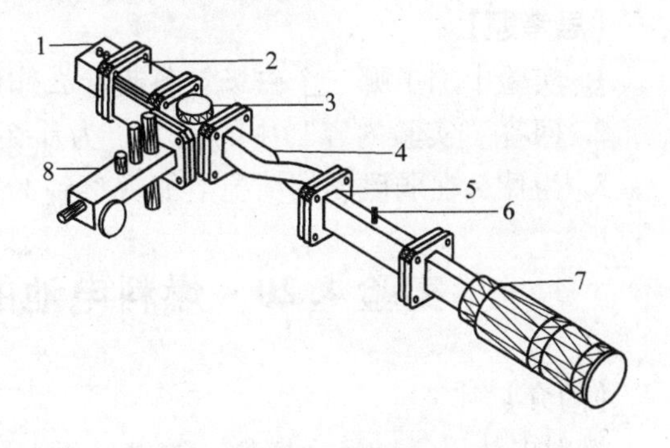

图4.19-8　装配图

1—微波源　2—隔离器　3—环行器　4—扭波导
5—直波导-谐振腔　6—样品　7—短路活塞
8—检波器

3. 调节并观测共振信号

（1）将DPPH样品插在谐振腔上的小孔中。

（2）打开系统中各仪器的电源。

（3）将示波器的输入通道打在直流（DC）档上。

（4）调节检波器中波导终端的短路活塞的位置以及输入前端三个螺钉的穿

伸度的旋钮，使直流(DC)信号输出最大。(为什么)

(5) 调节谐振腔一端的短路活塞，再使直流(DC)信号输出最小。(为什么)

(6) 将示波器的输入通道打在交流(AC)档上，幅度约为5mV档；这时在示波器就可以观察到共振信号；但此时的信号不一定为最强，可以调节样品在磁场中的位置(样品在磁场中心处为最佳状态,为什么?)，缓慢调节主机上的直流和扫场电流，提高示波器的灵敏度，再次小范围地调节谐振腔一端的短路活塞与检波器中的各个旋钮，使信号达到一个最佳的状态。

(7) 信号调出以后，关机，将阻抗调配器接在环行器中的(Ⅱ)端与扭波导中间，开机，通过调节阻抗调配器上的旋钮，使示波器上相继出现共振吸收和共振色散信号，观察并记录信号。

(8) 调节主机上的直流或扫描电流，观察共振信号如何变化，并解释变化的原因。能否得到等间距的共振吸收信号?

(9) 给出测量并计算 g 因子的实验方案。关键在于如何较准确地测量共振时的磁场和频率。

(10) 实验结束后，关闭电源，整理好仪器设备。

【思考题】

1. 实验中加了哪三个磁场? 各起什么作用?

2. 回答“实验内容”中的三个“为什么”。

3. 为什么在弱磁场的情况下能观察到ESR，而不易观察NMR现象?

实验4.20 燃料电池的特性测量实验

【简介】

燃料电池以氢和氧为燃料，通过电化学反应直接产生电力，能量转换效率高于燃烧燃料的热机。燃料电池的反应生成物为水，对环境无污染，单位体积氢的储能密度远高于现有的其他电池。因此，它的应用从最早的宇航等特殊领域，到现在人们积极研究将其应用到电动汽车、手机电池等日常生活的各个方面，各国都在投入巨资进行研发。

按燃料电池使用的电解质或燃料类型，可将现在和近期可行的燃料电池分为碱性燃料电池、质子交换膜燃料电池、直接甲醇燃料电池、磷酸燃料电池、熔融碳酸盐燃料电池和固体氧化物燃料电池6种主要类型，本实验研究其中的质子交换膜燃料电池。

【实验目的】

1. 了解燃料电池的工作原理。

2. 观察仪器的能量转换过程：光能—太阳能电池—电能—电解池—氢能

（能量存储）—燃料电池—电能。

3. 测量燃料电池的输出特性，做出燃料电池的伏安特性曲线，电池输出功率随输出电压的变化曲线，计算燃料电池的最大输出功率和效率。

4. 测量质子交换膜电解池的特性，验证法拉第电解定律。

5. 测量太阳能电池的特性，作太阳能电池的伏安特性曲线以及输出功率随输出电压的变化曲线，获取太阳能电池的开路电压、短路电流、最大输出功率、填充因子等特性参数。

【实验仪器】

FD—PEM—A 型燃料电池特性综合实验仪由实验主机以及实验装置组成，如图 4. 20-1、图 4. 20-2 所示。

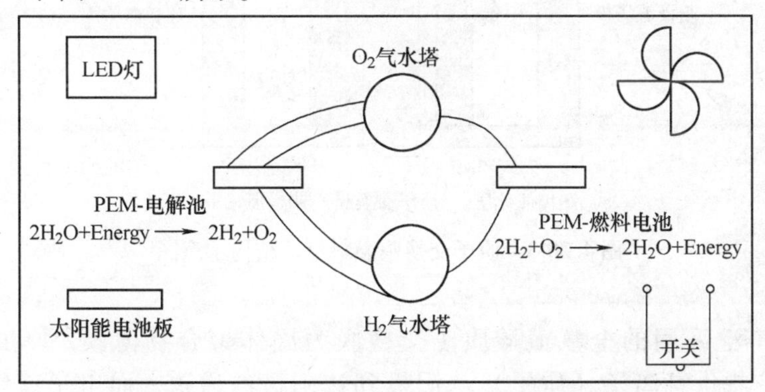

图 4. 20-1 燃料电池特性综合实验仪实验主机

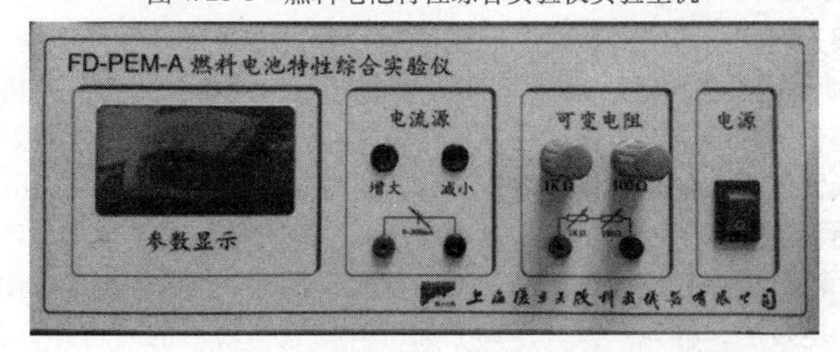

图 4. 20-2 燃料电池特性综合实验仪实验电源及测量装置

【预习提示】

1. 质子交换膜燃料电池的工作原理。
2. 法拉第电解定律。
3. 太阳能电池的特性及相关参数的含义。

【实验原理】

1. 燃料电池

质子交换膜（PEM，Proton Exchange Membrane）燃料电池在常温下工作，

具有启动快速、结构紧凑的优点，最适宜作汽车或其他可移动设备的电源，近年来发展很快，其基本结构如图4.20-3所示。

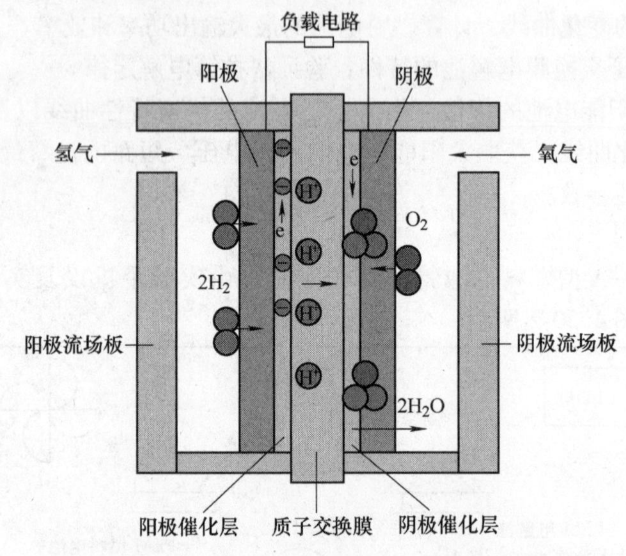

图4.20-3　质子交换膜燃料电池结构示意图

目前广泛采用的全氟璜酸质子交换膜为固体聚合物薄膜，厚度0.05～0.1mm，它提供氢离子（质子）从阳极到达阴极的通道，而电子或气体不能通过。

催化层是将纳米量级的铂粒子用化学或物理的方法附着在质子交换膜表面，厚度约0.03mm，对阳极氢的氧化和阴极氧的还原起催化作用。膜两边的阳极和阴极由石墨化的碳纸或碳布做成，厚度为0.2～0.5mm，导电性能良好，其上的微孔是提供气体进入催化层的通道，又称为扩散层。

商品燃料电池为了提供足够的输出电压和功率，需将若干单体电池串联或并联在一起，流场板一般由导电良好的石墨或金属做成，与单体电池的阳极和阴极形成良好的电接触，称为双极板，其上加工有供气体流通的通道。为直观起见，教学用燃料电池采用有机玻璃做流场板。

进入阳极的氢气通过电极上的扩散层到达质子交换膜。氢分子在阳极催化剂的作用下电解为2个氢离子，即质子，并释放出2个电子，阳极反应为

$$H_2 = 2H^+ + 2e \tag{4.20-1}$$

氢离子以水合质子$H^+(nH_2O)$的形式，在质子交换膜中从一个璜酸基转移到另一个璜酸基，最后到达阴极，实现质子导电，质子的这种转移导致阳极带负电。

在电池的另一端，氧气或空气通过阴极扩散层到达阴极催化层，在阴极催化

层的作用下，氧与氢离子和电子反应生成水，阴极反应为

$$O_2 + 4H^+ + 4e = 2H_2O \tag{4.20-2}$$

阴极反应使阴极缺少电子而带正电，结果在阴阳极间产生电压。如果在阴阳极间接通外电路，就可以向负载输出电能。总的化学反应如下：

$$2H_2 + O_2 = 2H_2O \tag{4.20-3}$$

（阴极与阳极：在电化学中，失去电子的反应叫氧化，得到电子的反应叫还原。产生氧化反应的电极是阳极，产生还原反应的电极是阴极。对电池而言，阴极是电的正极，阳极是电的负极。）

理论分析表明，如果燃料的所有能量都被转换成电能，则理想电动势为1.48V。实际燃料的能量不可能全部转换成电能，例如总有一部分能量转换成热能，少量的燃料分子或电子穿过质子交换膜形成内部短路电流等，故燃料电池的开路电压低于理想电动势。在一定的温度与气体压力下，改变负载电阻的大小，测量输出电压与输出电流之间的关系，如图4.20-4所示，称为燃料电池的极化特性曲线。燃料电池的效率为

$$\eta_{电池} = \frac{U_{输出}}{1.48} \times 100\% \tag{4.20-4}$$

输出电压越高，转换效率越高，这是因为燃料的消耗量与输出电荷量成正比，而输出能量为输出电荷量与电压的乘积。某一输出电流时燃料电池的输出功率相当于图4.20-4中虚线围出的矩形区，在使用燃料电池时，应根据极化曲线，兼顾效率与输出功率，选择适当的负载匹配。

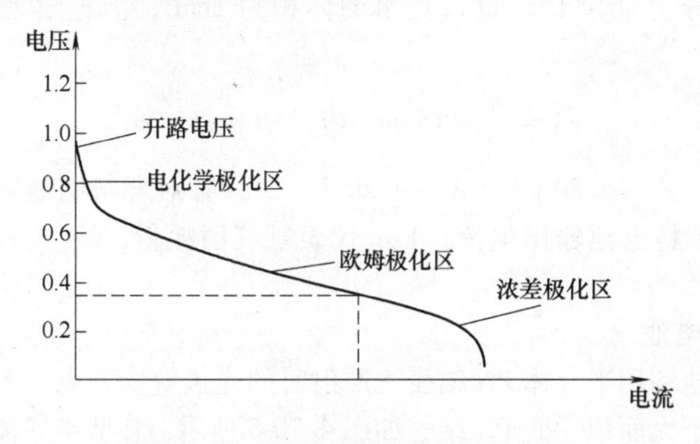

图4.20-4 燃料电池的典型极化曲线

2. 水的电解

将水电解产生氢气和氧气，与燃料电池中氢气和氧气反应生成水互为逆过程。

水电解装置同样因电解质的不同而各异，碱性溶液和质子交换膜是最好的电

解质。若以质子交换膜为电解质，可在图4.20-3右边电极接电源正极，形成电解的阳极，在其上产生氧化反应：$2H_2O = O_2 + 4H^+ + 4e$。左边电极接电源负极形成电解的阴极，阳极产生的氢离子通过质子交换膜到达阴极后，产生还原反应：$2H^+ + 2e = H_2$。即在右边电极析出氧，左边电极析出氢。

若不考虑电解器的能量损失，在电解器上加1.48V电压就可使水分解为氢气和氧气，实际由于各种损失，输入电压高于1.6V电解器才开始工作。

电解器的效率为

$$\eta_{电解} = \frac{1.48}{U_{输入}} \times 100\% \tag{4.20-5}$$

输入电压较低时虽然能量利用率较高，但电流小，电解的速率低，通常使电解器输入电压在2V左右。

根据法拉第电解定律，电解生成物的量与输入电荷量成正比。若电解器产生的氢气保持在1个大气压，电解电流为I，经过时间t生产的氢气体积（氧气体积为氢气体积的一半）的理论值为

$$V_{氢气} = \frac{It}{2F} \times 22.4\text{L} \tag{4.20-6}$$

式中$F = eN_A = 9.65 \times 10^4 \text{C/mol}$，为法拉第常数；$e = 1.602 \times 10^{-19}\text{C}$，为电子电量；$N_A = 6.022 \times 10^{23}$，为阿伏伽德罗常数；$It/2F$为产生的氢分子的物质的量；22.4L为气体的摩尔体积。

由于水的分子量为18，且每克水的体积为1cm^3，故电解池消耗的水的体积为

$$V_{水} = \frac{It}{2F} \times 18\text{cm}^3 = 9.33It \times 10^{-5}\text{cm}^3 \tag{4.20-7}$$

应当指出，式（4.20-6）、式（4.20-7）的计算对燃料电池同样适用，只是其中的I代表燃料电池输出电流，$V_{氢气}$代表氢气消耗量，$V_{水}$代表电池中水的生成量。

3. 太阳能电池

太阳能电池利用半导体PN结受光照射时的光伏效应发电，太阳能电池的基本结构就是一个大面积平面PN结，如图4.20-5所示。P型半导体中有相当数量的空穴，几乎没有自由电子；N型半导体中有相当数量的自由电子，几乎没有空穴。当两种半导体结合在一起形成PN结时，N区的电子（带负电）向P区扩散，P区的空穴（带正电）向N区扩散，在PN结附

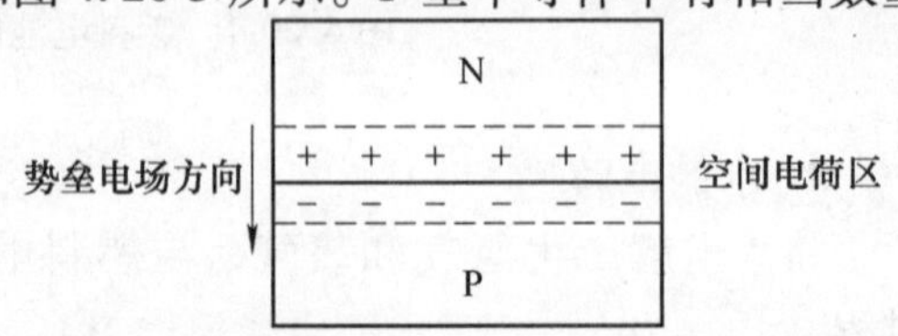

图4.20-5　半导体PN结示意图

近形成空间电荷区与势垒电场。势垒电场会使载流子向扩散的反方向作漂移运动，最终扩散与漂移达到平衡，使流过PN结的净电流为零。在空间电荷区内，P区的空穴被来自N区的电子复合，N区的电子被来自P区的空穴复合，使该区内几乎没有能导电的载流子，又称为结区或耗尽区。当光电池受光照射时，部分电子被激发而产生电子-空穴对，在结区激发的电子和空穴分别被势垒电场推向N区和P区，使N区有过量的电子而带负电，P区有过量的空穴而带正电，PN结两端形成电压，这就是光伏效应，若将PN结两端接入外电路，就可向负载输出电能。

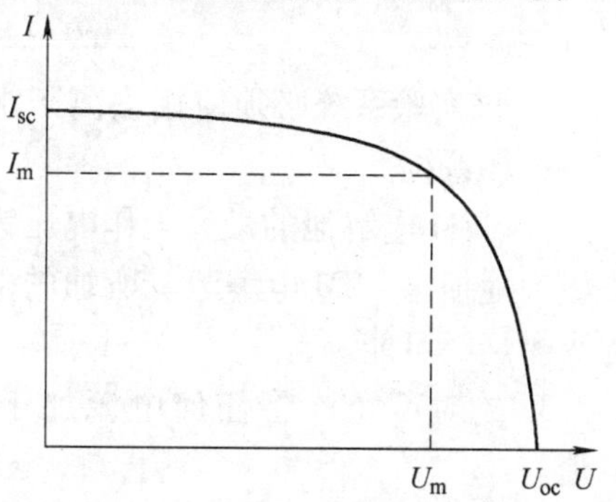

图4.20-6　太阳能电池的伏安特性曲线

在一定的光照条件下，改变太阳能电池负载电阻的大小，测量输出电压与输出电流之间的关系，如图4.20-6所示。U_{oc}代表开路电压，I_{sc}代表短路电流，图4.20-6中虚线围出的面积为太阳能电池的输出功率。与最大功率对应的电压称为最大工作电压U_m，对应的电流称为最大工作电流I_m。

表征太阳能电池特性的基本参数还包括光谱响应特性、光电转换效率、填充因子等。

填充因子FF定义为

$$FF=\frac{U_m I_m}{U_{oc} I_{sc}} \tag{4.20-8}$$

它是评价太阳能电池输出特性好坏的一个重要参数，其值越高，表明太阳能电池输出特性越趋近于矩形，电池的光电转换效率越高。

【实验内容】

1. 燃料电池输出特性的测量

改变负载电阻的大小，测量输出电流电压值，记入表中，并计算输出功率，作燃料电池的极化曲线。作输出功率随电压的变化曲线，计算该燃料电池的最大效率和最大输出功率。

2. 质子交换膜电解池的特性测量

改变加在电解池上的输入电压（改变太阳能电池的光照条件或改变光源到太阳能电池的距离），分别测量输入电流为100mA、200mA和300mA时5～25s不同时间内所产生的气体体积，记入表中。由式（4.20-6）计算氢气产生量的理论值。比较氢气产生量的测量值及理论值。若不管输入电压与电流大小，氢气产生量只与电荷量成正比，且测量值与理论值接近，即验证了法拉第电解定律。

3. 太阳能电池的特性测量

保持光照条件不变，改变太阳能电池负载电阻的大小，测量输出电压电流值，并计算输出功率，记入表中，作太阳能电池的伏安特性曲线。作该电池输出功率随输出电压的变化曲线，计算该太阳能电池的开路电压、短路电流、最大输出功率、最大工作电压、最大工作电流以及填充因子等值。

注意事项

1. 该实验系统必须使用去离子水或者二次蒸馏水，容器必须清洁干净，否则将损坏系统。

2. PEM 电解池的最高工作电压为 4V，最大输入电流为 400mA，超量程使用将极大地损害 PEM 电解池。所加的电源极性必须正确，否则将损坏电解池并有起火燃烧的可能。

3. 绝对不允许将任何电源加于 PEM 燃料电池输出端，否则将损坏燃料电池。

4. 汽水塔中所加入的睡眠高度必须在出气管高度以下，以保证 PEM 燃料电池正常工作。

5. 太阳能电池和配套光源在工作时温度很高，切不可用手触摸，以免被烫伤。

6. 绝不允许用水打湿太阳能电池和配套光源，以免触电和损坏该部件。

【思考题】

1. 质子交换膜燃料电池的工作原理是什么？

2. 法拉第电解定律是怎样验证的？

实验 4.21　电光调制实验

【简介】

当给晶体或液体加上电场后，该晶体或液体的折射率发生变化，这种现象称为电光效应。电光效应在工程技术和科学研究中有许多重要应用，它有很短的响应时间，可以在高速摄影中用做快门或在光速测量中用做光束斩波器等。在激光出现以后，电光效应的研究和应用得到迅速发展，电光器件被广泛应用在激光通信、激光测距、激光显示和光学数据处理等方面。电光调制实验作为高等院校的物理实验，用以研究电场和光场相互作用的物理过程，也适用于光通讯与光信息处理的实验研究。电光调制器的调制信号频率可达 $10^9 \sim 10^{10}$ Hz 量级，因而在激光通讯、激光显示等领域中有广泛的应用。

【实验目的】

1. 显示电光调制波形，观察电光调制现象。

2. 测试电光晶体的调制特性曲线。

3. 测量电光晶体的特征参量。

4. 进行电光调制的光通讯实验研究与演示。

【实验仪器】

电光调制实验仪：仪器主机、电光晶体、激光光源、交流电源、调制信号等。

【预习提示】

1. 复习电光效应相关知识。

2. 了解电光效应及电光调制原理。

【实验原理】

利用晶体的电光效应可以对透过介质的光束进行幅度、相位或频率的调制，即可实现电光调制器的功能。电光效应通常分为两种类型：①一次电光(泡克尔斯—Pockels)效应，介质折射率的变化正比于电场强度；②二次电光(克尔—Kerr)效应，介质折射率的变化与电场强度的平方成正比。一次电光效应只存在于不具有对称中心的晶体中，二次电光效应则可能存在于任何物质中，一次效应要比二次效应显著。

本实验利用铌酸锂晶体作电光介质，组成横向调制(外加电场与光传播方向垂直)的一次电光效应，如图 4.21-1 所示。设入射光传播方向平行于晶体光轴(Z 轴方向)，在平行于 X 轴的外加电场(E)作用下，晶体的主轴 X 轴和 Y 轴绕 Z 轴旋转，形成新的主轴 X'轴—Y'轴(Z 轴不变)，它们的感生折射率差为 Δn，并正比于所施加的电场强度 E：$\Delta n = n_0^3\gamma E$。其中 γ 为晶体的电光系数；n_0 为晶体对寻常光的折射率。当一束线偏振光从长度为 l、厚度为 d 的晶体中出射时，光波经晶体后出射光的两振动分量会产生附加的相位差 δ 可表示为

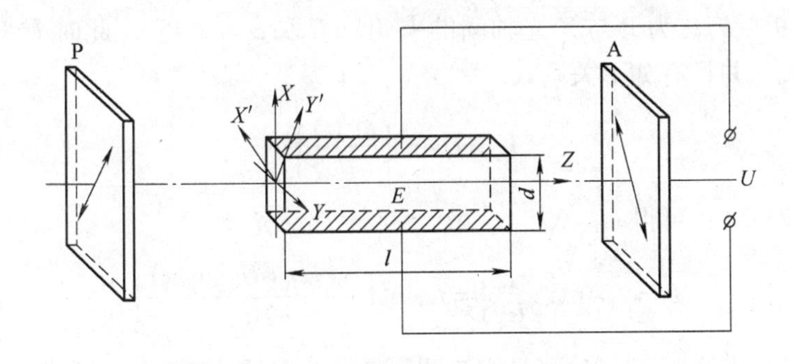

图 4.21-1　横向电光效应示意图

$$\delta=\frac{2\pi\Delta nl}{\lambda}=\frac{2\pi n_0^3\gamma E}{\lambda}=\frac{2\pi n_0^3\gamma lU}{\lambda d} \tag{4.21-1}$$

式中，λ 为入射光波的波长；$U=Ed$。由式(4.21-1)可知，δ 和 U 有关，当电压 U 增加到某一值时，X'、Y'方向的偏振光经过晶体后产生 $\lambda/2$ 的光程差，此时位相差 $\delta=\pi$，光强通过率 $T=100\%$，这一电压叫半波电压，通常用 U_π 或 $U_{\lambda/2}$ 表示。U_π 是描述晶体电光效应的重要参数，在实验中，这个电压越小越好，如果 U_π 小，需要的调制信号电压也小，根据半波电压值，我们可以估计出电光效应控制透过强度所需电压。

由式(4.21-1)得，半波电压可表示为

$$U=U_\pi=\frac{\lambda}{2n_0^3\gamma}\frac{d}{l} \tag{4.21-2}$$

U_π 是一个可用以表征电光调制时电压对相差影响大小的重要物理量。由式(4.21-2)可见，半波电压 U_π 决定于入射光的波长 λ 以及晶体材料和它的几何尺寸。由式(4.21-1)、式(4.21-2)可得

$$\delta(U)=\frac{\pi U}{U_\pi}+\delta_0 \tag{4.21-3}$$

式中，δ_0 为 $U=0$ 时的相差值，它与晶体材料和切割的方式有关，对加工良好的纯净晶体而言，$\delta_0=0$。

激光经起偏器P后只透射光波中平行其透振方向的振动分量，当该偏振光 I_P 垂直于电光晶体的通光表面入射时，如将光束分解成两个线偏振光，则经过晶体后其 X 分量与 Y 分量会产生 $\delta(U)$ 的相差，然后光束再经检偏器A，产生光强为 I_A 的出射光。当起偏器与检偏器的光轴正交($A\perp P$)时，根据偏振原理可求得输出光强为

$$I_A=I_P\sin^2(2\alpha)\sin^2\left[\frac{\delta(U)}{2}\right] \tag{4.21-4}$$

式中，$\alpha=\theta_P-\theta_X$，为P与 X 光轴间的夹角。若取 $\alpha=\pm45°$，此时 U 对 I_A 的调制作用最大，并且有如下关系式：

$$I_A=I_P\sin^2\left[\frac{\delta(U)}{2}\right] \tag{4.21-5}$$

联合式(4.21-3)，可得

$$I_A=I_P\sin^2\left[\frac{\pi U}{2U_\pi}\right]=I_P\sin^2\left[\frac{\pi(U_0+U_m\sin\omega t)}{2U_\pi}\right] \tag{4.21-6}$$

式中，U_0 是直流偏压；$U_m\sin\omega t$ 是交流调制信号；U_m 是其振幅；ω 是调制频率。由式(4.21-6)可以看出，改变 U_0 或 U_m 输出特性，透过的光强将相应地发生变化。

由此可见：当 $\delta(U)=2k\pi$（或 $U=2kU_{\pi}$）　$(k=0,\pm1,\pm2,\cdots)$ 时，$I_A=0$

当 $\delta(U)=(2k+1)\pi$ 或 $U=(2k+1)U_{\pi}$　$(k=0,\pm1,\pm2,\cdots)$ 时，

$I_A=I_P$

当 $\delta(U)$ 为其它值时，　I_A 在 $0\sim I_P$ 变化

由于晶体受材料的缺陷和加工工艺的限制，光束通过晶体时还会受晶体的吸收和散射，使两振动分量传播方向不完全重合，出射光截面也就不能重叠起来。于是，即使两偏振光处于正交的状态，且在 $\alpha=\theta_P-\theta_X=\pm45°$ 的条件下，当外加电压 $U=0$ 时，透射光强却不为 0，当 $U=U_{\pi}$ 时，透射光强也不为 I_P，由此需要引入另外两个特征参量：消光比 $M=I_{max}/I_{min}$ 和透射率 $T=I_{max}/I_0$。其中，I_0 为移去电光晶体后转动检偏器 A 得到的输出光强最大值。M 愈大，T 愈接近于 1，表示晶体的电光性能愈佳。半波电压 U_{π}、消光比 M、透光率 T 是表征电光晶体品质的三个特征参量。

由于对单色光，$\pi n_0^3\gamma/\lambda$ 为常数，因而 T 将仅随晶体上所加电压变化，若工作点选择不恰当，T 与 U 的关系是非线性的，会使输出信号发生畸变。但在 $U=U_{\pi}/2$（或 $\delta=\pi/2$）附近有一近似直线部分，这一直线部分称作线性工作区，故从调制的实际意义来说，电光调制器的工作点通常就选在该处附近。图 4.21-2 为外加偏置直流电压与交变电信号时光强调制的输出波形图。由图 4.21-2 可见，选择工作点②（$U=U_{\pi}/2$）时，输出波形最大且不失真。选择工作点①（$U=0$）或③$U=U_{\pi}$ 时，输出波形小且严重失真，同时输出信号的频率为调制频率的两倍。工作点的偏置可通过在光路中插入一个透光轴平行于电光晶体 X 轴的 $\lambda/4$ 波片 $\left(\text{相当于附加一个固定相差 } \delta=\dfrac{\pi}{2}\right)$ 作为“光偏置”，也可以加直流偏置电压来实现。

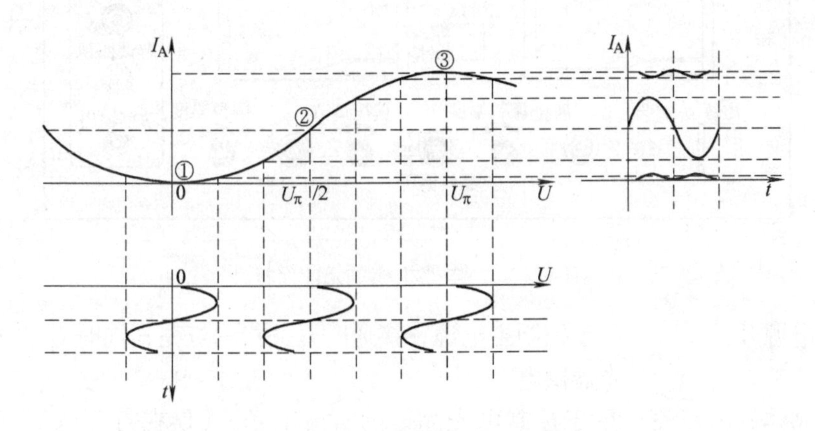

图 4.21-2　选择不同工作点时的输出波形

【实验装置】

电光调制实验系统由两大单元部件组成：光路系统和电路系统，如图4.21-3所示。

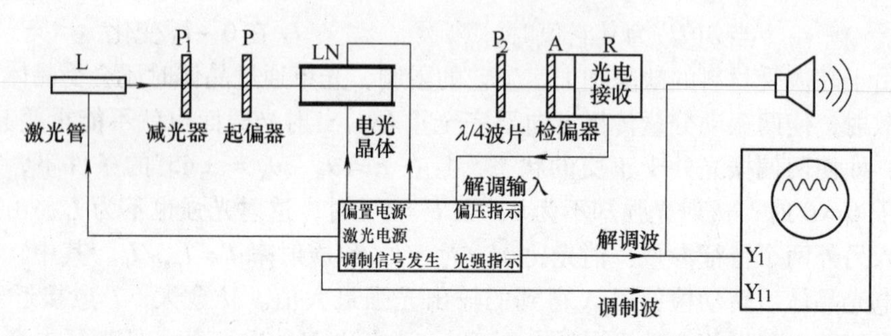

图4.21-3 电光调制实验系统结构

1. 光路系统

由激光管（L）、起偏器（P）、电光晶体（LN）、检偏器（A）与光电接收组件和λ/4波片（P_2）等组装在精密光具座上，组成电光调制器的光路系统。

2. 电路系统

除光电转换接收部件外，其余包括激光电源、晶体偏置高压电源、交流调制信号发生器、偏压与光电流数字指示表等电路单元均组装在同一主控单元之中。

图4.21-4为仪器电路单元的前面板图，其中各控制部件的作用如下：

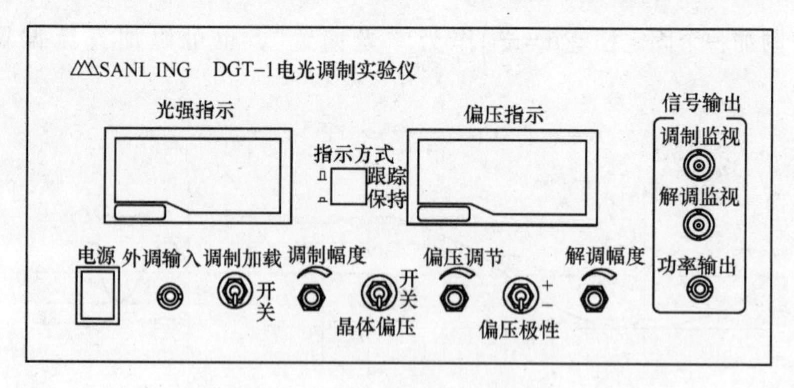

图4.21-4 电路主控单元前面板

- 电源开关　　用于控制主电源，接通时开关指示灯亮；同时对半导体激光器供电。
- 晶体偏压开关　用于控制电光晶体的直流电场。（仅在打开电源开关后有效）

- 偏压调节旋钮 调节偏置电压，用以改变晶体外加直流电场的大小。
- 偏压极性开关 改变晶体的直流电场极性。
- 偏压指示表 数字显示晶体的直流偏置电压。
- 指示方式开关 用于保持光强与偏压指示值，以便于读数。
- 调制加载开关 用于对电光晶体施加交流调制信号(内置 1kHz 的正弦波)。
- 外调输入插座 用于对电光晶体施加外接音频调制信号。(插入外来信号时内置信号自动断开)
- 调制幅度旋钮 用于调节交流调制信号的幅度。
- 调制监视插座 将调制信号输出送到示波器显示。
- 解调监视插座 将光电接收放大后的信号输出到示波器显示，可与调制信号进行比较。
- 光强指示表 数字显示经光电转换后的光电流相对值，可反映光强大小。
- 解调幅度 用以调节解调监视与功率输出信号的幅度。
- 功率输出 解调信号经输出插口，可直接送扬声器发声。

【实验内容】

1. 系统连接

(1) 将激光器电源线缆插入后面板的“至激光器”插座中。

(2) 由电光晶体的两极引出的专用电缆插入后面板中间的两芯高压插座。

(3) 用专用多芯电缆将光电接收部件(位于光具座末端)的航空插座连接到电路主控单元后面板左侧的“至接收器”插座上，以便将光电接收信号送到主控单元，同时主控单元也为光电接收电路提供电源。

(4) 光电接收信号由解调监视插座输出；主控单元中的内置信号或外调输入信号由调制监视插座输出。以上两信号可同时送双踪示波器，以便比较两者的波形。

(5) 将扬声器插入功率输出插座，音量由“解调幅度”控制。

(6) 主控单元后面板右侧三芯标准电源插座，连接至 220V 交流市电。

2. 光路调整

(1) 在光具座上垂直放置好激光器和光电接收器。

(2) 将激光器、电光调制器、光电接收器等部件连接到位。(预先将光敏接收孔盖上)

(3) 光路准直：打开激光电源，调节激光电位器使激光束有足够强度，准直调整时可先将激光管沿导轨推近接收器，调节激光管架上的塑制夹持螺钉使激光束基本保持水平，并使激光束的光点落在接收器的塑盖中心点上，然后将激光管远离接收器(移至导轨的另一端)；再次调节后面的三只螺钉，使光点仍保持在塑盖中心位置上，此后激光管与接收器的位置不宜再动。

（4）插入起偏器(P)，调节起偏器的镜片架转角，使其透光轴与垂直方向成$\theta_P=45°$角。

（5）将调制监视与解调监视输出分别与双踪示波器的YⅠ、YⅡ输入端相连，打开主控单元的电源。插入检偏器，转动检偏器，使激光点消失，光强指示近于0，表示此时检偏器与起偏器的光轴已处于正交状态(P⊥A)。

（6）使电光晶体标记线向上插入镜片架中，并用两螺钉将定位压环予以固定，然后将镜片架插入光具座，旋转镜片架至0刻度线即可使晶体的X轴处在铅直方向，再适当调节光源位置，务使激光束正射透过，这时$\theta_P-\theta_X=45°$，此时光强应近于0(或最小)。如不为0，可调节激光电位器使其近于0。

（7）去除接收孔塑盖，打开主控单元的晶体偏压电源开关，稍加偏压，偏压指示表与光强指示表均呈现一定值。

3. 实验内容

（1）观察电光调制现象

1）改变晶体偏压，观察输出光强指示的变化。

2）改变晶体极性，观察输出光强指示的变化。

3）打开调制加载开关，适当调节调制幅度，使双踪示波器上呈现调制信号(YⅠ)与解调输出波形(YⅡ)。

4）插入$\lambda/4$波片P_2，并使其光轴平行于晶体X轴(相当于加有“光偏置”)，观察光电调制现象。

（2）测量电光调制特性

1）作特性曲线。

将直流偏压加载到晶体上，从0到允许的最大正(负)偏压值逐渐改变电压(U)，测出对应于每一偏压指示值的相对光强指示值，作I_A-U曲线，得调制器静态特性。其中光电流有极大值I_{max}和极小值I_{min}。

2）测半波电压。

与I_{max}对应的偏压U即为被测的半波电压U_π值。

3）计算电光晶体的消光比和透光率。

由光电流的极大、极小值即得：消光比$M=I_{max}/I_{min}$。将电光晶体从光路中取出，旋转检偏器A，测出最大光强值I_0，可计算：透射率$T=I_{max}/I_0$。

4）电光调制与光通讯实验演示。

将音频信号(来自广播收音机、录音机、CD机等音源)输入到本机的“外调输入”插座，将扬声器插入“功率输出”插座，加晶体偏压至调制特性曲线的线性区域，适当调节调制幅度与解调幅度即可使扬声器播放出音响节目(示波器也可同时进行监视)。改变偏压，试听扬声器音量与音质的变化。

注意事项

（1）为防止强激光束长时间照射，导致光敏管疲劳或损坏，调节或使用好后，应随即用塑盖将光电接收孔的塑料盖盖好。

（2）根据绝缘性能，本实验使用的晶体最大允许电压约为 650V 左右，超值易损坏晶体。

（3）加偏压时应从 0V 起逐渐缓慢增加至最大值，反极性时也应先退回到 0 值后再升压。

（4）测量 I_0 值时应控制光量大小，不使光敏接收进入饱和状态。

【思考题】

1. 为了得到最好的调制特性，电光调制器工作点的选取需要满足什么样的条件？为什么？

2. 实验中应该注意哪些事项？

3. 如何保证光束正入射于晶体的端面，怎样判断？不是正入射时有何影响？

实验 4.22　磁光调制实验

【简介】

1945 年，法拉第(Faraday)在探索电磁现象和光学现象之间的联系时，发现了一种现象：当平面偏振光穿透某种介质时，若在沿平行于光的传播方向施加一磁场，光波的偏振面会发生旋转，亦即磁场使介质具有了旋光性，实验表明其旋转角 θ 正比于外加的磁感应强度 B，这种现象后来称为法拉第效应，也称磁致旋光效应，简称磁光效应。法拉第效应有许多应用，它可以作为物质研究的手段，可以用来测量载流子的有效质量和提供能带结构的知识，还可以用来测量电路中的电流和磁场，特别是在激光技术中，利用法拉第效应的特性可以制成磁光调制器。

磁光调制实验是研究磁场与光场相互作用的物理过程；测量磁光效应的旋光特性和调制特性；研究旋光材料的物理性能以及光信息处理。磁光调制器在激光通讯、激光显示等领域都有广泛的应用。

【实验目的】

1. 显示磁光调制波形，观察磁光调制现象。

2. 测定磁光介质的旋光角与磁场强度的特性曲线。

3. 测量磁光介质的维尔德常数。

4. 进行磁光调制的光通讯实验与演示。

【实验仪器】

CGT—1 型磁光调制实验仪：仪器主机、激光光源、磁光介质、偏振片、电源、示波器等。

【预习提示】

1. 了解磁光以及磁光调制原理。

2. 熟悉相关实验步骤和操作顺序。

【实验原理】

法拉第(Faraday)效应中的旋转角 θ 可表示为：$\theta=\nu lB$，其中，l 为光波在介质中的路径；ν 表征磁致旋光效应特征的比例系数，称为维尔德(Verdet)常数。关于线偏振光偏振方向旋转的物理机理可解释为：当线偏振光平行于外磁场入射磁光介质的表面时，偏振光的光强 I 可以分解成左旋圆偏振光 I_L 和右旋圆偏振光 I_R(两者旋转方向相反)。由于介质对两者具有不同的折射率 n_L 和 n_R，当它们穿过厚度为 l 的介质后引起的相位变化分别为：$\theta_L=2\pi n_L l/\lambda$ 和 $\theta_R=2\pi n_R l/\lambda$，其中 λ 为入射波长。因 $\theta_L-\theta=\theta_R+\theta$，所以有 $\theta=(\theta_L-\theta_R)/2=(n_L-n_R)\pi l/\lambda$。如折射率差$(n_L-n_R)$正比于磁感应强度 B，即可得 $\theta=\nu lB$，由此式可知，通过测量 θ 和 B(l 为已知)，即可求出维尔德常数 ν。

若用一交流电信号对励磁线圈进行激励，则介质将感应一个交变的磁场，即可组成磁光调制器(此时的励磁线圈称为调制线圈)。设起偏器和检偏器的透振方向的夹角为 α，在线圈未通电流并且不计光损耗的情况下，通过起偏器的线偏振光振幅为 A_0，则根据马吕斯定律，通过检偏器的输出光强为：$I=(A_0\cos\alpha)^2=I_0\cos^2\alpha$，其中 $I_0=A_0^2$ 为通过检偏器的最大光强。当线圈通以交流电信号 $i=i_0\sin\omega t$ 时，调制线圈产生的磁场为 $B=B_0\sin\omega t$，则相应的旋转角为 $\theta=\theta_0\sin\omega t$，故输出光强为

$$I=I_0\cos^2(\alpha+\theta)=\frac{I_0[1+\cos2(\alpha+\theta)]}{2}=\frac{I_0[1+\cos2(\alpha+\theta_0\sin\omega t)]}{2} \tag{4.22-1}$$

由式(4.22-1)可看出，电信号的变化($\sin\omega t$)反映在光强的变化上(I)，即形成了光调制器，由于其中应用了磁光原理，故称作磁光调制。

【实验装置】

磁光调制器系统结构由两大单元组成：光路系统和电路系统，如图 4.22-1 所示。

1. 光路系统

由激光管、起偏器、带调制线圈的磁光介质、有测角装置的检偏器组成。检偏器与光电转换成一体的接收单元以及直流励磁的电磁铁等组装在精密光具座上，组成磁光调制器的光路系统，如图 4.22-1 的上半部分所示。

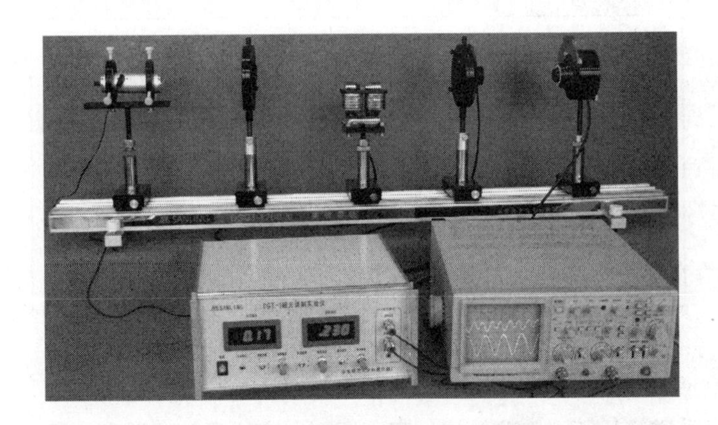

图4.22-1　磁光调制实验仪实物图

光电接收器组件前部的检偏器有两个刻度盘，其四周由四档0～90°的刻度盘构成。旋转带光孔和刻线的锥体可调圆盘，用以粗调检偏器的角度，后面的精密测微量角器，用以细调检偏器的旋角，如图4.22-2所示。

图4.22-2　检偏系统

2. 电路系统

除激光电源与光电转换接收部件，其余电路组装在主控单元中。图4.22-3所示为仪器电路主控单元的前面板图，各控制与显示部分的作用如下：

- 电源开关　用于控制主电源，接通时开关指示灯亮，同时对激光器供电。
- 外调输入　用以对磁光介质施加外接音频调制信号的插座。（插入外来信号时内置信号自动断开）
- 调制加载　用于对磁光介质施加交流调制信号。（内置1kHz的正弦波）
- 调制幅度　用以调制交流调制信号的幅度。

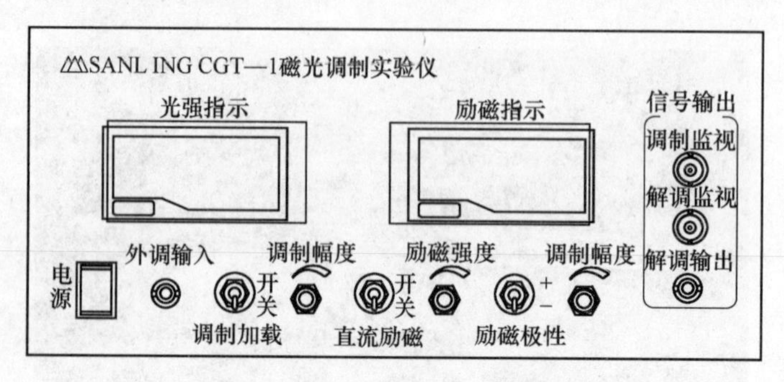

图 4. 22-3　电路主控单元前面板

- 直流励磁　用于对电磁铁施加直流调制电流的开关。（仅在打开电源后有效）
- 励磁强度　调节直流励磁电流大小，用以改变对磁光介质施加的直流磁场。
- 励磁极性　用以改变直流磁场的极性的开关。
- 调制幅度　用以调节监视或解调输出信号的幅度。
- 光强指示　数字显示经光电转换后的光电流接收强度的量计，可反映接收光强的大小。
- 励磁指示　数字显示直流励磁电流的量计。
- 调制监视　将调制信号输出送到示波器显示的插座。
- 解调监视　将光电接收放大后的信号输出送到示波器显示的插座。
- 解调输出　解调信号的输出插座，可直接插入有源扬声器。

图 4. 22-4 所示为电路主控单元的后面板图，各接口的作用如下：

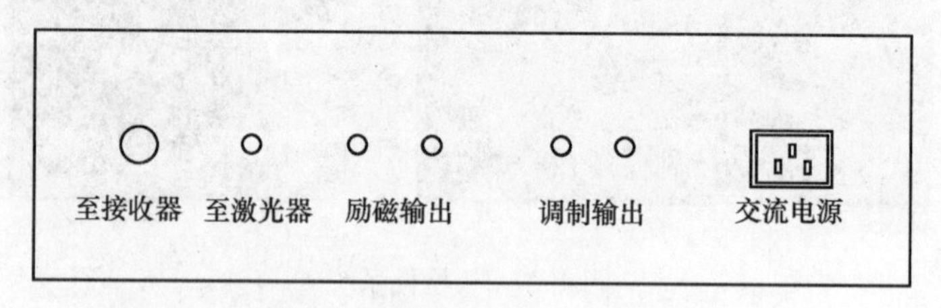

图 4. 22-4　电路主控单元后面板

- 至接收器　与光电接收单元连接的线缆接口。
- 至激光器　供半导体激光器的电源插座。
- 励磁输出　供直流调制电流的插座。
- 调制输出　供交流调制信号电流的插座。

【实验内容】

1. 连接系统

（1）将激光器电源线缆插入后面板的“至激光器”插座中。

（2）将调制线圈两端引出线插入后面板上调制输出端插座。

（3）将光电接收部件的电缆连接到电路主控单元后面板上“至接收器”插座，以便将接收信号送到主控单元，同时主控单元也为光电接收电路提供电源。

（4）光电接收信号经主控单元转接后由解调监视插座输出；主控单元中的内置信号(或外调输入信号)则由调制监视插座输出。两者分送到双踪示波器，以便同时显示波形，进行比较。

（5）将有源扬声器插入解调输出插座，以便作调制通讯的演示实验。

（6）主控单元后面板装有带开关的三芯标准插座，连接至220V市电交流电源。

2. 光路调整

（1）首先在光具座的滑座上放置好激光器和光电接收器。

（2）按系统连接方法将激光器、磁光调制器以及与检偏器一体的光电接收器等组件连接到位。检偏器的两刻度盘均预置在0。

（3）光路准直：打开电源开关，调节激光器尾部的旋钮，使激光器达足够光强。将激光器推近光电接收器，调节激光器架的前后各三只夹持螺钉，使激光器基本与光具座导轨平行并使激光束落在接收部件塑盖的中心点上。然后将激光器远离(移至导轨的另一端)，再次微调后侧的夹持螺钉，务使光点仍落在塑盖的中心位置上。调准激光器与接收器的位置后不必再动。

（4）插入起偏器，移去接收单元塑盖时，接收光强指示应呈现读数；调节起偏器，使光强指示器近于0，记下起偏器角度。再将起偏器旋转约45°角，使两偏振面在此夹角下调制幅度达最大值。

（5）调节激光强度，使光强指示的读数在“4～5”左右。

（6）将磁光调制器插入镜片架中，拧紧定位压环的两只滚花螺钉，将调制器予以固定，然后将镜片架插入光具座后对准中心，务使激光束正射透过。

3. 实验内容

（1）观察磁光调制现象

打开调制信号开关，调节输出幅度，在示波器上可同时观察到调制波形与解调输出波形；再细调检偏器的转角，即可明显地看到解调波与调制波的倍频关系。

（2）测量调制深度与调制角幅度

在示波器中显示出解调波形时，调节检偏器偏角，读出波形曲线上相应的光强信号的最大值 I_{max} 和最小值 I_{min}，由 $\eta=(I_{max}-I_{min})/(I_{max}+I_{min})$ 和 $\theta=\sin^{-1}[(I_{max}-I_{min})/(I_{max}+I_{min})]/2$，计算出调制深度 η 和调制角幅度 θ。

（3）测定旋光角与外加磁场的关系曲线

改变调制电流的大小，测出不同电流下对应的光强 I_{max} 与 I_{min} 值，计算出 η 和 θ_0 值，作 θ-B(IM)曲线。

（4）磁光调制与光通讯实验演示

将音频信号(来自收音机、录音机、CD唱盘等音源)输入到“外调制输入”插座，将有源扬声器插入“解调输出”插座，即可发声，音量由“解调幅度”控制。

注意事项

（1）光路调节过程中避免激光直射人眼，以免对眼睛造成危害。

（2）为获得最大调制幅度，使起偏器P和检偏器A的主截面之间夹角达$\alpha=45°$。

【思考题】

1. 复习磁光效应相关知识。
2. Faraday旋光效应的物理本质是什么?
3. 实验中应该注意哪些事项?

实验4.23　验证快速电子的相对论效应

【简介】

相对论是近代物理学中两大理论支柱之一，它的出现掀起了物理学的一场革命，彻底改变了人们对时空的认识。由于相对论所研究的对象是接近光速的快速运动的粒子，这使得用常规简单方法观测相对论效应受到限制。

本实验使用的RES系列相对论实验谱仪，合理地解决了以上困难，它是利用原子核衰变过程中放射出的快速运动的粒子作为研究对象，直观方便地观测到相对论效应。弥补了常规实验室无法研究快速运动的粒子规律的缺陷。

【实验目的】

1. 了解闪烁探测器及β磁谱仪的结构、测量原理。
2. 掌握NaI(TI)单晶γ闪烁谱仪的几个性能指标和测试方法。
3. 通过对快速电子的动量值及动能值的同时测定验证动量和动能的相对论关系。
4. 了解核电子学仪器的数据采集、记录方法和数据处理原理。

【实验内容】

1. 利用放射源^{60}Co和^{137}Cs对RES实验谱仪进行能量定标。
2. 测量快速电子的动能。
3. 测量快速电子的动量。
4. 验证快速电子的动量与动能之间的关系符合相对论效应。

【实验仪器】

真空泵，真空、非真空半圆聚焦β磁谱仪，定标用γ放射源^{137}Cs和^{60}Co(强度≈2 微居里)，β 放射源^{90}Sr—^{90}Y(强度≈1 毫居里)，200μm Al 窗 NaI(TI)闪烁探头，高压电源、放大器、多道脉冲幅度分析器，数据处理计算软件。

【预习提示】

1. 简述 NaI(TI)闪烁探测器的工作原理。

2. 反散射峰是如何形成的?

3. 若只有^{137}Cs 源，能否对闪烁探测器进行大致的能量刻度?

4. NaI(TI)单晶 γ 闪烁谱仪的能量分辨率定义是什么? 如何测量? 能量分辨率与哪些量有关? 能量分辨率的好坏有何意义?

5. 为什么要测量 NaI(TI)γ 单晶闪烁谱仪的线性? 谱仪的线性主要与哪些量有关? 线性指标有何意义?

6. 怎样测量快速粒子的动量和动能?

【实验原理】

1. NaI(TI)闪烁探测器的工作原理

(1) 概述

核辐射与物质相互作用会使其电离、激发而发射荧光，闪烁探测器就是利用这一特性来工作的。图 4.23-1 所示是闪烁探测器组成的示意图。它由闪烁体、光电倍增管和相应的电子仪器组成。

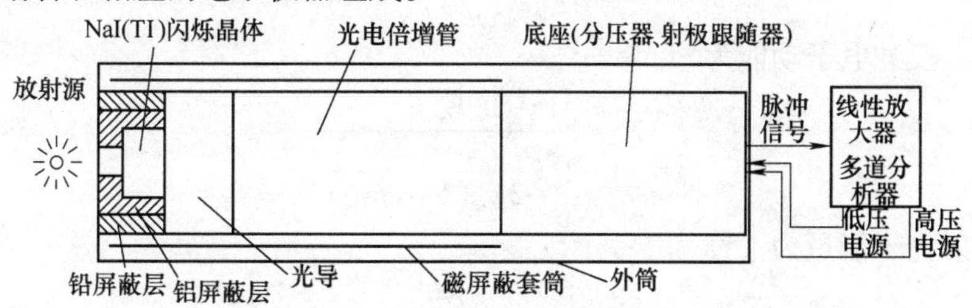

图 4.23-1　NaI(TI)闪烁探测器示意

NaI(TI)单晶 γ 谱仪记录 γ 光子的过程概括为:

1) 射线进入闪烁体，与之发生相互作用，闪烁晶体吸收带电粒子能量而使原子、分子电离和激发。

2) 受激原子、分子退激时发射荧光光子。

3) 利用反射物(闪烁体周围包围的物质)和光导将闪烁光子尽可能多地收集到光电倍增管的光阴极上，由于光电效应，光子在光阴极上击出光电子。

4) 光电子在光电倍增管中倍增，数量由一个增加到 10^4 ~ 10^9 个，电子流在阳极负载上产生电信号。

5) 此信号由电子仪器记录和分析。

(2) γ 射线与物质相互作用的物理过程

γ 射线与物质相互作用主要有三种方式：光电效应、康普顿效应和电子对效应。

1）光电效应——物质在电磁辐射照射下释放出电子的现象，如图 4. 23-2a 所示。释放出的电子称为光电子，γ 射线产生的光电子动能为：$E_e = E_\nu - E_i \approx E_\nu = h\nu$。

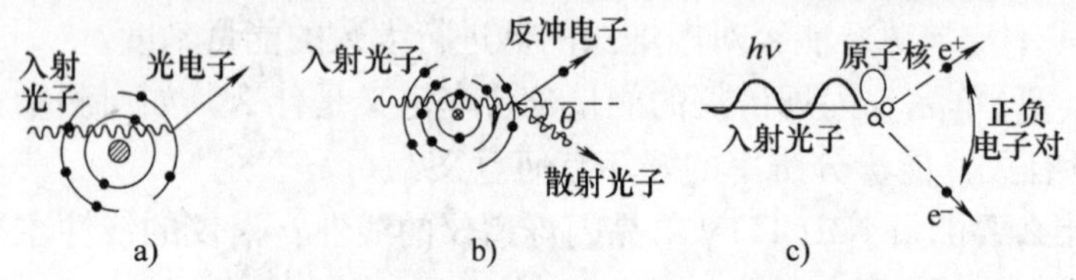

图 4. 23-2　γ 射线与物质相互作用的一般过程

a）光电效应　b）康普顿效应　c）电子对效应

2）康普顿效应——γ 射线(能量为 E_γ)与原子中的电子发生碰撞，一部分能量给了电子，使之脱离原子束缚成为反冲电子(能量为 E_e)，同时 γ 光子被散射成为散射光子(能量为 E'_γ)，如图 4. 23-2b 所示。根据能量和动量守恒定律，反冲电子的能量

$$E_e = E_\gamma - E'_\gamma \tag{4. 23-1}$$

理论上，反冲电子动能为

$$E_e \approx \frac{E_\gamma}{1 + \dfrac{1}{2E_\gamma(1-\cos\theta)}} \tag{4. 23-2}$$

散射光子能量为

$$E'_\gamma \approx \frac{E_\gamma}{1 + 2E_\gamma(1-\cos\theta)} \tag{4. 23-3}$$

式中，θ 为散射角，当 θ = 180°时，即光子向后散射，称为反散射光子。

3）电子对效应——当 γ 光子的能量大于 $2m_0c^2$ 时，γ 光子在原子核或电子的库仑场的作用下，可能转化为正负电子对，这一过程称为电子对效应。产生的电子将均分入射的 γ 光子的能量。

(3) 用 NaI(TI)谱仪测得的 ^{137}Cs γ 能谱(所谓射线的能谱,是指各种不同能量粒子的相对强度的分布)。

图 4. 23-3 所示是用 NaI(TI)谱仪测得的 ^{137}Cs γ 全能谱，能谱中有三个峰和一个平台：

1）峰 A 称为全能峰，这一脉冲幅度直接反映 γ 射线的能量即 0. 661MeV，这个峰中包含光电效应及多次效应的贡献。

2）峰 B 是康普顿效应的贡献，称为康普顿平台。

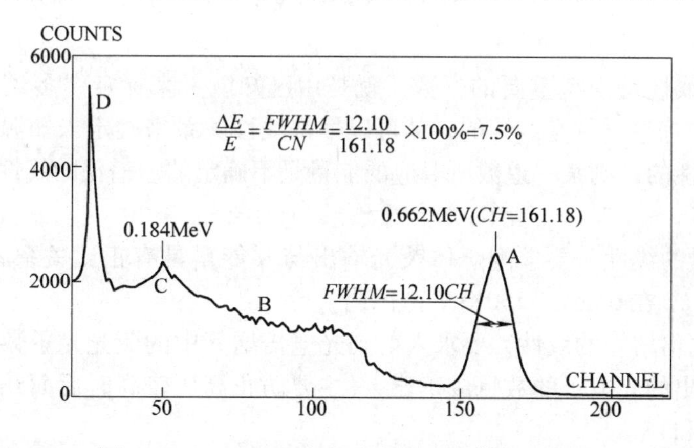

图4.23-3　NaI(TI)闪烁谱仪测得的^{137}Cs γ能谱

3）峰C是反散射峰。它是入射的γ光子透过闪烁体打到光电倍增管的光阴极上发生的康普顿反散射或γ射线在源及周围物质上发生的康普顿反散射，而散射光子又进入闪烁体通过光电效应而被记录的。反散射光子的能量总是在200keV左右，在全能谱上较易识别，^{137}Cs的反散射光子的能量为$E'_\gamma(\theta=180°)\approx E_\gamma/(1+4E_\gamma)=0.662/(1+4\times0.662)=0.184\text{MeV}$。

4）峰D是X射线峰，它是由^{137}Ba的K层特征X射线贡献的。因为^{137}Cs的β衰变子体^{137}Ba，在退激时不放出γ射线，而是通过内转换过程放出电子，造成K空位，外层电子跃迁后产生此光子，所以这个峰对应^{137}Ba的K系X射线的能量(32keV)。

(4) NaI(TI)单晶γ闪烁谱仪的主要指标

1）能量分辨率。

由于单能带电粒子在闪烁体内损失能量引起的闪烁发光所放出的荧光光子数有统计涨落，同时，一定数量的荧光光子打在光电倍增管光阴极上产生的光电子数目也有统计涨落，这就使得同一能量(E)的粒子产生的脉冲幅度不是同一大小，而是有一定的波动，且近似为高斯分布，设半高宽为ΔE，能量分辨率的定义是

$$\eta=\frac{\Delta E}{E}\times100\% \tag{4.23-4}$$

而脉冲幅度与能量有线性关系，并且脉冲幅度与多道道数(CH)成正比，故能量分辨率又写为

$$\eta=\frac{\Delta CH}{CH}\times100\% \tag{4.23-5}$$

式中，ΔCH为记数率极大值一半处的宽度(或称半宽度)；CH为记数率极大处的脉冲幅度。

2）线性。

谱仪的线性是一个重要的参数，就是用已知能量来标定“多道的道数所对应的能量”。如果谱仪是线性的，就可以根据线性关系来确定未知源的能量；若谱仪是非线性的，则某一道数所对应的能量是不确定的。谱仪的线性与下列因素有关：

① 能量的线性，要求闪烁体荧光输出与γ能量具有正比关系。（条件是γ射线的能量 E_γ 在6MeV～150KeV 范围内）

② 光电倍增管的线性，要求入射到光电倍增管中的荧光光子数目与从光电倍增管中输出的光电子的数目成正比。（主要防止高压较高时后面几个打拿极的空间电荷饱和）

③ 放大器的线性。（防止幅度过载与计数率过载）

④ 单道或多道脉冲分析器的线性。

本实验中闪烁体能量的线性与单道多道分析器的线性已定，主要调节光电倍增管高压与放大器的放大倍数，以保证谱仪有良好的线性。

3）谱仪的稳定性。

谱仪的能量分辨率、线性的正常与否与谱仪的稳定性有关。因此在测量过程中，要求谱仪始终能正常地工作，如高压电源、放大器的放大倍数及单道脉冲分析器的甄别阈和道宽。如果谱仪不稳定，则会使光电峰的位置变化或峰形畸变。在测量过程中经常要对 ^{137}Cs 或的 ^{60}Co 峰位进行检查，以验证测量数据的可靠性。为避免电子仪器随温度变化的影响，在测量前仪器必须预热半小时。

4）峰康比。

全能谱峰顶计数与康普顿平台计数之比，称为峰康比。它表明一个峰落在另一个谱线的康普顿平台上能否清晰显示的程度，即存在高能强峰时探测低能弱峰的能力。

2. 单道和多道脉冲幅度分析器的工作原理

单道脉冲幅度分析器，简称单道，是分析射线能谱的一种仪器。

我们知道闪烁探测器可将入射粒子的能量转换为电压脉冲信号，而信号幅度大小与入射粒子能量成正比。因此只要测出不同幅度的脉冲数目，也就得到了不同能量的粒子数目。由于γ射线与物质相互作用机制的差异，从探测器射出的粒子脉冲幅度有大有小，单道就起到从中“数出”某一幅度脉冲数目的作用。

简单地说，单道脉冲分析器的功能是把线性脉冲放大器的输出脉冲按高度分类：若线性脉冲放大器的输出是0～10V，把它按脉冲高度分成500级，或称为500道，则每道宽度为0.02V，也就是输出脉冲的高度按0.02V的级差来分类。

上面所描述的情况可以称之为单道工作在微分状态下；当单道工作在积分状态下时，只要脉冲高度大于阈值电压，单道就输出一个脉冲，即记录大于某一高度的所有脉冲数目。

单道是逐点改变甄别电压进行计数，测量不方便而且费时，因而本实验采用了多道脉冲分析器。多道脉冲分析器的作用相当于数百个单道分析器与定标器，它主要由0~10V的A/D转换器和存储器组成，脉冲经过A/D转换器后就按高度大小转换成与脉高成正比的数字输出，因此可以同时对不同幅度的脉冲进行计数，一次测量可得到整个能谱曲线，既可靠方便又省时间。

3. 快速粒子的相对论效应

根据狭义相对论理论，静止质量为 m_0，速度为 v 的物体，其动量 p 为

$$p=\frac{m_0}{\sqrt{1-\beta^2}}v=mv \tag{4.23-6}$$

式中，$m=m_0/\sqrt{1-\beta^2}$；$\beta=v/c$。

相对论能量为

$$E=mc^2 \tag{4.23-7}$$

相对论动能

$$E_k=E-E_0=mc^2-m_0c^2 \tag{4.23-8}$$

式中，$E_0=m_0c^2$ 为静止能量。

由式(4.23-6)和式(4.23-7)可得

$$E^2=E_0^2+c^2p^2 \tag{4.23-9}$$

由式(4.23-8)和式(4.23-9)可得

$$E_k=\sqrt{c^2p^2+m_0^2c^4}-m_0c^2 \tag{4.23-10}$$

将电子的 $m_0c^2=0.511\text{MeV}$ 代入式(4.23-11)有

$$E_k=\sqrt{c^2p^2+0.511^2}-0.511(\text{MeV}) \tag{4.23-11}$$

这就是狭义相对论的动量和动能的关系。

本实验中，分别测量同一束电子的动能 E_k 和动量 p，从而验证狭义相对论的动量和动能的关系。

【实验装置】

实验装置由以下部分组成：β放射源 ^{90}Sr-^{90}Y、半圆聚焦β磁谱仪、真空室、NaI闪烁探头、高压电源、放大器、多道脉冲幅度分析器、微机与数据处理软件等，如图4.23-4所示。

1. β放射源——^{137}Cs 和 ^{60}Co(强度≈1.5微居里)，衰变产生的β能谱是连续的，能量范围为0~2.27MeV。

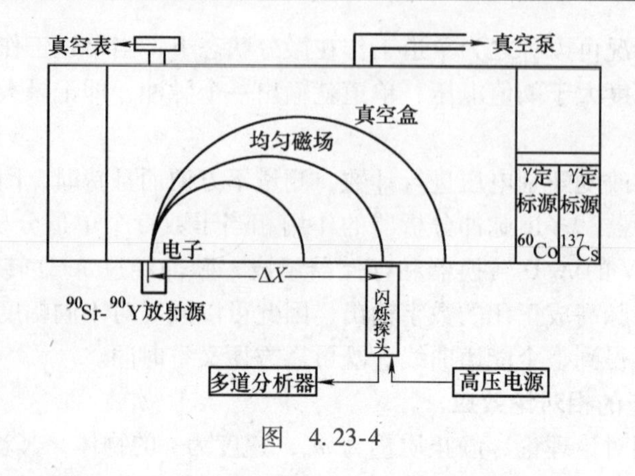

图 4.23-4

2. 半圆聚焦β磁谱仪。

β源射出的高速β粒子经准直后垂直射入一均匀磁场中，粒子因受到与运动方向垂直的洛伦兹力的作用而做圆周运动。若忽略其在空气中的能量损失，则粒子具有恒定的动量数值

$$p = eBR = \frac{1}{2}\Delta XeB \tag{4.23-12}$$

式中，e 为电子电荷量；B 为磁感应强度；R 为粒子轨道半径；ΔX 为β放射源与探测器之间的距离。

实验时，放射源射出的不同动量（能量）的β粒子，经过磁场后，其出射的位置也各不相同。因此，使用探测器在不同位置测出β粒子的动量，再由探测器测得对应位置出射的β粒子的动能，实现对同一状态下电子的动量和动能的比较。

由于实验工艺所限，磁场的非均匀性（尤其是边缘部分）无法避免，直接用式(4.23-12)求出的动量将产生一定的偏差，因此理论上对 p 值需加以修正。但实际中，磁场的非均匀性和经过若干时间后磁感应强度的下降，给实验带来的误差并不显著，因此，计算时只要采取最简单的平均磁场法就可以了，即认为整个磁场完全均匀，这对实验误差影响不大。（每一装置的平均磁感应强度都已给出）

另外，放射源射出β粒子在运动过程中还存在能量损失，这里主要包含两个方面的损失，即封装真空室的有机塑料薄膜对其能量的吸收和探测器前端的Al膜对其能量的吸收，所以动能要进行修正。

【实验步骤】

1. 能量定标

(1) 连接好实验仪器，开机预热。

（2）把^{60}Co放在探测器前，调节高压和放大倍数，开始测量，计数超过1000后停止测量，保留下所得到的能谱曲线。这环节中调节高压和放大倍数时，须使^{60}Co能谱的最大脉冲幅度尽量大而又不超过多道脉冲分析器的分析范围。能谱如图4.23-5所示。

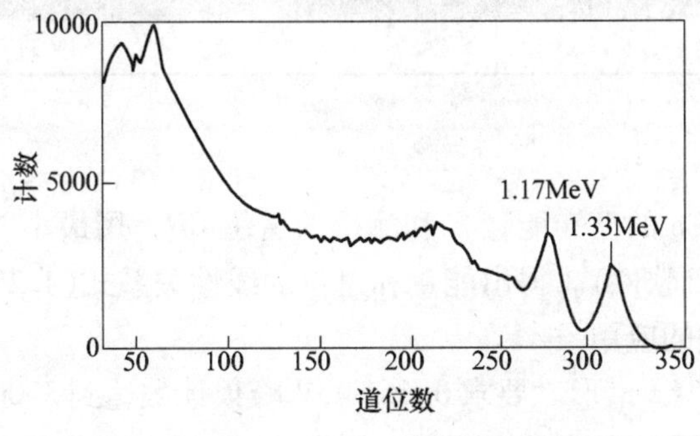

图4.23-5　^{60}Co的能谱图

1）分析谱形，指明光电峰、康普顿平台和反散射峰。

2）记录下这时^{60}Co的两个光电峰所对应的峰位道数。

（3）移开探测器，盖上并取下^{60}Co源，把γ放射源^{137}Cs放在探测器前，在保持高压和放大倍数不变的情况下开始测量，计数超过1000后停止测量，并保留下所得到的能谱曲线，能谱如图4.23-6所示。

1）分析谱形，指明光电峰、康普顿平台和反散射峰。

2）记录下这时^{60}Co的两个光电峰所对应的峰位道数。

注：步骤(2)中^{60}Co能谱中的光电峰应在一个比较合适的位置(建议：在多道脉冲分析器总道数的50%～70%之间,这样,既可保证测量不超出量程范围,又充分利用多道脉冲分析器的有效探测范围)。实验时，1.33MeV的光电峰位大约在320道左右，而^{137}Cs能谱中能量为0.661MeV的光电峰位大约在160道左右。

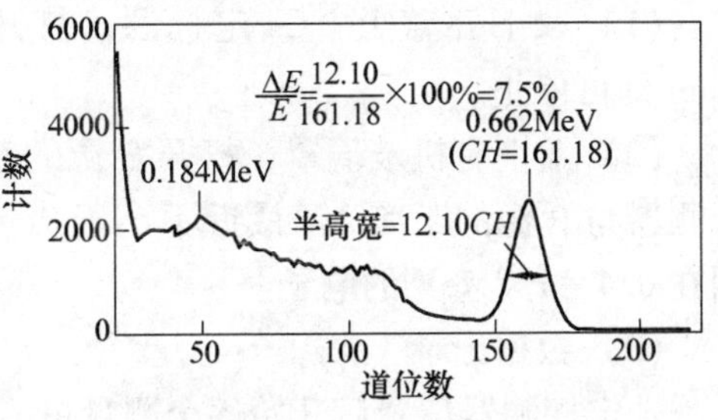

图4.23-6　^{137}Cs的能谱图

（4）多道数据处理软件对所测得的谱形进行数据处理，分别进行光滑化、寻峰、半宽度记录、峰面积计算、能量刻度、感兴趣区处理等工作，并求出各光电峰的能量分辨率。

（5）根据实验测得的相对于0.661MeV、1.17MeV、1.33MeV的光电峰位置，作E-CH能量定标曲线(0.184MeV的^{137}Cs反散射峰也可记录在内)，求出道

位数与能量的对应关系

$$E = a + b \times CH \tag{4.23-13}$$

数据记录

E/MeV	1.17	1.33	0.662	0.184
CH				

数据处理

根据^{137}Cs和^{60}Co的已知能量E和测得的道位CH，用最小二乘法做能量定标（使用现成的计算机软件）。得出能量和道位的线性关系式(4.23-13)。

（6）定标曲线的应用

1）重新测量^{137}Cs谱形。要求0.661MeV峰顶计数达到3000以上。根据能谱寻找反散射峰，记下对应的峰位道数。根据式(4.23-13)求出反散射光子的能量并与理论值相比较，计算相对误差。

2）电子动能的确定（见粒子动能及动量的测量部分）。

由于每台仪器以及每次实验时，实验者所使用的高压的大小和放大倍数的值可能不同，使得定标时式(4.23-13)中的系数a、b值不同，因此每次实验时，必须重新进行能量定标。

2. 粒子动能及动量的测量

（1）取下并盖上^{137}Cs定标源，打开机械泵抽真空，机械泵正常工作2～3min即可停止。

（2）盖上有机玻璃罩，打开β源的盖子，开始测量快速电子的动量和动能。探测器与β源的距离ΔX最近不小于9cm、最远不大于24cm，保证获得动能范围在0.4～1.8MeV的电子。

（3）数据记录

选定探测器位置后开始逐个测量单能电子能峰，记下峰位道数CH和相应的位置坐标X，并应用定标曲线求出不同位置的单能电子能量E_2（未经任何能量损失修正）。

$B=$　　　　β源位置$X_0=$

	1	2	3	4	5	6	7	8
X（探测器位置）								
CH								
$\Delta X = X - X_0$								
E_2								

（4）全部数据测量完毕后关闭 β 源及仪器电源：慢慢旋转放大盒面板上的 HV 钮，反时针扭到最小（电压降为零）后，关闭放大盒电源，进行数据处理和计算。

（5）数据处理

电子在进入真空室过程中要穿过一层封装真空室的有机塑料薄膜，塑料薄膜对其有能量吸收，设 E_k 是放射源出射的电子穿过这层有机塑料薄膜进入真空室的能量；

当电子从真空室出射过程中也要穿过这层有机塑料薄膜，塑料薄膜对其还有能量吸收，设从真空室出射后但未进入探测器前电子的能量为 E_1；

从真空室出射后的电子进入探测器过程中要先穿过探测器前端的一层厚度为 220μm 的铝膜，铝膜对其能量有一定的吸收，设探测器测得的单能电子能量为 E_2。

注：对探测到的能量 E_2 必须进行修正，一次修正后的能量即为 E_1——电子进入探测器前的能量。二次修正后的能量为 E_k——电子在真空室中的能量。实验中要验证的是真空室中电子的动能和动量之间的关系。

1）应用表 4.23-1，采用线性插值的方法（见实验 4.18 原理部分），将测得的 E_2 进行一次修正，修正后的能量为 E_1。

表 4.23-1　电子能量的一次修正对照表

E_1/MeV	E_2/MeV	E_1/MeV	E_2/MeV	E_1/MeV	E_2/MeV
0.317	0.200	0.887	0.800	1.489	1.400
0.360	0.250	0.937	0.850	1.536	1.450
0.404	0.300	0.988	0.900	1.583	1.500
0.451	0.350	1.039	0.950	1.638	1.550
0.497	0.400	1.090	1.000	1.685	1.600
0.545	0.450	1.137	1.050	1.740	1.650
0.595	0.500	1.184	1.100	1.787	1.700
0.640	0.550	1.239	1.150	1.834	1.750
0.690	0.600	1.286	1.200	1.889	1.800
0.740	0.650	1.333	1.250	1.936	1.850
0.790	0.700	1.388	1.300	1.991	1.900
0.840	0.750	1.435	1.350	2.038	1.950

2）应用表 4.23-2，采用线性插值的方法，对 E_2 进行二次修正（即将 E_1 进行修正），修正后的能量为 E_k。

表 4.23-2 电子能量的二次修正对照表

E_k/MeV	0.382	0.581	0.777	0.973	1.173	1.367	1.567	1.752
E_1/MeV	0.365	0.571	0.770	0.966	1.166	1.360	1.557	1.747

3）根据公式(4.23-12)求电子动量的实验值。

4）根据电子动能的实验值 E_k，利用动能跟动量的相对论关系公式(4.23-11)求出电子的动量，作为电子动量的理论值，并求出电子动量的实验值对于该理论值的相对偏差。

5）根据电子动能的实验值 E_k，利用动能跟动量的经典物理关系求出电子的动量，作为电子动量的经典理论值，并求出电子动量的实验值对于该经典理论值的相对偏差。

6）根据电子动能的实验值，在同一坐标纸上作出：

电子动量和电子动能的实验曲线；

电子动量和动能相对论关系的理论曲线；

电子动量和动能经典关系的理论曲线。

（6）全部数据处理完毕后，关闭计算机。

（7）充分洗手后，结束本次实验。经教师同意后，离开实验室。

注意事项

（1）严禁将放射源对准人体，尤其是眼部。

（2）闪烁探测器上的高压电源、前置电源、信号线不可以接错。

（3）高压电源在打开和关闭之前应先把电压调到零（即 HV 钮左旋到底），且高压严禁超过1200V；有高压，注意人身安全。

（4）严禁探测器在工作状态下见光，以免光电倍增管烧坏。通高压的情况下，不得拆卸探测器。

（5）在打开 β 源开始测量前，盖上有机玻璃罩，装置的有机玻璃罩打开之前应先关闭 β 源。

（6）应防止 β 源强烈震动，以免损坏它的密封薄膜。

（7）移动真空盒时，应格外小心，以防损坏其密封薄膜。

（8）严禁放射源被误携出实验室。

（9）做完实验后，及时关闭所有放射源，并放置于固定位置，及时用水冲洗手。

【思考题】

1. 怎样处理快速粒子的动能？为什么要如此处理？

2. 用 γ 源进行能量定标时，为什么不需要对 γ 射线穿过 220μm 厚的铝膜时进行“能量损失的修正”？

参考文献

[1]　吴泳华，等．大学物理实验[M]．北京：高等教育出版社，2001.
[2]　吴思诚，等．近代物理实验[M]．3版．北京：高等教育出版社，2005.
[3]　赵凯华，钟锡华．光学[M]．北京：北京大学出版社，1984.
[4]　周文，陈秀峰，杨冬晓．光子学基础[M]．杭州：浙江大学出版社，2000.
[5]　明海，张国平，谢建平．光电子技术[M]．合肥：中国科学技术大学出版社，1998.
[6]　薛勇锋．声光效应实验研究[J]．西安文理学院学报：自然科学版，2005，02.
[7]　H A卡普卓夫．气体与真空中的电现象[M]．南京工学院无线电系工业电子学教研组，译．北京：高等教育出版社，1958.
[8]　孙杏凡．等离子体及其应用[M]．北京：高等教育出版社，1982.
[9]　华中师范大学近代物理实验教研室．近代物理实验[M]．武汉：华中师范大学出版社，1988.
[10]　明海，张国平，谢建平．光电子技术[M]．合肥：中国科学技术大学出版社，1998.
[11]　徐克尊．高等原子分子物理学[M]．北京：科学出版社，2002.
[12]　王国文．原子与分子光谱导论[M]．北京：北京大学出版社，2007.
[13]　刘春光，等．近代物理实验[M]．长春：东北师范大学出版社，2005.
[14]　钟锡华．现代光学基础[M]．北京：北京大学出版社，2003.
[15]　许金钩，王尊本．荧光分析法[M]．3版．北京：科学出版社，2008.
[16]　夏锦尧．实用荧光分析法[M]．北京：中国人民公安大学出版社，1992.
[17]　喻洪波．荧光分光光度计的研究[D]．杭州：浙江大学，2008.
[18]　J W顾德门．傅里叶光学导论[M]．詹达三，等译．北京：科技出版社，1976.
[19]　宋菲君，S Jutamulia．近代光学信息处理[M]．北京：北京大学出版社，1998.
[20]　彭哲方．数码图像处理在阿贝成像原理和空间滤波实验中的应用[J]．物理实验，2001，21(7)：26-28.
[21]　钟锡华．光波衍射与变换光学[M]．北京：高等教育出版社，1981.
[22]　沈元华，陆申龙．基础物理实验[M]．北京：高等教育出版社，2003.
[23]　高汉宾，郑耀华．简明核磁共振手册[M]．武汉：湖北科学技术出版社，1989.
[24]　王金山．核磁共振波谱仪与实验技术[M]．北京：机械工业出版社，1982.
[25]　Eiichi Fukushima．实验脉冲核磁共振[M]．童瑜华，邵倩芬，费伦，译．上海：复旦大学出版社，1995.
[26]　黄永仁．核磁共振理论原理[M]．上海：华东师范大学出版社，1992.
[27]　伍长征．激光物理学[M]．上海：复旦大学出版社，1989.
[28]　杨福家．原子物理[M]．北京：高等教育出版社，1990.
[29]　周文，陈秀峰，杨冬晓．光子学基础[M]．杭州：浙江大学出版社，2000.
[30]　张兆奎，缪连元，张立．大学物理实验[M]．北京：高等教育出版社，1990.
[31]　刘仲娥，张维新，宋永祥．敏感元件与应用[M]．青岛：青岛海洋大学出版社，1993.

[32]　赵凯华，陈熙谋. 电磁学[M]. 北京：人民教育出版社，1978.

[33]　吴杨，娄捷，陆申龙. 锑化铟磁阻传感器特性测量及应用研究[J]. 物理实验，2001，21(10)：46-48.

[34]　王正良，陈善飞. 磁性液体在磁场中产生光的双折射效应机理[J]. 光学技术，2003，29(1)：124.

[35]　潘学礼，潘应天. 磁流体磁光特性的研究及其应用[J]. 光学学报，1996，16(12)：1725-1729.

[36]　C Y Hong. Optical switch devices using the magnetic fluid thin films[J]. J. Magn. Magn. Mater, 1999，201：178-181.

[37]　S Y Yang，Y H Chao，H E Horng，et. Tunable one-dimensional ordered structures in a magnetic fluid microstrip under parallel magnetic fields[J]. J. Appl. Phys.，2005，97：093907.

[38]　姜东光，等. 近代物理实验[M]. 北京：科学出版社，2007.

[39]　陶纯匡，王银峰，汪涛，等. 大学物理实验[M]. 北京：机械工业出版社，2007.

[40]　戴道宣，戴乐山. 近代物理实验[M]. 北京：高等教育出版社，2006.

[41]　轩植华，霍剑青，姚锟，张淑贞. 大学物理实验 [M]. 北京：高等教育出版社，2006.

[42]　张荣君，姚明远，郑玉祥，陈良尧. 反射式 RAP 型椭圆偏振光谱仪及其应用[J]. 实验室研究与探索，2010，29 (3)：30-34.

[43]　马逊，刘祖明，陈庭金，廖华. 椭圆偏振仪测量薄膜厚度和折射率 [J]. 云南师范大学学报，2005，25 (4)：24-27.

[44]　范毅明，范世忠，李祥杰. 医用B超仪与超声多普勒系统 [M]. 上海：第二军医大学出版社，1999.

[45]　应崇福. 超声学 [M]. 北京：科学出版社，1990.

[46]　郑中兴，腾永平. 超声检测技术 [M]. 北京：北京交通大学出版社，1998.

[47]　陈泽民. 近代物理与高新技术物理基础 [M]. 北京：清华大学出版社，2001.

第5章　设计性实验

实验5.1　改装欧姆表

【实验目的】

用微安表改装多量程欧姆表。

【实验仪器】

微安表表头1只、标准电流表1只、标准电压表1只、电阻箱4只、滑动变阻器1只、稳压电源1台、干电池1只、单刀双掷开关1只、开关1只、导线若干。

【实验原理提示】

1. 微安表有满偏电流 I_g 和表头内阻 R_g 两个参数，需设计实验电路进行测量。测 R_g 时可采用替代法，也可使用半偏法等。

2. 微安表改装欧姆表时，常用调零电阻外接法（图5.1-1）或者调零电阻内接法（图5.1-2）。设计时应比较两种方法的优劣，选择合适的方法进行设计。

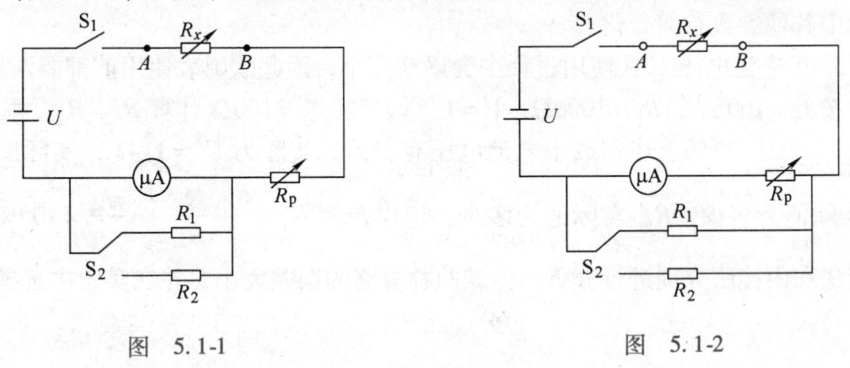

图　5.1-1　　　　图　5.1-2

3. 欧姆表使用前应进行调零。首先将待测电阻 R_x 设为0，使欧姆表测量端 AB 短路，然后适当调节调零电阻 R_p 的值，使表头指针指在最右刻度（满偏）。

4. 欧姆表量程由中值电阻 $R_中$ 决定。当待测电阻 $R_x=R_中$ 时，表头指针应指在刻度正中位置（半偏）。

5. 结合3、4两条，若已知 I_g、R_g、电源电压 U，只要给出 $R_中$ 的阻值，就可以计算出对应的分档电阻 R_j（$j=1，2，3，\cdots$）和调零电阻 R_p 的理论值。

6. 仪器参考参数：$I_g \approx 100\mu A$，$R_g \approx 1000\Omega$，电阻箱调节范围 0 ~ 99999Ω，稳压电源电压 0 ~ 30V 可调，干电池电压设定为 $U = 1.5V$。

【实验设计要求】

1. 测 I_g、R_g：要求设计电路图及详细操作步骤，并按所给出的仪器参考参数设置电路中的各项参数。此处电源应使用稳压电源。

2. 设定欧姆表 1 档的中值电阻 $R_{中1} = 100\Omega$。设计电路图，其中电源使用干电池。计算分档电阻 R_1 和调零电阻 R_{p1} 的理论值，要求有公式及推导过程。按计算结果搭建电路，并进行调零，记录 R_p 的实际值。

3. 将待测电阻 R_x 逐次调至 10，20，40，60，100，150，200，400，1000，5000（单位 Ω），设计表格记录欧姆表指针的位置。

4. 设定欧姆表 2 档的中值电阻 $R_{中2} = 1000\Omega$，计算 R_2、R_{p2}，搭电路，调零，记录 R_p 实际值。测 R_x = 100，200，400，600，1000，1500，2000，4000，10000，50000（单位 Ω），列表记录数据。

5. 比较两次测量的结果，绘制表盘并进行标度。

6. 设定 $R_{中3} = 10\Omega$，计算 R_3、R_{p3}，不做实际测量，利用前两次测量的结果直接标度表盘。

【思考题】

1. 为什么要用中值电阻 $R_中$ 来区分欧姆表量程？

2. 若设定 $R_中 = 50000\Omega$，电源能否还使用干电池？应换用什么参数的电源？实验中其他参数有何变化？

3. 干电池电压 U 在使用过程中会逐渐变小，因此欧姆表使用前都要调零。

按 $I_g = 100\mu A$，$R_g = 1000\Omega$，$U = 1.5V$，$R_{中理论} = 100\Omega$ 计算 R_1、R_p，则 R_1 = ________Ω。如果上述参数中电池电压有误差，实际为 $U' = 1.4V$，实际调零后 R_p 实际值为多少？$R_中$ 实际值为多少？记误差为 $U_a = \frac{R_{中实际} - R_{中理论}}{R_{中实际}} \times 100\%$，对外接法和内接法分别进行分析，比较两种电路的误差大小，并在实验中选择合适的电路。

实验 5.2　用示波器测电感

【实验目的】

1. 认识 LC 电路的谐振现象。

2. 学会一种测电感量的方法。

【实验仪器】

标准电容箱、标准电感箱、电阻箱、函数信号发生器、示波器。

【实验原理提示】

将电感器 L，电容器 C，电阻 R 串、并联如图 5.2-1a、b 所示，再接入交流电路。

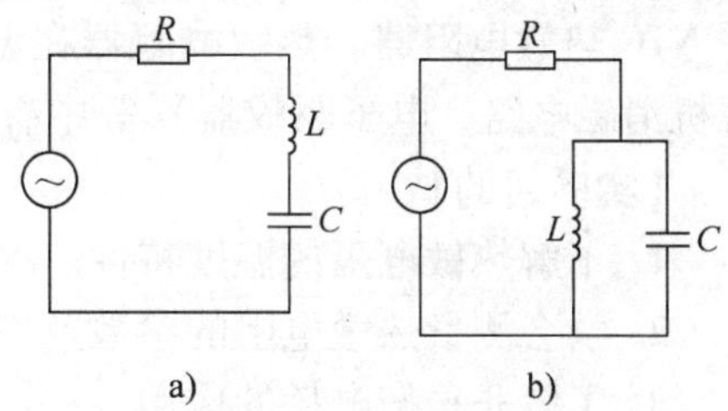

图 5.2-1　LC 串并联电路

a）LC 串联　b）LC 并联

LC 串联后的阻抗大小为

$$Z_{串}=\sqrt{R^2+\left(\omega L-\frac{1}{\omega C}\right)^2}$$

式中，ω 为正弦电压的圆频率，当

$$\omega^2=\omega_0^2=\frac{1}{LC}，即\frac{1}{\omega_0 C}=\omega_0 L$$

时，电路阻抗最小，称为串联谐振，此时电路中电流最大，而 LC 并联电路的阻抗大小为

$$Z_{并}=\sqrt{R^2+\frac{1}{\left(\frac{1}{\omega C}-\omega L\right)^2}}$$

当

$$\omega^2=\omega_0^2=\frac{1}{LC}，即\ \omega_0 L=\frac{1}{\omega_0 C}$$

时，LC 并联等效阻抗最大，并联电路两端分压最大，称为并联谐振。

用适当的方法检测出电路的谐振状态，根据

$$\omega_0=2\pi f_0=\frac{1}{\sqrt{LC}}$$

可计算出电感量，其中 f_0 为 LC 电路的谐振频率。

为了提高检测谐振状态的灵敏度，电路中电阻 R 的取值要适当。

【实验设计要求】

1. 说明实验原理，做出实验电路图并指明图中各符号所对应的仪器。

2. 拟定出多次测量方案，重复测量六次。

3. 写出详细实验步骤，尤其写清楚如何检测谐振状态以及如何提高检测灵敏度。

4. 导出数据处理公式，完成数据处理。

【思考题】

为了提高测量精度，操作中应采取什么方法调整寻找谐振频率?

实验 5.3　测热敏电阻的温度特性

热敏电阻器是一种电阻值随温度变化的电子元件。它可以将温度量直接转换为电学量，在工作温度范围内，其电阻值随温度升高而增加的电阻器称为正温度系数热敏电阻器，简称PTC热敏电阻器，反之称为负温度系数热敏电阻器，简称NTC热敏电阻器。热敏电阻器在温度测控、现代电子仪器及家用电器（如电视机消磁电路、电子驱蚊器）等中有广泛用途。

【实验目的】

1. 了解热敏电阻的温度特性。
2. 学会测量热敏电阻的参数及用图解法处理数据。
3. 了解非平衡电桥的应用方法。

【实验仪器】

DHT-2型热学实验仪、QJ45型直流单臂电桥。

【实验原理提示】

NTC热敏电阻值 R 随温度 T 变化的规律可由下式表示：

$$R = R_{25}\mathrm{e}^{-B_n\left(\frac{1}{298}-\frac{1}{T}\right)} \tag{5.3-1}$$

式中，R_{25} 为25℃时的电阻值；B_n 为材料常数；T 为热敏电阻的温度，单位为K。

对一定的电阻而言，R_{25} 和 B_n 均为常数。对式（5.3-1）两边取对数，则有

$$\ln R = \ln R_{25} - B_n\left(\frac{1}{298}-\frac{1}{T}\right) \tag{5.3-2}$$

$\ln R$ 与 $\frac{1}{T}$ 成线性关系，在实验中测得的各个温度 T 下的 R 值，即可通过作图求出 R_{25} 和 B_n 的值。以之代入式（5.3-1）中，可得到 R 的表达式。

【实验设计要求】

1. 拟定实验方案和步骤（包括接线图）。
2. 写出多次测量方法（由于存在温度滞后现象，测量方法建议用升温和降温各测一次）。
3. 做出热敏电阻的温度特性曲线，并写出电阻与温度的关系式。
4. 完成数据处理。

注意事项

（1）热敏电阻只能在规定的温度范围内工作，否则会损坏元件，导致其性能不稳定。

（2）应尽量避免热敏电阻自身发热，测量时流过热敏电阻的电流必须很小。

实验5.4 用迈克耳逊干涉仪测空气折射率

【实验目的】

1. 学习一种测量空气折射率的方法。

2. 进一步掌握迈克耳逊干涉仪的使用方法。

【实验仪器】

GSZF-4 迈克耳逊干涉仪、气室套件。

【实验原理提示】

1. 在压强 p 不是很大，温度和湿度不变的条件下，空气的折射率 n 与空气中粒子浓度 ρ 有如下关系：$(n-1)\propto\rho$，由此可推导出：$(n-1)=k\cdot p$（k 为比例系数），进一步可得：$\Delta n=k\cdot\Delta p$。

2. 迈克耳逊干涉仪中的两束相干光各有一段光路在空间中是分开的，因此在干涉仪的一条光路中可以置入气室，当气室中空气折射率 n 变化 Δn 时，光束通过气室的光程将会变化，其效果可等效为反射镜的位置发生变化 Δd。Δd 可由干涉条纹的变化数 ΔN 求出。

3. 求出 k 后，用室内气压 p_0 求 n_0。

附注：室内气压 p_0 可从实验室的气压计读出，条件不具备时，可取 760mmHg 或 101325Pa；激光波长 $\lambda=6328\text{Å}$；气室长度 $L=8.00\text{cm}$。

【实验设计要求】

1. 画出光路图，写出详细实验原理。

2. 写出干涉仪调节的简要步骤及详细的折射率的测量步骤。

3. 正确完成迈克尔逊干涉仪的调节，正确测出室内气压下空气的折射率，要求 $\Delta p\geqslant200\text{mmHg}$，重复测量六次。

4. 完成数据处理，求出平均值及不确定度，写出结果表达式。

注意事项

（1）测量时应将气室两端玻璃面调至与反射镜平行。

（2）气压表在充气时很难控制，读数不稳，应采用放气法测量，气压表使用一段时间后会产生误差，无法回零（设计方案时应避开这种情况）。

（3）气室不能充气过多，以免气压表损坏。

（4）所有光学面，包括气室两端的玻璃面不得用手去触摸。

实验5.5 用双缝测光波波长

【实验目的】

1. 正确熟练使用分光计。

2. 用双缝测钠光波长。

【实验仪器】

FGY-01 型分光计、纳光灯、平行平面镜、双缝片、15J 型测量显微镜。

【实验原理提示】

杨氏双缝实验可在分光计上进行，以钠光作光源，通过平行光管垂直入射于双缝上，用望远镜观察双缝干涉条纹，测出干涉条纹的偏转角 φ，并用测量显微镜测出双缝间距 d，则可据下式计算入射光的波长 λ：

$$\lambda = \frac{d\sin\varphi}{k}$$

式中，k 为干涉条纹级数。把 $\frac{\sin\varphi}{k}$ 看成一个整体 a，则 $\lambda = da$。根据误差传递公式，有

$$\frac{U(\lambda)}{\lambda} = \sqrt{\left(\frac{U(d)}{\bar{d}}\right)^2 + \left(\frac{U_A(a)}{\bar{a}}\right)^2}$$

式中，$U(\lambda)$，$U(d)$ 分别为 λ 和 d 的合成不确定度；$U_A(a)$ 为 a 的 A 类不确定度。

【实验设计要求】

1. 写出详细实验步骤。
2. 观察双缝片的干涉条纹，自拟数据表格（多次测量）。
3. 计算出波长 λ 和相对误差。

【思考题】

1. 怎样调整分光计使入射光与双缝垂直?
2. 能否根据实验测得的左右偏转角判断双缝是否与入射光垂直?

实验 5.6　非平衡电桥的原理及应用

【简介】

电桥可分为平衡电桥和非平衡电桥，非平衡电桥也称为不平衡电桥或微差电桥。平衡电桥原理简单易懂，是日常教学中经常用到的一种方法。但是平衡电桥只能测出一些相对稳定的电阻阻值，而非平衡电桥却可以测出连续变化的阻值，再与一些相应的传感元件配合，即可实现对一些变化的非电量的测量，比如压力、温度和光强等。这就把电桥的应用扩展到很多领域，实际上在工程测量中非平衡电桥已经得到了广泛的应用。

【实验目的】

1. 掌握非平衡电桥的原理及与平衡电桥的异同。
2. 学习非平衡电桥测量温度的方法。

【实验仪器】

稳压电源（SG1731SB3A）、非平衡电桥测温仪（DH-WT）、电阻箱

(ZX25a)，滑线变阻器（或电阻箱）、导线若干。

【实验原理提示】

未知电阻的阻值可以通过电桥法测量。当电阻值在 $1\sim10^6\Omega$ 范围内且比较稳定时，可以用惠斯通电桥（也称为单臂电桥）进行测量，如图5.6-1所示。当电桥达到平衡时，即有 B 点和 D 点的电位相等，则可以列出方程

$$I_1R_1 = I_2R_2$$

$$I_1R_x = I_2R_0 \qquad (5.6\text{-}1)$$

将两公式做比，即可得到

$$R_x = \frac{R_1}{R_2}R_0 \qquad (5.6\text{-}2)$$

当 R_x 变化时，我们可以调节 R_0 使电桥重新得到平衡而求出 R_x'。

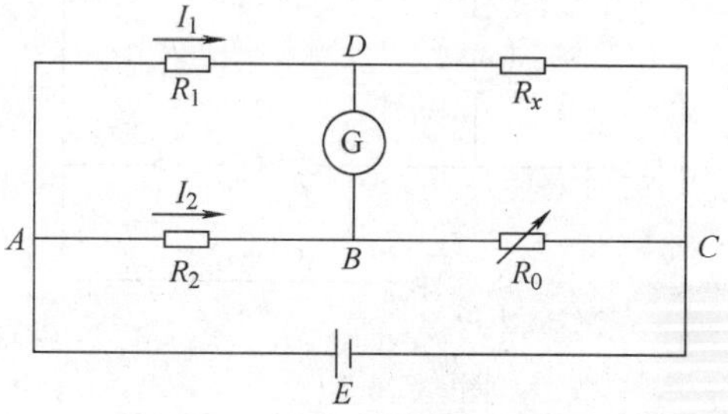

图　5.6-1

若 R_x 是连续多变的，用上述平衡电桥显然无法实现准确的测量，此时可采用非平衡电桥。非平衡电桥测量电路与平衡电桥类似。当 R_x 变化，电桥平衡被破坏时，在 BD 间必定有电位差，观测检流计G（或其他测电流或电压的仪表）的指针偏转并进行读数，即可得到待测电阻 R_x。

生产实际中测定介质（蒸汽、烟汽、油液等）的温度，通常用电阻温度计。由化学纯金属制造的电阻，电阻值随温度的变化具有一定的规律。例如，铜电阻的阻值与温度关系在 $-50\sim200$℃范围内是线性关系：$R=R_1(1+\alpha t)$，α 为电阻温度系数，R_0 为温度为0℃时电阻值。铜电阻在0℃时，电阻 $R_0=53.00\Omega$；铜电阻在100℃时，阻值为 $R_{100}=75.50\Omega$。若要测量介质中的温度值，只要测出放入介质中的测温电阻的阻值，再根据已知电阻与温度的对应关系，即可实现测量。通过检流计G读数，换算出测温电阻所测介质的温度，由这样一个非平衡电桥与测温电阻构成的仪器叫电阻温度计。这种将非电学量（如温度）通过电学量（如电阻）进行测量的方法称为非电量的电测法。

本实验通过非平衡电桥检流计G的指针偏转来对温度进行标定，同时采用电阻箱（ZX25a）来模拟测温的铜电阻。

【实验设计要求】

1. 设计一个电桥电路，使之适合测量阻值在 $50\sim80\Omega$ 范围内变化的电阻值。

2. 应用实验室提供的条件，得到不平衡电桥与模拟测温电阻构成的电阻温度计，对其显示的表头进行温度标定（即可从测量显示表头上直接读出温度值），要求最小分度为5℃，量程为 $0\sim100$℃。

【仪器结构】

非平衡电桥测温仪的电路图与面板布置如图5.6-2、图5.6-3所示。

在测温仪的内部，R_1、R_2、R_N 已经接入电路，其中 $R_1 = R_2 = 1000\Omega$，$R_N = 220\Omega$（可变电阻，在面板上是黑色调节旋钮）。电源 E 及电阻 R_t 未接入（对应于下面的两个黑色旋钮），需要连接。

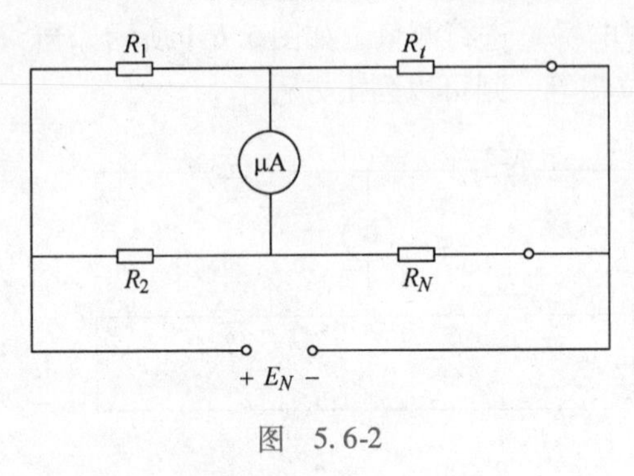

图　5.6-2

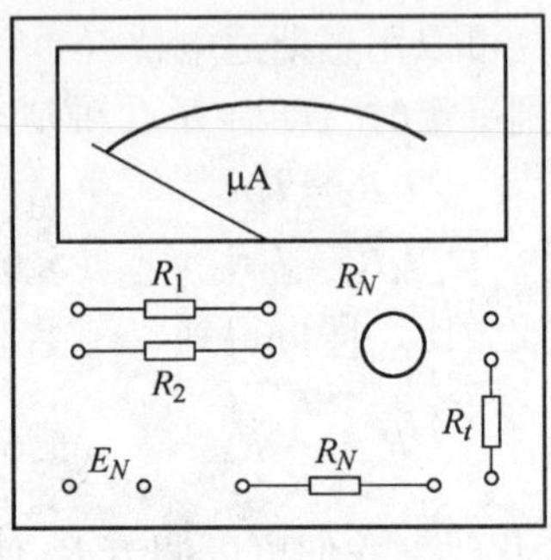

图　5.6-3

【思考题】

1. 根据非平衡电桥工作原理，当用单向的 μA 表头作显示仪表时，你如何考虑 μA 表的接法?

2. 在线路设计和操作步骤中如何保证对电流表的保护措施?

3. 电源工作电压的大小和稳定度对本实验是否有影响，有何影响?

实验 5.7　冲击电流计测螺线管内部和外部的磁感应强度

【简介】

磁场测量是电磁测量技术的一个重要分支。用冲击电流计测螺线管内部和外部的磁感应强度的方法简称为冲击法，它是比较经典的测磁方法。由于方法简便，且有一定测量精度，能满足一般测量要求，因而目前仍常被用作恒定磁场的测量。

【实验目的】

1. 熟悉冲击电流计的使用方法。

2. 用冲击电流计测螺线管内部和外部的磁感应强度。

【实验仪器】

螺线管磁场装置、DQ—3 数字式冲击电流计、0.1H 标准互感器、WYS—3 直流数显稳流源（两路输出端：一路 $I = 1000\text{A}$ 接通螺线管，另一路 $I = 10\text{A}$ 接通 01H 标准互感器）、双掷开关、连接线。

【预习提示】

1. 学会使用和操作熟悉冲击电流计设备。

2. 学会用冲击电流计测螺线管内部和外部的磁感应强度的方法。

【实验原理提示】

1. 螺线管内部和外部的磁感应强度

螺线管是用一根长导线绕成密集排列的螺旋线圈组成的，可近似看成是一系列的圆线圈排列而成的。螺线管的长度比螺旋线圈的直径大得多，即可看作“无限长”螺线管，取螺线管的轴线为 X 轴，中心为坐标原点。

（1）螺线管内部的磁感应强度 B：

根据理论分析在螺线管中部各点的磁场是均匀的，其磁感应强度为

$$B = \mu_0 nI \tag{5.7-1}$$

（2）螺线管两端口的磁感应强度为

$$B = \frac{1}{2}\mu_0 nI \tag{5.7-2}$$

（3）螺线管外部的磁感应强度为零，实际上管口外部附近的 $B \neq 0$，向中间调节时 B 趋近于 0。

上面两式中，I 为通电螺线管的电流；n 为螺线管单位长度上的线圈匝数；μ_0 为真空的磁导率，$\mu_0 = 4\pi \times 10^{-7}$ H/m。

若 n = 2800 匝/0.280m = 1.000×10^4 匝/m；I = 1.000A；$B_\infty = 12.584 \times 10^{-3}$T。

在 L = 0.280m，$D_{内}$ = 0.014m 的矩形剖面骨架上，用 1.0×10^{-3}m 的漆包线密绕 10 层，每层 280 匝，其平均直径为 $\overline{D}$ = 0.0247m 则螺线管中部的磁感应强度

$$B_0 = \frac{L}{\sqrt{L^2 + D^2}} B_\infty = 12.53 \times 10^{-3}\text{T}$$

2. 冲击法测量螺线管的磁感应强度

选择开关倒向，使螺线管通电，电流为 I，欲测螺线管内部某点的磁感应强度 B，将探测线圈调节到该点处，探测线圈与冲击电流计 G 相连，当磁通量改变，即有感应电流通过冲击电流计时，若测出冲击电流计所迁移的电荷量，就可求得该点的磁感应强度 B。

$$\mathscr{E} = -\frac{\mathrm{d}\phi}{\mathrm{d}t} \tag{5.7-3}$$

$$i = \frac{\mathscr{E}}{R} = -\frac{1}{R}\frac{\mathrm{d}\phi}{\mathrm{d}t} \tag{5.7-4}$$

$$q = \int_0^\tau i\mathrm{d}t = \int_0^\tau \left(-\frac{1}{R}\frac{\mathrm{d}\phi}{\mathrm{d}t}\right)\mathrm{d}t = \frac{1}{R}\int_{\phi_0}^{\phi}\mathrm{d}\phi = \frac{1}{R}(\phi - \phi_\tau) \tag{5.7-5}$$

实验时通过把电流 I 突然反向的方法，实现磁通量的变化，即将开关突然倒

向另一侧。设探测线线圈的匝数为 n_2，有效截面积为 S。

当 $t=0$ 时，电流为 I，$\phi_0=n_2BS$；

当 $t=\tau$ 时，$I=0$，$\phi_0=0$ 代入式（5.7-5），有

$$q=\frac{n_2BS}{R} \tag{5.7-6}$$

此电荷量 q 可用冲击电流计来测定：

$$B=\frac{qR}{n_2S} \tag{5.7-7}$$

3. R 值测定的转换

式（5.7-7）的 R 不仅包含外电路的电阻，而且还包含 q 计中积分电路的等效电阻。今用转换法以实现对 B（对 R）的测量。

将开关倒向 M 标准互感器，使互感器的初级线圈通以电流 I，则通过次级线圈的磁通量为

$$\phi_0'=MI' \tag{5.7-8}$$

将突然断开

$$\phi_0'=-MI'$$

即有

$$q'=\frac{MI'}{R} \tag{5.7-9}$$

所以

$$R=\frac{MI'}{q'}$$

$$B=\frac{MI'q}{n_2Sq'} \tag{5.7-10}$$

从以上公式可以看出，实质上等于用已知的 M 中初级线圈内电流 I' 的通、断来测出次级线圈 L_2 回路中所感生出的电荷量 q' 代替了测式（5.7-7）中的 R。

【实验装置】

螺线管磁场装置仪器外观图如图 5.7-1 所示。

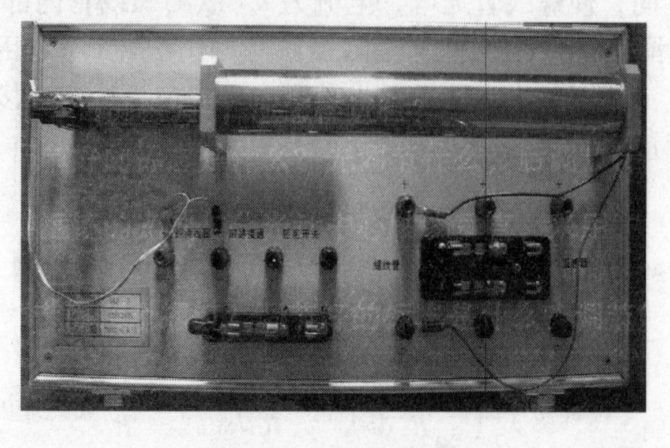

图 5.7-1　仪器外观图

适用电源：DC 30V 2A

螺线管长度：(280 ±1) mm

螺线管匝数：2800 匝

螺线管电流：1.00A

测线圈匝数：1000 匝

探测线圈截面：$27.31 \times 10^{-6} m^2$

螺线管内部 B：(12.53 ±0.02) mT

螺线管外部 B：0.20→0.01→0mT

装置尺寸：$450 \times 200 \times 110 mm^3$

重量：6.0kg

【实验设计要求】

1. S_2 为双刀双掷选择开关，分别与标准互感器 M 和螺线管 L_1 相连接。

2. S_3 为单刀双掷通阻开关，分别连通冲击电流计 G 测量回路和作阻尼开关用。

3. L_2 探测线圈测试杆固定在特殊二维移动尺上，调节移动尺的横尺 4，可以改变 L_2 在 L_1 内部的不同位置（140.0 ~0.0mm），直至将 L_2 移至 L_1 的端口外部。

4. 然后调节移动尺的竖尺 3，将 L 升到最高位置。

5. 再调节横尺 4，则 L_2 可在 L_1 外部的不同位置。

6. 观测螺线管外部的磁感应强度的分布。

7. 设计用冲击电流计测螺线管内部和外部的磁感应强度的电路。

8. 理解 R 值测定的转换。

9. 设计数据表格，完成测量并做出 B-L 曲线（磁感应强度沿螺线管的分布曲线）。

10. 计算螺线管中部测量值与计算值的百分误差。

【思考题】

1. 本实验过程中，可以不用电流计上阻尼开关的阻尼作用，为什么？

2. 实验时如何排除周围磁场的影响，应当注意些什么？

3. 比较管内、外探测线圈的实验结果，哪一种测量方式较好？并从理论上进行说明。

实验 5.8 热电偶测温方法

【实验目的】

1. 了解热电偶测温原理。

2. 学习标定热电偶的方法。

3. 学习电位差计的使用。

【实验仪器】

DHT-2型热学实验仪（控温仪和加热炉）、UJ-25型电位差计及配套仪器（检流计、标准电池、直流稳压电源）、盛有冰水混合物的杜瓦瓶（有条件选用）、铜-康铜热电偶。注：铜-康铜热电偶已在加热炉中。

【实验原理提示】

1821年德国物理学家塞贝克（Seebeck）发现，把两种不同的金属A和B连接成闭合回路，且把它们的接头分别置于不同温度时，闭合电路中有电流产生。当时他是把磁针靠近由铜和铋组成的回路时，在加热一个接点后，观察到了磁针的偏转现象。这一现象被称之为塞贝克效应，产生电流的电动势叫作温差电动势，这一电路即为温差电偶。产生塞贝克效应的原因在于：当两种金属A和B接触时，由于各自导体内自由电子的密度不同，两种金属的逸出功（金属自由电子克服金属束缚力从其表面逸出时所需要的功）也不同，结果电子将发生迁移，当达到动态平衡时，两金属A和B之间就有一个定值电势差，当A与B连成闭合回路，若两个接触点等温，则这两个点的接触电势差等值反向，回路的总接触电势差为零。若两个接触点温度不同，则回路的总接触电势差不再为零。其温差电动势与两点的温差有关。温差电动势的大小只和组成热电偶的材料及接点处的温度有关，与热电偶的大小、长短无关。

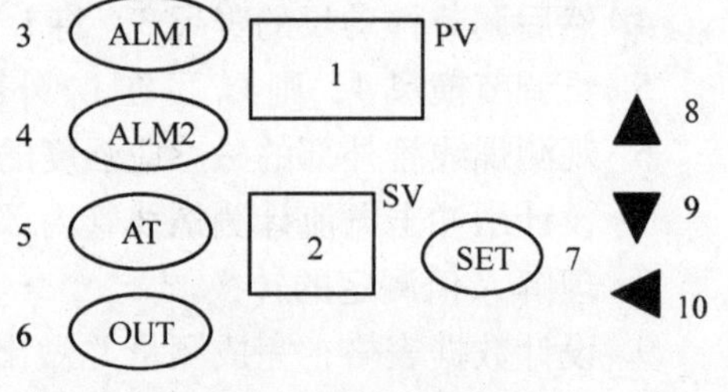

图5.8-1　温控器面板图

【实验装置】

智能温度控制器是一种高性能、高可靠性的智能型工业温度调节仪表，广泛应用于机械化工、陶瓷、轻工、冶金、石化、热处理等行业的温度、流量、压力、液位等的自动控制系统。面板部件名称如图5.8-1所示。

1——测量值(PV)：显示器(绿)　◆ 显示参数名称。

2——设定值(SV)：显示器(橙)　◆ 显示设定值。

3、4——指示灯(ALM1红)：　◆ 报警指示灯，报警输出时点亮。

5——指示灯(AT绿)：　◆ 自整定指示灯，工作时闪烁。

6——指示灯(OUT绿)：　◆ 控制输出工作时点亮。

7——设定键(SET)：　◆ SV设定：按SET键，SV显示器个位数码管闪烁，可用其余三键修改，按SET键确认并返回至正常显示SV。

8、9——加、减数键：　◆ 在参数设定状态下，作加数键。

10——自动/手动键：　◆ 在正常显示状态下，作自动/手动切换用。

◆ 在参数设定状态下，作移位键。

参数设定：按 SET 键三秒以上进入内部参数菜单，按上下箭头设定参数，修改某一值后，按 SET 键存储。

本仪器主要由控温仪和加热炉组成。控温仪主要由 PID 温控器和加热电源等组成；加热炉主要由加热铜块、隔热装置、传感器和风扇等组成，其面板图如图 5.8-2 所示。

用仪器专用的七芯插头线连接控温仪（插座位于后面板上）和加热炉。将控温仪的“加热”端用导线连接至加热炉的“加热”端；将控温仪的“风扇”端用导线连接至加热炉底板的接线柱上。

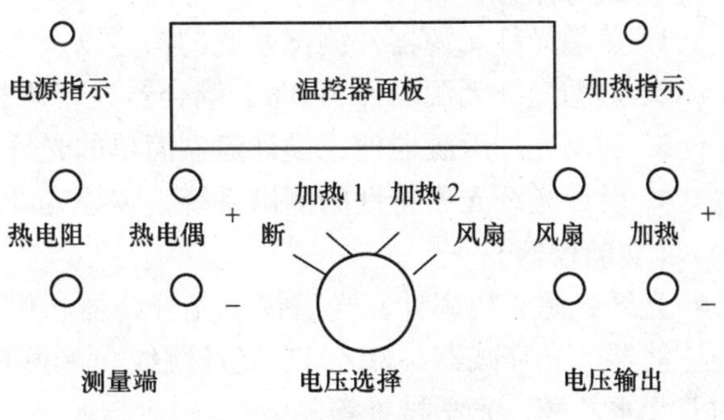

图 5.8-2　控温仪面板图

加热电压分为两档，其中“加热 1”的负载电压为 12V，“加热 2”的负载电压为 20V。因此“加热 2”的加热速度要快一些，加热温度也要高一些。

按照需要的实验温度设定好温控器的控温值，接好连线。将电压选择开关打到合适的加热电压档，对加热炉进行加热。在接近设定温度时，也可以适当降低加热电压，减小温控器的过冲、提高温控器的控温精度。（此时应转动加热炉的圆盖，将加热炉的内外孔关闭以防止热量散发）

若要快速降低温度，把加热电压开关打到“风扇”档，这时风扇工作，同时将加热炉内外孔对齐，以利空气流通，快速降低加热炉的温度。

【实验设计要求】

1. 说明实验原理，画出实验电路图。

2. 设定加热端温度为（100℃ + 室温），每升高 10℃ 用电位差计测量温差电动势，自拟表格，做出标定曲线。

【思考题】

1. 如何正确使用电位差计？使用过程中有什么要注意的问题？

2. 本实验冷端所用的不是冰水混合物（即冷端处于室温状态），则对实验结果有怎样的影响？

实验5.9　光无源器件设计性系列实验

【简介】

光无源器件在光通信乃至光传感领域中的应用非常广泛，了解各种光无源器件以及其基本特性，有助于在应用中根据实际需要选择适合的器件。本系列实验要求掌握光纤通信与光传感中常见的光无源器件与性能测试，并利用它们设计构建实用的波分复用系统以及光纤光栅传感系统。

【实验目的】

1. 熟悉光纤无源器件测试系统的构建以及光纤端面的处理方法。
2. 熟悉光纤无源器件 WDM、耦合器、衰减器的特征参数的测量。
3. 利用光纤无源器件，设计建立简单的光纤通信波分复用系统。
4. 设计光纤光栅特性的测试系统，掌握光纤光栅的类别及用途。

【实验仪器】

光纤光源、功率计、光谱仪、光分路器、WDM 波分复用器、光隔离器、带通滤波器、光衰减器、FC/APC 光纤跳线、单模光纤、裸光纤适配器、光纤剥线钳、无水乙醇、光学拭纸等。

【预习提示】

1. 常用的光无源器件有哪些？其作用与主要的技术指标如何？
2. 光纤光栅的结构、原理、传输特性及应用如何？

【实验原理提示】

光纤无源器件在光通信领域有着广泛的运用，种类也比较多，我们先将常用的器件及其原理做个简单地介绍，并利用一些部件讨论如何建立波分复用系统。

1. 光纤耦合器（Coupler）

又称分路器（Splitter），是将光讯号从一条光纤分至多条光纤中的元件。光纤耦合器可分标准耦合器（双分支，1×2）和星状/树状耦合器。

（1）光纤分束器和用途

光纤分束器是对光实现分路、合路、插入和分配的无源器件。在光纤通信系统中，用于数据母线和数据线路的光信号的分路和接入，以及从光路上取出监测光以了解发光元件和传输线路的特性和状态；在光纤用户网、区域网、有线电视网中，光纤分束器更是必不可缺的器件；在光纤应用领域的其他许多方面光纤分束器也都被派上了各自的用场，它的应用将越来越广泛。

光纤分束器的种类很多，它可以由两根以上（最多可达100多根）的光纤经局部加热熔合而成。最基本的是一分为二，分束比可根据需要选择。光纤分束器的工作原理是利用渐逝场耦合的原理。在渐逝场耦合时，光的能量通过纤芯之间的电磁场重叠从一根光纤传输到另一根光纤。由于光纤渐逝场是一个按指数规律衰减的场，所以两根光纤的纤芯必须紧紧地靠在一起。图5.9-1给出光纤型分束器的示意图。

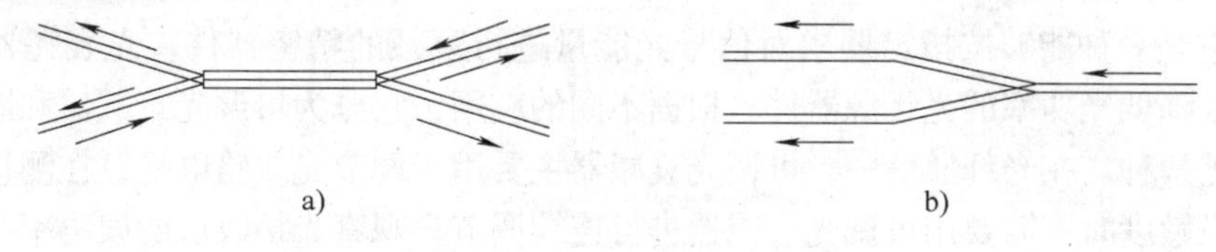

图5.9-1 光纤型分束器示意图
a）x型分束器 b）y型分束器

这种光纤型分束器的制作步骤要经过几道工序：首先去掉光纤的被覆材料，再将两根光纤平行安装在熔融延伸设备上，接着给光纤加热使之融合在一起，然后渐渐地将耦合部分的光纤直径拉成20~40μm左右（其拉伸程度不同，耦合比也不同），最后套上保护套。

（2）光纤分束器主要特性参数

光纤分束器的主要特性参数是分光比、插入损耗和隔离度。

1）分光比：

分光比等于输出端口的光功率之比。例如，图5.9-2中输出端口3与输出端口4的光功率之比 $P_3/P_4=3/7$，则分光比为3:7。通常的3dB耦合器，两个输出端口的光功率之比为1:1。对于两个输出端口的光方向耦合器，分光比可为1:1~1:99之间。

2）插入损耗：

插入损耗表示光分束器损耗的大小，插入损耗用各输出端口的光功率之和与输入光功率之比的对数表示，单位为分贝(dB)。例如，由端口1输入光功率 P_1，由端口3和端口4输出的光功率为 P_3 和 P_4，用 α 表示插入损耗，则

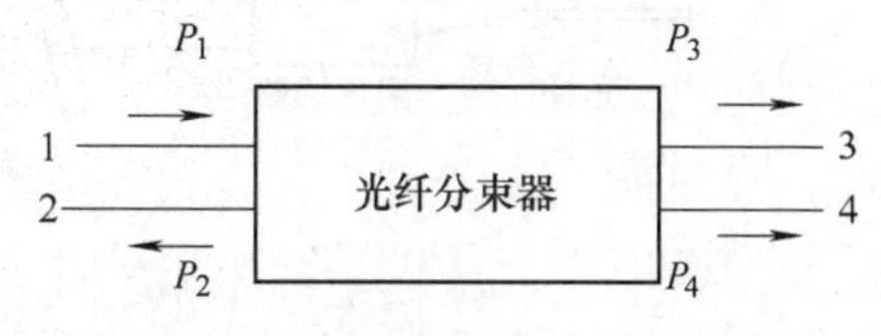

图5.9-2 光纤分束器端口示意图

$$\alpha=-10\lg\frac{P_3+P_4}{P_1}\ \text{(dB)}$$

一般情况下，要求 $\alpha\leqslant0.5$dB。

3）隔离度：

从光分束器端口示意图中的端口1输入的光功率 P_1，应从端口3和端口4输出，理论上，端口2不该有光输出，而实际上端口2有少量光功率 P_2 输出，P_2 的大小就表示了1、2两个端口间的隔离度。如用符号 A_{1-2} 表示端口1、2的隔离度，那么

$$A_{1-2} = -10\lg \frac{P_2}{P_1} \text{ (dB)}$$

2. 光衰减器

它是一种能够按指定要求对信号光能量进行衰减的精密器件。光衰耗器是一种用来降低光功率的光无源器件。根据不同的应用，它分为可调光衰减器和固定光衰减器两种。在光纤通信中，可调光衰减器主要用于调节光线路电平，在测量光接收机灵敏度时，需要用可调光衰减器进行连续调节来观察光接收机的误码率；在校正光功率计和评价光传输设备时，也要用可调光衰减器。固定光衰减器结构比较简单，如果光纤通信线路上电平太高，就需要串入固定光衰减器。光衰减器不仅在光纤通信中有重要应用，而且在光学测量、光计算和光信息处理中也都是不可缺少的光无源器件。

光衰减器的衰减机理有三种：耦合型、反射型和吸收型。耦合型光衰减器是通过输入、输出光束对准偏差的控制来改变耦合量的大小，达到改变衰减量的目的。反射型光衰减器是在玻璃基片上镀反射膜作为衰减片，由膜层的厚度改变反射量的大小，达到改变衰减量的目的。为了避免反射光的再入射而影响衰减器性能的稳定，衰减片与光轴按一定角度倾斜放置。倾斜角一般取 10°或 5°。吸收型光衰减器采用光学吸收材料制成衰减片，因这种衰减片的反射光很小，光可以垂直入射到衰减片上。图 5. 9-3 给出光衰减器的结构示意，其中图 5. 9-3a 为反射型结构图，图 5. 9-3b 为一种较实用的吸收型光衰减器的结构示意图。

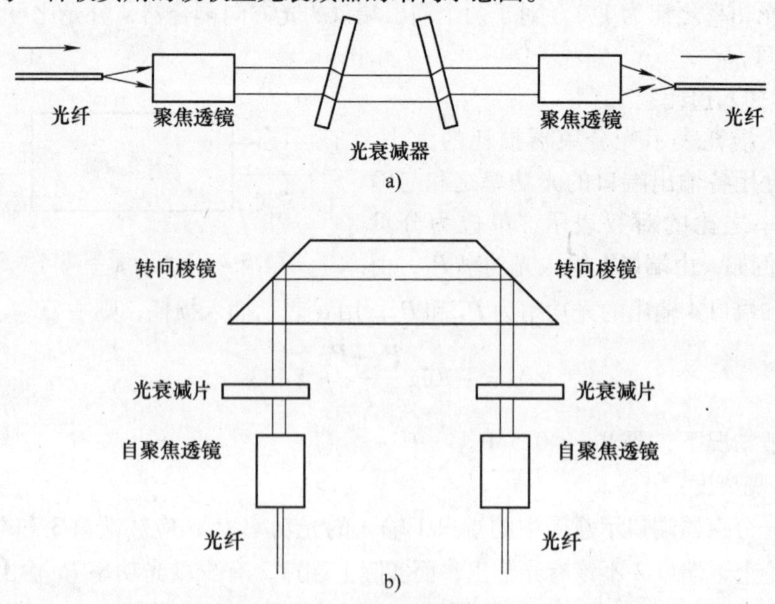

图 5. 9-3　光衰减器结构示意

光纤通信中用的光衰减器一般带有光纤活动连接器。光纤输入的光经聚焦透镜变成平行光束，平行光束经过衰减片后再送到自聚焦透镜，耦合到输出光纤中。

可调光衰减器一般采用光衰减片旋转式结构，衰减片的不同区域对应金属膜的不同厚度。根据金属膜厚度的不同分布，可做成连续可调式和步进可调式。为了扩大光衰减的可调范围和精度，采用衰减片组合的方式，将连续可调的衰减片和步进可调衰减片组合使用。可变衰减器的主要技术指标是衰减范围、衰减精度、衰减重复性、插入损耗等。步进可调式光衰耗器一般每步为 10dB，如 5 步进式的最大衰减量为 10dB ×5 =50dB。连续可调衰减器可在 0 ~60dB 连续可调。衰减精度随衰减量大小有所不同，国产 QSK 型可调衰减器精度在 ±0.5 ~ ±3.0dB。插入损耗≤4dB。

对于固定式光衰减器，在光纤端面按所需要求镀上有一定厚度的金属膜，即可以实现光的衰耗；也可以用空气衰减式，即在光的通路上设置一个几微米的气隙，即可实现光的固定衰减。

3. 光隔离器

它是单向性光学元件，利用旋光材料结合偏振选择性透过元件使得光只能单向通过，阻止反向光传输。根据其偏振相关性，可分为偏振相关光隔离器和偏振无关光隔离器。

（1）插入损耗

光隔离器的插入损耗可表示为

$$\alpha_L = -10\lg\frac{P_{out}}{P_{in}}\ (\mathrm{dB})$$

式中，P_{out}、P_{in}为光隔离器的输出、输入光功率。插入损耗主要由构成光隔离器的偏振器、法拉第旋光元件、准直器等元件的插入光损耗产生的。光隔离器的插入损耗一般在 0.5dB 以下，最好的指标可以达到 0.1dB 以下。

（2）隔离度

隔离度是光隔离器的重要指标之一，用符号 I_{SO} 表示。数学表达式为

$$I_{SO} = -\lg\left(\frac{P'_R}{P_R}\right)$$

式中，P_R、P'_R 分别为反向输入、输出光功率。

无论哪种型号的光隔离器，其隔离度应在 30dB 以上，越高越好。

（3）回波损耗

光隔离器的回波损耗定义为：光隔离器的正向输入光功率 P_{in} 和返回到输入端的光功率 P'_{in}之比，可表示为

$$\alpha_{RL} = -\lg\left(\frac{P'_{in}}{P_{in}}\right)$$

回波直接影响系统的性能，所以回波损耗是一个相当重要的指标。优良的光隔离器其回波损耗都在55dB以上。

4. 光纤光栅

它是利用光纤材料的光敏性制成，由紫外光直接写入到光纤纤芯的衍射光栅，纤芯折射率变化大致呈周期分布，其作用就是在纤芯内形成一个窄带的透射或反射滤波器。光纤光栅根据其滤波特点可分为布拉格（Bragg）光栅、长周期光栅、切趾光栅、啁啾光栅、相移光栅、闪耀光栅和取样光栅等。

光纤光栅的相位匹配条件是

$$\beta_1 - \beta_2 - 2\pi/\Lambda = 0$$

式中，β_1 和 β_2 是光纤中的两个模式的传播常数；Λ 为模式1耦合到模式2所要求的光栅周期。

（1）对Bragg光栅，有相位匹配条件

$$2\pi/\Lambda = \beta_1 - \beta_2$$

此时光栅周期 Λ 较小，要求 $\beta_1 - \beta_2$ 值较大，即发生耦合的是正向传播的纤芯导模和反向传播的纤芯导模的耦合。纤芯导模的传播常数用 β_{01} 表示，有

$$2\pi/\Lambda = \beta_1 - \beta_2 = \beta_{01} - (-\beta_{01}) = 2\beta_{01}$$

（2）对长周期光纤光栅，有相位匹配条件

$$2\pi/\Lambda = \beta_1 - \beta_2$$

此时，由于其光栅周期 Λ 较大，要求 $\beta_1 - \beta_2$ 值较小，即发生耦合的是正向传播的纤芯导模和同向传播的包层模式。纤芯导模传播常数用 β_{01} 表示，包层模传播常数用 $\beta_{cl}^{(n)}$ 表示，其中 n 为模式阶数，有

$$2\pi/\Lambda = \beta_1 - \beta_2 = \beta_{01} - \beta_{cl}^{(n)}$$

光纤Bragg光栅是正向传播的纤芯导模和反向传播的纤芯导模之间的耦合，这两种模式在纤芯内部形成驻波，只有单一的中心波长，即满足相位匹配条件的波长只有一种，则它的透射谱也只有单一的透射峰。

与光纤Bragg光栅不同，长周期光纤光栅发生耦合的是正向传播的纤芯导模和同向传播的包层模式，光在包层中将由于包层/空气界面的损耗而迅速衰减，满足相位匹配条件的可以有多个模式，留下一串损耗带或导模中的共振，一个独立的长周期光栅可以在一个很宽的波长范围上有许多共振。

Bragg光栅是反射型带通滤波器，带宽较窄；而长周期光纤光栅是透射型带阻滤波器，与Bragg光栅相比，带宽大，而且是传输型的，几乎没有回波影响，因此可以简便地级联多个具有不同谐振特性的长周期光纤光栅以获得所需的滤波特性。

关于耦合器和光纤光栅，通过如图5.9-4的实验装置可以了解其传输特性。

这里，ASE光源发出的1550nm光经过光隔离器，再经过2×2耦合器，按功率1:1分成两路，其中一路跟Brag光纤光栅连接，光被反射回来，经过2×2耦合

器再分成两路，一路被光隔离器吸收，另一路则可以通过光功率计检测出来。

5. WDM

全称 Wavelength Divided Multiplex，即波分复用器。WDM 技术是为充分利用单模光纤低损耗区的带宽资源，根据信道频率将低损耗窗划分成若干个信道，将光波作为载波，在发送端采用波分复用器（合波器）将不同规定波长的信号光载波合并起来送入单光纤中传输。在接收端再由波分复用器（分波器）将承载不同信号的光载波分开。

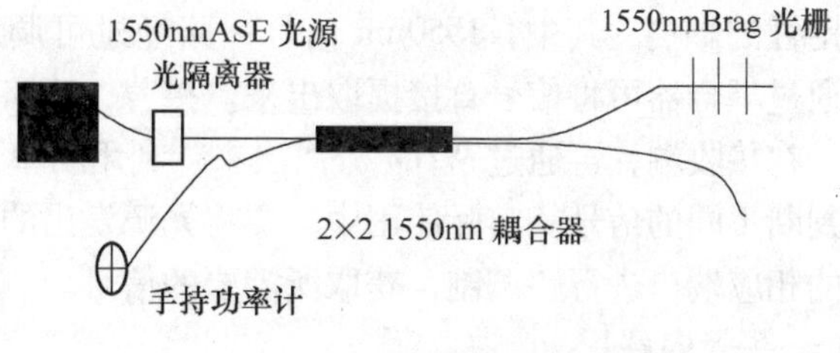

图 5.9-4　光纤光栅的测试实验

简单的波分复用系统如图 5.9-5 所示。采用的是在光纤的两个低损耗窗口 1310nm 和 1550nm，各传输一路光波长信号，即 1310/1550nm 两波分的 WDM 系统。这种系统在我国也有实际的应用，一般采用熔融的波分复用器件，插入损耗小；没有光放大器，在每个中继站，两个波长都进行解复用和光/电/光再生中继，然后再复用到一起传输到下一站。

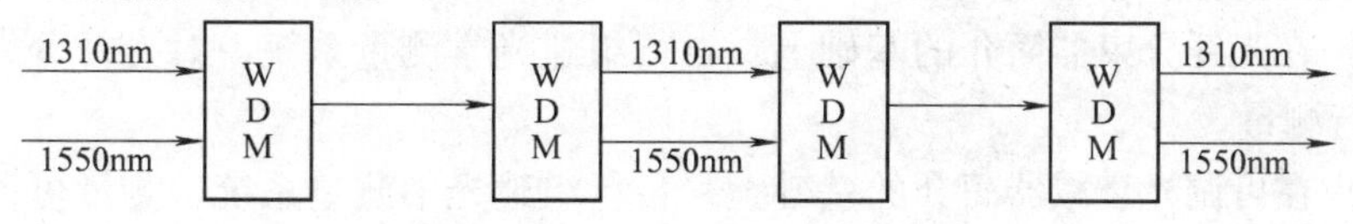

图 5.9-5　1310/1550nm 波分复用系统

为演示该系统，实验中可采用不同波长的光源（1310nm 和 1550nm），在接收端分别检测不同端口的输出情况。原理图如图 5.9-6 所示。

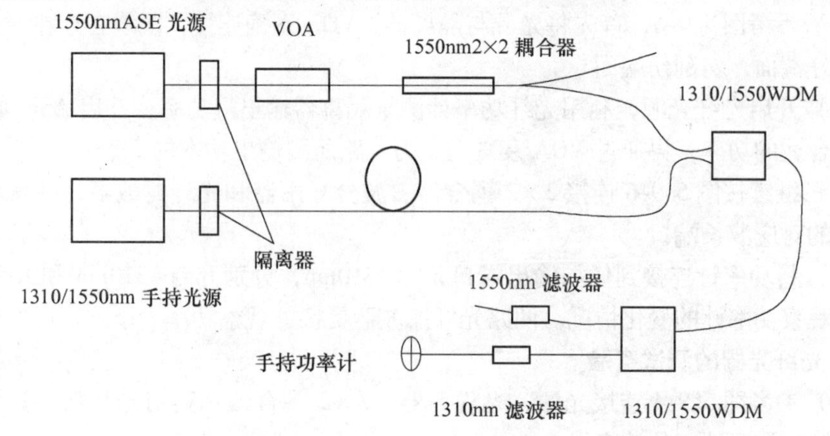

图 5.9-6　1310/1550nm 波分复用实验原理图

这里，光源发出的光信号经过隔离器，隔离器的作用是为防止回返光对光源稳定性的影响。其中，1550nm 信号一路经过可调衰减器 VOA，调节信号的功率，再通过耦合器可将信号直接提取出来。接着，两路信号通过 WDM 合成到一个信道中，在接收端，再通过 WDM 分离出来，利用功率计结合滤波器测量不同波长的功率判断不同的信号。实际使用中，要将光源发出的光信号进行电光调制，再在接收端的相应端口进行解调制，获取所需要的信号。

【实验内容】

1. 光纤跳线的装配

（1）从光纤盘上截取一段光纤。

（2）利用光纤剥线钳剥除光纤涂覆层，并用无水乙醇清洁。

（3）将光纤慢慢塞入裸光纤适配器，露出一小截在端头外面。

（4）利用红宝石光纤切割刀，在那一小截光纤上横向迅速划一下，轻轻一推，光纤在划痕处按解理面断开，端面一般就比较平整光洁。

（5）向后抽动光纤，使得光纤端面恰好与适配器端头平齐；光纤两端头同样处理好后，即可作为临时连接使用。

2. 光无源器件特性测试

（1）在光纤分束器简介的基础上，自行组建光学测量系统，对光纤分束器的性能进行测量。

（2）在可调光衰减器简介的基础上，自行组建光学测量系统，测量可调光衰减器的特性参数。

（3）在光纤隔离器简介的基础上，自行组建光学测量系统，测量光隔离器的特性参数。

3. 1310&1550nm 波分复用系统

（1）参考图5.9-6，首先将光源与隔离器、VOA 正确连接，跳线在连接时，注意保护好端面，勿刮伤端面。

（2）开启光纤光源，利用光纤功率计测量隔离器输出端功率；开启 ASE 光源，调节到合适的功率，再通过 VOA 衰减到是另一路所测输出功率的 2 倍。

（3）继续按图 5.9-6 连接 2×2 耦合器、波分复用器和光纤滤波器，注意波分复用器的对应波长端口。

（4）将功率计连接到任一输出端口，如 1310nm，分别开启 1310nm 和 1550nm 光源，观察功率计的变化情况。两路光纤滤波器更换，观察功率大小。

4. 光纤光栅的测试实验

（1）参考图 5.9-4 连接光源、光隔离器、2×2 耦合器，利用光纤功率计测量耦合器输出端两端口的功率。

（2）将其中一输出端接上 Brag 光纤光栅，利用光纤功率计测量 2×2 耦合器光源一侧闲置端的输出功率。

（3）取掉 Brag 光纤光栅，重新测量 2×2 耦合器光源一侧闲置端的输出功率，观察其变化。

（4）利用光谱仪测试反射曲线。

（5）对于长周期光栅，可以直接将光源、隔离器、光栅连接，利用光谱仪测量其透过曲线。

【思考题】

1. 光纤通信的特点是什么？如何利用波分复用技术提高数据传输速率？
2. 光隔离器的原理是什么？有哪些应用？请列举。
3. 实验中，是否可以用 2×2 的耦合器替代 WDM 波分复用器？为什么？
4. 对比光纤接续、跳线适配器连接和光纤熔接。

第 6 章　应用物理实验

实验 6.1　光波导薄膜厚度和折射率的测量

【简介】

有效折射率是表征光波导的重要参数，知道了有效折射率，才能计算波导的传播常数，进而根据光波导的色散方程计算波导介质的厚度、介电常数等其他参数。因此，通过测量光波导的有效折射率计算波导薄膜厚度和折射率对波导器件的设计具有十分重要的意义。

【实验目的】

1. 了解光波导结构，学习介质平板波导理论。
2. 掌握测量光波导有效折射率的方法。
3. 熟悉棱镜耦合激发导模的实验方法。

【实验仪器】

光波导参数测量系统装置。

【预习提示】

1. 什么叫衰减全反射?
2. 色散方程是如何建立的?

【实验原理】

1. 介质平板波导理论

介质平面波导由三层介质构成，如图 6.1-1 所示。在衬底和覆盖层之间有一层波导层，通常覆盖层为空气。设衬底、波导层和覆盖层的折射率分别为 n_2、n_1、n_0，h 为波导层厚度（μm 量级）。

波导层中形成导模的必要条件是：$n_1 > n_2 \geqslant n_0$。光在波导层中传播，光场是振荡的，而在衬底和覆盖层中则以指数衰减的形式存在。

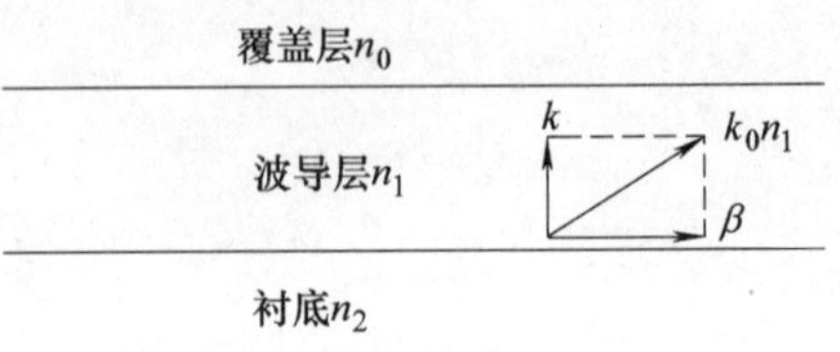

图 6.1-1　三层平板波导结构

波导层中的导模满足色散方程，对于 TM 模，色散方程可写为

$$kh = m\pi + \arctan\left(\frac{n_1^2}{n_2^2}\frac{p}{k}\right) + \arctan\left(\frac{n_1^2}{n_0^2}\frac{q}{k}\right) \tag{6.1-1}$$

对于 TE 模，色散方程可写为

$$kh = m\pi + \arctan\left(\frac{p}{k}\right) + \arctan\left(\frac{q}{k}\right) \tag{6.1-2}$$

式中

$$k = (k_0^2 n_1^2 - \beta^2)^{1/2} \tag{6.1-3}$$

$$p = (\beta^2 - k_0^2 n_2^2)^{1/2} \tag{6.1-4}$$

$$q = (\beta^2 - k_0^2 n_0^2)^{1/2} \tag{6.1-5}$$

式中，β 为传播常数；k_0 为真空中的波矢的大小，$k_0 = 2\pi/\lambda$，λ 为实验中所用激光的波长；m 为模序数。导模有效折射率 n_{eff} 定义为

$$n_{\text{eff}} = \beta/k_0 \tag{6.1-6}$$

因而测得了导模有效折射率 n_{eff}，便知道了传播常数 β。对于多模波导，若知道了三个模的 $m-1$、m、$m+1$，便可联立模序数为 $m-1$、m、$m+1$ 时的超越方程(6.1-1)，以 TM 模式色散方程为例，可得到

$$\begin{cases} k_{m-1}h = (m-1)\pi + \arctan\left(\dfrac{n_1^2}{n_2^2}\dfrac{p_{m-1}}{k_{m-1}}\right) + \arctan\left(\dfrac{n_1^2}{n_0^2}\dfrac{q_{m-1}}{k_{m-1}}\right) \\ k_m h = m\pi + \arctan\left(\dfrac{n_1^2}{n_2^2}\dfrac{p_m}{k_m}\right) + \arctan\left(\dfrac{n_1^2}{n_0^2}\dfrac{q_m}{k_m}\right) \\ k_{m+1}h = (m+1)\pi + \arctan\left(\dfrac{n_1^2}{n_2^2}\dfrac{p_{m+1}}{k_{m+1}}\right) + \arctan\left(\dfrac{n_1^2}{n_0^2}\dfrac{q_{m+1}}{k_{m+1}}\right) \end{cases} \tag{6.1-7}$$

计算机求解上述超越方程，就可求得波导薄膜的厚度 h、折射率 n_1 和模式数 m。

2. 棱镜耦合原理

对于图 6.1-1 所示的三层平板波导，导模传播常数 β 必须满足

$$k_0 n_0,\ k_0 n_2 < \beta < k_0 n_1 \tag{6.1-8}$$

当光束直接从介质覆盖层向波导入射时，光束能量转化为导模能量需满足波矢匹配条件为

$$\beta = k_0 n_0 \sin\theta \tag{6.1-9}$$

式中，θ 为入射角，由式（6.1-8）、式（6.1-9）可知，这种耦合是不可能的。同样，光束也不能从衬底层耦合进波导。

棱镜耦合法是在波导中激发导模的一种重要方法。棱镜耦合原理如图 6.1-2 所示。若在波导层上放置一块高折射率（n_p）的棱镜，这时棱镜底部与波导层的表面之间有一层空气隙。当入射角以大于棱镜和空气的全反射临界角入射于棱镜底部时，在空气隙中产生衰逝场，与波导的衰逝场耦合，可使光束能量耦合转

化为导模的能量，耦合的强弱与空气隙的厚度密切相关。耦合波导的匹配条件为

$$k_0 n_p \sin\theta_p = \beta \tag{6.1-10}$$

由于 n_p 一般比 n_1 大，根据式（6.1-8）、式（6.1-10）两式可知，这种耦合是完全可以的。满足式（6.1-10）的入射角 θ_p 称为共振角。

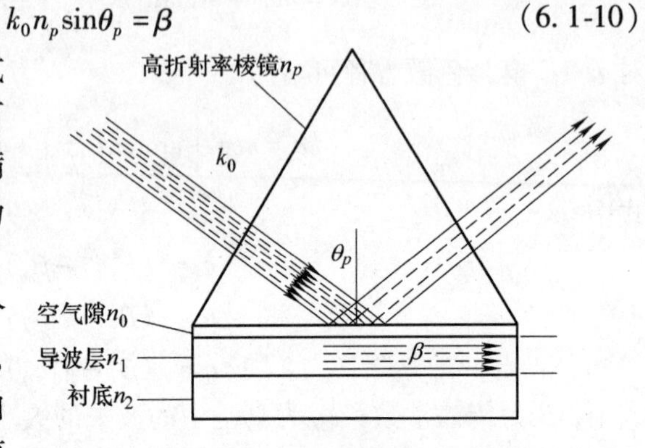

图 6.1-2　棱镜耦合原理图

当耦合条件满足时，大部分能量进入波导，反射光强骤减，在反射屏上能观察到若干条弯曲的线，即 m-line。这时就认为导模被激发了。也可利用计算机模拟光束能量通过棱镜进入波导的角度扫描过程。反射率 R 随入射角的变化曲线也称为衰减全反射（ATR）谱，如图 6.1-3 所示。

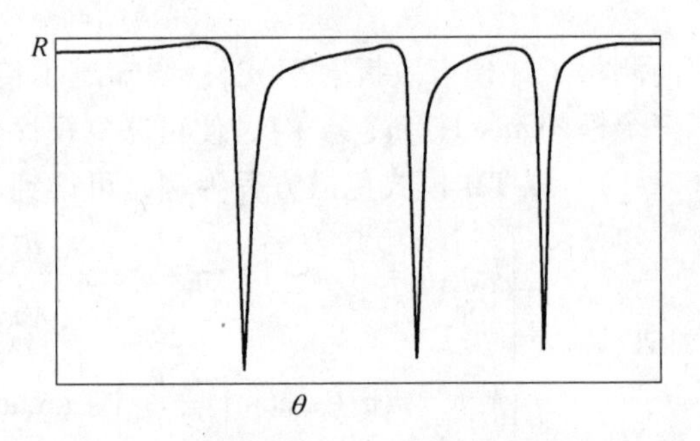

图 6.1-3　衰减全反射（ATR）谱

【实验装置】

光波导参数测量装置如图 6.1-4 所示，它由激光器、偏振器、耦合棱镜、待测波导、$\theta/2\theta$ 仪、光电探测器、控制仪和电脑组成。本测量装置中，$\theta/2\theta$ 仪是一关键部件，它由计算机控制的步进马达传动。

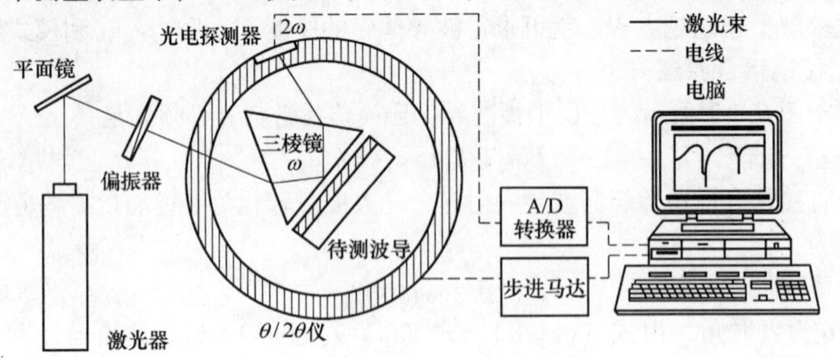

图 6.1-4　光波导参数测量装置

【实验内容】

1. 有效折射率测量

有效折射率的传统测量方法是采用 m-line 方法，即通过肉眼观察到 m 线时，

记录下角度，计算得到有效折射率。但由于人眼误差较大，且考虑到一些 m 线不易被观察到的特殊情况（如波导损耗较大或光波波长较长等情况），m-line 方法就不太有效了。

本实验中，样品被放置在 $\theta/2\theta$ 仪旋转台上，用探测器测量反射光随入射角的变化函数。通过反射曲线的骤减峰来判断导模的激发。为了获得较为精密的实验数据，转台的转速及数据采集都由计算机来控制，如图 6.1-4 所示。需要注意的是，当转台由计算机控制以角速度 ω 转动的时候，根据反射定律，反射光线将以 2ω 转动。也就是说，探测器将以 2ω 绕转台中心转动。若无特殊机构，很难保证二者的同步。在本实验中采用的 $\theta/2\theta$ 仪转台能很好的满足上述要求。如图 6.1-5 所示，圆台实际上是由内圆台和外圆环构成，二者严格同心。样品放置在内圆台上，当内圆台以 ω 转动时，通过一系列机构带动外圆环以 2ω 转动。探测器放置在外圆环上。从而保证了不论样品转动到了何处，始终能准确地探测到出射光强的变化。

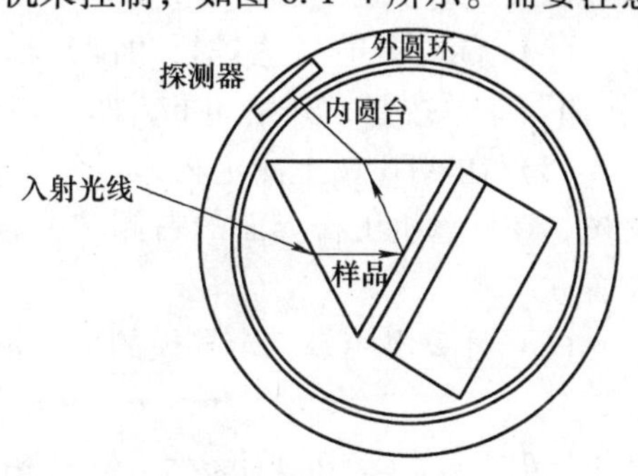

图 6.1-5　$\theta/2\theta$ 仪示意图

探测器即为硅光电池。探测到的光强信号电压一般为几个毫伏，将这个信号经模拟放大电路放大，再通过 A/D 转换卡，转换成数字信号进行分析。数据经计算机采集并分析之后，能直接获得棱镜的耦合角 θ_p，从而可以根据公式：$n_{\text{eff}} = n_p \sin\theta_p$，计算导模的有效折射率。测量软件的计算机工作界面如图 6.1-6 所示。

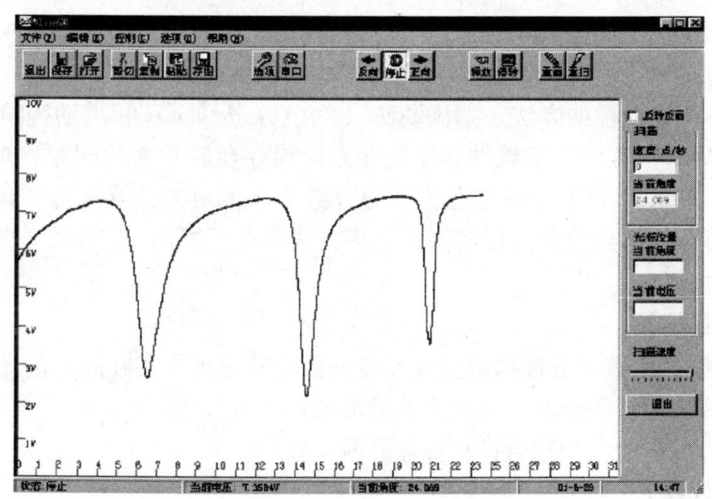

图 6.1-6　m-line 实验曲线

2. 具体操作

（1）棱镜底角的测量 θ_0。

（2）光束在棱镜入射面上的自准。使入射光线在棱镜入射面上的反射光严格与小孔重合，确定出入射光束的初始入射角 $\theta_{p0}=\theta_0$。

（3）点击光波导参数测量仪的计算机工作界面上“选项”菜单按钮，确定计算机设定的步进电机的细分数与步进电机控制箱的细分数一致。

（4）启动步进马达进行角度扫描。在计算机工作界面上，按“反向”或“正向”菜单按钮，开始 m-line 曲线扫描，得到 ATR 谱线。

（5）在 ATR 谱上测定相邻三个导模的同步角。按鼠标右键，出现大的十字叉丝，在计算机工作界面的右侧“光标位置”显示框读出十字叉丝对应的角度位置 θ。

（6）计算出相邻三个导模的传播常数

$$\beta=k_0 n_p \sin\theta_p$$

其中，$\theta_p=\theta_0\pm\arcsin(\sin\theta/n_p)$。将相邻三个导模的传播常数代入模式色散方程，求解薄膜的厚度和折射率（可编写计算软件进行计算）。

【思考题】

1. 在实验中如何确定角度的零点？
2. 如何把实验中测得的外角转化为耦合角？
3. 如果波导只能容纳两个导模，如何确定薄膜的厚度和折射率？

实验 6.2　光波导传输损耗的测量

【简介】

波导薄膜中导波光的传输损耗是评价介质平板波导的一个重要参数。传统的测量光波导传输损耗的方法，如截断法（*Cut-Off Method*）和滑动棱镜法（*Prism Sliding Method*），在测量准确性和方便性方面均存在着较大的问题，难以获得广泛的应用。采用 *CCD* 数字成像器件，通过数字成像对光波导内部的传输光强进行测量，可计算得到波导的传输损耗，该方法具有无损耗、高精度、快速测量等优点。

【实验目的】

1. 了解 *CCD* 数字成像法测量波导传输损耗的原理及实际的测量光路。
2. 掌握用于去除散粒噪声的中值滤波图像处理技术。
3. 通过传输曲线的拟合计算传输衰减系数。

【实验仪器】

半导体激光器（650*nm*）、偏振棱镜、透镜、待测离子交换光波导片、数字成像器件 CCD 和数据采集系统（实验中使用的是自带视频信号输出的 CCD）。

【预习提示】

1. 光波导的损耗有哪些?

2. 什么是数字滤波技术?

【实验原理】

1. 损耗机理

光波导器件传输损耗主要由以下因素产生：波导材料的散射和吸收引起的损耗；基片的表面光洁度受到抛光工艺的限制；界面的不规则导致导模与辐射模间的耦合而引起的损耗；波导表面弯曲引起能量辐射造成的损耗。

2. 测量原理

真实波导由于界面不平整以及波导内部杂质散射等原因，使导模转变为辐射模。可以认为：某一位置散射出来的光强主要受到该点的传输光强、界面不平整程度、杂质多少的影响。整块波导是在特定条件下一次性制备的，后两个因素的影响可以认为在整块波导中平均分布，即使由于杂质大小有涨落而出现某点散射光特别强，也可以在后期图像处理中采用数字滤波技术加以消除。因此，散射光强将只和该处的实际传输光强成正比。据此，可以采用数字成像器件 CCD 对传输线上各点的散射光强进行记录，转换成内部传输光强，拟合出传输衰减曲线并计算衰减系数。

3. 图像噪声的消除

在波导传输线静态数字照片上，对传输光强分布进行研究，发现波导杂散光十分明显，如图 6.2-1 所示，杂散光相当于噪声，必须消除，否则将给传输衰减系数的计算带来很大的误差。

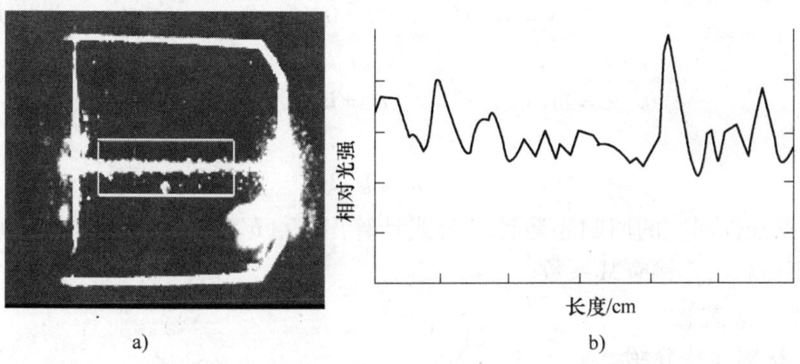

图 6.2-1　CCD 拍摄原始图

a）原始照片　b）传播路径上的散射光强分布

消除数字图像噪声的方法有很多种，本文采用的是均值滤波算法。该算法相当于一个低通滤波器，图像上的每一点均被周围点的加权平均值来代替，即

$$v(m,\ n) = \sum_{(k,l\in W)}\sum a(k,\ l)y(m-k,\ n-l) \tag{6.2-1}$$

$y(m,\ n)$和$v(m,\ n)$分别是处理前和处理后的图像；W 是一个确定大小的窗口；$a(k,\ l)$是各点的权重函数。通常的空间均值滤波对各点设置相同的权重，由式(6.2-1)可得

$$v(m,\ n) = \frac{1}{N_W}\sum_{(k,l\in W)}\sum y(m-k,\ n-l) \tag{6.2-2}$$

即 $a(k,\ l)=1/N_W$，N_W 是窗口 W 中的像素数目。对应于窗口大小为 3 的空间均值滤波掩模图如图 6.2-2 所示。

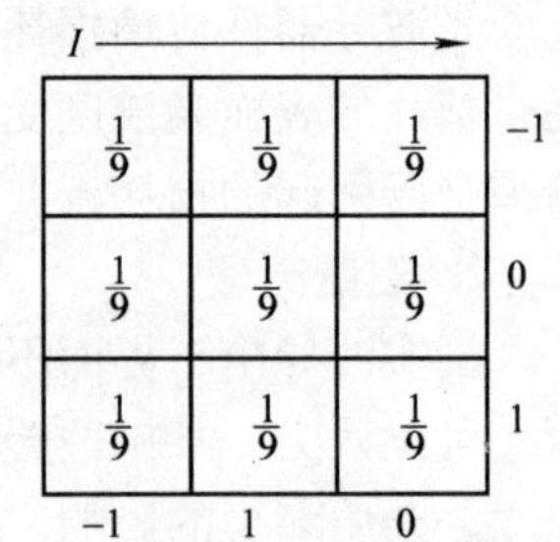

图 6.2-2　空间均值滤波掩模 $a(k,\ l)$

4. 传输损耗的计算

经过空间均值滤波的处理，得到了一条传输衰减曲线。有损耗的导模功率随传播距离的衰减可表示为

$$P_z = P_0\exp\ (-\alpha\cdot z) \tag{6.2-3}$$

式中，P_0 是 $z=0$ 处的初始入射光强；P_z 是 z 处的传输光强，衰减系数 α 定义为

$$\alpha = \frac{1}{z_2-z_1}\ln\left(\frac{P_{z_1}}{P_{z_2}}\right) \tag{6.2-4}$$

$$L = -10\alpha\ (\lg e) \tag{6.2-5}$$

L 就是我们所关心的光波导传输损耗。因此，我们所需要拟合的是一条指数衰减曲线。通过参数变换，可将非线性回归转化为线性回归，设待拟合曲线方程为

$$y = a\exp(bx)\quad a>0,\ b<0 \tag{6.2-6}$$

令

$$y' = \ln(y),\ x' = x,\ a' = \ln(a),\ b' = b \tag{6.2-7}$$

则

$$y' = a' + b'x' \tag{6.2-8}$$

根据线性回归的回归系数计算公式计算出 a'、b'后，即可得到待定系数 a、b，从而计算出传输衰减系数。

【实验装置】

CCD 摄像头介绍

电荷耦合器件（Charge Coupled Device）简称 CCD。它是 20 世纪 70 年代以来发展起来的一种新型高集成度半导体器件。其基本结构是紧密排列的 MOS 电容阵列。工作时，这种 MOS 电容在时序脉冲的作用下，实现电荷的存储和转移。CCD 具有工作电压低、功耗小、体积小、抗电磁能力干扰强、噪声低、灵敏度

高等一系列特点，在摄像、模拟信号处理和数字存储等领域发挥着日益重要的作用。

CCD的主要应用之一是作为固体成像器件，其成像原理如下。光子入射于CCD阵列上产生电子-空穴对，电子在存储电极的作用下，会聚成电荷包，电荷包的分布与景物光强成正比，相当于把外景成像在器件上。当时钟脉冲电压加到电极上时，电荷包从一个存储单元转移到另一个存储单元，并从输出二极管依次输出。CCD的这种自扫描特性使得只需定时加入行同步和帧同步信号就可以实现实时的视频信号输出，从而达到摄像的目的。

【实验内容】

为了能够更方便地进行波导传输损耗的测量，本实验设计了一个专用测量软件。该软件把数字图像处理、衰减曲线拟合及波导损耗计算集成在一起，对波导传输损耗进行测量。

1. 波导传输线的调整

实验光路如图6.2-3所示，调整光路，区分传输模和辐射模的不同，调出波导的传输模。

2. 波导传输线拍摄

用CCD对波导内传输线进行拍摄。CCD把拍摄到的景物转换成视频信号输出，图像采集卡对信号进行帧提取，并以数据文件的形式存储在计算机的硬盘上。图像板还能对输入信号进行实时处理并回显，为拍摄提供了监视手段，这一切都是利用软件通过对端口编程来实现的。

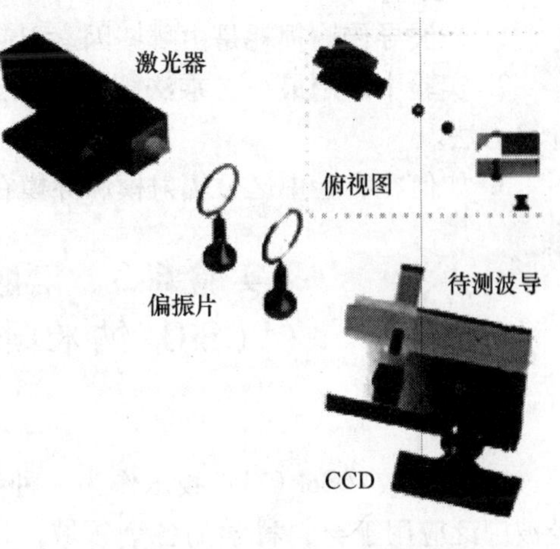

图6.2-3 实验系统与光路

3. 图像的定标

将保存的波导传输线静态数字照片调出，在波导传输线上选中两点，测量两点间对应的波导片上的距离，输入计算机。

4. 图像噪声的消除

在波导传输线静态数字照片上，对传输线的光强分布进行滤波，消除波导杂散光带来的噪声，减少传输衰减系数的计算误差。用鼠标选定传输线滤波的范围，点击“滤波”菜单按钮，计算机采用均值滤波算法依照程序对图像进行滤波处理，消除图像的噪声。

5. 传输损耗的计算

点击“分布”菜单按钮，提取已经过滤波的选定图像的光强分布，测量程序采用线性回归方法给出回归系数和波导的传输损耗。

注意事项

（1）入射光束不可太弱也不宜过强。光束太弱，传输线亮度太低，有可能低于CCD的阈值光强或被背景噪声淹没。光束过强，有可能使CCD的响应饱和，影响拟合精度。

（2）CCD探头不宜离波导太近，否则探头通过波导的玻璃衬底所成像也会被拍摄下来，从而带来不必要的噪声。CCD除镜头外最好用黑布包裹，减小反射光干扰。

（3）在靠近棱镜与波导的耦合点附近，由于散射光特别强，传输线显得又粗又亮。这显然不能真实反映波导内部光场强度，因此最好用黑纸条将这一部分遮起来。

【思考题】

1. 光波导传输损耗是由哪些因素引起的？

2. 实验中采用最小二乘法拟合，确定光波导传输损耗，请写出具体的拟合计算方法。

3. 如何在实验中区分辐射模和导模在波导片上产生的亮线？

实验6.3 溶胶-凝胶的配制（以SiO_2纳米颗粒增透膜为例）

【简介】

溶胶-凝胶（Sol-Gel）技术作为一种制备材料的新手段，具有许多优点，已经被广泛应用于材料科学的各个领域，目前，Sol-Gel技术已经进入其发展的高峰期，Sol-Gel技术正以其独特的优越性而得以倍受关注，活跃于材料科学领域。大量文献纷纷涌现，诸多与之相关的国际会议应运而生。此外，在“硅酸盐学报”、“材料研究学报”、“无机材料学报”等材料学科中文专业期刊上有关Sol-Gel技术的文章也占有一定份额。Sol-Gel技术被广泛地应用到电子陶瓷、玻璃、光学、热学、化学以及生物仿生材料等各个领域；就其制备材料的产品形式而言，它可以制备包括块体、粉体、薄膜和涂层、纤维以及复合材料等在内的多种形式。

【实验目的】

1. 了解Sol-Gel技术的原理。

2. 了解溶胶的配制方法。

【实验仪器】

HJ—4型多头磁力加热搅拌器、电子天平及量筒。

【预习提示】

1. 了解 Sol-Gel 技术的概念。
2. 了解 Sol-Gel 技术的基本原理。
3. Sol-Gel 技术的应用。

【实验原理】

1. Sol-Gel 技术基本原理

所谓溶胶（Sol），是线度在 1～1000nm 范围内的固体颗粒或团簇，在适当液体介质中形成的分散体系，这些固体颗粒一般由 10^3～10^9 个原子组成。当溶胶中的液相受到温度变化、搅拌作用、化学反应或电化学平衡作用的影响而部分失去，体系黏度增大到一定程度时，便形成具有一定强度的网状固态胶体，这就是凝胶（Gel）。典型的 Sol-Gel 过程主要是利用金属醇盐或类金属醇盐作为前驱体，在给定的反应条件（温度、湿度、酸碱度、压力等）下，通过水解、缩聚反应生成一连续的凝胶网络。如图 6.3-1 所示，其过程可分为四个阶段：1）前驱体水解形成单体；2）单体的聚合形成颗粒；3）颗粒的长大；4）颗粒间连接形成网络，网络扩展、黏化最后形成凝胶。凝胶的结构可以通过改变反应物的组成比、pH 值、催化剂种类、温度、湿度等反应条件来调节。

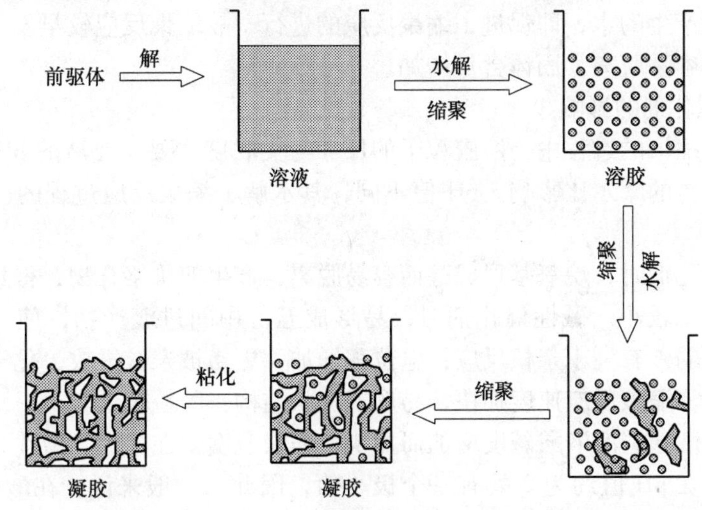

图 6.3-1 溶胶-凝胶过程

（1）前驱体的影响

用于水解的前驱体可以是烷氧基化合物、无机金属盐等，其中，烷氧基化合物是 Sol-Gel 方法中常用的一种高纯度前驱体。不同的前驱体对 Sol-Gel 过程有着重要的影响。如正硅酸乙酯 Si（OC_2H_5）$_4$、Ti（OC_2H_5）$_4$、Zr（OC_2H_5）$_4$ 几种反应物中，由于与 Ti、Zr 过渡金属原子相比，较小的正电性使 Si 原子的亲核进攻能力较弱，而相同的氧化还原性能又使其在亲核反应过程中配位数无法在自发扩张，这些因素都导致 $Si(OC_2H_5)_4$ 的水解和凝胶速度远远小于过渡态金属，也使其反应相对容易控制。

如金属原子半径增加，电负性减小，化学反应活性增加。金属醇盐中的烷氧基-OR 体积大，配位数低，反应快。

前驱体之间的反应，形成了不同程度的多聚体，多聚体和单体的水解、缩聚反应速度不一样，形成了各种环状形式的大分子，这都影响了 Sol-Gel 过程。

（2）水解度 R 的影响

水是进行水解、缩聚反应的重要反应剂，其用量的多少对前驱体的 Sol-Gel 过程有着至关重要的影响。以正硅酸乙酯为例，因为脱水缩聚的反应过程中的副产物也是水，所以从理论上讲，当 $H_2O : Si = R$（摩尔比），R 等于 2 时，前驱体就可以完全水解，如下方程所示：

$$n\mathrm{Si(OR)_4} + 2n\mathrm{H_2O} = n\mathrm{SiO_2} + 4n\mathrm{ROH}$$

然而，事实证明，即使大过量的水（$R \gg 2$）存在，水解和缩聚反应也不可能反应完全，而是有大量中间产物［$Si(OR)_x(OH)_y(OSi)_2$］产生。研究表明，当$R<2$时，刚开始水解反应速度快，水被消耗掉，进一步反应需要的水来源于缩聚所产生的水，即促进了缩聚反应的进行，故缩聚反应较早发生，所以 R 越小，醇越容易脱离，固体含量增加。

（3）催化剂的影响

水解、缩聚的过程中，溶胶粒子的尺寸与交联度主要受溶液的 pH 值及溶液中水与前驱体的摩尔比影响。pH 值不同，其水解、缩聚反应过程的机制又有所不同。

酸性催化剂时，烷氧基形成醇而容易脱离，产生四价络合物，得到的产物是链状的，胶粒较小。碱性催化剂时，易形成五价中间过渡产物，使 Si-OR 键变长，作用减弱，有利于亲核反应；电位移增加，更易被亲核进攻，化学反应活性增加，水解、缩聚反应速度加快，易形成网状结构，胶粒较大。

水解速度随着溶液酸碱度增加而加快，缩聚速度则在中性、碱性和强酸性溶液中较快，在 pH 值约为 2 处有一个极小值，因此，一般来说，在酸性条件下，硅酸单体的慢缩聚反应将形成聚合物状的硅氧键，最终得到弱交连、低密度网络的凝胶，凝胶老化时易在相邻分支之间产生新的硅氧键，从而导致网络收缩；而在碱性条件下，硅酸单体水解后迅速缩聚，生成相对致密的凝胶颗粒，胶体颗粒的尺寸则取决于溶液的温度和 pH 值，这些胶体颗粒相互联连，形成网络状的凝胶，孔洞率较大，网络相对较稀。在薄膜上表现为折射率的差别，酸性催化的溶胶镀的膜折射率较大，碱性的则较小。

（4）溶剂化作用

在水解过程中，由于水和烷氧基化合物的相容性并不是很好，因此，选择适合的溶剂不仅可以起到溶解前驱体的作用，还可以扩大反应物互溶区。醇类是常用的溶剂。醇用量的增加可以稀释溶液，形成的聚合物网络也较稀疏，因此大大增加了凝胶化时间。

醇与金属原子络合随着金属原子半径和电位移的增加而增多，醇还会与烷氧基形成氢键。如 Zr 和 Ce 的而聚体易溶解，而单体不溶解；$[Zr(OPri)_4]_n$ 在极性溶剂中水解缓慢，易形成透明的凝胶，而在正丙醇中则很快反应，产生沉淀。

（5）添加络合剂的影响

在 Sol-Gel 技术中常会遇到这样一些问题，即金属醇盐在醇中的溶解度太小、反应活性大、水解速度过快等。解决这些问题时常采用添加络合剂的方法，它是控制水解反应的有效手段之一，但有时会使前驱物的结构发生改变，进而会使其 Sol-Gel 行为发生改变。

添加络合剂可以减缓水解、缩聚反应，避免产生沉淀。如在 TEOS 中，醋酸为催化剂时，Sol-Gel 过程很慢，这不是由于醋酸根的催化作用，而是醋酸在乙醇中酸性减弱，减小亲核替换反应；而在 $Ti(OEt)_4$ 和 $Zr(OEt)_4$ 中，醋酸的催化不产生沉淀，延长了凝胶时间，是醋酸根离子的亲核络合作用，使其配位数在 4~6 之间。

其他添加剂，如醋酸酐、乙酰丙酮（acac）等，反应温度、催化剂浓度（pH 值大小），都对 Sol-Gel 过程产生很大的影响，以致最终影响到凝胶的交联度、孔洞率、固含量等。

2. Sol-Gel 过程的类型

根据 Sol-Gel 过程成胶机制的不同，Sol-Gel 法制备材料的过程机制可分为三种类型，即

（1）传统胶体型 Sol-Gel 过程

传统胶体型 Sol-Gel 过程的前驱体主要为 $M(H_2O)_n^{n+}$、$M(OH)_n$ 等（其中，M 为可水解的金属离子，如 Ti、Cr、Fe、Al 等）。通过调节体系 pH 值或加入电解质等以中和表面电荷，形成溶胶。溶胶再经蒸发作用失去部分溶剂而得到凝胶。凝胶粒子间通过范德华力形成凝胶网络，形成的凝胶强度小，氧化物含量较高。

（2）无机聚合物型（醇盐水解型）Sol-Gel 过程

以金属醇盐作为 Sol-Gel 的前驱体，加水发生水解—缩聚反应生成连续的凝胶网络。其过程经历了由单体聚合形成颗粒到颗粒的长大→颗粒间连接成网络→网络扩展和粘化三个主要阶段，最后形成凝胶。醇盐水解法过程易于控制（可通过改变反应物组成、pH 值、催化剂、温度、湿度以及凝胶时间等反应条件，控制其过程），易于从溶胶或凝胶出发制备各种形状的材料，均匀性好，纯度

高，尤其在制备多组分体系材料中具有较大的优势。目前此类型是 Sol-Gel 法的主要应用工艺。

对于金属醇盐的水解与缩聚反应可用下面两式来表示：

1）水解反应：$Si(OR)_4 + nH_2O \rightarrow \equiv Si-OH + nROH$

2）缩聚反应：

$$\equiv Si-OH + OH-Si\equiv \rightarrow \equiv Si-O-Si\equiv \text{或}$$

$$\equiv Si-OH + Si(OR)_4 \rightarrow \equiv Si-O-Si(OR)_3 + ROH$$

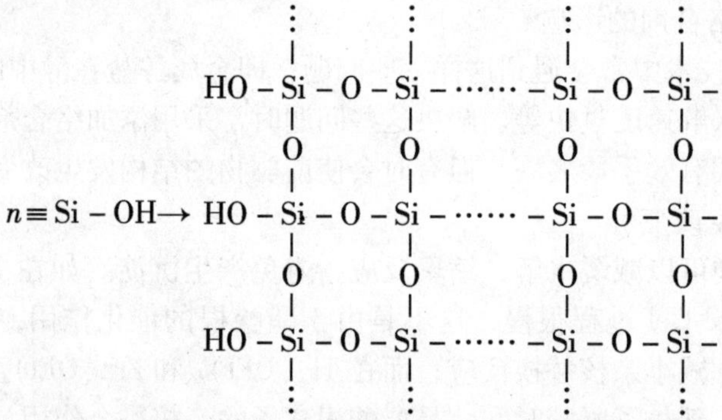

$$
\begin{array}{lccccccccccc}
 & & & \vdots & & \vdots & & & & \vdots & & \vdots \\
 & & & | & & | & & & & | & & | \\
 & HO & - & Si & - O - & Si & - & \cdots\cdots & - & Si & - O - & Si - \\
 & & & | & & | & & & & | & & | \\
 & & & O & & O & & & & O & & O \\
 & & & | & & | & & & & | & & | \\
n\equiv Si-OH \rightarrow & HO & - & Si & - O - & Si & - & \cdots\cdots & - & Si & - O - & Si - \\
 & & & | & & | & & & & | & & | \\
 & & & O & & O & & & & O & & O \\
 & & & | & & | & & & & | & & | \\
 & HO & - & Si & - O - & Si & - & \cdots\cdots & - & Si & - O - & Si - \\
 & & & | & & | & & & & | & & | \\
 & & & \vdots & & \vdots & & & & \vdots & & \vdots
\end{array}
$$

-OR 为醇羟基；此类型 Sol-Gel 过程一般需要以可溶于醇的金属醇盐为前驱体，但一些低价（ <4 价）金属醇盐不溶或微溶于醇，因此应用受到一定的限制。此过程的特点是该过程不可逆，形成的凝胶是化学凝胶，具有一定的弹性。

（3）络合物型 Sol-Gel 过程

对于某些在醇盐中溶解度较小的低价金属醇化物，可通过加入络合剂，使之形成可溶性络合物，然后经过络合物型 Sol-Gel 过程形成凝胶，这些络合物网络之间由氢键连接或通过有机络合物基团间化学反应相互连接，形成凝胶网络，金属离子位于网络之间。采用的络合剂有单元羧酸（如冰醋酸 HOAc）及有机胺等。

【实验内容】

Sol-gel 法 SiO_2 溶胶的制备（以 SiO_2 纳米颗粒增透膜中制备其溶胶为例）

用电子天平及量筒称取所需原料进行配制，缓慢滴加并用 HJ-4 型多头磁力加热搅拌器搅拌。

（1）制备碱性 SiO_2 溶胶。以正硅酸乙酯（TEOS）为前驱体、无水乙醇（EtOH）为溶剂、饱和浓氨水（$NH_3 \cdot H_2O$）为催化剂，原料的摩尔数配比为 TEOS: $NH_3 \cdot H_2O$: EtOH = 1: 2.3: 38，将原料滴加混合搅拌 30min 后，在常温下密封静置老化3 ~4 天，得到具有白色乳光的碱性溶胶，随后进行高温加热回流，去除溶胶中的催化剂氨。

（2）制备酸性 SiO_2 溶胶。以正硅酸乙酯（TEOS）为前驱体、无水乙醇

（EtOH）为溶剂、盐酸为催化剂，原料的摩尔数配比为 TEOS: EtOH: H_2O: HCL（pH = 1）: H_2O = 1: 38: 2. 3: 0. 245。将原料滴加混合搅拌 30min，用以制备两步法溶胶。

（3）将上述所得到的碱性溶胶和酸性溶胶按照一定比例在常温下滴加混合，并充分搅拌。然后将混合溶液再一次加温回流，使其在高温下进一步进行水解、缩聚反应，最后即可获得我们所需要的 SiO_2 溶胶。

【思考题】

制备溶胶的影响因素是什么?

实验 6.4　溶胶-凝胶技术制备薄膜（以 SiO_2 纳米颗粒增透膜为例）

【简介】

Sol-Gel 方法制备的纳米多孔 SiO_2 薄膜具有结构可控、折射率可调、损伤阈值高、光学特性优良、成本低廉等优点，而且可以获得很好的宽带减反性能。二十多年来，Sol-Gel 法制备无机-有机复合材料已逐渐引起材料学界的重视。薄膜充分利用 Sol-Gel 制备材料的优势、纳米尺度的复合及有机官能团的引进，使得材料表面具备传统材料不具备、甚至无法得到的新型特定功能。Sol-Gel 技术作为一种制备薄膜的手段，因其具有诸多的优点而得到了广泛的应用。

目前，Sol-Gel 法制备的增透膜，一般是采用水解正硅酸乙酯获得多孔结构的 SiO_2 增透膜。1986 年，Thomas 用氨催化正硅酸乙酯首次制备了折射率为 1. 22，空隙率为 50% 的高激光损伤阈值的 SiO_2 单层增透膜。随后法国的 Lemeil 实验室、英国的 Sermon 等人、美国的 Livermore 实验室都相继做了大量的关于 SiO_2 增透膜工艺改进和薄膜性能改性的工作。在酸催化溶胶体系制备增透膜方面，人们也做了大量的工作。但是，由于其产物为有机物，经较高温度的热处理后才能得到 SiO_2，薄膜的激光损伤阈值也不够理想，且日常生活中由于反射的存在，给成像系统的成像效果造成了影响，因此，在提高显示器的成像效果和成像的对比度的防眩增透膜中，研究人员采用了在增透膜中加入一定颗粒度的大颗粒，对入射光产生漫反射的方法。

【实验目的】

1. 了解 Sol-Gel 技术的原理。

2. 了解 Sol-Gel 技术制备薄膜。

3. 了解各种实验条件对薄膜材料结构的影响。

【实验仪器】

HJ—4 型多头磁力加热搅拌器、甩胶机 KW-4A（或提拉机）、真空泵、马弗炉 SX2-12-10、电子天平及量筒、原料试剂等。

【预习提示】

1. Sol-Gel 技术的基本原理。

2. Sol-Gel 技术的制膜手段。

【Sol-Gel 技术基本原理】

同实验 6.3。

【实验内容】

1. Sol-Gel 法 SiO_2 溶胶的制备

制备过程同实验 6.3，如图 6.4-1 所示。

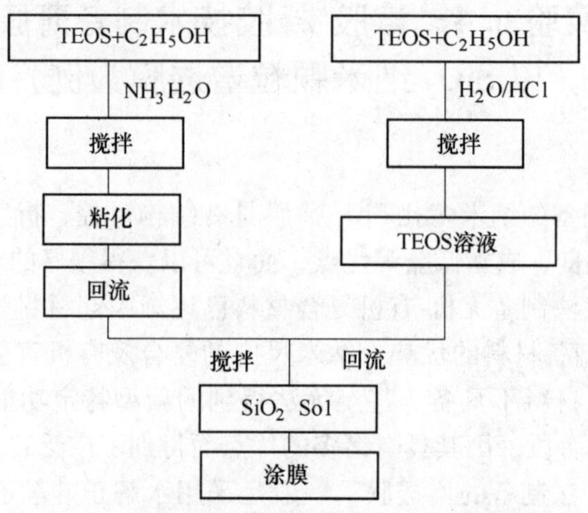

图 6.4-1 酸碱两步法制备 SiO_2 溶胶流程

2. 薄膜的制备

Sol-Gel 技术制备薄膜的方法通常有提拉法（Dip-coating）、旋涂法（Spin-coating）、弯月面法（Meniscus-coating）、流延法（Flow-coating）、喷溅法（Spray-coating）、涂布法（Roll-coating）等，各种方法都有其优缺点，实际工作中可以根据不同的条件加以选用。

提拉法工艺简单，可制备大面积、异面薄膜。薄膜的厚度可以通过提拉速度或调节溶胶的黏度来控制。但是该方法对溶胶的利用率很低，且对装置的稳定性要求很高。

旋涂法是通过控制旋涂的速度和溶胶的黏度来调节薄膜的厚度的，由于采用旋转的方法，使得对溶胶的用量要求很少，制备的薄膜均匀性很好，但是不利于制备大面积薄膜。

利用提拉法（dip-coating）或旋涂法（spin-coating）使经过两步法所制备的 SiO_2 溶胶均匀沉积在基片上，使溶胶中的水解、缩聚反应进一步进行，再经过后处理，从而形成均匀的、具有一定厚度和折射率的干凝胶薄膜。

提拉法（Dip-coating）（图 6.4-2）

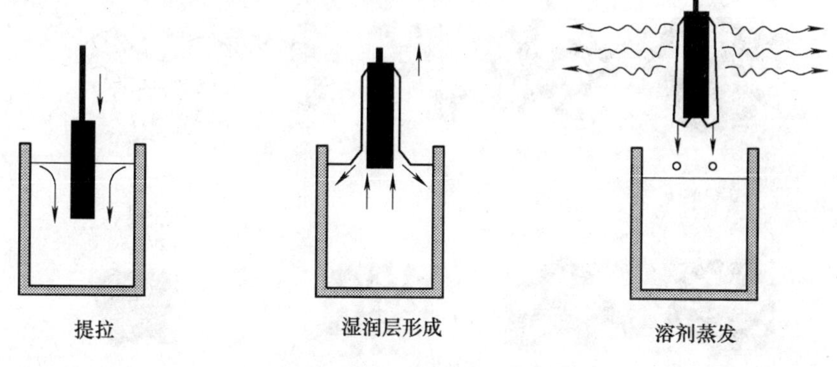

图 6.4-2　提拉法镀膜过程

将浸入涂膜液的基片以一定的速率均匀地提升（或基片不动，让涂膜液以一定的速率下降，即液面下降法），相对运动着的基片附着一层溶胶，附着的溶胶在基片相对运动过程中，主要分成两部分，一部分回流到容器中，另一部分靠物理吸附沉积在基片表面，形成一层液膜。液膜经溶剂和水的蒸发而得到凝胶膜。提拉法主要是通过改变溶胶的黏度和提拉速率来得到不同厚度的薄膜。

旋涂法（Spin-coating）（图 6.4-3）

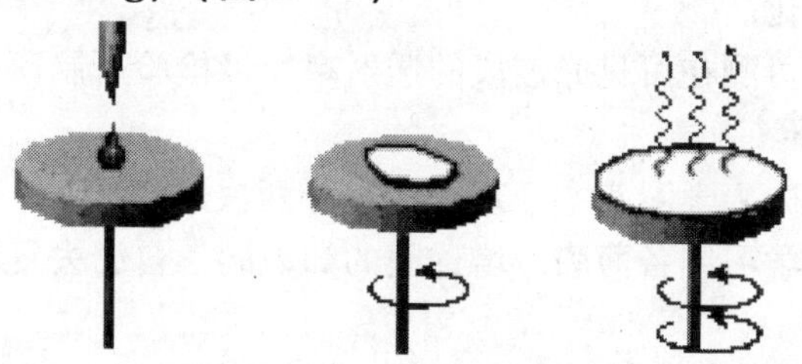

图 6.4-3　旋涂法镀膜示意图

旋转镀膜法是将溶胶滴于工件表面中心处，利用惯性离心力使溶液在基底上均匀散开，形成均匀的液膜，溶剂蒸发后便成凝胶膜。通过控制旋转速度和溶胶的黏度来调节薄膜的厚度，速度越大，膜越薄；反之亦然。

3. 热处理

薄膜在马弗炉中高温下进行热处理。通常在 80～100℃之间对薄膜进行热处理。

注意事项

各种薄膜的制备都需要上述三个步骤，在配各类溶胶时注意：不同条件下形成的溶胶与凝胶薄膜的结构有关。如图 6.4-4 所示，a：酸性催化；b：碱性催化；c：在高溶解度下老化；d：在低溶解度下老化。

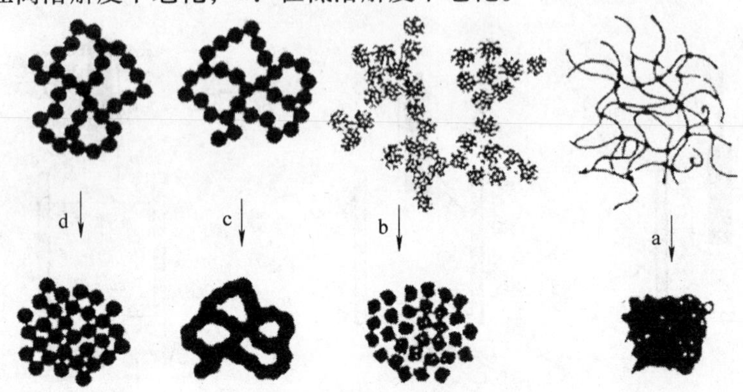

图 6.4-4　不同条件下形成的溶胶以及凝胶薄膜的结构

可见，在碱性催化条件下形成的是高孔隙率的颗粒状结构的薄膜，而在酸性条件下则形成致密的高折射率薄膜。为了获得结构变化、折射率可调的薄膜，通常采用控制水和醇盐的比例、溶液中醇盐的浓度、催化剂的种类和用量、先聚体的水解程度、反应温度与时间以及溶胶的老化时间等实验参数，获得薄膜孔洞率从低到高、折射率从高到低的连续变化。以便在 Sol-Gel 过程中能够实现结构控制、折射率较好变化。

如果条件允许可测在可见光波段的透射率，以检验所制薄膜的透膜效果。

【实验设计要求】

实验前做好预先，学习基本原理，实验分两次进行，第一次学习配制溶胶，时间较长，第二次学习制备薄膜。增透膜的知识同学自己去复习。

【思考题】

分别用酸性和碱性的 SiO_2 溶胶进行镀膜，能否获得增透性能好的增透膜？采用酸碱两步法 SiO_2 溶胶制备增透膜的目的是什么？

实验 6.5　真 空 实 验

【简介】

随着各门科学技术的迅速发展和相互渗透，作为物理学的一个重要分支的真空作为一门单独的学科已显得尤为重要。所谓真空是指在一给定的空间内低于大气压的气体状态。气体越稀薄，分子间的碰撞频率就越小，在一定时间内碰撞于容器表面上的次数也相对减少，这会导致一系列新的物化特性的产生。这些特征促进了真空技术特别是高真空技术的快速发展，使得真空技术广泛地应用于电真空工业、原子能、宇宙航行及空间科学研究、表面物理研究、微电子学及真空冶金等领域。真空技术的主要环节和基础是真空的获得、真空的测量等，通过本实验将对这些手段进行初步的认识和了解。

真空度是表征真空状态下气体稀薄程度的物理量。单位体积内的分子数越少，气体压强越低，真空度就越高；反之，真空度越低。

在国际单位制中，真空度的测量单位是帕斯卡（Pascal），简称帕（Pa），$1Pa=1N\cdot m^{-2}$。

在实际的应用中，常粗略地把真空度划为以下几个区域，即：低真空（$10^5\sim10^2$Pa），中真空（$10^2\sim10^{-1}$Pa），高真空（$10^{-1}\sim10^{-5}$Pa）和超高真空（$<10^{-5}$Pa）。

【实验目的】

1. 了解获得真空的常用方法，学习机械泵和油扩散泵的必要知识。
2. 掌握真空系统的一般操作步骤。
3. 学习真空系统的基本抽气方程。

【实验仪器】

WDY—V 型电子衍射仪。

【预习提示】

1. 了解真空泵的基本原理，熟悉简单的真空系统。
2. 测量真空用的复合真空计是由哪两种真空计组成的？各自的工作原理及测量范围是什么？
3. 表征真空度的各种单位之间如何换算？
4. 旋片式机械泵、油扩散泵的基本工作原理是什么？

【实验原理】

1. 真空的获得

用来获得、改善和维持真空的装置简称为真空泵。尽管真空泵的性能指标有许多种，但其中人们最关心的也是最重要的有两个性能指标即——极限真空和抽气速率，这两个性能指标直接反映出了真空泵的抽气能力及正常工作范围。真空泵按照工作原理和应用范围的不同，其类型是多种多样的。在这里仅对实验中所用到的也是最常见的旋片式机械泵和油扩散泵做一简要介绍。

（1）机械泵

旋片式机械泵的主体为圆柱形钢筒定子空腔，内有一转子，偏心安置在钢筒定子内旋转，转速一般为 $350\sim750r\cdot min^{-1}$。装在转子沟槽内的两旋片依靠弹簧力和离心力保持与泵体充分接触。定子上有一个与被抽系统相连的进气口和一个附有单向活塞阀门的出气口。工作原理可用图 6.5-1a ~ d 四个过程示意图描述。当转子顺时针转动时，由进气口进入转子与定子之间部分空间 V_1 的体积不断扩大，而出气口与转子、定子间的部分空间 V_2 体积不断缩小，前者相当于扩大了真空室容积，所以相应的压强不断减小，而后者 V_2 的体积缩小，其相应的气体压强最终大于大气压而被排入大气。转子连续转动，上述过程不断重复，从而达到抽气的目的。

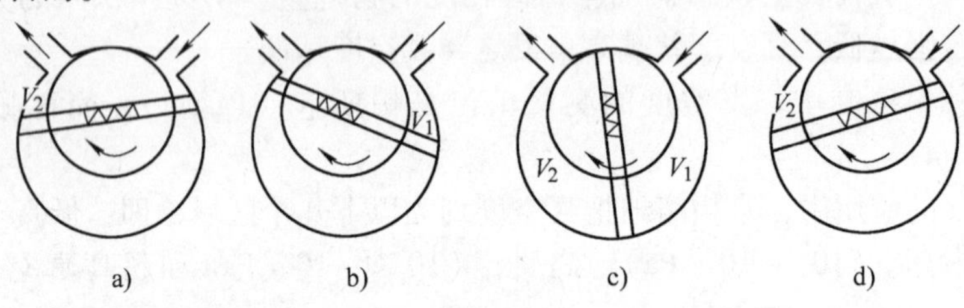

图 6.5-1　旋片式机械泵工作原理示意图

机械泵可以从大气压开始进行工作，常用来获得高真空泵的前级真空和高真空系统的预备真空。用单独的一个机械泵为一个空间系统抽气，我们称之为单级泵系统。单级泵一般所能达到的极限真空约为 6×10^{-2} Pa。其抽速一般在每秒零点几升到几十升之间。转子转速愈快，则抽速愈大，但在高的转速下保证密封极为困难。为了保证不漏气，通常采用蒸气压较低的机械泵油作密封填隙，泵油同时起润滑作用。

限制单级泵极限真空的因素有：

1）空腔内左右两侧空间之间的密封性。在压强为 10^{-2} Pa 时，密封处两端的压强差可达 5 个数量级，漏气量取决于该压强差，此时若要继续改善单级泵似乎无多大余地。

2）排气口附近的“死角”空间。如果进气口压强已经很低，以至泵内气体被压缩到“死角”空间处，压强不足以顶开活塞，则气体不能排出泵外，构成极限压强。可采用两个旋片泵串联结构的双级泵来降低后级泵的压强差及极限压强。双级泵能达到的极限真空为 $10^{-3}\sim10^{-4}$ Pa 数量级。

3）泵油的饱和蒸气压强，以及使用过程中油被玷污和裂变的情况。

此外，人们也常采用并联结构的双级泵来提高排气量，从而缩短达到其极限真空的时间。

使用机械泵时应注意的事项：

机械泵工作时要求有一定的转向和转速，有的泵还要求通以一定的冷却水，以降低油的蒸汽压。操作机械泵时要注意，泵启动时，先接通泵上附属电动机电源，等泵正常工作后再与被抽系统接通。在工作结束时必须把大气放入 V_1（图 6.5-1）。因为机械泵工作时 V_1 和被抽容器还处于真空状态，而泵的出气端始终是大气压，如工作后不及时放气，大气压就会由于连通管原理迫使叶片翻转，密封油随之冲入真空室而使系统污染，此即返油现象。防止返油的办法可在停机械泵之前，用铁夹夹住泵与系统连接的橡皮管，然后再关掉电动机电源；或者采用电磁阀（在本实验中采用），它能在停泵时立即自动切断管路并对泵内灌入大气。操作机械泵时还应注意，转子的转动方向一定要按箭头指示方向，不可反转。机械泵对于各种气体应有相同的抽气速率。但对于一些低沸点蒸气，如水蒸气等，会在压缩过程中凝结为液体不能被排出，这使得密封油易受污染而导致蒸气压提高，故机械泵用一段时间后要换密封油。

（2）扩散泵

油扩散泵是获得高真空的常用设备，其结构如图6.5-2所示，其原理是利用高速定向运动的油蒸气气体分子获得定向移动的动能。

在图6.5-2中给出了油扩散泵的结构图。油槽中扩散泵油（硅油）在真空中加热到沸腾时，产生的蒸气流沿导流管上升，再经过各级喷嘴向下高速流出，随着喷嘴处低压区的形成，进气口处的气体便进入泵体内，并且自上而下作定向流动，经排气进入储气桶压缩存储，此后被前级泵（机械泵）抽走，油蒸气则遇到水冷的扩散泵管壁后被冷凝凝结，入泵体底部的油槽，重新被加热，如此循环工作，实现连续抽气，所以泵壁外有一段冷凝水管，工作时要保持其中冷却水的流动。

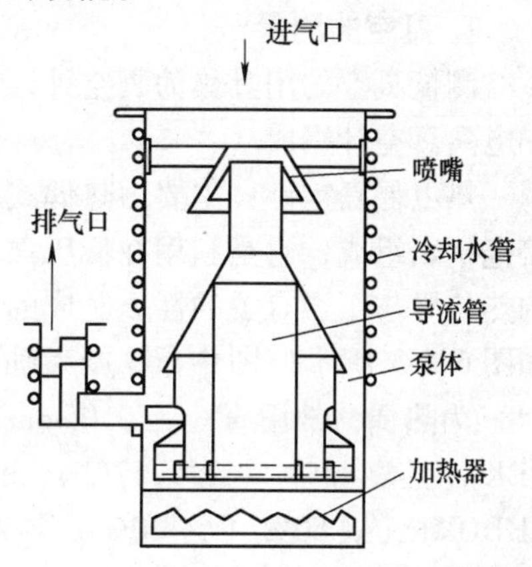

图6.5-2　油扩散泵结构示意图

在扩散泵的出口处，必须连接机械泵，其作用首先是使被抽容器和扩散泵获得一定的预备真空，一般要达到1Pa左右，其次是将扩散泵排出的气体抽出，以维持扩散泵出口处一定的真空度。

注意：泵油具有蒸气压很低的特点，属高分子化合物，氧化变质后的泵油因分子发生裂变，蒸气压升高，这将严重影响泵的极限真空度。在排气口处的压强维持在1~0.1Pa，扩散泵的极限真空度可达6.67×10^{-4}Pa。

所以，油扩散泵的操作维护，在整个真空镀膜实验过程中，是至关重要的。具体如下：必须在前级泵（机械泵）达到一定的压强（0.1Pa）后才能加热泵油，使扩散泵工作；在加热泵油之前；必须先开冷却水，否则，泵油的蒸气将沾污整个真空系统；必须保证冷却水不能中断。如果突然停水，则应赶快切断加热电源，向扩散泵外壁喷洒预先备好的冷水，使其降温，防止扩散泵中的硅油蒸气氧化；循环水要维持一定的水压。当水压降到一定值后，镀膜机上与循环水相关的磁力阀自动弹起，且发出警报声，以示警告；油扩散泵工作时，必须要保证进气口（1 ~0. 1Pa）和排气口始终处于低真空环境；当排气口的压强过高（即出口阀关闭不严密所致）时，则扩散泵便不能工作，而且泵油也将被氧化而变质；当扩散泵对钟罩抽气时，高阀处于开状态，预抽蝶阀处于关状态，不能漏一点气，否则，硅油蒸气被氧化发生裂变后，使蒸气压升高，从而使扩散泵的极限真空度大大下降；当给钟罩充气时，要保证扩散泵与钟罩的高度隔离（即高阀严密的关闭状态），否则，硅油蒸气发生氧化裂变，降低极限真空度，损坏油扩散泵；由于扩散泵正式工作时，如果热的泵油暴露大气，就会使泵油裂变而变质，所以扩散泵停止加热后还要等泵油冷却一段时间才能停止前级泵（机械泵）的工作；当真空镀膜机工作过程中突然停电时，应及时保证预抽蝶阀和出口阀均处于严密的关闭状态，并且保证循环水的畅通。

2. 真空的测量

测量真空的用具称为真空计，本实验用的是复合真空计，它由热电偶真空计和电离真空计组成。

热电偶真空计：主要由热偶式真空规及一外接毫伏表组成，它是利用在低压强环境中，气体的热传导与压强有关的性质制成的。其结构原理如图 6. 5-3 所示。图中（3）为加热用的钨丝；（4）为热偶，常用直径为 0. 05mm 的优铜（EUREKA，镍 43% + 铜 57%）和镍-铬（NICHROME，镍 80% + 铬 20%）热电偶制成，用以测量加热钨丝的温度。当加热电流恒定不变时，由于气体的热导率与气体的压强大小有关，因此钨丝（热丝）的温度将随管内的气体压强而变化。真空度高时，气体的热导率减小，热丝的温度升高，热偶输出的热电动势也随之增大；反之，真空度降低时，气体的热导率增大，热偶输出的热电动势也随之减小。依此便可衡量真空度的高低。国产 DL-3 型热偶规的加热电流在 95 ~150mA 之间，量程为 1.33×10^{-1}Pa。

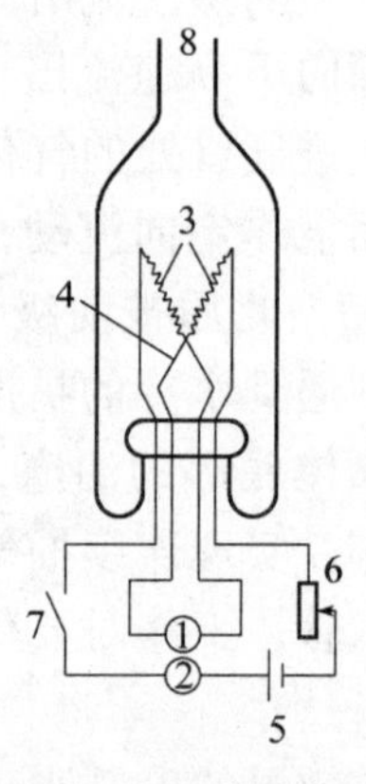

图 6. 5-3　热电偶真空规示意图
1—mV 表　2—mA 表　3—加热丝
4—热偶　5—热丝电源　6—电位器
7—开关　8—接真空系统

电离真空计：其主要组成部分是电离规管，它是利用气体电离时产生的离子流与压强有关这一原理制成的。其原理如图 6. 5-4 所示，阴极发射的电子在电场作用下飞向阳极，与气体分子碰撞使气体分子电离，实验证明：电离真空计内压强 p 在 10^{-1}Pa 以下时，产生的离子流 I_+ 与阴极发射的电子流 I_e 有以下关系：

$$\frac{I_+}{I_e} = Kp$$

式中，K 是规管常数。当 I_e 保持不变，则有 $p \propto I_+$，依此可测得管内真空度。

注意事项

（1）开始时应使用热偶真空计测量系统的真空度，只有当真空度高于0.1Pa（即压强小于0.1Pa）时，才能接通电离计，否则，容易损坏电离计！

（2）电离计在抽气前，必须先除气5min，这对于长期不用的规管尤为重要。

（3）规管工作时间不宜太长。

复合真空计的使用方法见实验操作。

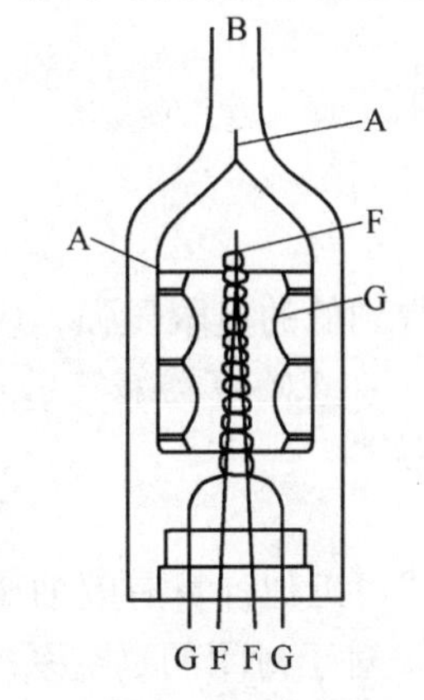

图6.5-4　电离真空规示意图

A—筒状阳极　B—接被除数测系统

F—阳极　G—栅极

3. 抽气方程

一个真空系统工作时除了真空泵的抽气因素外，还存在着相反因素，如器壁本体材料及内部零件表面的气体脱附（出气），外界向系统的漏气及反扩散等。在任何瞬间，容器中的压强实际上是由这两种相反因素间的动态平衡所决定的。

真空系统简化抽气示意图如图6.5-5所示。设被抽容器体积为 V，经管道与真空泵相连，泵的抽速为 $S_p = \frac{dV}{dt}$。由于管道对气流的阻碍，容器出口处的有效抽速降为 S_e（$S_e < S_p$）。气体在流动中，其流量定义为单位时间内流过的气体量，而气体量由气体压强与体积的乘积 pV 所决定，则对于上述系统，每秒从容器抽掉的气体量为 pS_e。被抽容器除了原有大气之外，还存在器壁本体材料及内部零件表面的气体出气量（脱附率）Q_D 和漏气率 Q_L。这样，每秒从容器抽掉的气体量应等于容器空间中气体量的减少率及由各种气源向容器注入气体量增加率之差，即

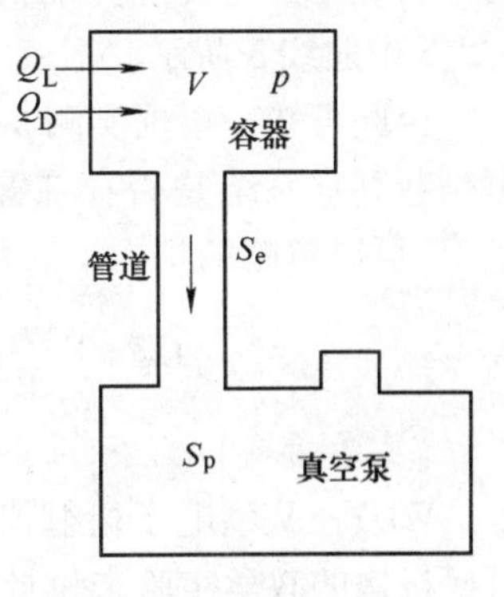

图6.5-5　真空泵抽气示意图

$$pS_e = -\frac{d(pV)}{dt} + Q_D + Q_L = -V\frac{dp}{dt} + Q_D + Q_L \tag{6.5-1}$$

此即真空系统的基本抽气方程。若求出压强 p 作为时间的函数，便掌握了抽气过程的基本情况。

（1）当抽气进行了足够长时间后，容器压强不再变化，此时即为极限压强 p_u。式（6.5-1）中

$$\frac{\mathrm{d}p}{\mathrm{d}t}=0$$

就得极限压强

$$p_{\mathrm{u}}=\frac{Q_{\mathrm{D}}+Q_{\mathrm{L}}}{S_{\mathrm{e}}} \tag{6.5-2}$$

故要想得到低的极限压强，应尽量提高有效抽速，并降低漏气量与出气量。

（2）在忽略容器漏气量 Q_{L} 及气体出气量 Q_{D} 时，式（6.5-1）变为

$$S_{\mathrm{e}}=-V\frac{\mathrm{d}p}{p\mathrm{d}t}=-V\frac{\mathrm{d}(\ln p)}{\mathrm{d}t} \tag{6.5-3}$$

利用此式可近似计算有效抽速。

（3）对于封闭的真空系统（容器与真空泵隔绝），$S_{\mathrm{e}}=0$，则压强的变化应遵从以下方程：

$$\frac{\mathrm{d}p}{\mathrm{d}t}=\frac{Q_{\mathrm{D}}+Q_{\mathrm{L}}}{V} \tag{6.5-4}$$

式中，Q_{D} 是有限的，将逐渐减小，故由它引起 p 的变化如图 6.5-6 中曲线 1 所示；对于一定的漏孔，Q_{L} 是恒定不变的，由它引起 p 的变化如图 6.5-6 中曲线 2 所示；在实际容器中，p 的变化表现为前两者的叠加，如图 6.5-6 中曲线 3 所示。

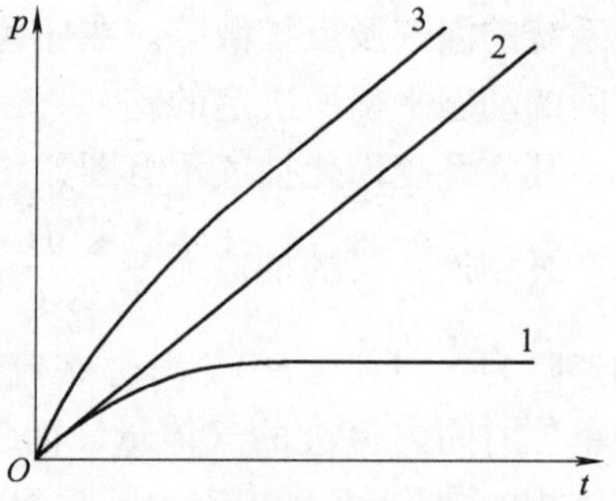

图 6.5-6　真空系统漏气和出气特性

$1—\frac{\mathrm{d}p}{\mathrm{d}t}=\frac{Q_{\mathrm{D}}}{V}$　$2—\frac{\mathrm{d}p}{\mathrm{d}t}=\frac{Q_{\mathrm{L}}}{V}$

$3—\frac{\mathrm{d}p}{\mathrm{d}t}=\frac{Q_{\mathrm{D}}+Q_{\mathrm{L}}}{V}$

由此可知，根据实测 p-t 曲线的情况，即可判断真空系统是否存在漏气现象。在漏气量 Q_{L} 可以忽略的情况下，可求得出气量为

$$Q_{\mathrm{D}}=V\frac{\mathrm{d}p}{\mathrm{d}t} \tag{6.5-5}$$

【实验装置】

WDY—V 型电子衍射仪（图 6.5-7）主要是作为一台针对大学高年级学生及科研机构的教学实验来设计的，真正做到了一机多用。它除了可观测各种多晶体、单晶体和透射式电子衍射图像即电子图像观察、电子图像记录等过程外，还可以用来开设一般的真空实验、真空镀膜实验等。其系统主要构造示意图如图 6.5-8 所示。

图 6.5-7　WDY—V 型电子衍射仪实物图

【实验内容】

1. 先检查，放气阀要处于关闭状态，蝶阀保持在“关”位，其他各密封口盖好。

2. 开“电源”开关，按一下机械泵“开”按钮，机械泵即开始工作（注意电磁放气阀是否被卡住）。将三通阀拉出（“拉位”）抽气1~2min，再将三通阀推进（“推进”）抽气1~2min，可开蝶阀（手柄转到水平位置）（图6.5-9）。

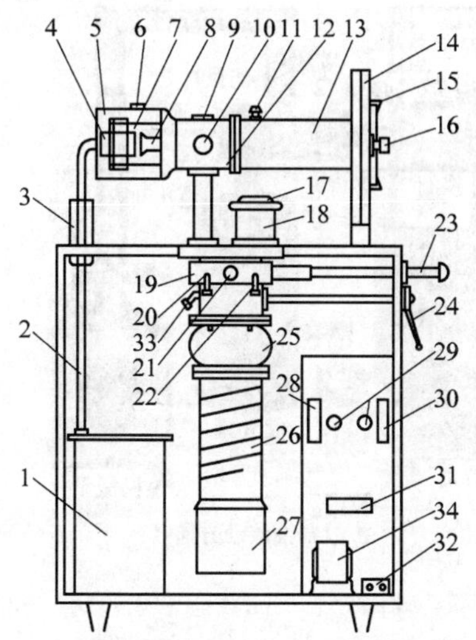

图6.5-8 WDY—V型电子衍射仪系统结构示意图

1—油箱 2—高压引线 3—高压线拆线头 4—高压线接头护套 5—阴极射线防护套 6—观察窗 7—阴极 8—阳极 9—样品观察窗 10—样品出口位置调整手柄 11—快门 12—十字头 13—衍射管 14—照相转盘 15—底片安装口 16—照相转盘手柄 17—镀膜观察窗及开口 18—镀膜装置 19—三通阀 20—热偶管接口 21—机械泵抽气接口 22—热偶管接口 23—三通阀接口 24—蝶阀手柄 25—水冷挡板 26—水冷套 27—电炉 28—继电器 29—熔断器 30—继电器 31—接线插排 32—水接头 33—电离管接口 34—镀膜变压器

3. 打开热偶计，当测量真空度达6Pa左右，即说明低真空符合要求，可开扩散泵。注意开冷却水并保持三通阀在“推”位、蝶阀在“开”位。此时开始记时，读取压强显示值及对应的时刻，即测 p-t 值（图6.5-10）。

4. 在密封无大问题的情况下，开扩散泵约25min后，应见真空度明显上升，并很快达到热偶计的满刻度（真空度已在 10^{-2}Pa）时。关闭热偶真空计，打开电离真空计进行测量（先调节发射电流值为5mA，然后经过调零、满刻度校准后即可进行测量）。

5. 继续测量 p、t 值，直至达到极限真空度。此时关闭蝶阀，测出压强与时间的关系曲线（p-t 曲线），进而求出每点所对应的气体出气量

$$Q_{\mathrm{D}} = V\frac{\mathrm{d}p}{\mathrm{d}t}$$

6. 当真空度约为 10^{-3}Pa时，迅速打开蝶阀，测出 p、t 值，至极限真空。可先做出 p-t 曲线，进而做出 S_{e}-t 曲线。

7. 关闭电离真空计，关闭蝶阀，关闭油扩散泵，此时不关冷却水和机械泵，待扩散泵中的油温完全降至室温（一般需要30~40min时间，夏日里应适当延

长）。

8. 最后关闭冷却水机械泵。

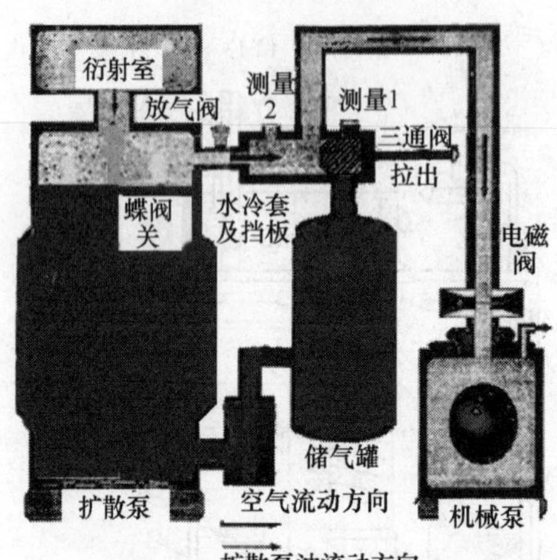

图 6.5-9　蝶阀处于关闭状态，三通阀处于拉出位置，只由机械泵对衍射室抽气时系统示意图

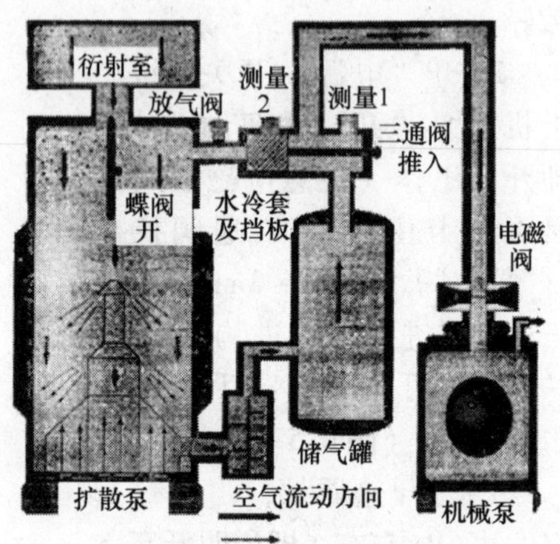

图 6.5-10　机械泵-油扩散泵同时工作，三通阀推入，蝶阀开时系统工作示意图

注意事项

（1）使用扩散泵、电离真空计时必须遵守使用规则。

（2）注意实验过程中各部分的开启和关闭顺序。

【思考题】

1. 对机械泵、串联系统，影响其极限真空度的因素有哪些？
2. 为何扩散泵需加前级机械泵？
3. 如何防止机械泵返油？
4. 本实验中蝶阀、三通阀门的推入与拉出各起什么作用？
5. 启动油扩散泵时，要求气体压强达到多少？
6. 对机械泵、扩散泵串联系统，其理论上的极限真空度仅由有效抽速决定吗？

实验 6.6　真空镀膜（一）——微波等离子化学气相沉积（CVD）设备的使用

【简介】

在真空中使固体表面（基片）上沉积一层金属、半导体或介质薄膜的工艺通常称为真空镀膜。早在19世纪，英国的Grove和德国的Plücker相继在气体放电实验的辉光放电壁上观察到了溅射的金属薄膜，这就是真空镀膜的萌芽。后于1877年将金属溅射用于镜子的生产；1930年左右将它用于Edison唱机录音主盘上的导电金属。以后的30年，高真空蒸发镀膜又得到了飞速发展，这时已能在实验室中制造单层反射膜、单层减反膜和单层分光膜，并且在1939年由德国的Schott等人镀制出金属的FabryPerot干涉滤波片，1952年又做出了高峰值、窄宽度的全介质干涉滤波片。真空镀膜技术历经一个多世纪的发展，目前已广泛用于电子、光学、磁学、半导体、无线电及材料科学等领域，成为一种不可缺少的新技术、新手段、新方法。

真空镀膜技术大体上可分为“真空热蒸镀”、“真空离子镀”、“真空阴极溅射”及“化学气相沉积（CVD）技术”四类。本实验主要介绍使用其中较尖端的一种真空镀膜的技术——“化学气相沉积技术”。CVD技术应用广泛。以半导体工业为例，从集成电路到电子元件无一不用到CVD技术。近年来，CVD技术在表面处理技术方面受到广泛的重视。根据不同的使用条件，采用CVD技术对机械材料、反应堆材料、宇航材料、光学材料、医用材料及化工设备用材料等镀制相应的薄膜，满足其功能要求。

【实验目的】

1. 学会使用和操作微波等离子体CVD设备。

2. 学会用微波等离子体CVD设备制备碳基薄膜（碳膜或金刚石膜）的方法。

【实验仪器】

MMPS-203C多用微波等离子体CVD系统、超声波清洗机等。

【预习提示】

1. 了解微波等离子体CVD设备的基本结构和组成原理。

2. 了解CVD法镀膜原理，尤其是合成金刚石薄膜的原理。

【实验原理】

利用加热、等离子体和紫外线等各种能源，使气态物质经化学反应形成固态物质并沉积在基片表面上的成膜方法，叫作化学气相沉积技术，简称CVD技术。

1. 一般CVD技术的原理

CVD技术原理是建立在化学反应基础上的，习惯上把反应物是气态而生成物之一是固态，其余物质都必须是气态的反应称为CVD技术。

目前常用的CVD沉积反应有下述几种类型：

（1）热分解反应：热分解反应是在真空或惰性气体中加热基片到所需要的温度，然后导入反应物气体使其热分解，并在基片上沉积形成固态薄膜。用作热分解反应沉积的反应物材料有：硼和大部分第ⅣB、VB、ⅥB族元素的氢化物或氯化物，第Ⅷ族元素（铁、钴、镍等）的羰基化合物或羰基氯化物，以及镍、钴、铬、铜、铝等元素的有机金属化合物。例如：SiH_4（气）$\xrightarrow{800\sim1000℃}$Si（固）+$2H_2$（气）

（2）氢还原反应：在反应中有一个或一个以上元素被氢元素还原的反应称为氢还原反应。例如：$SiCl_4$（气）+$2H_2$（气）$\xrightarrow{1200℃}$Si（固）+4HCl（气）

（3）置换或合成反应：在反应中发生了置换或合成。例如：$3SiCl_4$（气）+4$(HC)_3$（气）$\xrightarrow{850\sim900℃}$$3SiC_4$（固）+12HCl（气）

（4）化学输运反应：借助于适当的气体介质与膜材物质反应，生成一种气体化合物，再经过化学迁移或物理输运（用载气）使其到达与膜材源温度不同的沉积区，发生逆向反应使膜材物质重新生成，沉积成膜，此即化学输运反应。

（5）固相扩散反应：当含有碳、氮、硼、氧等元素的气体和炽热的基体表面相接触时，可使基片表面直接碳化、氮化、硼化或氧化，从而达到保护或强化金属基体表面的目的。例如：

Ti（固）+$2BCl_3$（气）+$3H_2$（气）$\xrightarrow{1000℃}$$TiB_2$（固）+6HCl（气）

在CVD过程中，只有发生在气相-固相交界面的化学反应才能在基片上形成致密的固态薄膜；如果化学反应发生在气相，生成的固态产物只能以粉末形态出现。由于CVD中气态反应物的化学反应和反应产物在基体的析出过程是同时进行的，所以CVD技术的机理非常复杂。由于CVD中化学反应受气相与固相表面接触催化作用的影响，并且其产物的析出过程是由气相到固相的结晶生长过程，因此，一般来说，在CVD反应中基体和气相间应保持一定的温度差和浓度差，由两者决定的过饱和度提供晶体生长的驱动力。反应副产物从薄膜表面扩散到气相，作为废气被排出反应室。

综上所述，CVD成膜有以下几个不可分割的过程：

1）反应气体被基片表面吸附；

2）反应气体向基片表面扩散；

3）在基体表面反应成膜；

4）气体副产物通过基体表面，由内向外扩散而脱离表面。

2. 微波等离子体化学气相沉积（MWPCVD）金刚石薄膜的机理

（1）概述

MWPCVD法是将微波发生器产生的微波用波导管经隔离器进入反应器，并通入CH_4和H_2的混合气，产生CH_4-H_2等离子体，从而产生固体碳元素。这些沉积到基片上的碳元素在一定的条件下（压强、温度、气源流量比等），可形成多晶金刚石结构薄膜或碳膜。MWPCVD法能实现金刚石膜的低温沉积，并且生成膜的结晶性、晶体质量均很好。由于微波放电是无极放电，因此，不存在气体污染和电极腐蚀问题，设备投资小，工作稳定，此方法缺点是金刚石膜的生长速率慢，成膜面积小。

在常温常压下，金刚石与石墨的自由能仅相差0.016eV，比室温时的热能RT（0.025eV）还小。在通常条件下石墨的生长速率远大于金刚石的生长速率，它们之间的竞争生长使石墨覆盖了任何可能形成的金刚石晶核。并且在石墨和金刚石之间存在很高的势垒使石墨向金刚石的转化十分困难。因而，天然金刚石数量就非常少。

低压气相生长金刚石是在石墨是稳态而金刚石处于亚稳态条件下进行的，它偏离了热力学平衡状态，而由到达生长表面的气体及样品表面反应动力学控制。微波等离子体法合成金刚石薄是在低真空下进行的，恰好处于石墨相图的稳定区和金刚石相图的亚稳定区。既然是金刚石的亚稳定区，就有合成金刚石的可能性。在等离子体中，CH_4 等碳氢化舍物发生激发、离解、电离、复合等反应，产生激发原子、分子、自由基、正负离子等多种活性物质，特别是 CH_3^-、C_2H_6 等活性物质，这些物质运输到基体表面发生表面反应，通过成核和生长而生成金刚石薄膜。其过程示意图如图6.6-1所示。

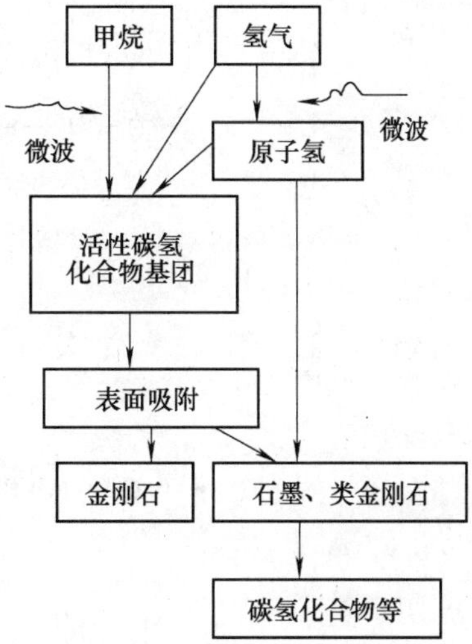

甲烷
氢气
微波
原子氢
微波
活性碳氢化合物基团
表面吸附
金刚石
石墨、类金刚石
碳氢化合物等

图6.6-1 MWPCVD生长金刚石薄膜过程示意图

（2）金刚石薄膜的生长机理

研究表明，具有金刚石薄膜结构的甲基（CH_3^-）对于形成金刚石薄膜有重要作用。而甲烷（CH_4）本身具有金刚石结构，去掉一个氢原子变成甲基不会破坏金刚石结构，因此，用 CH_4 来产生甲基比其他方法更容易，也更有利。甲基与基体表面作用以及甲基之间相互作用，形成碳-碳键，从而在基体表面形成金刚石晶核。在高能粒子的作用下，用活性的甲基取代晶核中的氢，如此循环下去便形成了金刚石晶体。

微波等离子体可以很好地使碳源气体活化，生成大量有利于形成金刚石的 CH_3^- 等自由基，同时产生大量的氢原子和高能电子。在 CH_4-H_2 等离子中，可能发生的反应有几十种，其中主要反应有：$H_2 + e \rightarrow H^* + H^* + e$，$CH_4 + e \rightarrow CH_3^- + H^* + e$。

上述反应生成了大量的甲基。CH_3^- 可以结合成具有两个金刚石结构单元的乙烷 C_2H_6。如

$$CH_3^- + CH_3^- \rightarrow C_2H_6^* + M$$

$$H + CH_4 \rightarrow CH_3^- + H_2$$

如图6.6-2所示，用等离子体中的高能粒子逐一把C_2H_6周围的6个氢原子打掉，先后用6个甲基与它结合，便形成具有8个金刚石结构单元的晶体。再如此继续下去就可形成越来越大的金刚石晶体。MWPCVD合成金刚石的另一可能机理是合成过程中生成的石墨在超平衡氢原子的作用下，使石墨在原来处于一个平面上的六边形格子发生扭曲，形成具有金刚石的结构，再与生成的甲基反应，逐步脱除氢，最后将生长的石墨转化为金刚石，其转化过程如图6.6-3所示。

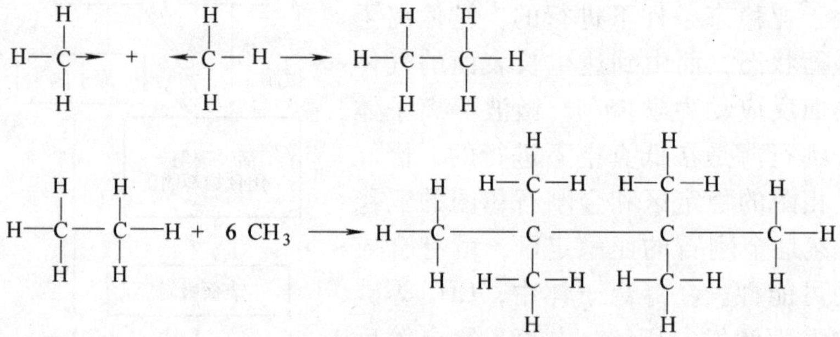

$$\mathrm{H_3C}\cdot + \cdot\mathrm{CH_3} \longrightarrow \mathrm{H_3C{-}CH_3}$$

$$\mathrm{H_3C{-}CH_3} + 6\,\mathrm{CH_3} \longrightarrow \mathrm{H_3C{-}C(CH_3)_2{-}C(CH_3)_2{-}CH_3}$$

图6.6-2　MWPCVD生长金刚石薄膜的平面示意

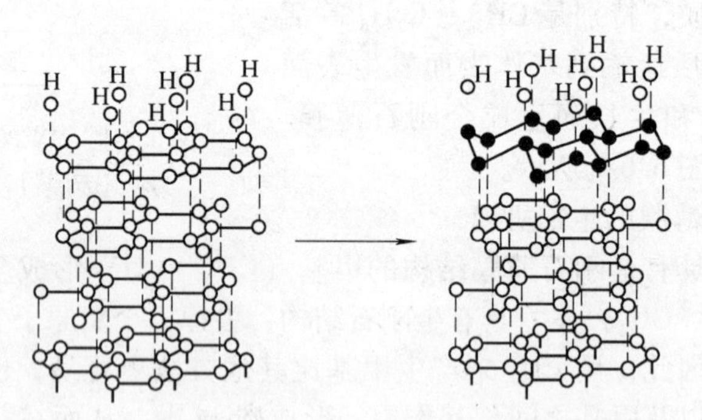

图6.6-3　在氢原子作用下，石墨结构转化为金刚石结构

（3）原子氢在金刚石薄膜形成过程中的作用

在众多影响和决定MWPCVD法合成金刚石薄膜的因素中，大量原子氢的存在是必需的，也是必要的。

图6.6-4给出了金刚石和石墨结构的示意图，金刚石以单键键合，石墨中同时存在单键和双键。金刚石表面的C原子如果没有H饱和，C的悬键将倒伏在表面上，并与表面上邻近的C原子悬键结合，使表面同时含有单键和双键而趋

于形成SP^2构形，如图6.6-5所示。显然，这种情况下沉积到表面的C原子就不可能形成SP^3构形的金刚石，而只能是SP^2构形的石墨。这说明，在实验中大量原子氢的存在可以饱和金刚石表面的C悬键形成SP^3杂化键，而避免SP^2构形的产生，如图6.6-6所示。这种情况下，由于C键被H饱和，沉积到表面的C原子无法与衬底表面的C原子接近和键合，因此也无法生长金刚石。这说明了为何在衬底温度过低时无法沉积金刚石膜的原因。

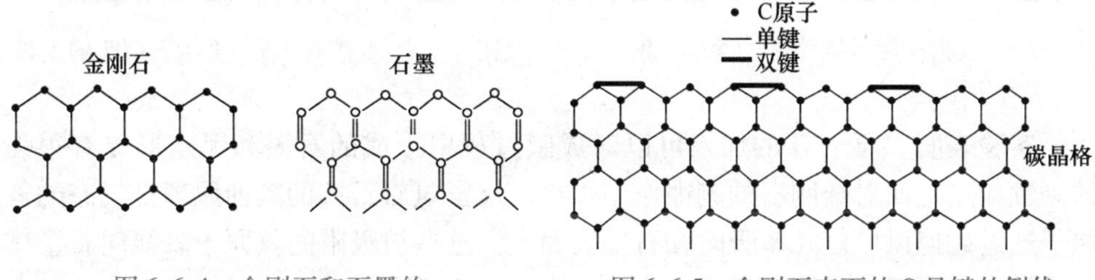

图6.6-4 金刚石和石墨的结构C-C键的示意图

图6.6-5 金刚石表面的C悬键的倒伏

因为C-H键的结合比C-C键强，所以活性C或CH_x基团不能直接置换吸附的氢，要生长金刚石，吸附的氢又必须脱附。温度高于氢的脱附温度（970℃）时，H大量脱附，使表面发生重构，石墨生成增多；温度低于970℃时，热脱附仍有可能，只是温度越低，脱附概率越小而已。

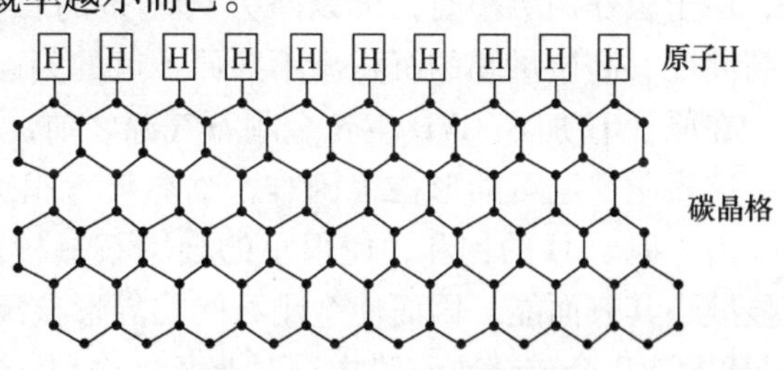

图6.6-6 稳定的金刚石表面

又因为H-H键结合度更高于C-H键，原子H与金刚石表面碰撞与吸附的原子H发生反应生成H_2，而留下具有SP^3结构的有表面悬键的C原子，即原子H也能使表面吸附的H脱附，并留下活性空位，如图6.6-7所示。

无论是热脱附还是H原子使表面H脱附，脱附发生后都要在表面留下活性空位，活性空位的出现，可能会有以下三种情况出现：

1）如果脱附掉H的C原子周围也脱附掉H，则有可能在小区域内C原子的悬键会倒下来，这时碳原子的沉积会生长出石墨，类似于图6.6-6。

2）由于在MWPCVD中原子H浓度远远大于C原子浓度，所以可能性最大的是后来的H原子与有悬键的C原子碰撞并吸附上去，如图6.6-8所示。

3）活性空位出现后，也可能是某种合适的C或碳氢基团CH_y与有悬键的表面C原子碰撞并以 SP^3 结构吸附在金刚石表面上，如此便实现了金刚石的生长，如图 6. 6-9 所示。

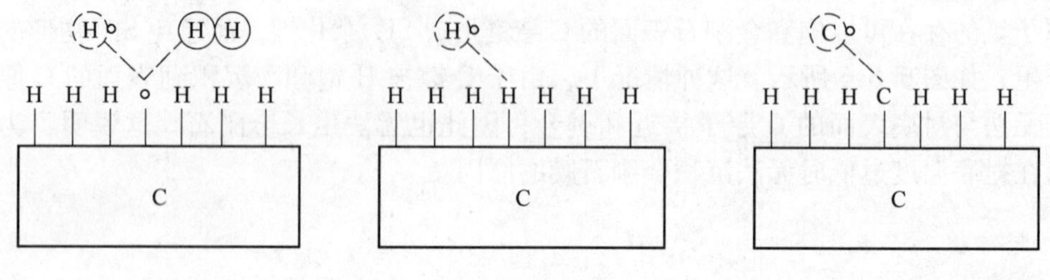

图 6. 6-7　产生活性空位　　图 6. 6-8　吸附　　图 6. 6-9　金刚石薄膜的生长

实验表明，原子 H 的加入可以对成膜过程中形成的石墨和无定形碳有很强的刻蚀作用，而对金刚石的刻蚀作用很小。原子氢对石墨的刻蚀原理是气态的氢原子通过碰撞以一定几率吸附在石墨表面上。这些被吸附的氢原子既能向石墨体内扩散，与石墨的碳原子反应生成 CH 基团，又可沿着石墨表面迁移而相互复合生成气态氢分子离开石黑表面。在低温下（$T<1000\mathrm{K}$），这些 CH 基和被吸附的氢原子逐个反应生成气态的 CH_4；在高温下（$T>1100\mathrm{K}$），这些 CH 基反应生成气态 C_2H_2。这时，氢和碳氢化合物气体处于热力学平衡状态中。因此，低温下形成的甲烷气体 CH_4 和被吸附的氢原子浓度的立方成正比，高温下形成的 C_2H_2 和氢原子浓度的平方成正比。Augus 等人的研究表明，在 1000℃、60 个大气压下，原子氢作用 7 小时，可以除去 99. 9% 的石墨，而金刚石仅损失 0. 22%。显然高纯度、高质量膜的沉积离不开原子氢的刻蚀作用。

在原子 H 加入 CVD 生长金刚石气源之前，金刚石的生长必须要用金刚石衬底，这表明金刚石的形核很困难，临界尺寸很大，而加入原子 H 后可以大量形核。由于原子 H 的饱和，使很小的金刚石晶核表面的碳原子的悬键不倒伏可以明显减小其表面能，因而使金刚石的临界形核尺寸明显减小。综上所述，原子氢在 MWPCVD 合成金刚石膜中同时起几种作用：1）稳定金刚石表面；2）降低临界晶核的体积；3）产生活性空位；4）刻蚀石墨。除此之外，原子氢尚有其他有利于金刚石薄膜形成的作用，因此，原子 H 在 MWPCVD 生长金刚石薄膜过程中有着十分重要的作用。

【实验装置】

MMPS-203C 多用微波等离子体 CVD 系统简介

系统示意图如图 6. 6-10 所示，系统结构简图如图 6. 6-11 所示。系统组成和主要特点：

(1) 微波功率 500W ~ 3kW 连续可调，最高功率可达 3kW；稳定度优于 ±1%；控制性能好；内部智能模块提供方便的手动程控，采用磁控管灯丝降压跟踪技术，无电容电感滤波的高精度电压反馈调整及磁场线圈电路稳定技术；采用完善的线路安全闭锁控制系统，使该系统工作寿命长，电气性能优良，安全可靠，操作简单方便。

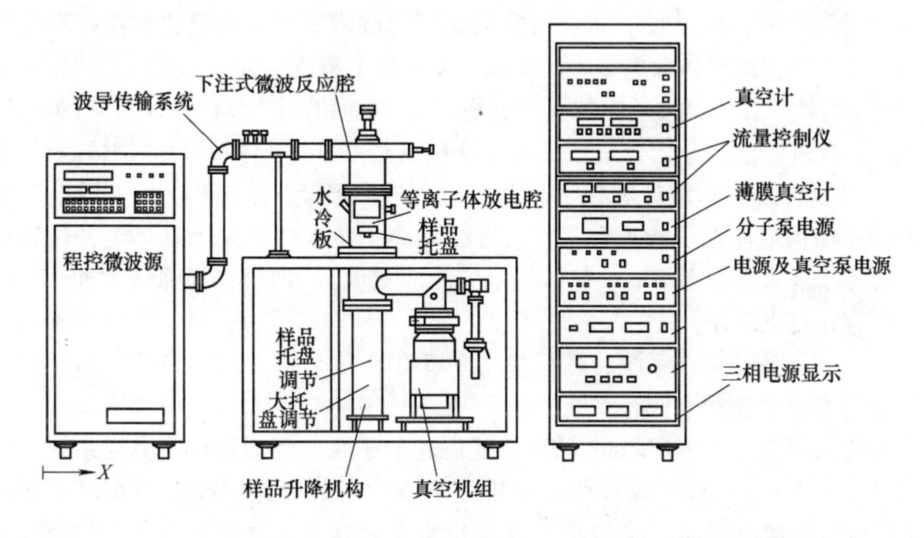

图6.6-10 MMPS-203C微波等离子体CVD系统示意图

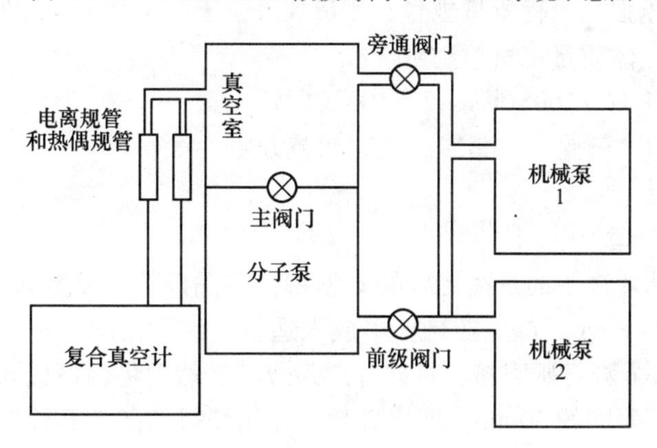

图6.6-11 系统结构简图

（2）系统采用由BJ-26波导和3kW功率量级的高性能微波环行器，手动三销钉调配器，带反射波取样的水负载以及外部连接波导组成的优良微波传输系统。

它确保反射波对磁控管的良好隔离，使之稳定工作，又能在等离子体负载大范围变化时（VSMR-1.5~30），能方便地调节最佳匹配，达到微波功率的最佳传输，并通过反射波取样，以数字显示反射功率大小和实时工作状态。

（3）下注式（DOWNSTREAM）微波反应腔。

它由工作于 TM012 或 TM013 模式的圆柱腔，带可调同轴耦合探针的门钮式同轴波导耦合器、板式石英窗构成的微波放电室所组成。适当调节波导短路活塞 L2，以及同轴耦合探针 L3，可在很宽的运行范围内高效率地把微波功率耦合给等离子体，在等离子体放电室中产生高密度、高电离度、大面积极均匀稳定的微波放电。为确保在高微波功率状况下能稳定工作，腔壁采用双层水冷，石英板采用风冷，此外，这次我们在总结过去经验基础上，将在腔体结构和尺寸以及所有调节机构方面做精心设计和技术改进，确保在气压 50 托（Torr㊀）、微波功率 3kW 时，微波腔体系统能正常工作，微波等离子体火球稳定于基体上，位置居中，等离子体火球覆盖 50mm 基体（低气压应更大），即第二场强最大处。腔体系统不存在打火现象。

（4）样品支架调节系统：具有基片冷却功能。

（5）高真空获得和测控系统。

系统选用抽速为 200L/min 的高性能涡轮分子泵，闸板阀作主真空系统。极限真空可达 1×10^{-4} Pa，确保优良的本底高真空。前级选用抽速为 6L-5×10^{-3} Torr 的机械泵和电磁阀。机械泵与系统快装卡套连接。系统备有从大气到 1×10^{-4}Pa 的中低压强全量程测量规管，测量仪表置于机柜之中，方便控制和读数。

（6）三路气体质量流量控制系统。

1 >50SCCM；2 >100SCCM；3 >100SCCM

设备机柜中，气路短、紧凑、控制调节方便。

【实验内容】

1. 基片的处理

实验所用基片选用的是抛光后的 P 型掺杂单晶硅片，晶面为（100）面，电阻率 $\rho=8\sim13\Omega\cdot cm$。首先在烧杯中放入适量高纯度乙醇，在其中加入一定量的 0.5～0.6μm 金刚石研磨粉，将硅片放入烧杯，然后将烧杯放入超声清洗机中对硅片进行超声研磨约 30min，取出硅片，先用浸过乙醇的药棉擦洗，之后再依次放入清洗过并分别盛有干净乙醇和去离子水的烧杯中分别进行超声清洗约 20min，最后取出用吹风机吹干。

2. 镀膜方法

（1）清洗反应室及石墨座，将处理好的基片放置在石英或石墨底托上，密封系统。

（2）开机械泵对系统抽真空至 0.1Pa。

（3）预热微波源、流量控制系统。

㊀ 1Torr = 133.322Pa

（4）打开冷却水开关及水负载开关。

（5）对系统通氢气（流量 100sccm[⊖]），调节抽气阀门使系统气压稳定在预定较低的工作气压下（2kPa 以内）。

（6）开启微波源高压系统。逐渐加大微波输出功率至所需工作条件（约 1300W），同时调节抽气阀门使系统气压稳定在预定的工作气压下（约 7kPa）。

（7）调节托架升降系统使基片恰好处于等离子体均匀放电区中心。

（8）打开 CH_4 充气系统，调节其流量到预定值（约 2sccm），沉积计时开始。

（9）再次调节微波源输出功率及气压，从而保证基片的温度在预定值。

（10）监控 H_2 流量、CH_4 流量、反应室气体压力、基片温度、微波源输出功率指示表，使各参数保持不变，直到预定沉积时间完成（沉积金刚石膜需要时间 $>7h$）。

（11）关微波源高压开关，并保持低压开关处于开启状态。

（12）关闭整个充气系统（包括流量调测系统和气瓶）。

（13）保持机械泵正常抽气工作，约 30min 后关闭机械泵，停止抽气。

（14）再过约 20min 后对系统放气，依次序关冷却水及水负载。

（15）打开真空室，取出样品，镀膜过程结束。

实验中各参量的调整和保持稳定是使实验得以正常进行的关键，也是获得正确实验数据和结果的必要保证，所以在实验中必须经常对各参量进行监测并及时调整。

【思考题】

1. 简述原子氢在 CVD 沉积金刚石薄膜过程中的作用？
2. 简述甲烷和氢气反应生成碳基薄膜的原理？
3. 实验中应注意哪些主要事项？

实验 6.7　真空镀膜（二）——磁控溅射设备原理及操作使用

【简介】

磁控溅射技术在薄膜制备领域的应用十分广泛，可以制备工业上所需要的各种薄膜，如超硬薄膜、耐腐蚀耐摩擦薄膜、超导薄膜、磁性薄膜、光学薄膜，以及各种具有特殊电学性能的薄膜等。磁控溅射一般分为直流磁控溅射和射频磁控溅射两种。

磁控溅射技术是在普通直流（射频）溅射技术的基础上发展起来的。早期

⊖ sccm = 标准状况下：$cm^3 \cdot min^{-1}$

的直流射频溅射技术是利用辉光放电产生的离子轰击靶材来实现薄膜沉积的。但这种溅射技术的成膜速率较低，工作气压高。为了提高成膜速率和降低工作气压，在靶材的背面加上了磁场，这就是最初的磁控溅射技术。磁控溅射法在阴极位降区加上与电场垂直的磁场后，电子在既与电场垂直又与磁场垂直的方向上做回旋运动，其轨迹是一圆滚线，这样增加了电子和带电粒子以及气体分子相撞的概率，提高了气体的离化率，降低了工作气压，同时，电子又被约束在靶表面附近，不会达到阴极，从而减小了电子对基片的轰击，降低了由于电子轰击而引起基片温度的升高。磁控溅射设备可通过更换不同材质的靶和控制不同的溅射时间，获得不同材质和不同厚度的薄膜。该种成膜方法具有镀膜层与基材的结合力强、镀膜层致密、均匀等优点。

【实验目的】

1. 了解磁控溅射镀膜的基本原理，学会磁控溅射设备的基本操作和使用。
2. 初步学习用磁控溅射设备制备金属薄膜。

【实验仪器】

JSD350 型磁控溅射镀膜机，超声波清洗机等。

【预习提示】

1. 了解磁控溅射设备的基本结构和组成原理。
2. 了解磁控溅射镀膜原理。

【实验原理】

磁控溅射原理：在真空室内电子在电场的作用下加速飞向基片的过程中与氩原子发生碰撞，电离出大量的氩离子和电子，电子飞向基片。氩离子在电场的作用下加速轰击靶材，溅射出大量的靶材原子，呈中性的靶原子（或分子）沉积在基片上成膜。二次电子在加速飞向基片的过程中受到磁场洛伦兹力的影响，被束缚在靠近靶面的等离子体区域内。该区域内等离子体密度很高，二次电子在磁场的作用下围绕靶面做圆周运动。电子的运动路径很长，在运动过程中不断地与氩原子发生碰撞并电离出大量的氩离子轰击靶材，经过多次碰撞后电子的能量逐渐降低，磁场对其产生的洛伦兹力变小，电子会摆脱磁场的束缚，远离靶材，最终落在基片上。为了便于说明电子的运动情况，可以近似认为：二次电子在阴极暗区时，只受电场作用；一旦进入负辉区就只受磁场作用（见图 6.7-1）。

于是，从靶面发出的二次电子，首先在阴极暗区受到电场加速，飞向负辉区。进入负辉区的电子具有一定速度，并且是垂直于磁感应线方向运动的。在这种情况下，电子由于受到磁场 $\mathbf{B}$ 洛伦兹力的作用，而绕磁感应线旋转。

电子旋转半圈之后，重新进入阴极暗区，受到电场减速。当电子接近靶面时，速度即可降到零。以后，电子又在电场的作用下，再次飞离靶面，开始一个新的运动周期。电子就这样周而复始，跳跃式地朝着 $\boldsymbol{E}\times\boldsymbol{B}$ 所指的方向漂移（图

6. 7-1b)，简称 $\boldsymbol{E}\times\boldsymbol{B}$ 漂移。

电子在正交电磁场作用下的运动轨迹近似于一条摆线。若为环形磁场，则电子就以近似摆线形式在靶表面做圆周运动。二次电子在环状磁场的控制下，运动路径不仅很长，而且被束缚在靠近靶表面的等离子体区域内，在该区中电离出大量的氩离子用来轰击靶材，从而实现了磁控溅射淀积速率高的特点。

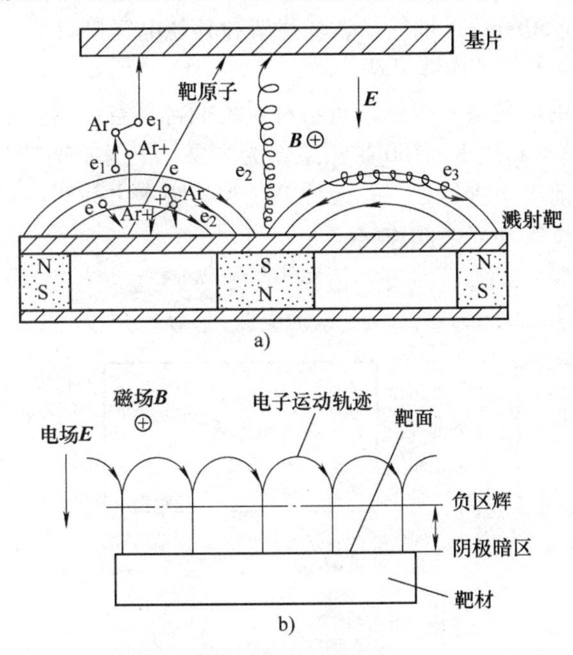

图 6. 7-1　磁控溅射的基本原理示意图

随着碰撞次数的增加，电子 e_1 的能量消耗殆尽，逐步远离靶面。并在电场 $\boldsymbol{E}$ 的作用下最终沉积在基片上。由于该电子的能量很低，传给基片的能量很小，致使基片温升较低。另外，对于 e_2 类电子来说，由于磁极轴线的电场与磁场平行，电子 e_2 将直接飞向基片，但是在磁极轴线处离子密度很低，所以 e_2 电子很少，对基片温升作用极微。

磁控溅射的基本原理是利用氩气电离产生的等离子体在电场和交变磁场的作用下，被加速的高能粒子轰击靶材表面，能量交换后，靶材表面的原子脱离原晶格而逸出，转移到基体表面而成膜。它是以磁场来改变电子的运动方向，并束缚和延长电子的运动轨迹，从而达到提高电子对工作气体的电离概率和有效地利用电子能量的目的。

磁控溅射的特点是成膜速率高，基片温度低，膜的粘附性好，可实现大面积镀膜。该技术可以分为直流磁控溅射法和射频磁控溅射法。

【实验装置】

JSD350 型磁控溅射镀膜机简介

利用该高真空磁控溅射镀膜机可以通过磁控溅射方法，使用镀膜室中的磁控溅射靶向位于基片架上的基片沉积各类薄膜。真空室采用不锈钢制备而成（$\phi300 \times H280$mm），上翻盖结构。镀膜室的底板上安装有两个一体式磁控溅射靶（可夹持靶材直径 50mm）、抽气口、基片架和其他电气接口等。基片架可旋转并可对基片加热至 400℃且连续可调。

真空系统采用扩散泵 + 机械泵机组对系统抽排真空，真空系统工作原理如图 6. 7-2 所示。镀膜室利用 K—150 扩散泵作为主泵、上海富斯特 2XZ—4 机械旋片泵兼作预抽泵和前级泵进行抽气。泵抽系统和镀膜室之间利用碟阀连接，扩散泵和机械泵采用波纹管和电磁阀连接。

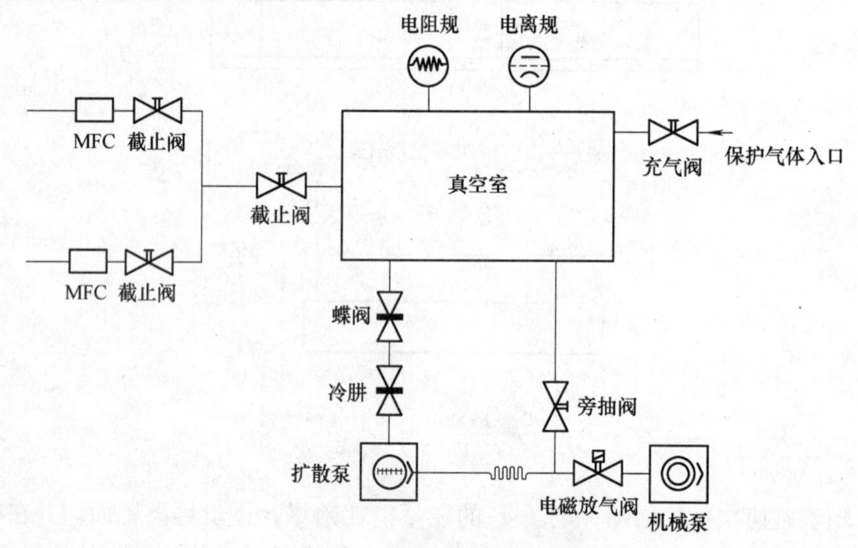

图 6. 7-2　真空系统示意图

为保证溅射镀膜过程中对工作气体进气量的控制，本设备采用两路质量流量控制器设置进气量（500sccm 和 100sccm）后进入真空室，此外通过独特的配气装置，确保在溅射靶表面的工作气体分布均匀和稳定。同时，真空室留有保护气体入口，可以起到充气或输入保护气体的作用。镀膜室真空度使用复合真空计测量（全金属规管）。

【实验内容】

1. 基片的处理

实验所用基片选用的是机械抛光后的氧化铝陶瓷片，先用浸过乙醇的药棉擦洗样品，之后再放入分别盛有干净乙醇和去离子水的烧杯中分别进行超声清洗各约20min，最后取出用吹风机吹干。

2. 开机

（1）打开水冷电源及泵的开关，打开冷却水阀门，接通冷却水，启动控制柜的总电源，相关电源的仪表盘点亮，表示设备供电正常。（通冷却水，启动控制柜）

（2）启动机械泵，按下控制软件界面的机械泵启动按钮，指示灯亮，此时机械泵工作。机械泵工作后，打开溅射室的旁抽阀及电磁阀开关，机械泵对真空室及扩散腔进行抽气，打开复合计进行测量。（10^{-1}Pa 以下可以打开扩散泵）（开机械泵，打开预抽阀，打开复合真空计）

（3）启动扩散泵，确认扩散泵的冷却水均处于工作状态，保持真空度达到10Pa以下时，打开扩散泵的电源，启动扩散泵，待扩散泵缓慢加热约0.5h后，关闭预抽阀，打开碟阀对真空室进行抽气。（10^{-4}Pa 以下可以开始镀膜）

用扩散泵和机械泵对真空室连续抽真空，利用复合真空计监测真空室内的真空度，待真空内本底真空度到达实验所预期的要求后（10^{-4}Pa 以下），即可准备镀膜工作。

3. 镀膜

（1）通入氩气

打开进气阀，将管道中的氩气抽掉（若设备长时间不用，当机械泵对真空腔体预抽时，既要打开进气阀，同时又要对管道进行预抽），打开流量计控制器前级的截止阀（前面板的三个阀门），接通流量控制器与溅射室，此时，打开流量显示仪电源。

（2）设定参数

在面板上调节设定进入氩气的流量，相应氩气通入溅射室，同时，溅射室的真空度就会相应下降，压力上升，此时通过调节溅射室插板阀的开口大小进而来调节溅射室的压力，以到达实验所要求的压力。（5~10Pa 之间，磁控溅射效果良好，氩气流量为15~20sccm）

①直流溅射镀膜

溅射室压力到达放电要求后可进行直流溅射，选好靶位，打开相应的电源，缓慢调节直流溅射电源面板上的功率调节按钮（同时观察电流与电压的变化），调节到所需功率后即可开始镀膜（电流参考值为0.3A）。

②射频溅射镀膜

与直流溅射镀膜大致相同（功率为300W）。

开射频电源，按 on 键，缓慢调节功率达到300W，观察反射功率是否为0，必要时调节微调旋钮使反射功率为0。打开靶材的挡板，进行溅射实验。

（3）停止镀膜

镀膜完成后，先把功率调至最小，再关闭溅射电源，然后关闭气路（按照从气瓶到真空室的顺序将气路上所有的阀门都关上），停止基片转动，停止加热，再关闭相关的控制电源。

（4）关闭系统

关闭射频电源及相关气路阀门后，利用扩散泵对真空室进行再次抽气，使系统进入高真空状态。

关闭和真空室连接的所有阀门，使真空室保持真空状态，关闭扩散泵后，仍需开0.5h的机械泵和冷却水，以使泵油充分冷却。最后，关闭整套磁控溅射系统。

注意事项

1. 在实验之前，检查水电是否正常，实验气体是否够做实验。

2. 实验中，应该时刻关注仪器的使用情况。若仪器出现异常情况，应该及时终止实验，向教师汇报，通知相关要做实验的同学，以免在不知情的情况下开启仪器，造成安全事故。

3. 实验后，要检查水电是否关闭。

4. 真空室有异物应该及时处理（用酒精布清洁）。真空室不洁净很难保持真空度，也很难抽真空；长期不清理，以后就很难清洁保养。

5. 一个月就要检查一下机械泵、扩散泵等相关仪器的正常使用情况，看是否要换油，保险丝是否要更换，以及扩散泵的电炉丝是否被损坏，要更换的应该及时汇报并更换好。

【思考题】

1. 简述磁控溅射镀膜原理。

2. 列出实验中应注意的主要事项及原理。

实验6.8 真空镀膜（三）——电子束蒸发镀膜设备原理及操作使用

【简介】

电子束蒸发镀膜是物理气相沉积制备薄膜的一种常见方法。它是在（超）高真空条件下，利用聚集的高能电子束集中轰击膜料的一部分而引起加热蒸发，使其沉积在基片表面并生长成膜。该方法的特点是加热能量高度集中，使膜料的局部表面获得极高的蒸发温度，并能准确方便地控制蒸发温度且有较大的温度调节范围，因此对高低熔点的膜料都适用，特别适合蒸镀高熔点的金属和绝缘介电材料。此外，蒸发膜料放在用水冷却的坩锅中，且不需要加热坩锅，因此避免了坩锅材料对膜料的二次污染。蒸发一般是在$10^{-3}\sim10^{-5}$Pa的（超）高真空环境中进行的，迁移膜料分子或原子在迁移过程中的平均碰撞自由程远大于迁移距离，气相分子或原子碰撞概率很小，因此能量损失较小，可用以制备高纯度、高附着力和机械强度的膜层。由于真空电子束蒸发镀膜技术具有结构紧凑、方便移动、操作简单、维护方便的特点，因此在薄膜制备领域的应用十分广泛，特别适合小型企业、科研单位和高校的使用。

电子束蒸发装置中可放置多个装有不同物质的水冷坩锅，通过旋转坩锅实现多组分的蒸发，制备多层的复合薄膜。影响薄膜性能的因素主要有蒸发速率、电子束流、氧分压、基板温度以及靶与基板之间的距离等。此外，设备中一般也都配备有用于测量薄膜厚度和控制样品温度的辅助设备。

【实验目的】

1. 了解真空电子束蒸发镀膜的基本原理，学习电子束蒸发镀膜设备的基本操作和使用。

2. 初步学习用电子束蒸发设备制备金属或半导体薄膜。

【实验仪器】

ZSH—500 型电子束蒸发镀膜机、超声波清洗机、激光刻蚀机等。

【预习提示】

1. 了解真空电子束蒸发镀膜设备的基本结构和组成原理。

2. 了解电子束蒸发镀膜原理。

【实验原理】

电子束蒸发镀膜技术的原理就是电子枪阳极灯丝加热后发射出具有初始动能的热电子，这些热电子受灯丝阴极和阳极之间的电场制约，按一定的汇聚角汇聚成束状，在磁场的作用下，沿 $\boldsymbol{E}\times\boldsymbol{B}$ 的方向偏转。到达阳极孔时，电子能量可以提高到 10keV。通过阳极孔后，电子束只运行于磁场空间，在偏转磁场的作用下，电子束偏转 270°，调节磁场强度控制电子束偏转半径，使它射到坩埚的蒸发源材料上，在受电子束轰击的局部区域蒸发源材料使其熔化（见图 6.8-1），

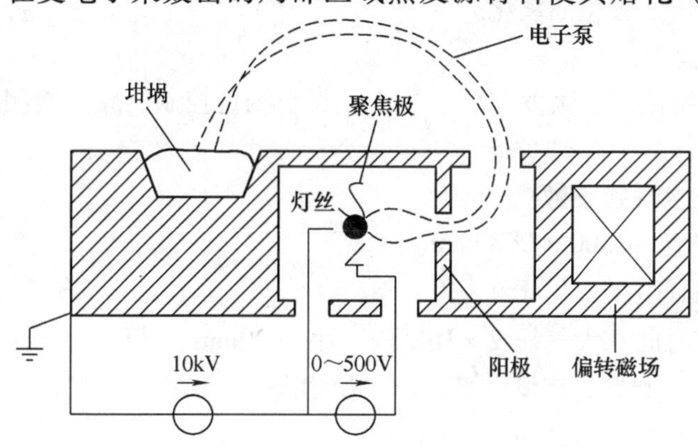

图 6.8-1　电子束蒸发原理图

被蒸发的靶材料蒸气在真空中上升而到达位于其上部基板上的样品而冷凝成固态，从而达到在样品上制备出薄膜的目的。

【实验装置】

ZSH—500型电子束蒸发镀膜机简介（见图6.8-2）

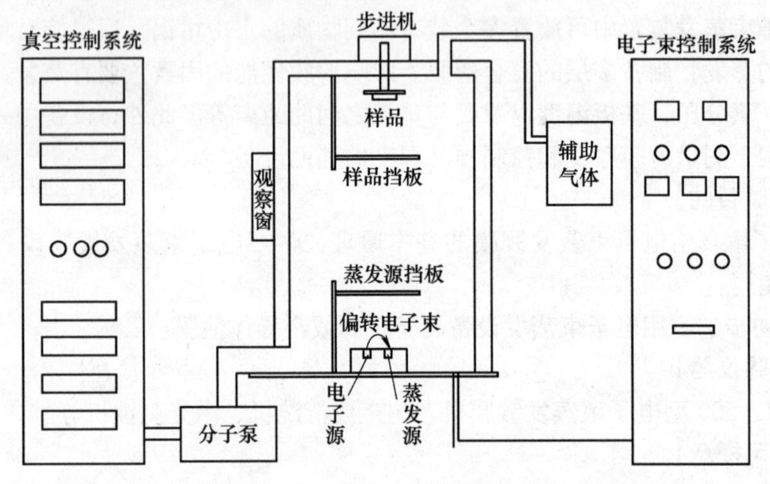

图6.8-2 ZSH—500电子束蒸发镀膜机系统示意图

1. 设备结构

（1）真空室

侧门开启结构。不锈钢材质，配两个ϕ100观察窗、预抽接口、充气接口；内部有底板、蒸发源、照明装置，蒸发坩埚等。

（2）真空系统

采用分子泵+旋片式机械泵。采用真空波纹管连接，配有真空测量仪表，具备真空互锁机构，避免油氧化。

（3）电气系统

由真空机组控制、蒸发与照明控制、真空测量控制、膜厚检测控制等部分组成。

2. 主要技术性能参数

（1）真空室：$\phi 500 \times H680$mm。

（2）极限真空度：优于6×10^{-5}Pa。

（3）抽气时间：大气压2×10^{-3}Pa，小于30min。

（4）蒸发：电阻式蒸发电极、四工位坩埚。

（5）开启方式：前开门。

（6）真空系统：机械泵+分子泵。

【实验内容】

1. 基片的处理

实验所用基片选用的是机械抛光后的氧化铝陶瓷片，先用浸过乙醇的药棉擦洗样品，之后再放入分别盛有干净乙醇和去离子水的烧杯中分别进行超声清洗各约 20min，最后取出，用吹风机吹干。

2. 开机准备工作

（1）总供电检测：用万用表测量用户端的电压是否正常，若为三相，检测三相是否正常，零线及地线是否有效。

（2）冷却水检测：打开冷却水阀门，为设备供水，观察出水口是否有水流出，保证各水路畅通。

（3）电气检查：检查总供电电源配线是否完好，地线是否接好，所有仪表电源开关全部处于关闭状态。

（4）真空系统检测：检查分子泵、机械泵油是否达到使用要求。检查所有手动阀门是否处在关闭状态（注意，本设备中所使用的手动阀门，顺时针方向为关闭方向，逆时针方向为打开方向）。确定真空室已经处在抽真空的准备状态。

（5）膜料的安装：在真空室的坩埚中放入需要镀制的材料。

3. 镀膜方法

（1）通冷却水——通水的目的是为了给分子泵与反应室散热，之所以放在第一步也是为了防止在操作过程中忘了开水。

（2）打开放气小阀门，对反应室进行充气，使得反应室内部压强与外界压强相等，从而可以打开反应室的舱门。

（3）关闭放气小阀门，完成对样品的取放。

（4）关上反应室舱门，闭合铰链，将墙壁上总电源的开关打开。

（5）开控制面板上的电源，开机械泵，打开真空计电源，开预抽阀（对反应室抽真空），打开电磁阀（对分子泵抽真空）。抽真空，待压强降至 5Pa 以下。（控制面板功能见图 6. 8-3）。

（6）压强降至 5Pa 以下后，关闭预抽阀，打开分子泵电源，按下“运行”键，待分子泵参数显示屏上出现示数后，打开插板阀（即连通分子泵与反应室），等待分子泵抽真空，待分子泵的示数稳定后（转速为 27000，频率为 450），开步进机使样品盘开始旋转，通过上下两个箭头控制步进机的转速，设置完毕后，按下“ENT”键，启动步进机，打开温控电源的开关，通过上下箭头设定温度值，按下“ENT”键，然后点击“运行”键（开始给样品加热），通过转动电阻丝加热旋钮控制加热速率，电阻丝加热旋钮需要慢慢调，不得超过 10A。

（7）打开膜厚监测仪，按“settting”键设置参数，通过“setting”键选择或切换项目，通过上下键与数字键设置相关参数（即选择不同的的膜料种类和相应的需要沉积的薄膜厚度等）；最后按下“start”键直至“薄膜沉积指示灯”为红色（代表设置生效）。

（8）待温度与压强都达到设定值时，打开电子束控制柜的电源开关。待参数设置用户界面出现后，点击“报警应答”，点击“操作”模块，进入操作界面。通过控制面板的坩埚显示窗口、工作模式、扫描面积按钮以及控制手柄上的X/Y 位移、X/Y 幅度旋钮调节电子枪束流打在坩埚内部的位置。切记：光斑不得超过以胶带正方形边长为直径的圆范围。（控制手柄功能如图 6. 8-4 所示）

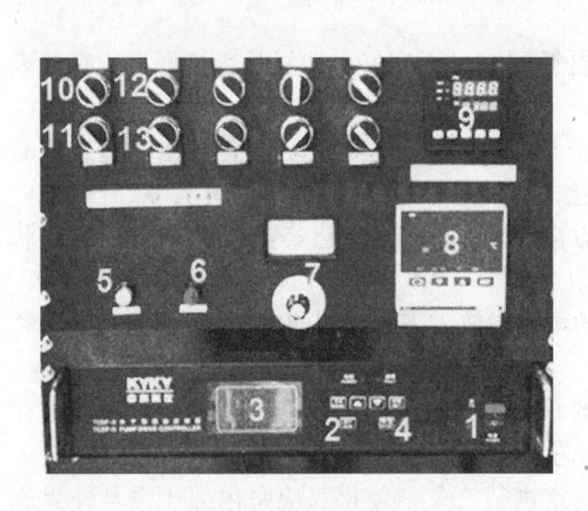

图 6. 8-3　电源控制面板功能

1—分子泵电源　2—分子泵运行键　3—分子泵参数显示屏　4—分子泵停/复键　5—温控运行键　6—停止键　7—电阻丝加热旋钮　8—温控参数设置器　9—步进机开关　10—机械泵　11—预抽阀　12—电磁阀　13—插板阀

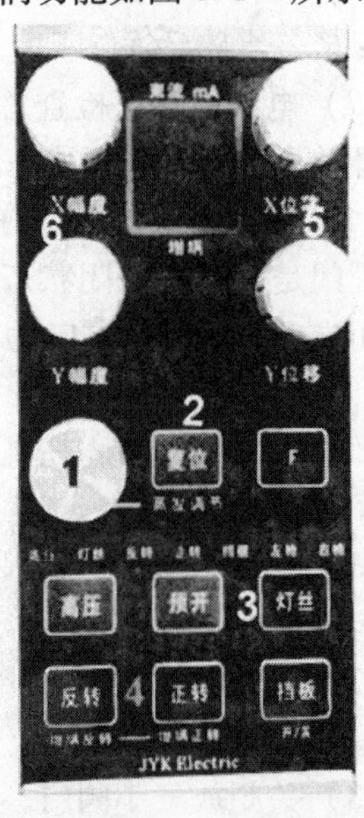

图 6. 8-4　控制手柄功能

1—蒸发调节按钮　2—复位键　3—灯丝按钮　4—坩埚变换键　5—X/Y 方向光斑调节　6—X/Y 幅度调节

（9）点击高压允许、高压，待下方的电压示数达到默认值 9. 12kV 时，按下灯丝键，然后通过控制手柄上的蒸发调节按钮，设置灯丝电流和电子枪束流。一般情况下在灯丝电流达到 0. 9 ~ 1mA 时，电子枪束流才会有示数，然后根据相关的实验条件调节束流至预设值，开始进行镀膜实验（电子枪参数显示面板如图 6. 8-5 所示）。

（10）待实验结束后，按下“复位”键，这时除枪高压显示器的示数不变，其余示数均变小。按下高压键、高压选择，关闭电子枪控制柜的电源，关闭膜厚监测仪。

（11）关闭插板阀，关分子泵，按下“停/复”键，关闭分子泵，待分子泵示数为零时，关闭分子泵电源，关闭电磁阀。

（12）关温控：将电阻丝加热旋钮调节至零，关闭温控，等待降温，待温控示数为110℃（若反应温度低于110℃则可直接关闭温控），按下停止键。关闭步进机（按下“ENT”键即可）。

（13）关闭真空计，关闭机械泵，关闭控制面板总电源开关，关闭墙上总电源；最后关闭冷却水。实验结束。

图6.8-5　电子枪参数显示面板

1—枪高压　2—电子枪束流　3—灯丝电流　4—电子枪位置显示仪　5—X/Y方向电流示数　6—工作模式显示器　7—工作模式调节器　8—电子枪扫描面积调节器

注意事项

1. 在实验之前，检查水电是否正常，实验气体是否够做实验。

2. 实验中，应该时刻关注仪器的使用情况。若仪器出现异常的情况，应该及时终止实验，向教师汇报，通知相关要做实验的同学，以免在不知情的情况下开启仪器，造成安全事故。

3. 实验后，要检查水电是否关闭。

4. 真空室有异物应该及时处理，用酒精布清洁。真空室不洁净很难保持真空度，也很难抽真空；长期不清理，以后就很难清洁保养。

5. 一个月就要检查一下机械泵、分子泵等相关仪器的正常使用情况，看是否要换油，保险丝是否要更换，要更换的应该及时汇报并更换好。

【思考题】

1. 简述真空电子束蒸发镀膜的原理。

2. 实验中如果没有打开电磁阀而在反应室真空达到5Pa以下时开分子泵会有什么严重的后果？为什么？

3. 指出实验设备面板上各种按键或旋扭的功能。

4. 列出实验中应注意的主要事项及原理。

实验 6.9 电子衍射实验

【简介】

电子衍射实验对确立电子的波粒二象性和建立量子力学起过重要作用。历史上在认识电子的波粒二象性之前，已经确立了光的波粒二象性。1924 年，法国物理学家德布罗意在爱因斯坦光子理论的启示下，提出了一切微观实物粒子都具有波粒二象性的假设。当时人们已经掌握了 X 射线的晶体衍射知识，这为从实验上证实德布罗意假设提供了有利条件。1927 年，戴维孙和革末发表了他们用低速电子轰击镍单晶产生电子衍射的实验结果，验证了电子的波动性，并测得了电子的波长。两个月后，英国的汤姆逊和雷德发表了用高速电子穿透金属薄膜的办法直接获得电子衍射花纹的结果，他们从实验测得电子波的波长与德布罗意波公式计算出的波长相吻合，证明了电子具有波动性，验证了德布罗意假设，成为第一批证实德布罗意假说的实验，所以这是近代物理学发展史上的一个重要实验。1928 年以后的实验还证实，不仅电子具有波动性，一切实物粒子，如质子、中子、α 粒子、原子、分子等都具有波动性。

由于电子衍射实验在物理学发展史上和现代分析测试技术中的重要作用，目前世界各国均在高等院校中将其作为一个近代物理实验题目来开设。目前，近代电子衍射技术，更发展成为一门新的晶体结构分析测试技术。特别是对薄层样品和表面结构的分析更是具有胜过 X 射线分析技术的特殊功效。

利用电子衍射可以研究测定各种物质的结构类型及基本参数。本实验用电子束照射金属银的薄膜，观察研究发生的电子衍射现象。

【实验目的】

1. 学习用真空蒸发法制备金属银膜，并用金相显微镜研究和分析银膜的质量。

2. 通过拍摄电子穿透晶体薄膜时的衍射图像，验证德布罗意公式；计算电子波波长；加深对电子的波粒二象性的认识。

3. 了解电子衍射仪的结构，掌握其使用方法。

4. 了解电子衍射和电子衍射实验对物理学发展的意义。

5. 了解电子衍射在研究晶体结构中的应用。

【实验仪器】

WDY—V 型电子衍射仪、真空机组、复合真空计、数码相机。

【预习提示】

1. 德布罗意假说的内容是什么？

2. 在本实验中是怎样验证德布罗意公式的？

3. 本实验证实了电子具有波动性，衍射环是单个电子还是大量电子所具有的行为表现？

4. 简述衍射腔的结构及各部分作用。

【实验原理】

1. 德布罗意假设和电子波的波长

波在传播过程中遇到障碍物时会绕过障碍物继续传播，这在经典物理学中称为波的衍射，光在传播过程中表现出波的衍射性，光还表现出干涉和偏振现象，表明光有波动性；光电效应揭示光与物质相互作用时表现出粒子性，其能量有一个不能连续分割的最小单元即光子，爱因斯坦借鉴了普朗克能量量子化的概念提出了光子说，并成功地解释了光电效应现象，证明光具有波粒二象性，光子能量为

$$E = h\nu \tag{6.9-1}$$

式中，ν 为光的频率；h 为普朗克常数。光具有波粒二象性。

而微观粒子，如电子，在与电磁场相互作用时表现为粒子性，在另一些相互作用过程中是否会表现出波动性呢？德布罗意从光的波粒二象性得到启发，并运用了类比的方法在 1923～1924 年间提出了电子具有波粒二象性的假设。

$$E = h\nu,\ \boldsymbol{p} = \hbar\boldsymbol{k}$$

即

$$\lambda = \frac{h}{P} = \frac{h}{mv} \tag{6.9-2}$$

上式称为德布罗意关系。E 为电子的能量；$\boldsymbol{p}$ 为电子的动量；m 为电子的质量；v 为电子的速度；ν 为平面波的频率；$\boldsymbol{k}$ 为平面波的波矢量；$\hbar = h/2\pi$ 为简约普朗克常量。波矢量的大小与波长 λ 的关系为 $k = 2\pi/\lambda$，电子具有波粒二象性的假设拉开了量子力学革命的序幕。

电子具有波动性假设的真正得到证实的实验是电子晶体衍射实验。电子被电场加速后，电子的动能等于电子的电荷乘加速电压，即

$$E_k = eU \tag{6.9-3}$$

考虑到高速运动的相对论效应，电子的动量

$$p = \frac{1}{c}\sqrt{E_k(E_k + 2mc^2)} \tag{6.9-4}$$

由德布罗意关系得

$$\lambda = \frac{hc}{\sqrt{2mc^2E_k(1 + E_k/2mc^2)}}$$

真空中的光速 $c = 2.99793 \times 10^{18}$ Å · s；电子的静止质量 $m = 0.511 \times 10^6 \mathrm{eV}/c^2$；普朗克常量 $h = 4.13571 \times 10^{-15}$ eV · s，$hc = 1.23986 \times 10^4$ Å · eV。当电子所受的加速电压为 U 时，电子的动能 $E_k = U$（eV），电子的德布罗意波长

$$\lambda \approx \sqrt{\frac{150}{U}} \ (1-4.89 \times 10^{-7} U) \ \text{Å} \tag{6.9-5}$$

加速电压为100V时，电子的德布罗意波长为1.225Å。由此可见，要观测到电子波通过光栅的衍射花样，光栅的光栅常数要做到1Å的数量级，而实际情况下专门制备光栅常数如此之小的光栅是不可能的。为此人们不得不另想它法，由于晶体中的原子规则排列起来构成晶格，且晶格间距正好又在1Å的数量级，因此要观测电子波的衍射，能否通过晶体的晶格作为三维衍射光栅来进行实验呢？循着这一思路，1927年，戴维孙和革末用单晶体做了实验，汤姆逊用多晶体做了实验，他们均发现了电子在晶体上的衍射现象，进而用实验验证了电子具有波动性的假设。

普朗克因为发现了能量子而获得1918年诺贝尔物理学奖；德布罗意提出电子具有波粒二象性的假设，导致薛定谔波动方程的建立，从而获得1929年诺贝尔物理学奖；戴维孙和汤姆逊因发现了电子在晶体上的衍射现象而获得了1935年诺贝尔物理学奖。

由于电子具有波粒二象性，其德布意波长可在原子尺寸的数量级以下，而且电子束可以用电场或磁场来聚焦，用电子束和电子透镜取代光束和光学透镜，发展起来了分辨本领比光学显微镜高得多的电子显微镜（如目前在材料结构分析中常用的扫描电子显微镜SEM）。

2. 电子波的晶体衍射

晶体中有许多晶面（即相互平行的原子层），相邻两晶面的间距为d，它实际上是一种三维光栅。当具有一定速度的平行电子束（或X射线）通过晶体时，则电子（或X射线）受到原子（或离子）的散射。如图6.9-1所示，根据布喇格定律，当相邻两晶面上反射电子束（X射线）的程差Δ符合下述条件时，可产生相长干涉，即

$$\Delta = 2d\sin\theta = n\lambda \quad (n=1,\ 2,\ 3,\ \cdots) \tag{6.9.6}$$

上式称为布拉格公式。式中，d为相邻晶面之间的距离；θ为电子束（或X射线）与某晶面间的夹角，称掠射角；n为整数，称为衍射级。一块晶体实际上具有很多方向不同的晶面族，其晶面间距也各不相同，如d_1、d_2、d_3等（图6.9-2）。只有符合式（6.9-6）条件的晶面才能产生相长干涉。本实验采用汤姆逊方法，让一束电子穿过无规则取向的多晶银薄膜。电子入射到晶体上时各个晶粒对入射电子都有散射作用，这些散射波是相干的。对于给定的一族晶面，当入射角和反射角相等，而且相邻晶面的电子波的波程差为波长的整数倍

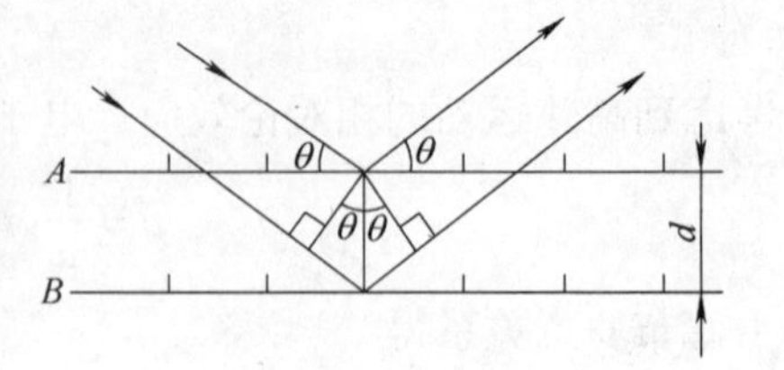

图6.9-1　相邻晶面电子波的波程差

时，便出现相长干涉，即干涉加强。

由于多晶金属薄膜是由相当多的任意取向的单晶粒组成的多晶体，当电子束入射到多晶薄膜上时，在晶体薄膜内部各个方向上，均有与电子入射线夹角为 θ 的而且符合布喇格公式的反射晶面。因此，反射电子束是一个以入射线为轴线，其张角为 4θ 的衍射圆锥。衍射圆锥跟与入射轴线垂直的照相底片或荧光屏相遇时形成衍射圆环，这时衍射的电子方向与入射电子方向夹角为 2θ，如图 6.9-3 所示。

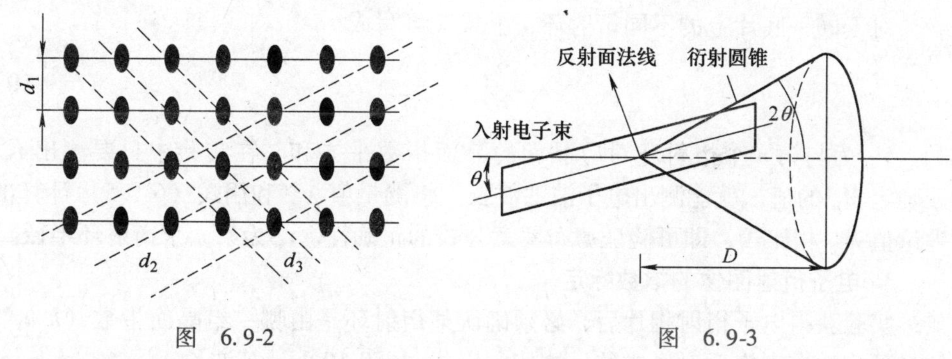

图 6.9-2　　图 6.9-3

在多晶薄膜中，有一些晶面（它们的面间距为 d_1，d_2，d_3，…）都满足布喇格方程，它们的反射角分别为 θ_1，θ_2，θ_3，…因而，在底片或荧光屏上形成许多同心衍射环。

可以证明，对于立方晶系，晶面间距为

$$d=\frac{a}{\sqrt{h^2+k^2+l^2}} \tag{6.9-7}$$

式中，a 为晶格常数（本实验用面心立方的银，$a=0.40856\text{nm}$）；h，k，l 为晶体干涉面指数。($h\ k\ l$) 为晶面指数。每一组密勒指数唯一地确定一族晶面，其面间距由式（6.9-7）给出。对已知结构的晶体，a 为定值，求出各相应的干涉面指数和掠射角，即可求得 λ。以此值与由德布罗意公式得到的波长相比较，就可以验证德布罗意假设的正确性。

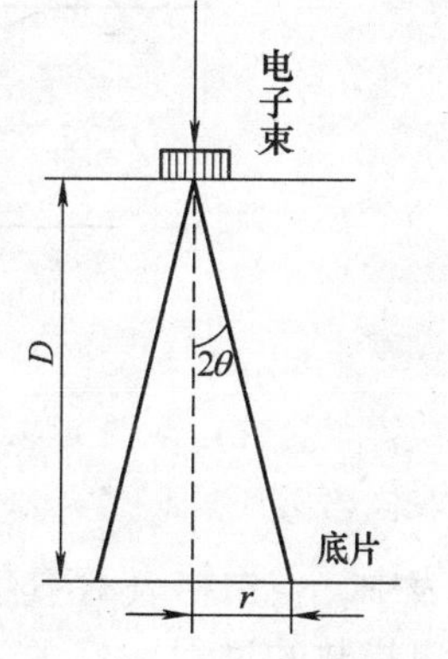

图 6.9-4　电子衍射示意图

图 6.9-4 为电子衍射的示意图。设样品到底片的距离为 D，某一衍射环的半径为 r，对应的掠射角为 θ。

电子的加速电压一般为 30kV 左右，与此相应的电子波的波长比 X 射线的波长短得多。因此，由布喇格公式（6.9-6）看出，电子衍射的衍射角（2θ）也较小。由图 6.9-4 近似有

$$\sin\theta \approx \frac{r}{2D} \tag{6.9-8}$$

将式（6.9-7）和式（6.9-8）代入式（6.9-6），得

$$\lambda = \frac{r}{D} \times \frac{a}{\sqrt{h^2 + k^2 + l^2}} = \frac{r}{D} \times \frac{a}{\sqrt{M}} \tag{6.9-9}$$

式中，($h\ k\ l$) 为与半径为 r 的衍射环对应的晶面族的晶面指数，$M = h^2 + k^2 + l^2$。

对于同一底片上的不同衍射环，上式又可写成

$$\lambda = \frac{r_n}{D} \times \frac{a}{\sqrt{M_n}} \tag{6.9-10}$$

M_n 为与第 n 个衍射环对应晶面的晶面指数平方和。在实验中只要测出 r_n，并确定 M_n 的值，就能测出电子波的波长。将测量值 $\lambda_{测}$ 和用式（6.9-5）计算的理论值 $\lambda_{理}$ 相比较，即可验证德布罗意公式的正确性。r_n 为第 n 个衍射环半径。

3. 电子衍射图像的指数标定

实验获得电子衍射相片后，必须确认某衍射环是由哪一组晶面指数（$h\ k\ l$）的晶面族的布喇格反射形成的，才能利用式（6.9-10）计算波长 λ。

根据晶体学知识，立方晶体结构可分为三类，分别为简单立方、面心立方和体心立方晶体，依次如图6.9-5a、b、c所示。由理论分析可知，在立方晶系中，对于简单立方晶体，任何晶面族都可以产生衍射；对于体心立方晶体，只有 $h+k+l$ 为偶数的晶面族才能产生衍射；而对于面心立方晶体，只有 h，k，l 同为奇数或同为偶数的晶面族，才能产生衍射。这样可得到表6.9-1。

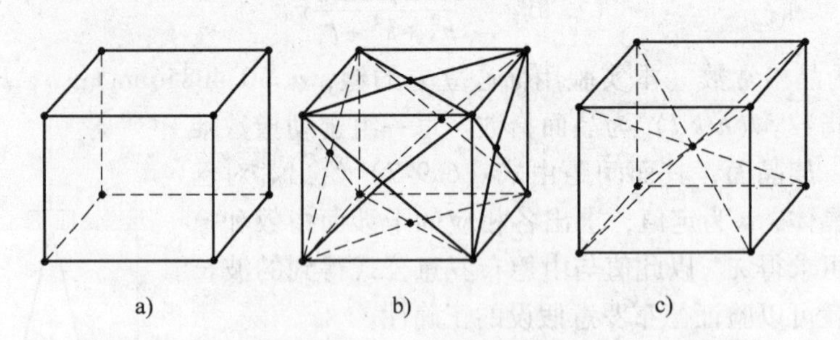

图6.9-5　三类立方晶体

a）简单立方　b）面心立方　c）体心立方

表中，空白格表示不存在该晶面族的衍射。现在我们以面心立方晶体为例说明标定指数的过程。

按照表6.9-1的规律，对于面心立方晶体可能出现的反射，我们按照 $h^2 + k^2 + l^2 = M$ 由小到大的顺序列出表6.9-2。

表 6.9-1　三类立方晶体可能产生衍射环的晶面族

晶面指数（$h\ k\ l$）		100	110	111	200	210	211	220	211 300	310
M_n	简单立方	1	2	3	4	5	6	8	9	10
	体心立方		2		4		6	8		10
	面心立方			3	4			8		
晶面指数（$h\ k\ l$）		311	222	320	321	400	410 322	411 330	331	420
M_n	简单立方	11	12	13	14	16	17	18	19	20
	体心立方		12		14	16		18		20
	面心立方	11	12			16			19	20

表 6.9-2　面心立方晶体各衍射环对应的 M_n/M_1

N	1	2	3	4	5	6	7	8	9	10
$h\ k\ l$	111	200	220	311	222	400	331	420	422	333 511
M_n	3	4	8	11	12	16	19	20	24	27
M_n/M_1	1.000	1.333	2.667	3.667	4.000	5.333	6.333	6.667	8.000	9.000

因为在同一张电子衍射图像中，λ 和 a 均为定值，由式（6.9-10）可以得出

$$\left(\frac{r_n}{r_1}\right)^2=\frac{M_n}{M_1} \tag{6.9-11}$$

利用式（6.9-11）可将各衍射环对应的晶面指数（$h\ k\ l$）定出，或将 M_n 定出。方法是：测得某一衍射环半径 r_n 和第一衍射环半径 r_1，计算出 $(r_n/r_1)^2$ 值，在表6.9-2 的最后一行 M_n/M_1 值中，查出与此值最接近的一列。则该列中的（$h\ k\ l$）和 M_n 即为此衍射环所对应的晶面指数。完成标定指数以后，即可用式（6.9-11）计算波长了。

【实验装置】

本实验采用 WDY—V 型电子衍射（仪器真空结构参见本书实验 6.7 真空实验部分），该仪器主要由衍射腔、真空系统和电源三部分组成。图 6.9-6 为电子衍射仪的操作面板外观图。

1. 衍射腔

图 6.9-7 为衍射腔示意图。

A 为阴极，B 为阳极，C 为光阑，F 为样品，E 为荧光屏或底片。阴极 A 内

装有V型灯丝，通电后发射电子。灯丝一端加有数万伏的负高压，阳极接地。电子经高压加速后通过光阑C时被聚焦。当直径只有0.5mm的电子束穿过晶体薄膜F后，在荧光屏上形成电子衍射图像。在衍射腔的右端内设有照相装置，一次可以拍摄两张照片。

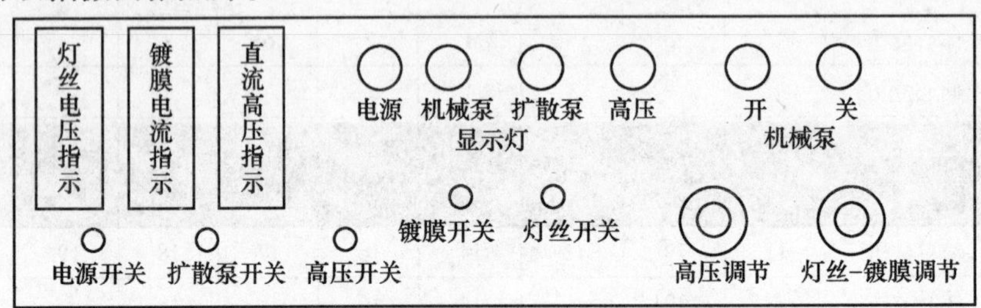

图6.9-6　电子衍射仪操作面板外观图

2. 真空系统

真空系统由机械泵、扩散泵和储气筒组成（参见实验6.7中图6.7-8）。扩散泵与衍射腔之间由真空蝶阀控制“开”或“关”。三通阀可使机械泵与衍射腔连通（“拉”位）或与储气筒连通（“推”位）。实验或镀膜时须先将衍射腔抽成低真空，然后抽成高真空。只有在抽高真空时才能打开蝶阀，其他时间都要关闭蝶阀和切断电离规管灯丝电流，以保护扩散泵和电离规管。

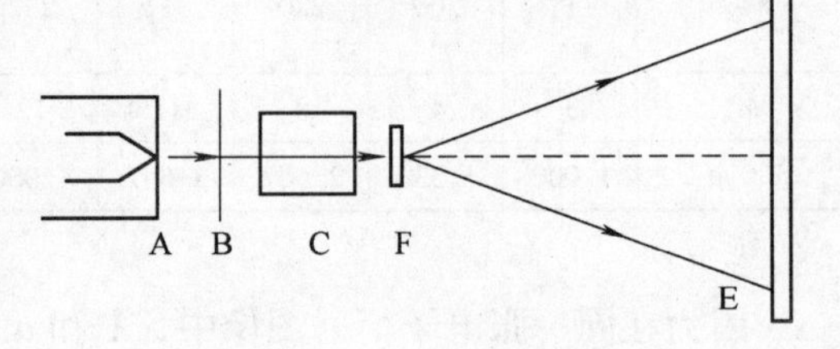

图6.9-7　衍射腔示意图

若需将衍射腔部分通大气时（如取底片或取已镀好的样品架），可用充气阀充入空气。但在打开充气阀前，要注意以下几点：

（1）切断电离规管电源。

（2）关闭蝶阀。

（3）若机械泵仍在工作中，三通阀必须置于“推”位。

（4）为防止充气过程中吹破样品薄膜，应将样品架向前旋紧，以使样品架封在装取样品架的窗口内。

3. 电源

电气部分主要包括真空机组的供电、高压电源、镀膜及灯丝供电三部分，电源控制部分见图6.9-6面板。

（1）真空机组的供电：扩散泵电炉（1000W）直接由市电220V单相电源供电，机械泵由380V三相电源供电。

（2）高压供电：取220V市电，经0.5kW自耦变压器调压，供给变压器

(220/40000V) 进行升压，经整流滤波后变为直流高压，正端接阳极，负端接阴极，作为电子的加速电压。

(3) 镀膜和灯丝供电：此两组供电线路同用一个 0.5kW 自耦变压器调压，经转换开关转换，或接通镀膜电路，或接通灯丝电路。

【实验内容】

1. 样品的制备

由于电子束穿透能力很差，作为衍射体的多晶样品必须做得极薄才行。样品的制备是在预制好的非晶体底膜上蒸镀上几百埃厚的金属薄膜而成。非晶底膜是金属的载体，但它将对衍射电子起散射作用而使衍射环的清晰度变差，因此底膜只能极薄才行。

(1) 制底膜

将一滴用乙酸正戊酯稀释的火棉胶溶液滴到水面上，待乙酸正戊酯挥发后，在水面上悬浮一层火棉胶薄膜（薄膜有皱纹时，其胶液太浓，薄膜为零碎的小块时，则胶液太稀），用样品架将薄膜慢慢捞起并烘干。将制好底膜的样品架插入镀膜室支架孔内，使底膜表面正好对下方的钼舟，待真空达到 10^{-3} Pa 以后，即可蒸发镀膜。

(2) 镀膜

将“镀膜-灯丝”转换开关倒向“镀膜”侧（左侧），接通镀膜电流开关（向上）。转动“灯丝-镀膜”自耦调压器，使电流逐渐增加（镀银时约为 20A）。当从镀膜室的有机玻璃罩上看到一层银膜时，立即将电流降到零，并关镀膜开关。蒸镀样品的工作即完成。

2. 观察电子衍射现象

(1) 开机前将仪器面板上各开关置于“关”位，“高压调节”和“灯丝-镀膜”调节均调回零，蝶阀处于“关”位。

(2) 为了观察到衍射图像后随即进行拍照，应在抽真空前装上底片。

(3) 起动真空系统，按照实验室的操作规程将衍射腔内抽至 5×10^{-3} Pa 以上的高真空度。

(4) 灯丝加热。首先将面板上的双掷开关倒向“灯丝”一侧（右侧），接通灯丝电流开关（向上），调节“灯丝-镀膜”旋钮，使灯丝电压表指示为 120V。

(5) 加高压。接通“高压”开关（向上），缓慢调节“高压调节”旋钮，调至 15 ~ 20kV，在荧光屏上可以看到一个亮斑。

(6) 调节样品架的位置（平移或转动），直到在荧光屏上观察到满意的衍射环。

(7) 照相与底片冲洗。

在荧光屏上观察到清晰的衍射图像后，先记录下加速电压 U 值，然后拍照。本实验仪器可以用两种拍照方法。最简单的方法是用数码相机直接拍摄。另一种是用快门挡住电子束，转动“底片转动旋钮”，让指针指示在“1”位。用快门控制曝光时间为2～4s。用相同的方法可拍摄两张照片。在拍摄电子衍射图像时，要求动作快些，尽量减小加高压的时间。取出底片后，冲洗底片。整个拍摄和冲洗过程可在红灯下进行。

3. 分析与计算

（1）仔细观察衍射照片，区分出各衍射环，因有的环强度很弱，特别容易数漏。然后测量出各环直径，确定其半径 r_1，r_2，r_3，…，r_n 的值。

（2）计算出 r_n^2/r_1^2 的值，并与表6.9-2中 M_n/M_1 值对照，标出各衍射环相应的晶面指数。

（3）根据衍射环半径用式（6.9-10）计算电子波的波长，并与用式（6.9-5）算出的德布罗意波长比较，以此验证德布罗意公式。

本实验中所用的样品银为面心立方结构，晶格常数 $a=4.0856$Å。样品至底片的距离 $D=382$mm（另一套仪器 $D=378$mm）。

注意事项

（1）电子衍射仪为贵重仪器，必须熟悉仪器的性能和使用方法，严格按照操作规程使用。特别是真空系统的操作不能出错，否则会损坏仪器。

（2）阴极加有几万伏的负高压，操作时不要接触高压电源，注意安全。调高压和样品架旋钮时要缓慢，如果出现放电现象，应立即降低电压，实验中应缩短加高压的时间。

（3）调节样品架观察衍射环时，应先将电离规管关掉，以防调节样品架时出现漏气现象而烧坏电离规管。

（4）衍射腔的阳极、样品架和观察窗处都有较强的X射线产生，必须注意防护。

【思考题】

1. 根据衍射环半径计算电子波的波长时，为什么首先要指标化？怎样指标化？

2. 改变高压和灯丝电压时衍射图像有什么变化？为什么？

3. 叙述样品银多晶薄膜的制备过程。

4. 观察电子衍射环和镀金属薄膜时为什么都必须在高真空条件下进行？它们要求真空度各是多少？

5. 加高压时要缓慢，并且尽量缩短加高压的时间，这是为什么？

6. 拍摄完电子衍射图像取底片时，三通阀和蝶阀应处于什么位置？为什么？

一组测试的数据

高压：$U = 30\text{kV}$

衍射环直径：$d_1 = 2.25\text{cm}$　$d_2 = 2.61\text{cm}$　$d_3 = 3.72\text{cm}$　$d_4 = 4.31\text{cm}$

衍射环半径：$R_1 = 1.125\text{cm}$　$R_2 = 1.305\text{cm}$　$R_3 = 1.860\text{cm}$　$R_4 = 2.155\text{cm}$

波长实验值：$\lambda_1 = 0.0694\text{Å}$　$\lambda_2 = 0.0697\text{Å}$　$\lambda_3 = 0.0702\text{Å}$　$\lambda_4 = 0.0694\text{Å}$

波长实验值的平均值：$\overline{\lambda}_{实验} = 0.0697\text{Å}$

波长理论值：$\lambda_{理论} = 0.06974\text{Å}$

相对误差：$\eta = 0.05\%$

实验 6.10　接触角测试实验

【简介】

表面被液体润湿并且最终所铺展的程序是表面化学中非常重要的内容。早在观察到润湿过程的时候，其唯现象学方面已经被认识并且定量。然而，直到 20 世纪后期，当量子电动力学和精细分析过程对分子水平上的事件提供了大量新的见解后，在不同的界面之间以及界面的接触角沿线上所呈现的微观细节才是推测和理论的对象，而不仅是所知的事实。即便是总结了最近 20 年新的信息，人们仍然需要进一步了解液体经过表面时的运动机理。而在润湿和铺展研究过程中，我们对毛细管现象中的一个重要概念——接触角进行研究。

接触角仪 SL100 的基本功能为：通过人眼观测液滴在固体表面的图像，测量相关参数，经过简单的几何计算，得出基于液滴与固体材料水平线的接触角值。

【实验目的】

1. 了解接触角仪的主要构造，正确掌握调整接触角仪的要求和方法。
2. 掌握润湿作用和接触角的概念。
3. 掌握测定液-固界面上接触角的方法。

【实验仪器】

测试仪器采用基于影像分析的 SL100 型静态接触角仪。

【预习提示】

1. 什么是接触角、表面张力、表面自由能？
2. 怎样用影像分析系统 $\theta/2$ 法计算接触角？
3. SL100 型接触角仪的整个接触角分析过程包括哪些？

【实验原理】

液滴滴于固体表面时，因表面张力体系作用，会形成一定的角度。这个角度我们就称为接触角，使用影像分析系统，我们可以分析得出这个角度的准确值。

1. 什么是接触角 contact angle

将液体滴于固体表面上，随着体系性质的不同，液体润湿或铺展而覆盖固体表面，或形成一液滴停于其上。如图 6.10-1 所示。我们把液体与固体平面所形成的液滴的形状用接触角（contact angle）来描述。准确的接触角是在固、液、气三相交界处，自固液界面经液体内部到气体界面的夹角，通常以 θ 来表示。接触角是分析润湿性的一个非常重要的物理化学量。

θ：接触角

γ_S：固体的表面自由能（固体与气体的界面张力称为表面自由能）

γ_L：液体的表面张力值（液体与气体的界面张力称为表面张力）

γ_{SL}：固体与液体的界面张力值

平衡接触角与三个界面自由能之间的关系为 $\gamma_S = \gamma_L \cdot \cos\theta + \gamma_{SL}$。

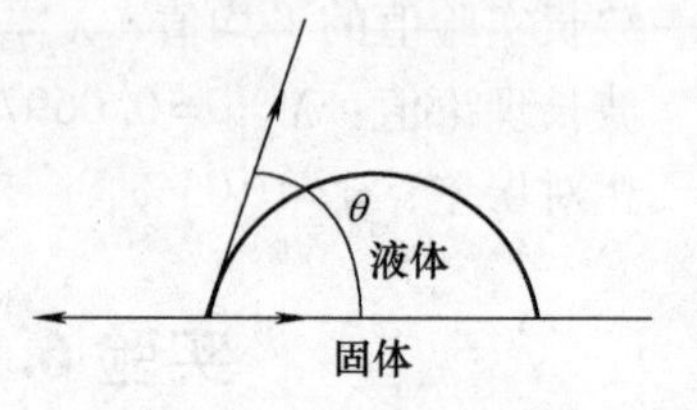

图 6.10-1　接触角

上式最早是 T. Young 在 1805 年提出的，常称为杨氏方程。这是润湿的基本公式，亦称为润湿方程，可以看作是三相交界处三个界面张力平衡的结果。此关系式适用于三相交界处固液、固气界面共切线体系。具体应用中，我们把接触角大小作为评判润湿性的重要指标。通常接触角越小，润湿性也就越好。习惯上，我们把 $\theta = 90°$ 定义为润湿与否的标准，$\theta > 90°$ 为不润湿，$\theta < 90°$ 为润湿。平衡接触角不存在或为 0，则为铺展。

2. 影像分析法（角测量仪 Goniometry）

影像分析法是通过滴出一滴满足要求体积的液体于固体表面，通过影像分析技术，测量或计算出液体与固体表面的接触角值的简易方法。作为影像分析法的仪器，其基本组成部分为光源、样品台、镜头、图像采集系统、进样系统。

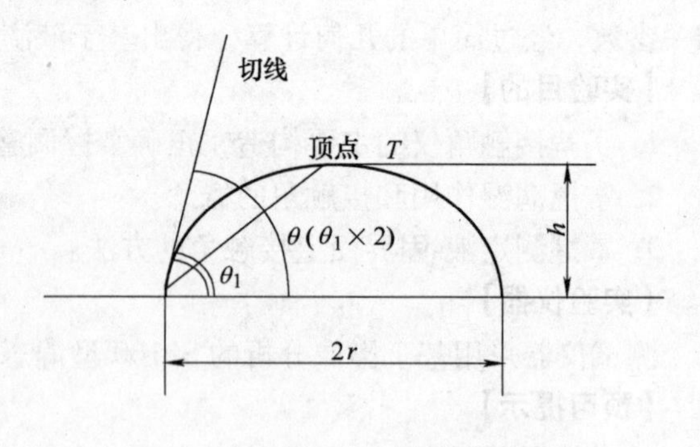

图 6.10-2　$\theta/2$ 法计算接触角示意图

3. 影像分析系统 $\theta/2$ 法计算接触角（图 6.10-2）

将一滴满足要求的液滴滴在固体表面上，由于液体本身的表面张力和固体的表面自由能的作用，液体会趋向于形成一个球冠。

我们使用影像分析系统，结合软件技术，分析液体宽度（$2r$）和球冠的高度（h）。液体宽度（$2r$）和球冠的高度（h），我们可以通过分析影像的侧面正视图中的左右点的宽和弧形的高度得到。接触角 θ 的值，我们通过如下计算公式可以得出：

$$\tan\theta_1 = \frac{h}{r} \tag{6.10-1}$$

$$\theta = 2\arctan\frac{h}{r} \tag{6.10-2}$$

注意事项

（1）大液体会因为重力作用，而使得测试值与实际值的误差较大。

（2）从几何学上来讲，假定我们得到的是一个圆形中的一部分的弧形，我们就可以认为如下计算是成立的：

$$\theta_1 \times 2 = \theta$$

具体计算如图6.10-3所示。

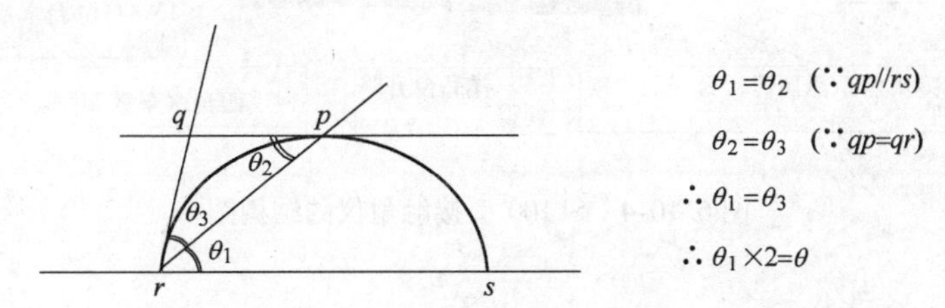

图6.10-3　θ/2法具体计算接触角图示

使用手动型接触角仪SL100时，我们是通过人眼观测液滴的外观，结合镜头里十字标尺上刻度（分辨率0.01mm），记录下液滴的长度与高度，通过如下计算公式进行计算：

$$\theta = 2\arctan\frac{2H}{D}$$

式中，θ为所需测试接触角值；H为液滴高度；D为液滴宽度。

【实验装置】

SL100型接触角仪的结构图如图6.10-4所示。测试仪器采用基于影像分析的SL100型接触角仪，仪器主要包括如下4个部分功能：

1. 显微镜头系统部分

通过显微镜头放大图像，人眼观测液滴的外形。

2. 样品台及固定架部分

通过微量调整样品台，完成液滴转移、液滴聚焦等基本功能。

3. 光源控制部分

通过光源控制以获得更理想的接触角影像资料。

4. 角度计算部分

通过一些几何换算，计算接触角值，并及时记录。

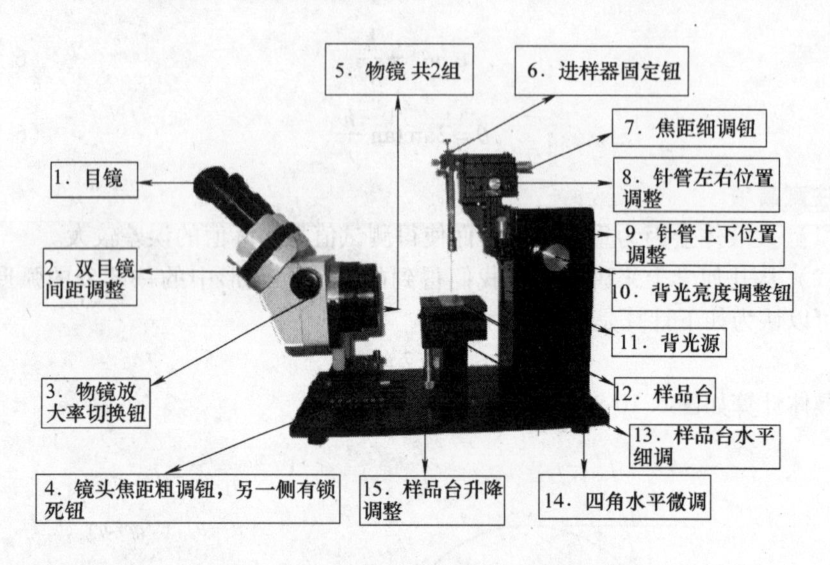

图 6.10-4　SL100 型接触角仪的结构图

特别指出的功能：

（1）双目镜间距调整：通过调整不同间距，可以让两眼所观测的图像合在一起。这样更有利于观测图像。

（2）目镜上有目镜套，可以减少目镜观测时漏光。

（3）焦距调整分为粗调和细调，建议先粗调焦距再细调。这样更清晰。

（4）进样器固定时，先把针头取下，再稍用力插入针管主体到进样器固定孔。再按上针头。

【实验内容】

1. 接触角仪硬件安装及基本调试动作包括如下：

（1）校正接触角仪水平。

（2）校正镜头焦距、针头。

（3）清洗针头，并固定在接触角仪架子上，但没有吸入任何液体。

（4）准备样品（两面均为水平的）及测试液体，且符合测试需求。

2. 取液体。将针管中吸入蒸馏水或其他测试液体。

3. 调整针管位置及对焦，观测针管在镜头中的位置。

4. 滴出液滴，并完成液滴转移。

具体操作步骤如下：

（1）从进样器中滴出液滴。通常为 1 ~ 5μl，建议滴出的液体体积为 2μl 左右。

（2）从镜头内可以看到液滴会形成如图 6.10-5a 所示图像。然后，将针头向下移动。直到接触角样品表面如图 6. 10-5b。注意：不要过度向下，以免压弯针头。

（3）移动针头向上。由于表面张力体系的作用，液体会留在样品表面，如图 6. 10-5c 所示。继续移动针头，直到从镜头内消失，如图 6. 10-5d 所示，通常移动距离为 3mm 左右。

图 6. 10-5　液滴转移

（4）通过如上过程，我们就完成了一次进样过程。如果您需要再次测第二个位置，请重复如上操作即可。

5. 观察实时图像，并记录下液体的高与宽度值。

（1）旋转含有十字形校正线的目镜，将目镜中含有刻度线的一根线与液滴的水平线保持一致。保持一致的办法包括了上升或下降样品台以及旋转目镜两个部分。操作的仪器部件如图 6. 10-6、图 6. 10-7 所示。

（2）观测并记录下液滴宽度值。

（3）旋转同样的目镜 90°，量出液滴的高度值。

（4）如果观测图像时，刻度线与图像太重叠而观测不清时，建议让刻度线稍高于或低于图像，再根据延长线原则观测相关长或宽度值。

（5）如果成像太宽或太窄时，可以调节不同的物镜放大率，实现不同的观测效果。即，如果太宽，刻度无法全部量出尺寸时，建议调低放大率。如果再不行，建议滴的液体量减少。

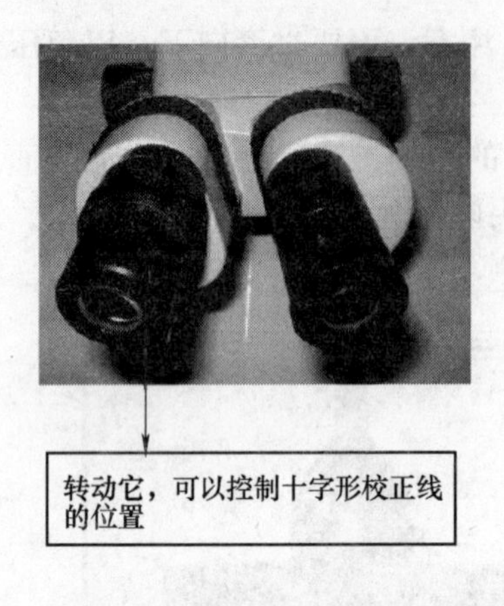

图6.10-6 目镜

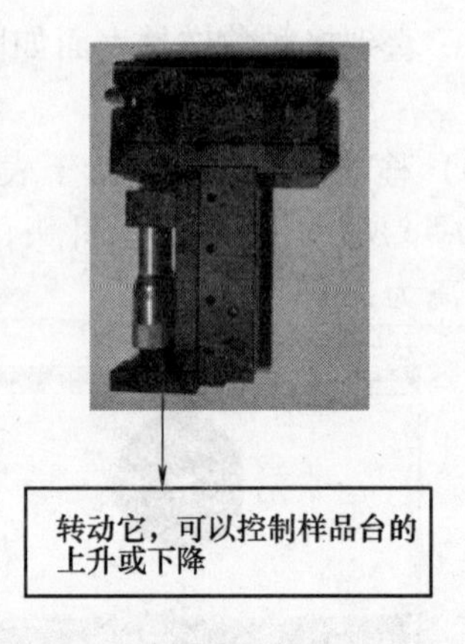

图6.10-7 样品台升降调整

6. 通过公式计算接触角值 $\boldsymbol{\theta}$

液滴宽度 D 及高度 H 的测量示意图分别如图6.10-8及图6.10-9所示，接触角的计算公式为

$$\theta = 2\arctan\frac{2H}{D}$$

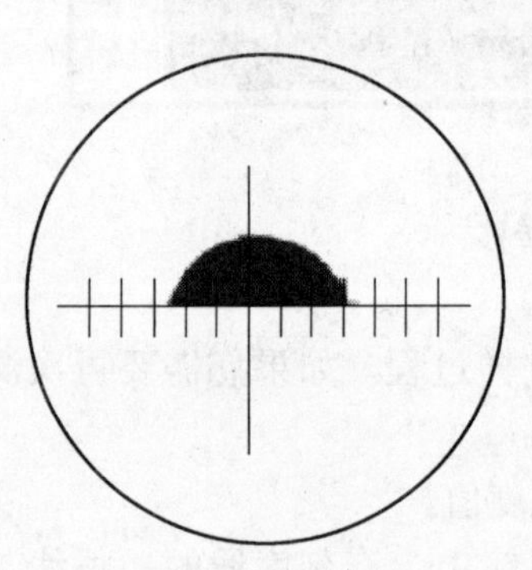

图6.10-8 量液滴宽度值示意图

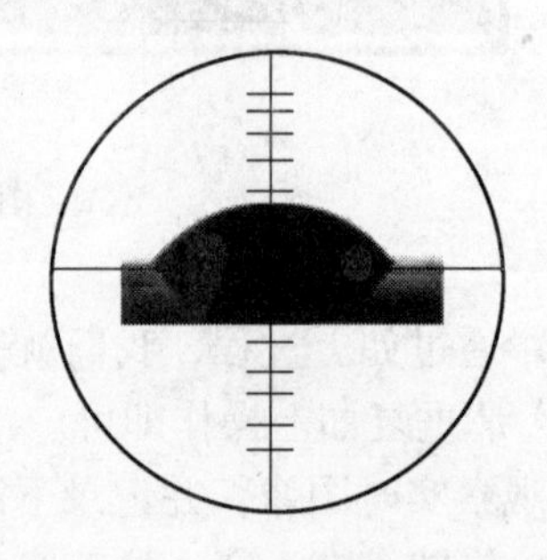

图6.10-9 量液滴的高度值示意图

当然，可以直接输入到已提供的EXCEL格式的小工具里，这样会更快地计算出来。

总之，手动型接触角仪SL100的整个接触角分析过程是：取样→对焦→进液→液滴转移→图像观测→人眼实际测试相关数据→代入相关计算公式→计算得出接触角值并及时记录下来。

<u>注意事项</u>

（1）测试液体

采用二次蒸馏水或纯净水，并将测试液体保留在干净的容器里。

（2）测试样品

① 尽量保持测试样品本身的洁净度。

② 尽量保持测试样品表面的水平度。

③ 确认测试样品的尺寸是否符合要求。最好是直径≤70mm。

④ 测试过程中，万万不可用手去接触测试区域。

⑤ 为保证测试结果更符合实际值，进行多次测试。同时，也可以实现对样品表面均匀度和清洁度分析的目的。

（3）测试条件

测试条件会影响到测试结果，这些测试条件主要为测试环境的干净度、测试气压、气体、测试温度等。

我们建议的测试条件包括：

① 温度：23℃ ±2℃，温度变化范围 ±1℃；湿度：50% ±5%，湿度变化范围 ±2%；

② 不要在温湿度变化很大或温度很高、低，湿度大的环境下酸、碱或有溶剂气体存在的环境下进行测试。

【思考题】

接触角测量的最重要应用源于它们基于平衡热力学的解释。结果，大多数的研究基本是在静态体系中进行的，也就是说，这种研究均是假设其中液滴在给定条件下已经达到最终平衡。可是，在实际情况下，了解液体润湿或铺展的速度和了解最终状态一样重要。思考液滴动态接触角的测量？

实验 6.11　表面磁光克尔效应实验

【简介】

1845 年，Faraday 发现当外磁场加在玻璃样品上时，透过样品的偏振光的偏振面将发生旋转，此现象称作 Faraday 效应。随后，Faraday 加磁场于金属表面上做了光反射的实验，但由于金属表面不够平整，因而实验结果不太理想。1877 年，Kerr 在观察偏振光从抛光过的电磁铁磁极反射出来时，发现了磁光克尔效应（magneto-optic Kerr effect）。1985 年，Moog 和 Bader 两位学者进行铁磁超薄膜的磁光克尔效应测量，成功地得到一原子层厚度磁性物质的磁滞回线。由于此方法的磁性测量灵敏度可以达到一个原子层厚度，并且仪器可以置于超高真空系统中工作，所以成为表面磁学的重要研究方法。

表面磁性以及由数个原子层构成的超薄膜和多层膜磁性，是当今凝聚态物理领域中的一个极其重要的研究热点，而表面磁光克尔效应（surface magneto-optic

Kerr effect，缩写为SMOKE）谱作为一种非常重要的超薄膜磁性原位测量的实验手段，受到越来越多的重视，已被广泛应用于磁有序、磁各向异性以及层间耦合等问题的研究。和其他的磁性测量手段相比较，SMOKE的优点为：（1）SMOKE的测量灵敏度极高。国际上现在通用的SMOKE测量装置，其探测灵敏度可以达到亚单原子层的磁性，这使得SMOKE在磁性超薄膜的研究中有着重要的地位。（2）SMOKE测量是一种无损伤测量。由于探测用的“探针”是激光束，因此不会对样品造成任何破坏，对于需要做多种测量的实验样品来说，非常有利。（3）SMOKE测量到的信息来源于介质上的光斑照射的区域。由于激光光束的束斑可聚焦到1mm以下，因此SMOKE可以进行局域磁性的测量，这是振动样品磁强计和铁磁共振等其他磁性测量手段所无法比拟的。（4）相对于其他的磁性测量手段，SMOKE系统的结构比较简单，易于和别的实验设备（特别是超高真空系统）相互兼容，这有助于提高SMOKE的功能并扩展其研究领域。

【实验目的】

1. 了解磁光及磁光克尔效应的原理。
2. 认识金属材料的磁性及其差异。
3. 利用磁光克尔效应测量、研究磁性材料的磁性。

【实验原理】

表面磁光克尔效应是指铁磁性样品（如铁、钴、镍及其合金）的磁化状态对于从其表面反射的光的偏振状态的影响。当入射光为线偏振光时，样品的磁性会引起反射光偏振面的旋转和椭偏率的变化。

如图6.11-1所示，当一束线偏振光入射到样品表面上时，如果样品被磁化，会导致反射光的偏振面相对于入射光的偏振面转过了一个小的角度，这个小角度称为克尔旋转角θ_k。同时，一般样品对p光和s光的吸收率是不一样的，即使样品处于非磁状态，反射光的椭偏率也发生变化，而铁磁性会导致椭偏率有一个附

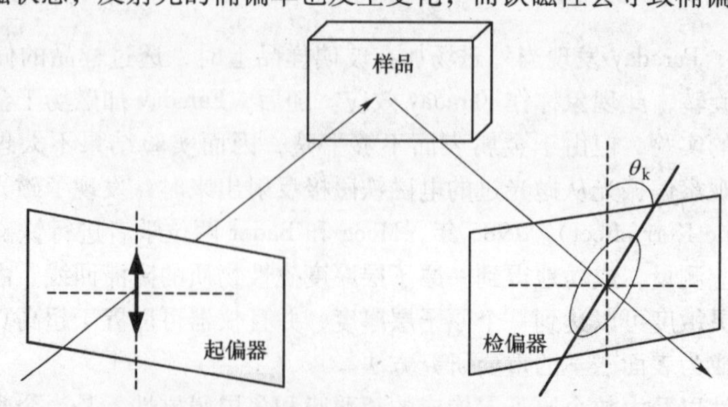

图6.11-1　表面磁光克尔效应原理

加的变化，这个变化称为克尔椭偏率 ε_k。由于克尔旋转角 θ_k 和克尔椭偏率 ε_k 都是磁化强度 M 的函数。通过探测 θ_k 或 ε_k 的变化可以推测出磁化强度 M 的变化。

根据磁场相对于入射面的相对方位不同，磁光克尔效应可以分为极向克尔效应、纵向克尔效应和横向克尔效应三种类型。如图 6.11-2 所示，若磁化方向垂直于样品表面，此时的克尔效应称作极向克尔效应。通常情况下，极向克尔信号的强度随光的入射角的减小而增大，在 0°入射角（垂直入射）时，克尔信号的强度最大。如图 6.11-3 所示，若磁化方向在样品膜面内，并且平行于入射面，此时的克尔效应称作纵向克尔效应。纵向克尔信号的强度一般随光的入射角的减小而减小，在 0°入射角时，克尔信号的强度为零。通常情况下，纵向克尔信号中，无论是克尔旋转角还是克尔椭偏率都要比极向克尔信号小一个数量级。因此，纵向克尔效应的探测远比极向克尔效应困难。但对于很多薄膜样品，易磁轴往往平行于样品表面，因而只有在纵向克尔效应配置下样品的磁化强度才容易达到饱和，故纵向克尔效应对于薄膜样品的磁性研究来说十分重要。如图 6.11-4 所示，若磁化方向在样品膜面内，并且垂直于入射面，此时的克尔效应称作横向克尔效应。横向克尔效应中，反射光的偏振状态不发生变化，仅在 p 偏振光（偏振方向平行于入射面）入射时，反射率才有很小的变化。

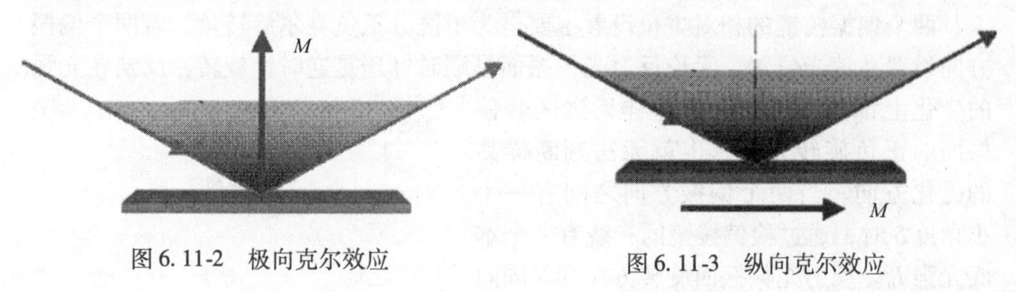

图 6.11-2　极向克尔效应　　图 6.11-3　纵向克尔效应

图 6.11-5 为常见的 SMOKE 极向克尔效应系统光路图。氦-氖激光器发射的激光通过起偏棱镜后变成线偏振光，然后从样品表面反射，经过检偏棱镜进入光电探测器。检偏棱镜的偏振方向与起偏棱镜设置成偏离消光位置一个很小的角度 δ，如图 6.11-6 所示。样品放置在磁场中，当外加磁场改变样品磁化强度时，反射光的偏振状态发生改变，通过检偏棱镜的光强也发生变化。在一阶近似下，光强的变化和磁化强度呈线性关系，通过探测器探测到的光强变化就可以推测出样品的磁化状态。

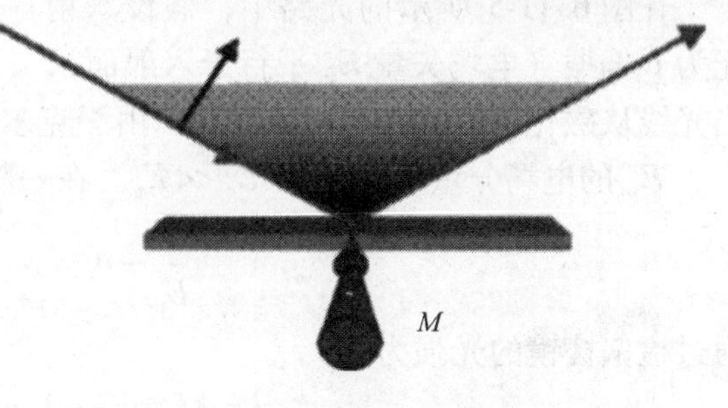

图 6.11-4　横向克尔效应

对应纵向克尔效应和横向克尔效应，只需改变入射光和磁场的相对方向，其他装置完全相同。

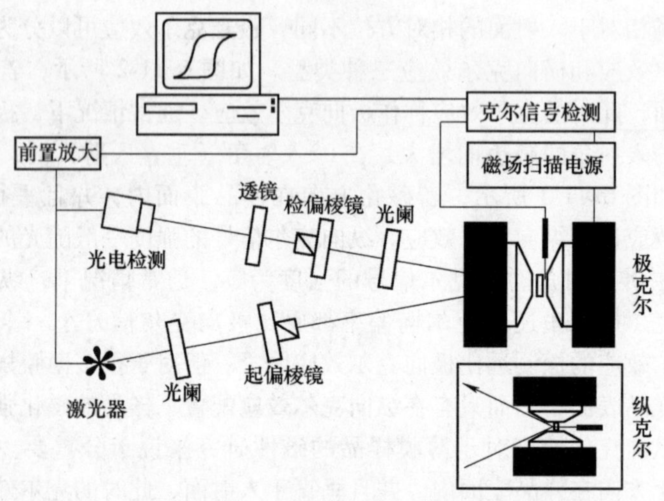

图 6.11-5　常见 SMOKE 系统的光路图

两个偏振棱镜的相对方位设置主要是为了区分正负克尔旋转角。若两个偏振方向设置在消光位置，无论反射光偏振面是顺时针还是逆时针旋转，反映在光强的变化上都是强度增大。这样无法区分偏振面的正负旋转方向，也就无法判断样品的磁化方向。当两个偏振方向之间有一个小角度δ时，通过检偏棱镜的光线有一个本底光强I_0。反射光偏振面旋转方向和δ同向时光强增大，反向时光强减小，这样样品的磁化方向可以通过光强的变化来区分。

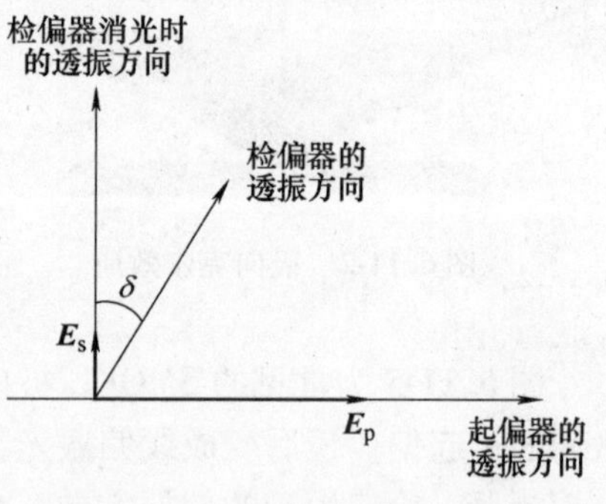

图 6.11-6　偏振器件的方位配置

在图 6.11-5 所示的光路中，假设入射光为 p 偏振（电场矢量$\boldsymbol{E}_p$平行于入射面），当光线从磁化了的样品表面反射时，由于克尔效应，反射光中含有一个很小的垂直于$\boldsymbol{E}_p$的电场分量$\boldsymbol{E}_s$，通常$E_s \ll E_p$。在一阶近似下有

$$\frac{E_s}{E_p}=\theta_k+i\varepsilon_k \tag{6.11-1}$$

通过检偏棱镜的光强为

$$I=\left|E_p\sin\delta+E_s\cos\delta\right|^2 \tag{6.11-2}$$

将式（6.11-1）代入式（6.11-2）得到

$$I=\left|E_p\right|^2\left|\sin\delta+(\theta_k+i\varepsilon_k)\cos\delta\right|^2 \tag{6.11-3}$$

因为 δ 很小，所以可以取 $\sin\delta = \delta$，$\cos\delta = 1$，得到

$$I = |E_p|^2 |\delta + (\theta_k + i\varepsilon_k)|^2 \tag{6.11-4}$$

整理得到

$$I = |E_p|^2 (\delta^2 + 2\delta\theta_k) \tag{6.11-5}$$

无外加磁场时

$$I_0 = |E_p|^2 \delta^2 \tag{6.11-6}$$

所以有

$$I = I_0 (1 + 2\theta_k / \delta) \tag{6.11-7}$$

于是在饱和状态下的克尔旋转角 θ_k 为

$$\Delta\theta_k = \frac{\delta}{4} \frac{I(+M_S) - I(-M_S)}{I_0} = \frac{\delta}{4} \frac{\Delta I}{I_0} \tag{6.11-8}$$

$I(+M_S)$ 和 $I(-M_S)$ 分别是正负饱和状态下的光强。从式（6.11-8）可以看出，光强的变化只与克尔旋转角 θ_k 有关，而与 ε_k 无关，说明在图 6.11-5 光路中探测到的克尔信号只是克尔旋转角。

在超高真空原位测量中，激光在入射到样品之前，和经样品反射之后都需要经过一个视窗。但是视窗的存在产生了双折射，这样就增加了测量系统的本底，降低了测量灵敏度。为了消除视窗的影响，降低本底和提高探测灵敏度，需要在检偏器之前加一个 1/4 波片。仍然假设入射光为 p 偏振，1/4 波片的主轴平行于入射面，如图 6.11-7 所示。此时在一阶近似下有 $E_s/E_p = -\varepsilon_k + i\theta_k$，通过检偏棱镜的光强为

$$I = |E_p \sin\delta + E_s \cos\delta|^2 = |E_p|^2 |\sin\delta - \varepsilon_k \cos\delta + i\theta_k \cos\delta|^2$$

因为 δ 很小，所以可以取 $\sin\delta = \delta$，$\cos\delta = 1$，得到

$$I = |E_p|^2 |\delta - \varepsilon_k + i\theta_k|^2 = |E_p|^2 (\delta^2 - 2\delta\varepsilon_k + \varepsilon_k^2 + \theta_k^2)$$

因为角度 δ 取值较小，并且 $I_0 = |E_p|^2 \delta^2$，所以

$$I \approx |E_p|^2 (\delta^2 - 2\delta\varepsilon_k) = I_0 (1 - 2\varepsilon_k / \delta) \tag{6.11-9}$$

在饱和情况下 $\Delta\varepsilon_k$ 为

$$\Delta\varepsilon_k = \frac{\delta}{4} \frac{I(-M_S) - I(+M_S)}{I_0} = -\frac{\delta}{4} \frac{\Delta I}{I_0} \tag{6.11-10}$$

此时光强变化对克尔椭偏率敏感而对克尔旋转角不敏感。因此，如果要想在大气中探测磁性薄膜的克尔椭偏率，则需要在图 6.11-5 的光路中检偏棱镜和光阑之间插入一个 1/4 波片。

本实验系统由一台计算机实现自动控制。根据设置的参数，计算机经 D/A 卡控制磁场电源和继电器进行磁场扫描。光强变化的数据由 A/D 卡采集，经运算后作图显示，从屏幕上直接看到磁滞回线的扫描过程，如图 6.11-7 所示。

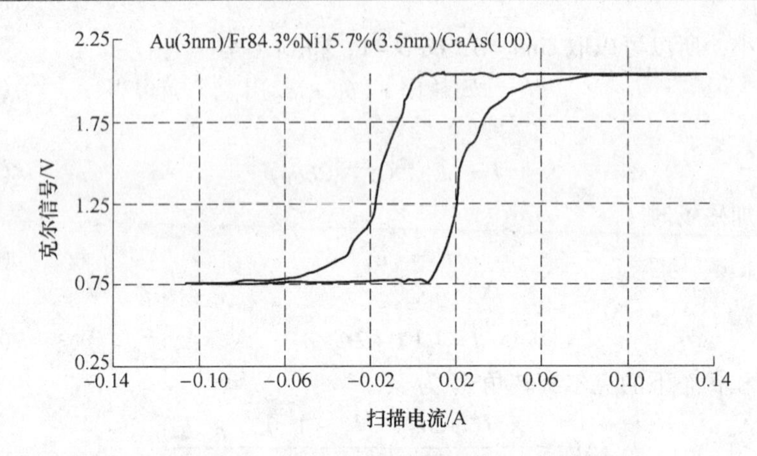

图6.11-7　表面磁光克尔效应实验扫描图样

【实验仪器】

如图6.11-8所示，表面磁光克尔效应实验系统主要由电磁铁系统、光路系统、主机控制系统、光学实验平台及电脑组成。

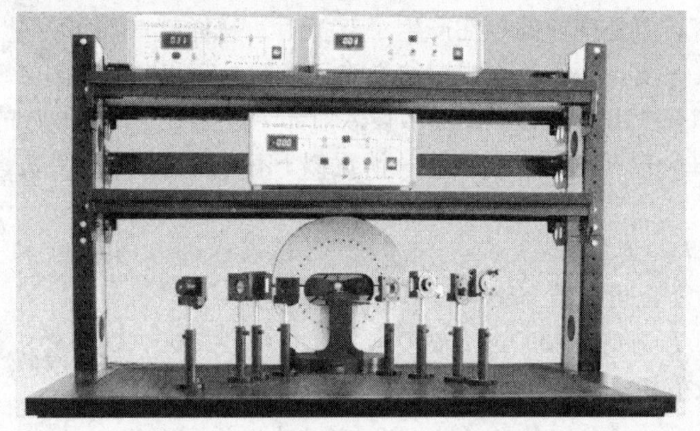

图6.11-8　表面磁光克尔效应实验系统

1. 电磁铁系统

电磁铁系统主要由电磁铁、转台、支架、样品固定座组成。其中电磁铁由支架支撑并竖直放置在转台上，转台可以每隔90°转动定位，同时支架中间的样品固定座也可以90°定位转动，这样可以在极向克尔效应和纵向克尔效应之间转换测量。

2. 光路系统

光路系统主要由半导体激光器、可调光阑（两个）、格兰-汤普逊棱镜（两个）、会聚透镜、光电接收器、1/4波片组成。

半导体激光器输出波长650nm，其头部装有调焦透镜，实验时应该调节透镜，使激光光斑打在实验样品上的光点直径最小。

可调光阑采用转盘形式，上面有10个直径不同的孔。在光电接收器前同样装有可调光阑，这样可以减小杂散光对实验的影响。

格兰-汤普逊棱镜转盘刻度分辨率1°，配螺旋测微头，测微头量程10mm，测微分辨率0.01mm，转盘将角位移转换为线位移，实验前需对其定标。

光电接收器为硅光电池，前面装有可调光阑，后面通过连接线与主机相连。

1/4波片光轴方向在外壳上标注，外转盘可以360°转动，角度测量分辨率为1°。

3. 主机控制系统

主机控制系统主要由前置放大器部分、克尔信号部分和扫描电源部分组成。

前置放大器部分由光功率计、特斯拉计、光信号和磁信号前置放大器、激光器电源组成，其前面板如图6.11-9所示。面板中左边方框为光功率计和特斯拉计，可切换使用。光功率计分为2μW、20μW、200μW、2000μW四档切换，表头采用三位半数字电压表。光功率计用来测量激光器输出光功率大小，以及通过布儒斯特定律来确定格兰-汤普逊棱镜的起偏方向。特斯拉计单位为mT。中间两个增益调节方框通过四档切换分别调节光路信号和磁路信号的放大倍数，当左边标“1”倍放大的琴键开关按下去时为自动档，即通过电脑自动扫描，磁路信号中也相同。

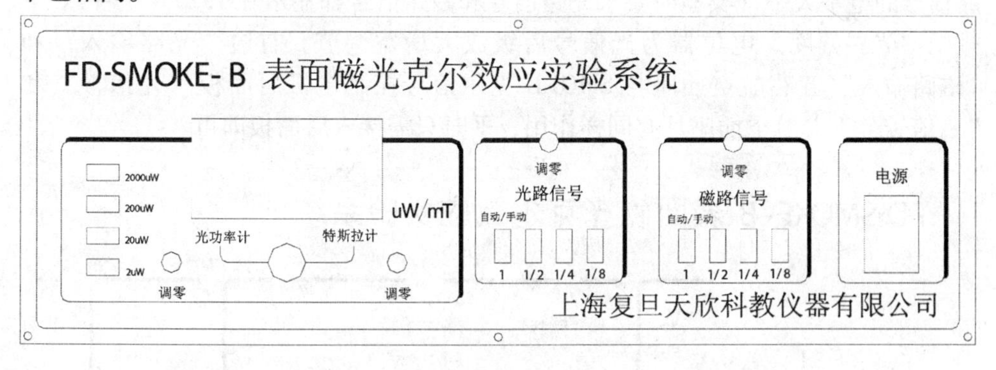

图6.11-9　SMOKE前置放大器前面板示意图

SMOKE前置放大器的后面板如图6.11-10所示。最左边方框为电源插座，上部“磁路输入”将放置在磁场中的霍尔传感器输出的信号按照对应颜色接入SMOKE前置放大器控制主机中，同样，“光路输入”将光电接收器中输出的光信号接入SMOKE前置放大器控制主机进行前置放大。下部“磁路输出”和“光路输出”分别用五芯航空线接入SMOKE克尔信号控制主机后面板中的“磁信号”和“光信号”。探测器输入通过另外一根音频线可以将探测器检测的光信号送入光功率计中显示。（注意：这时主要用来检测光信号，属于手动调节，如果需要电脑采集时，必须将探测器信号送入“光路输入”。）“DC3V 输出”用作激光器电源。

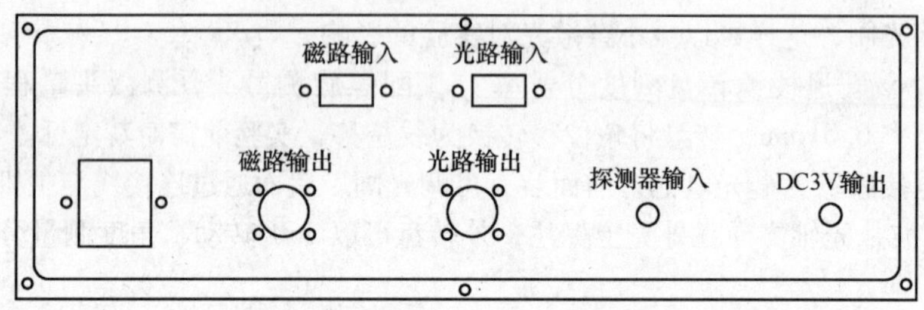

图 6.11-10　SMOKE 前置放大器后面板示意图

克尔信号控制主机主要将经过前置放大的光信号和磁路信号进行放大处理并显示出来，另外内有采集卡通过串行口将扫描信号与计算机进行通信。SMOKE 克尔信号控制主机前面板如图 6.11-11 所示。面板中，左边方框内三位半表显示克尔信号（切换时可以显示磁路信号），单位为 V。实验中应该调节放大增益使初始信号显示约 1.25V（具体原因见调节步骤）。中间方框上面一排，通过中间“光路—磁路”两波段开关可以在左边表中切换显示光路信号和磁路信号，同时对应左右两边“光路电平”和“磁路电平”电位器可以调节初始光路信号和磁路信号的电平大小（实验时要求光路信号和磁路信号都显示在 1.25V 左右）。下排中“光路幅度”电位器为光信号后级放大增益调节。右边“光路输入”和“磁路输入”五芯航空插座与 SMOKE 克尔信号控制主机后面板“光信号”和“磁信号”五芯航空插座具有同样作用，平时只需接入后面板即可。

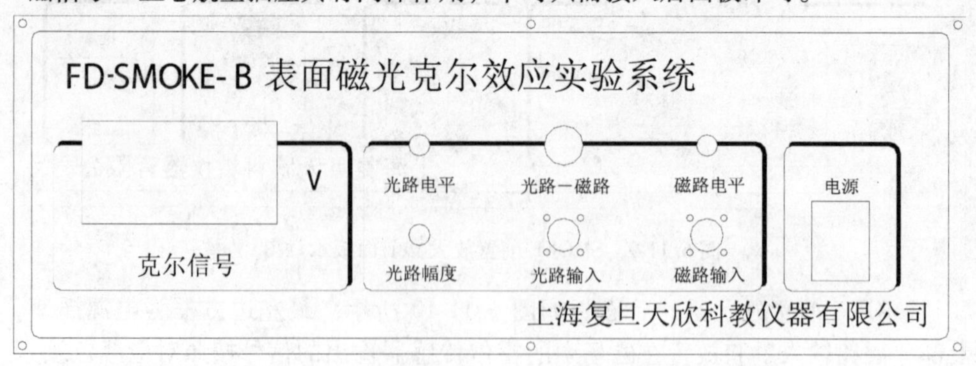

图 6.11-11　SMOKE 克尔信号控制主机前面板示意图

SMOKE 克尔信号控制主机后面板如图 6.11-12 所示。面板中，左边为 220V 电源插座，“光信号”和“磁信号”五芯航空插座与 SMOKE 前置放大器后面板

“光路输出”和“磁路输出”分别用五芯航空线相连。“控制输出”和“换向输出”分别用五芯航空线与SMOKE磁铁电源主机后面板“控制输入”和“换向输入”相连。“串口输出”通过九芯串口线与电脑相连。

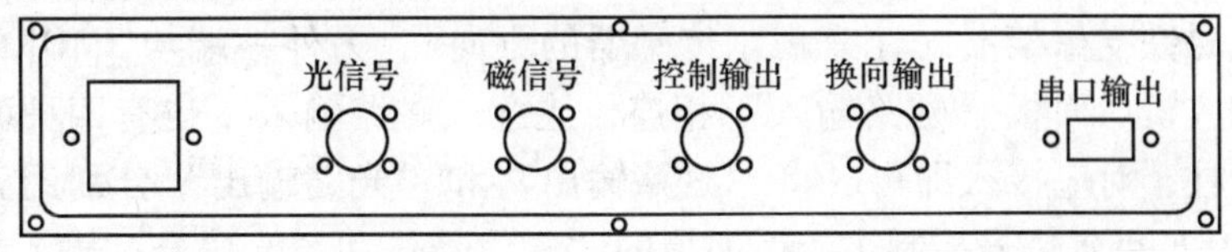

图 6. 11-12 SMOKE 克尔信号控制主机后面板示意图

磁铁电源控制主机主要提供电磁铁的扫描电源，其前面板如图 6. 11-13 所示。面板中，左边方框表头显示磁场扫描电流，单位为 A，右边方框内上排“电流调节”电位器可以调节磁铁扫描最大电流，“手动—自动”两波段开关可以左右切换选择手动扫描和电脑自动扫描。“磁场换向”开关选择初始扫描时磁场的方向。“输出 +”和“输出 -”接线柱与后面板“电流输出”两个红黑接线柱具有同等作用，实验中只接后面板的即可。

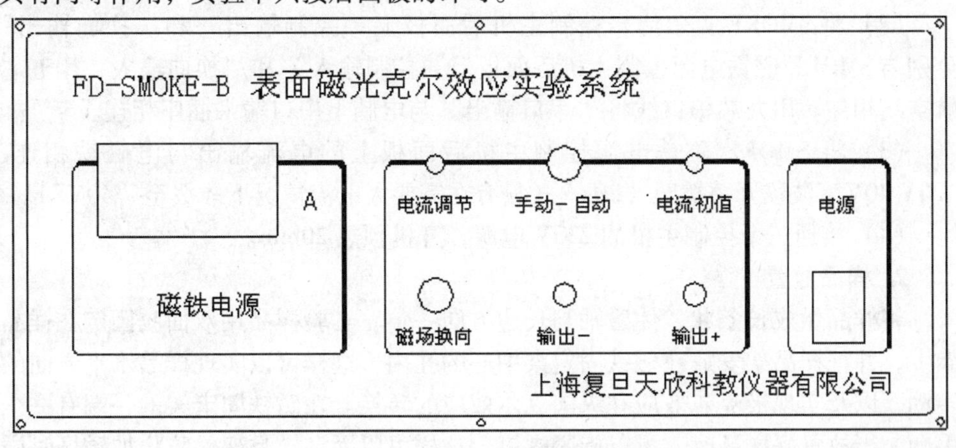

图 6. 11-13 SMOKE 磁铁电源控制主机前面板示意图

SMOKE 磁铁电源控制主机的后面板如图 6. 11-14 所示。面板中，最左边为 220V 交流电源插座，“电流输出”接线柱与电磁铁相连。“控制输入”和“换向输入”通过五芯航空线与SMOKE克尔信号控制主机后面板“控制输出”和“换向输出”分别相连。“20V 40V”两波段开关为扫描电压上限，拨至“20V”时，磁铁电源最大扫描电压为 20V，此时最大扫描电流为 8A；拨至“40V”时，磁铁电源最大扫描电压为 40V，此时最大扫描电流为 12A。

【实验操作】

1. 仪器连接

（1）将 SMOKE 前置放大器控制主机前面板上激光器“DC3V 输出”通过音

频线与半导体激光器相连，将光电接收器与 SMOKE 前置放大器控制主机后面板的“光路输入”相连，注意连接线一端为三通道音频插头接光电接收器，另外一端为绿、黄、黑三色标志插头与对应颜色的插座相连。将霍尔传感器探头一端固定在电磁铁支撑架上（注意霍尔传感器的方向），另外一端与 SMOKE 前置放大器控制主机后面板“磁路输入”相连，注意“磁路输入”也有四种颜色区分不同接线柱，对应接入即可。将“磁路输出”和“光路输出”分别用五芯航空线与 SMOKE 克尔信号控制主机后面板的“磁信号”和“光信号”输入端相连。

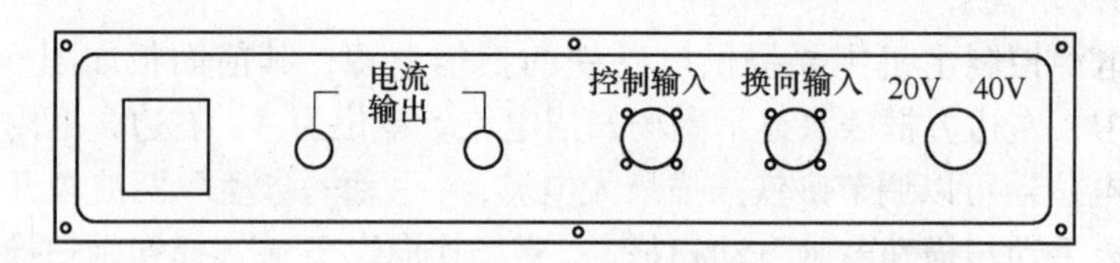

图 6.11-14　SMOKE 磁铁电源控制主机后面板示意图

（2）将 SMOKE 克尔信号控制主机后面板上“控制输出”和“换向输出”分别与 SMOKE 磁铁电源控制主机后面板上“控制输入”和“换向输入”用五芯航空线相连。用九芯串口线将“串口输出”与电脑上串口输入插座相连。

（3）将 SMOKE 磁铁电源控制主机后面板上的电流输出与电磁铁相连，“20V 40V”波段开关拨至“20V”（只有在需要大电流情况下才拨至“40V”）。

（4）接通三个控制主机的 220V 电源，开机预热 20min。

2. 样品放置

将样品做成长条状，使磁轴与长边方向一致。实验样品用双面胶固定在样品架上，并把样品架安放在磁铁固定架中心的孔内。这样可以实现样品水平方向的转动，以及实现极克尔效应和纵向克尔效应的转换。在磁铁固定架的一端有一个手柄，当放置好样品时，可以旋紧螺钉。这样可以固定样品架，防止加磁场时样品位置有轻微的变化，影响克尔信号的检测。

3. 光路调整

（1）在入射光光路中，依次放置激光器、可调光阑、起偏棱镜（格兰-汤普逊棱镜），调节激光器前端的小镜头，使打在样品上的激光光斑越小越好，并调节起偏棱镜使其起偏方向与水平方向一致（仪器起偏棱镜方向出厂前已经校准，参考上面标注角度），这样能使入射线偏振光为 p 光。另外通过旋转可调光阑的转盘，使入射激光光斑直径最小。

（2）在反射接收光路中，依次放置可调光阑、检偏棱镜、双凸透镜和光电检测装置。因为样品表面平整度的影响，所以反射光光束发散角已经远远大于入射光束，调节小孔光阑，使反射光能够顺利进入检偏棱镜。在检偏棱镜后，放置一个长焦距双凸透镜，该透镜作用是使检偏棱镜出来的光汇聚，以利于后面光电转换装置测量到较强的信号。光电转换装置前部是一个可调光阑，光阑后装有一个波长为650nm的干涉滤色片。这样可以减小外界杂散光的影响，从而提高检测灵敏度。滤色片后有硅光电池，将光信号转换成电信号并通过屏蔽线送入控制主机中。

（3）起偏棱镜和检偏棱镜同为格兰-汤普逊棱镜，机械调节结构也相同。它由角度粗调结构和螺旋测角结构组成，并且两种结构合理结合，通过转动外转盘，可以粗调棱镜偏振方向，分辨率为1°，并且外转盘可以360°转动。当需要微调时，可以转动转盘侧面的螺旋测微头，这时整个转盘带动棱镜转动，实现由测微头的线位移转变为棱镜转动的角位移。因为测微头精度为0.01mm，这样通过外转盘的定标，就可以实现角度的精密测量。通过检测，这种角度测量精度可以达到1.9′左右，因为每个转盘有加工误差，所以具体转动测量精度需通过定标测量得到。

（4）实验时，通过调节起偏棱镜使入射光为p光，即偏振面平行于入射面。接着设置检偏棱镜，首先粗调转盘，使反射光与入射光正交，这时光电检测信号最小（在信号检测主机上电压表可以读出），然后转动螺旋测微头，设置检偏棱镜偏离消光位置1°~2°（具体解释见原理部分）。然后调节信号SMOKE前置放大器控制主机上的光路增益调节电位器和SMOKE克尔信号控制主机上“光路电平”以及“光路幅度”电位器，使输出信号幅度在1.25V左右。

（5）调节SMOKE前置放大器控制主机上的磁路增益调节电位器和SMOKE克尔信号控制主机上“磁路电平”电位器，使磁路信号大小为1.25V左右。这样采集卡的采集信号范围是0~2.5V，光路信号和磁路信号都调节在1.25V左右，计算机显示的信号曲线正好处于软件系统的中间位置。

【实验内容】

1. 设备调整

将励磁电源控制主机上的“手动—自动”转换开关指向“手动”档。调节“电流调节”，选择合适的最大扫描电流（当调到某个电流值时，克尔信号电压会有变化），一般在0.75V左右。因为每种样品的矫顽力不同，所以最大扫描电流也不同，实验时可以首先大致选择，观察扫描波形，然后再细调。通过观察励磁电源主机上的电流指示，选择好合适的最大扫描电流，然后将转换开关调至“自动”档。

2. 磁滞回线的测量

打开“表面磁光克尔效应实验软件”，此时磁路信号应在0~2.5V内，否则应减小电流，增减范围视实际情况而定。在保证通信正常的情况下，将“扫描周期”时间设置为20ms，“扫描次数”次数设为2次，进行磁滞回线的自动扫描。也可以将励磁电源主机上的“手动—自动”转换开关指向手动档，进行手动测量，然后描点作图。采集图形的两次重复性要好，采集过程中光路信号不能有跳变。

*3. 克尔椭偏率的测量

按图6.11-7，在检偏棱镜前放置1/4波片，并调节1/4波片的主轴平行于入射面，调整好光路后进行自动扫描或者手动测量，检测出克尔椭偏率随磁场变化的曲线。

注：样品表面的平整及光洁度也会影响实验信号。无法采集正常的信号时，应更换样品。

【思考题】

1. 何为磁性？磁性材料分成哪些类别？磁性的产生机理是什么？

2. 磁滞现象产生的原因是什么？

3. 如何判断正负磁光克尔效应？

4. 说明本实验系统中起偏棱镜、检偏棱镜和1/4波片的作用是什么。

5. 如何根据实验结果判断磁性的有无及强弱。

注意事项

1. 调整光路时应小心，切勿直接照射到眼睛。

2. 激光应照射在各光学元器件的中央部位，以减小误差。

3. 勿直接碰触样品的表面，以免污染样品，加速其氧化，致使磁滞现象消失，影响实验结果。

4. 放置样品时，样品不要触碰到电磁铁。

实验6.12 太阳能光伏电池实验

【简介】

太阳能以其清洁、无害、长久等优点成为人类可持续发展不得不考虑的能源方式，越来越多的国家开始实施“阳光计划”，开发太阳能资源，寻求经济发展的新动力。太阳能光伏电池（简称太阳电池）是一种将太阳的光能转化为电能的装置，太阳电池已是绿色科技的产业新星。

从结构上讲，常见的太阳能电池是一种浅结深、大面积的PN结。太阳能电池之所以能够完成光电转换过程，核心物理效应是光生伏特效应。光照会使PN结势垒高度降低甚至消失，这个作用完全等价于在PN结两端施加正向电压，这种情况下的PN结就是一个光电池。将多个太阳能电池通过一定的方式进行串并联，并封装好就形成了能防风雨的太阳能电池组件。本实验将以单晶硅、多晶硅、非晶硅太阳能电池为例，从太阳能电池的工作原理、基本特性表征和测试方法三方面理解太阳能电池。

【实验目的】

1. 了解PN结的基本结构与原理，掌握PN结的*I-V*特性。

2. 掌握太阳能电池组件的基本结构，理解其工作原理。

3. 掌握太阳能电池基本特性参数的测试原理与测试方法，理解光强、温度和光源光谱分布等因素对太阳能电池输出特性的影响。

4. 通过分析太阳能电池基本特性参数测试数据，进一步熟悉实验数据分析与处理的方法。

【实验仪器】

测试主机、氙灯电源、氙灯光源、滤光片组、电池片、光强探测器和实验数据显示部分（计算机）。

【预习提示】

1. P型半导体和N型半导体的特点?

2. 为什么PN结具有单向导电性?

3. 太阳能电池的开路电压、短路电流与哪些因素有关?

【实验原理】

P型半导体和N型半导体结合后，电子从费米能级高的地方向费米能级低的地方流动，空穴则相反。为了维持统一的费米能级，N区内电子向P区扩散，P区内空穴向N区扩散。载流子的定向运动导致原来的电中性条件被破坏，P区积累了不可移动的带负电的电离受主，N区积累了不可移动的带正电的电离施主。载流子扩散运动导致在界面附近区域形成空间电荷区和相应的由N区指向P区的内建电场$\boldsymbol{E}_{\mathrm{i}}$（见图6.12-1）。显然，两者费米能级的不统一是导致电子空穴扩散的原因，电子空穴扩散又导致出现空间电荷区和内建电场。内建电场具有阻止扩散运动进一步发生的作用，处于热平衡的PN结空间电荷区没有载流子，也没有载流子的产生与复合作用。

当有光入射到PN结时，只要PN结结深比较浅，入射光子会透过PN结区域甚至能深入半导体内部。如果入射光子能量满足关系$h\nu \geqslant E_g$（E_g为半导体材料的禁带宽度），那么这些光子会被材料吸收，在PN结中产生电子-空穴对。在光照射下均匀半导体中也会产生电子-空穴对，但它们很快又会通过各种复合机制复合，并且将能量转换成光子或声子（热），因此电子与空穴的生命期甚短。但是，在PN结中情况有所不同，在内建电场的驱动下P区光生少子电子向N区运动，N区光生少子空穴向P区运动，如果构

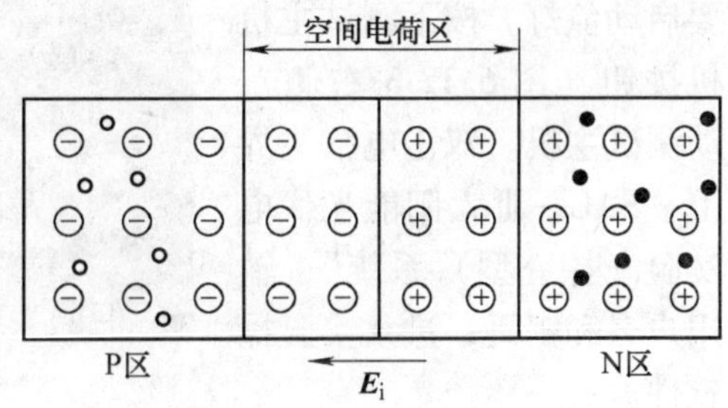

图6.12-1 PN结的示意图

成回路就会产生电流，方向都是由 N 区指向 P 区，与内建电场方向一致，这种电流叫作光生电流。另外，光生少子的定向运动与扩散运动方向相反，减弱了扩散运动的强度，PN 结势垒高度降低，甚至会完全消失。宏观的效果是在 PN 结光照面和暗面之间产生电动势，也就是光生电动势，这个效应称为光生伏特效应。

光照使得 PN 结势垒高度降低甚至消失，这个作用完全等价于在 PN 结两端施加正向电压。这种情况下的 PN 结就是一个光电池。将多个太阳能电池通过一定的方式进行串并联，并封装好就形成了能防风雨的太阳能电池组件（见图 6.12-2）。

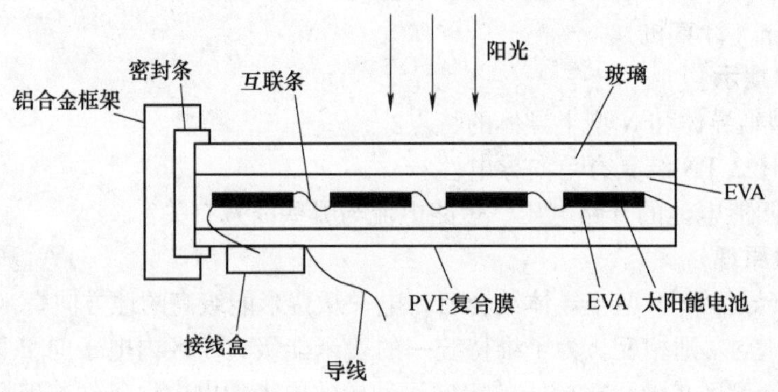

图 6.12-2　太阳能电池组件结构示意图

【实验内容与测量】

实验开始时，首先打开氙灯电源（图 6.12-3 左侧），氙灯启动过程中，光强档位必须放置在第 6 档才能正常启动，氙灯点亮后约 30min 稳定后再使用。太阳能电池的暗特性测量实验，不需要启动氙灯。按下测试主机开机按钮（图 6.12-3 右侧），启动测试主机。双击电脑主界面上“SAC—Ⅲ太阳能光伏电池实验（探究型）系统”，输入用户名和密码，进入实验操作软件。

图 6.12-3　测试整机图

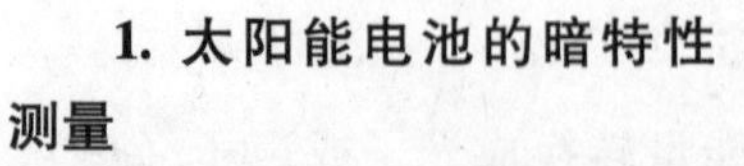

1. 太阳能电池的暗特性测量

暗伏安特性是指无光照时，流经太阳能电池的电流与外加电压之间的关系。实验在避光条件下进行，分别测量单晶硅、多晶硅和非晶硅三种电池片在同一温度的暗伏安特性。下面以单晶硅35℃下的正向伏安特性为例介绍实验。

（1）在实验设置界面进行如下设置：“测量类型”选择“暗特性”；“暗特性方向”选择“正向”；实验温度设置为“自定义”，在“温度”下拉菜单选为35℃；选取根据实验样件命名“测量取名”和“测量子名”；测量参数设置项参照表6.12-1。然后，点击“开始实验”按钮进入实验测量界面。

表6.12-1 测量参数设置表（暗特性正向）

<table>
<tr><th>样件类型</th><th>参数类型</th><th>设定值</th><th>参数类型</th><th>设定值</th><th>参数类型</th><th>设定值</th><th>参数类型</th><th>设定值</th></tr>
<tr><td>单晶硅</td><td rowspan="3">最小电压值/V</td><td>≥0</td><td rowspan="3">最大电压值/V</td><td>≤4.00</td><td rowspan="3">最大电流值/mA</td><td>≤300</td><td rowspan="3">采样点个数</td><td>1~60</td></tr>
<tr><td>多晶硅</td><td>≥0</td><td>≤4.00</td><td>≤300</td><td>1~60</td></tr>
<tr><td>非晶硅</td><td>≥0</td><td>≤4.00</td><td>≤300</td><td>1~60</td></tr>
</table>

（2）将单晶硅电池片放入温控箱内，温控箱前方的镜筒加上遮光罩，待温度达到预设值5min后，点击实验测量界面上的“开始测量”，测量完成后，点击“返回”，返回到实验测量界面。

（3）点击“存储返回”完成本次实验。

（4）单晶硅的反向伏安特性测量操作按照上述步骤进行，不同之处为“暗特性方向”选择“反向”，测量参数设置项参照表6.12-2。

表6.12-2 测量参数设置表（暗特性反向）

<table>
<tr><th>样件类型</th><th>参数类型</th><th>设定值</th><th>参数类型</th><th>设定值</th><th>参数类型</th><th>设定值</th><th>参数类型</th><th>设定值</th></tr>
<tr><td>单晶硅</td><td rowspan="3">最小电压值/V</td><td>≥0</td><td rowspan="3">最大电压值/V</td><td>≤4.00</td><td rowspan="3">最大电流值/mA</td><td>≤50</td><td rowspan="3">采样点个数</td><td>1~60</td></tr>
<tr><td>多晶硅</td><td>≥0</td><td>≤4.00</td><td>≤50</td><td>1~60</td></tr>
<tr><td>非晶硅</td><td>≥0</td><td>≤4.00</td><td>≤50</td><td>1~60</td></tr>
</table>

（5）将单晶硅暗特性在正向和反向两种情况下获得的实验数据合成一条曲线。在主操作界面选择“测量内容及其参数设置”，点击“复制增加”→将实验序号分别拖入指定框内→对将要合成的曲线取名→选择“组成曲线方式”。再点击“存储”，软件提示“数据存储完毕”，同时在左边的列表内生成新合成的曲线。选中刚合成的曲线，将在“测量结果及数据”栏显示一条完整的单晶硅在35℃时的暗特性曲线。

将待测样件分别换为多晶硅和非晶硅电池片，重复步骤（2）~（5），可以测量多晶硅和非晶硅电池片的暗特性曲线，分析三种太阳能电池片的暗特性曲线。另外，可以按照上述步骤操作，只改变温度，研究温度对太阳能电池片暗特性曲线的影响。

2. 太阳能电池的温度特性实验

太阳能电池的温度特性是指单晶硅（多晶硅或非晶硅）太阳能电池片在不

同温度下的输出伏安特性，并由此总结其开路电压、短路电流和最大输出功率随温度的变化规律。下面以单晶硅为例介绍实验。

（1）启动氙灯光源，先预热30min，取掉遮光盖。

（2）在实验设置界面进行如下设置："测量类型" 选择 "光照特性"；"实验类型" 选择 "参数测量"；光谱波长默认为 "全光谱"；光强档位选择05档；温度可变，根据需要定义温度（本次实验以35℃为例），最大电压4V，最大电流不限，点击 "开始实验" 按钮进入实验测量界面。

（3）在实验操作过程界面，点击 "开始更换" 按钮，将光强探测器放入温控箱内，单击 "更换成功"，单击 "光强档位已被置于05档"，光强测量方法选择 "重新进行测试"。单击 "开始测量光强"，20s过后，弹出 "光探头短路电流或光强测量成功" 提示窗口，点击 "确定"，取出光强探测器。注意：在这部分内容中只需要测量这一次光强，其他温度下的实验光强测量方法选择 "直接使用原测出光强" 即可。

（4）放入单晶硅电池片，待达到设定的目标温度过后稳定几分钟，点击 "开始实验" 进行测量，测量完成后弹出 "本次测量已经执行完毕" 提示窗口。

（5）点击 "确定"，单击 "返回" 回到设置界面，点击 "光伏电池光谱特性的计算" 获得光照特性参数，单击 "存储返回" 完成本次实验的数据存储。

（6）将温度分别设置为25℃、15℃、5℃、-5℃，重复以上实验步骤，测量不同温度下单晶硅电池片的输出特性，并记录数据。

（7）类似于太阳能电池的暗特性曲线合成步骤（5）的操作，可以合成单晶硅开路电压与温度的关系曲线、短路电流与温度的关系曲线和最大输出功率与温度的关系曲线。

将单晶硅太阳能电池换成多晶硅或非晶硅电池，重复（1）~（7）的步骤，可以研究多晶硅或非晶硅太阳能电池的温度特性，本实验还可以研究太阳能电池在不同温度条件下的转换效率和填充因子。

3. 太阳能电池的光强特性实验

太阳能电池的光强特性是指在不同光强下测量太阳能电池的输出特性，从而得到太阳能电池的开路电压、短路电路和最大输出功率与光强的变化关系。

（1）在实验设置界面进行如下设置："测量类型" 选择 "光照特性"；"实验类型" 选择 "参数测量"；光谱波长默认为 "全光谱"；光强档位可变；温度25℃，最大电压4V，最大电流不限。

（2）达到目标温度后，测量这个档位的光强，然后点击 "开始测量" 进行实验，点击 "返回" 保存实验数据。

（3）改变档位，测量每个档位下的光强和输出特性。

（4）合成单晶硅开路电压与光强的关系曲线、短路电流与光强的关系曲线和最大输出功率与光强的关系曲线图。

将单晶硅太阳能电池换成多晶硅或非晶硅电池，重复上述步骤，可以研究多晶硅或非晶硅太阳能电池的光强特性。

4. 太阳能电池光谱灵敏度实验

太阳能电池的光谱灵敏度实验的主要内容是测量太阳能电池片在不同波长入射光下的短路电流，从而比较出电池片对这些波长的灵敏度。

（1）在实验设置界面：“测量类型”选择“光照特性”；“实验类型”选择“光谱特性测量”；光谱波长选择“395nm”；温度控制在25℃；“光源功率档位选择”设置为“05档”，点击“开始实验”。

（2）将标395nm滤光镜加在温控箱前端，先测量光强探测器的短路电流。

（3）光探头的短路电流测量成功后，取出光探头，将单晶硅电池片放入温控箱，点击“开始测量”，出现“开路电压和短路电流均测量并记录完毕”后，点击“确定”返回，再点击“存储返回”。

（4）按上述实验操作步骤依次完成加载490nm、570nm、665nm、760nm、865nm、950nm、1035nm滤光片的实验测试，并分别存储实验数据。

（5）合成相对光谱灵敏度曲线。

注意事项

1. 氙灯启动时氙灯光强选择旋钮必须放到第6档，否则可能无法点亮氙灯。
2. 机箱表面温度较高，请勿触摸，以免烫伤。
3. 氙灯工作时请勿直视，避免伤害眼睛。
4. 请勿遮挡机箱风扇进出风口，否则可能造成仪器损坏。
5. 温控开启后，若发现制冷腔散热器风扇未转应按下紧急开关按钮，待修。
6. 太阳能电池板组件为易损部件，应避免挤压和跌落。
7. 光学镜头要注意防尘，注意不要刮伤表面。使用完毕后，应包装好置于镜头盒内。滤光片在强光下连续工作应小于30min，否则将损坏滤光片。
8. 关机时，若按下关机按钮15s内氙灯未熄灭，说明仪器出现故障，应按下紧急开关按钮。

实验6.13 液晶盒的制备及电光特性的测量

【简介】

人生活于社会，每时每刻都在从外部获得信息，其中视觉信息约占80%。以液晶显示器为代表的平板显示技术作为人机联系和信息展示的窗口，从最初在计算器和手表上的简单应用，到现在办公上网离不开的台式机和笔记本电脑、娱乐通信离不开的手机、电视及平板电脑，液晶显示器的重要性不言而喻。它的结构越来越复杂，性能越来越优异，但基本的结构及制造的工艺流程变化不大，本实验通过一系列简单的工艺流程完成液晶盒的制备，并进行一些必要的光学测试，从而使学生熟悉并掌握液晶显示器的基本结构、原理、特性及工艺的相关知识。

【实验目的】

1. 了解液晶显示器的基本结构、工作原理及特性。

2. 掌握液晶显示器制备的基本工艺流程，制备一个相对完整的液晶盒。

3. 掌握液晶显示器电光特性的测试方法，完成液晶盒 *V-T* 曲线、视角和响应时间等相关参数的测量。

【实验仪器】

本实验所采用的 ZKY—LCDZBX 液晶器件制备测试系统主要包括以下设备：空气压缩机（ZHP 捷豹）、液晶配向摩擦机（ZKY—LCDZBX—MC）、立式电热恒温箱、液晶基片旋涂机、台式液晶盒光固机、半自动点胶机、USB 透射式偏光显微镜、液晶驱动信号源、液晶电光效应检测仪（ZKY—LCDEO—2）、数字存储示波器（ SDS1302CFL）。

【预习提示】

1. 液晶显示器的基本结构及工作原理是什么?

2. 液晶显示器制作工艺流程有哪些?

3. 液晶配向摩擦机的使用方法及注意事项是什么?

4. 液晶电光效应检测仪的使用方法及注意事项是什么?

5. 在液晶盒的整个实验制作过程中，应随时保证仪器和实验环境的洁净，尽量避免用手接触 ITO 玻璃表面。

【实验原理】

1. 液晶盒的基本结构

液晶盒的基本机构如图 6. 13-1 所示：由两片相聚 5 ~ 9μm 的玻璃基板组成。在这些玻璃基板的内表面上有一层氧化铟锡（ITO）或氧化铟（In_2O_3）透明电极，在两块基板之间填充正或负介电常数的向列相液晶材料，通过对电极表面进

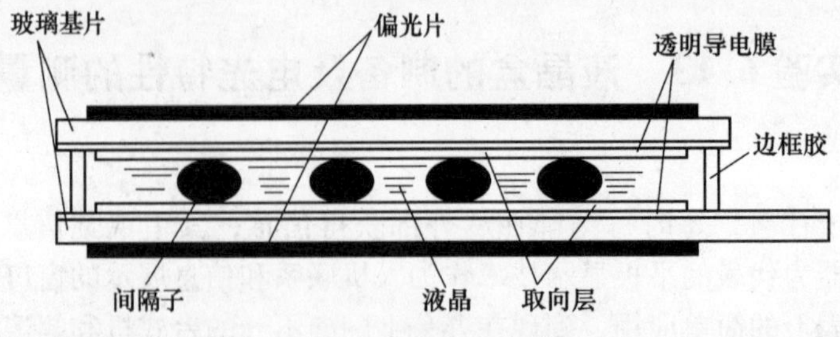

图 6. 13-1　液晶盒的基本结构

行适当处理，使液晶分子的取向呈一定状态。

2. TN型液晶显示器工作原理

原理如图6.13-2所示：在两块玻璃基板之间夹有正性向列相液晶，液晶分子的形状为棒状，棒的长度在几十埃（$1Å=10^{-10}m$），直径为4～6Å，液晶层厚度一般为5～8μm。玻璃基板的内表面涂有透明电极，电极的表面预先做了定向处理（可用软绒布朝一个方向摩擦，也可在电极表面涂取向剂），这样，液晶分子在透明电极表面就会躺在摩擦所形成的微沟槽里；电极表面的液晶分子按一定方向排列，且上下电极上的定向方向相互垂直。上下电极之间的那些液晶分子因范德瓦尔斯力的作用，趋向于平行排列。然而由于上下电极上的液晶分子的定向方向相互垂直，所以从俯视方向看，液晶分子的排列从上电极的沿－45°方向排列逐步地均匀地扭曲到下电极的沿＋45°方向排列，整个过程扭曲了90°。

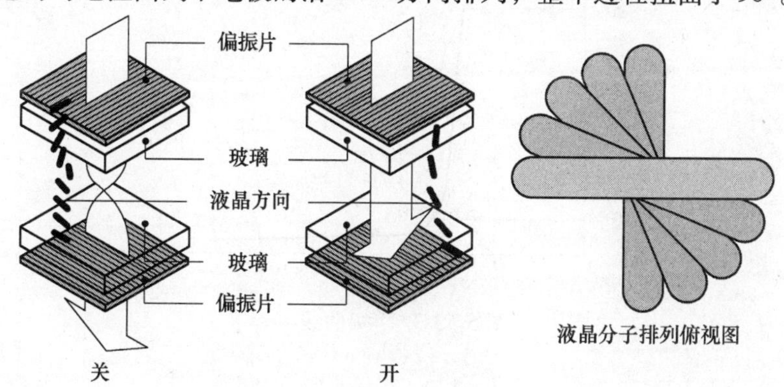

图6.13-2　TN型液晶显示器工作原理图

理论和实验都证明，上述均匀扭曲排列起来的结构具有光波导的性质，即偏振光从上电极表面透过扭曲起来的液晶传播到下电极表面时，偏振方向会旋转90°。

取两张偏振片贴在玻璃的两面，上偏光片的透光轴与上电极的定向方向相同，下偏光片的透光轴与下电极的定向方向相同，于是上下偏振片的透光轴相互正交。

在未加驱动电压的情况下，来自光源的自然光经过上偏振片后只剩下平行于透光轴的线偏振光，该线偏振光到达输出面时，其偏振面旋转了90°，这时光的偏振面刚好与下偏振片的透光轴相互平行，因而有光通过，呈现亮态。

在施加足够电压的情况下（一般为1～5V），在静电场的作用下，除了基片附近的液晶分子被基片锚定以外，其他液晶分子趋向于平行于电场的方向排列，于是原来的扭曲结构被破坏，成了均匀结构，此时从上偏光片透射出来的偏振光的偏振方向在液晶中传播时不再旋转，保持原来的偏振方向到达下电极，这时光的偏振方向与下偏振片正交，因而光被关断，呈现暗态。

由于上述开关在没有电场的情况下让光通过，加上电场的时候光被关断，因此叫作常白模式。如果上下偏光片透光轴相互平行，则构成常黑模式。

3. TN 液晶盒的电光特性

图 6.13-3 为光线垂直液晶面入射时本实验所用液晶相对透射率（以不加电场时的透射率为 100%）与外电压的关系图。对于常白模式液晶，其透射率随外电压的升高而逐渐降低，在一定电压下达到最低点，此后略有变化，可以据此电光特性曲线图得出液晶的阈值电压（透射率为 90% 时的驱动电压）和关断电压（透射率为 10% 时的驱动电压）。

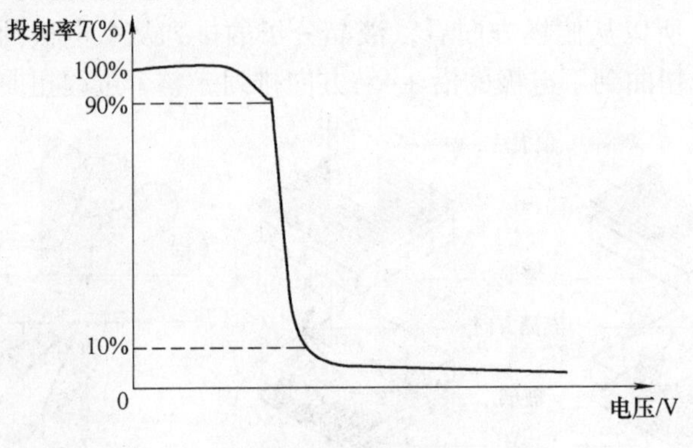

图 6.13-3　*V-T* 曲线

加上（或去掉）驱动电压能使液晶的开关状态发生改变，是因为液晶的分子排序发生了改变，这种重新排序需要一定时间，反应在时间响应曲线上，用上升时间 T_r（透射率由 10% 升到 90% 所需的时间）和下降时间 T_f（透射率由 90% 降到 10% 所需的时间）描述。给液晶开关加上一个如图 6.13-4 所示的周期性变化的电压，就可以得到液晶的响应时间曲线。液晶的响应时间越短，显示动态图像的效果就越好，这是液晶显示器的重要参数指标。

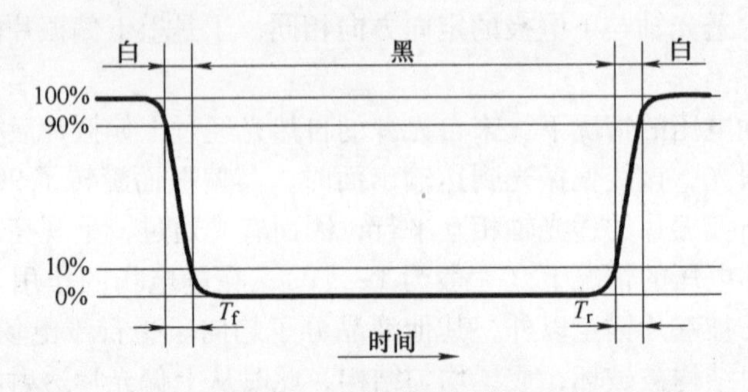

图 6.13-4　响应时间曲线

液晶光开关的视角特性表示对比度与视角的关系。对比度定义为光开关打开和关断时透射光强度之比。对比度大于5时，可以获得满意的图像；对比度小于2时，图像就模糊不清了。图6.13-5表示某种液晶视角特性的理论计算结果，用与原点的距离表示垂直视角（入射光线方向与液晶屏法线方向的夹角）的大小。图中闭合曲线表示不同对比度时的等对比度曲线。液晶分子的棒状结构决定了液晶光开关的某些角度会出现局部灰阶逆转。

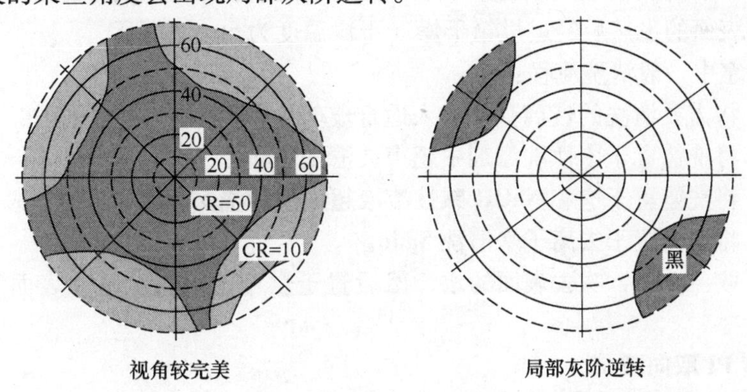

图6.13-5 液晶的视角特性

【实验内容】

液晶盒的基本制作流程（见图6.13-6）如下：

1. 实验前准备

（1）将PI取向剂从冰箱内取出，保证其在使用时能恢复到室温。否则可能会因为取向剂与室温温差过大而导致内部凝结水雾，改变取向剂的浓度，影响镀膜参数。

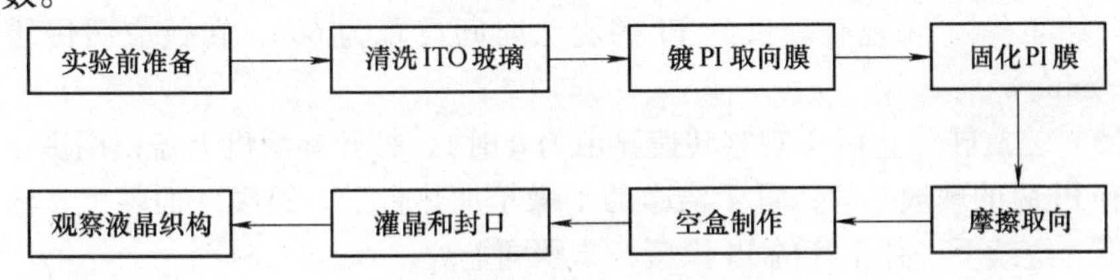

图6.13-6 液晶盒制作的基本流程

（2）将实验中所需要的各种配件准备妥当。

（3）洗手，减小自身灰尘和油污对整个实验制作过程的影响。

（4）仔细阅读仪器操作说明及相关注意事项，以减少实验中的误操作，提高液晶制作质量。

2. 清洗基片

在清洗前先检验ITO玻璃原材料的方块电阻等指标是否满足工艺技术的要

求，同时要检测ITO面是否向上（采用万用表的欧姆档来测试玻璃表面是否导通：指针偏转则表面为ITO面）。材料ITO玻璃主要的污染物为：灰尘、油脂等，一定温度的碱液对ITO玻璃有很好的清洗作用，高纯水清洗可去除其上溶于水的杂质及一些灰尘，同时还能够将上道工艺的碱液去除掉；而超声波的清洗作用，在于利用水分子在超声波的作用下发生振动摩擦，使玻璃表面黏附的杂质松动而脱落。水洗后的玻璃要进行干燥处理，方法为强风（最好保证风源洁净）吹去玻璃表面的水然后经过烘箱干燥（干燥温度为60～80℃）。

实验室中一般清洗流程：

（1）将需要清洗的玻璃基片放入适合玻璃片厚度与大小的洗篮中。

（2）将洗篮置于中性洗涤剂中超声波清洗5min。

（3）将洗篮置于饱和NaOH碱性溶液超声波清洗5min。

（4）将洗篮置于去离子水清洗5min。

（5）取出洗篮，吹去表面的水，然后置于烘箱中干燥至基片表面为无水状态。

3. 镀PI取向膜

（a）PI取向剂的旋涂

（1）将确定好ITO面的玻璃基片置于恒温干燥箱内预烘10min，温度在50℃左右。

（2）将恢复到室温的取向剂用滴定管取出少许放到取向剂盛装瓶中（液面距离瓶口约为10mm），用镊子将预烘好的玻璃基片取出，置于取向剂中浸泡。

（3）将浸泡过的玻璃基片ITO面朝上放置于液晶基片旋涂机旋转台中央，调节固定装置将基片固定。

（4）盖上旋涂机上盖，打开旋涂机电源开关，调节旋涂机的工作时间和转数，开始工作。（现有提供的PI的旋涂时间设置为60s，转数应缓慢增加到2500r/min。）

（5）当旋转停止后（观察转速显示为0时），打开旋涂机上盖，用镊子取出已镀有PI膜的玻璃基片，置于洁净的干燥箱加热台上，镀膜一面朝上，注意不要污染。继续下一片基片的PI涂覆，步骤同上。

（6）待所有基片均镀好PI膜后，开始固化。

（b）PI膜固化

（1）检查已镀有PI的基片安放位置是否合适（应将基片面全部置于同一块加热台上，不可太靠近边沿）。

（2）打开干燥箱电源开关，将对应加热台的控制表头加热温度设置为80℃进行预热，预热时间约为30min。

（3）预热结束后，将温度调至200℃进行固化，固化时间约为2h。

（4）固化结束后，关闭对应加热台的加热开关，将烤箱门打开，待加热台温度冷却至接近室温时将基片取出，置于洁净的培养皿中，固化PI完成。

4. 摩擦取向

（1）打开空气压缩机开关，让空压机开始打气加压。

（2）检查液晶配向摩擦机（下称摩擦机）的各个功能开关，要求置于关闭状态，滑台开关置于“前”，转速调节旋钮顺时针旋转到底。

（3）通过升降柄调整摩擦筒与待摩擦基片之间的压距。调节方法为：将小面积孔板置于滑台上，孔板上的其中一条刻度线对齐滑台“0°”（孔板要求必须洁净，且需和滑台完全贴合），并将滑台移动到摩擦筒正下方。然后逆时针缓慢旋转升降柄，同时观察摩擦筒与孔板之间的距离。当摩擦筒上绒布刚好与孔板接触时，停止转动升降柄。而转动升降柄下外部的刻度盘，使刻度盘上的“0”刻度对齐升降柄的刻度线。保持刻度盘位置不变，顺时针转动升降柄一周，即升高摩擦筒1mm，留出玻璃基片的高度。最后再逆时针转动0.2mm（即压距确定为0.2mm，根据实验要求不同，可以要求压距不同）。

（4）调整好摩擦筒与基片之间的压距后，将滑台移动到前。打开气路和电路开关，观察滑台气压表和摩擦筒气压表指针读数。正常工作状态必须是滑台气压大于2kg，摩擦筒气压大于4kg。

（5）用镊子将培养皿中已经固化了PI膜的玻璃基片PI膜朝上正直地放置在孔板正中央（要求基片完全遮住孔板上的小孔）。

（6）打开负压开关，让负压吸住孔板和玻璃基片。

（7）打开摩擦筒开关，调节转速旋钮，使摩擦筒的转速在2000～2500r/min之间。然后将“滑台开关”从“前”扳到“后”，完成PI膜的摩擦取向。此时，必须先关闭摩擦筒开关，然后关闭负压开关，再用镊子将已取向的基片取出，放置到培养皿中，并对此基片的摩擦方向做好标识。最后将滑台从“后”扳到“前”。

（8）重复(5)～(7)步，对下一片基片进行摩擦取向。将所有完成摩擦取向并做好取向标识的基片放好，备用。

特别说明：不同的PI取向剂，由于自身材料和浓度不同，其摩擦的强度不同，这要求根据实际的情况调整好摩擦辊下表面距离基片表面的高度。摩擦强度S与相关参数关系如下：

$$S = NL\left(\frac{\omega r}{v} - 1\right)$$

式中，N为摩擦的次数；L为压距，为辊上的绒毛与基片接触部分的厚度；ω为辊的角速度；r为辊的半径；v为基片移动的速度。

5. 空盒制作

（a）喷洒间隔子

（1）将基片 ITO 面朝上平放于“台式液晶盒光固机”玻璃操作台上制定的位置。

（2）用毛细玻璃管吸囊蘸取极少量间隔子，然后在基片上方轻轻抖动毛细玻璃管，让间隔子尽量均匀地散落在基片表面。

（3）若基片表面有明显的间隔子集中现象，可用毛细管吸囊轻轻地吹散集中的间隔子（不可用嘴吹），直至用肉眼在基片表面看不到聚集的白色颗粒为止。

（b）封液晶盒

（1）将另一片摩擦好的玻璃基片 ITO 一面朝向洒好间隔子的面，按照实验要求确定两块基片摩擦方向的相对位置后，再通过操作台上的定位装置，确定两块基片的相对位置，然后用定位装置上的压片小心地压住两块基片。

（2）打开半自动点胶机的开关，将点胶状态调节到手动状态，调节气压表压力指示到 2kg。

（3）取出点胶筒，取下点胶筒上的针盖，踩动脚动开关，在图 6.13-2 所示的位置点上适量的 UV 光固胶。然后将光固机的上盖合上，打开光固机电源，调节曝光时间为 60s。

（4）将曝光灯开关旋转到“上、下灯”位置，按一下“曝光启动”键，开始将 UV 胶固化。

（5）当固化结束后，翻转液晶盒，在另外一边也涂上 UV 胶，重复 60s 曝光固化。

6. 灌晶和封口

（1）将液晶盒开口的两端中的一端垫起约 1 ~ 2mm 厚，然后从较低的一端滴加液晶。可用毛细玻璃管蘸取适量的液晶滴在较低端。让液晶自然充满整个液晶盒。

（2）用封框胶封严另外两个开口，如图 6.13-7 所示，放在紫外曝光台上曝光，固化封框胶。

7. 液晶织构观察

将制作好的液晶盒置于 USB 透射式显微镜上观测内部织构；分别对比给液晶盒加电和不加电情况下，液晶盒的变化情况。

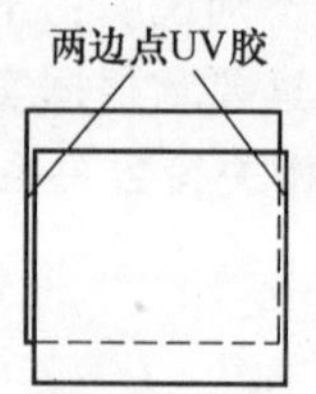

图 6.13-7　液晶盒两边封口示意图

8. 使用液晶电光效应检测仪和示波器测量液晶和特性

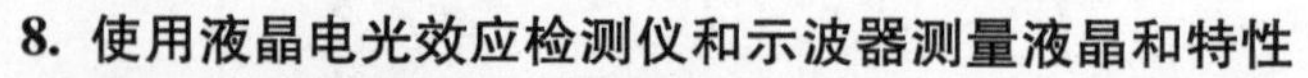

（1）测量液晶盒的 V-T 曲线。

（2）测量液晶盒的视角特性。

（3）测量液晶盒的响应时间。

【思考题】

1. 常白和常黑模式液晶显示器的V-T曲线有什么差别?

2. 影响摩擦效果的因素都有哪些?

参考文献

［1］ 钱惠国. 锁相放大器测定发光二极管光强分布实验研究［J］. 大学物理实验，2007，20（2）：37-40.

［2］ 陈佳圭，金瑾华. 微弱信号检测［M］. 北京：中央广播电视大学出版社，1989.

［3］ 肖洪梅，吴健，陈长庚，等. 微弱激光脉冲信号的相关检测［J］. 光学与光电技术，2004，20（1）：61-63.

［4］ 郭凯敏. 真空镀膜机的原理及维护［J］. 阴山学刊，2007，21（4）.

［5］ 王维，李志杰，等. 大学物理实验［M］. 北京：科学出版社，2008.

［6］ 姜东光，庄娟，李建东. 近代物理实验［M］. 北京：科学出版社，2007.

［7］ 吴平，等. 大学物理实验教程［M］. 北京：机械工业出版社，2005.

［8］ 戴达煌，周克崧，等. 金刚石薄膜沉积制备工艺与应用［M］. 北京：冶金工业出版社，2001.

［9］ 周健，等. 微波等离子体化学气相沉积金刚石膜［M］. 北京：中国建材工业出版社，2002.

［10］ 陈光华，张阳，等. 金刚石薄膜的制备与应用［M］. 北京：化学工业出版社，2004.

［11］ 王季陶，张卫，刘志杰. 金刚石低压气相生长的热力学耦合模型［M］. 北京：科学出版社，1998.

［12］ 方俊鑫，陆栋. 固体物理学：上册［M］. 上海：上海科学技术出版社，1980.

［13］ 褚圣麟. 原子物理学［M］. 北京：高等教育出版社，1979.

［14］ T B 斯皮瓦克. 专门物理实验［M］. 北京：高等教育出版社，1960.

［15］ 曾谨言. 量子力学（卷Ⅰ）［M］. 3版. 北京：科学技术出版社，2000.

［16］ 韩汝琦. 固体物理学［M］. 北京：高教出版社，1988.

［17］ 谢希德，陆栋. 固体能带理论［M］. 2版. 上海：复旦大学出版社，2007.

［18］ 黄建军，廖学军，张哲皇. Boxcar积分器模型参数选择［J］，大学物理实验，1999，12（3）：20-22.

［19］ 阎吉祥，李家泽. 激光诱导荧光寿命及其测量［J］. 光学技术，1997，2：1-3.

［20］ 张哲皇，黄建军，陈静秋. Boxcar积分器模型参数软件在nS荧光测量中的应用［J］. 计测技术，2004，5：24-25.

［21］ 朱伟荣，董国胜，陈艳，金晓峰，钱世雄，陈良尧. 一种测量薄膜磁性的表面磁光克尔效应装置［J］. 真空科学与技术，1997，17（4）：243-246.

［22］ 谭立国，胡用时，李佐宜. 磁性薄膜克尔回转角的测试方法研究［J］. 华中工学院学报，1987，15（3）：25-30.

[23]　Qiu Z Q, Bader S D. Surface magneto-optic Kerr effect (SMOKE) [J]. Journal of Magnetism and Magnetic Materials, 1999, 200 (1-3): 664-678.

[24]　刘公强，刘湘林. 磁光调制和法拉第旋转测量 [J]. 光学学报，1984，4（7）：588-592.

[25]　钱栋梁，陈良尧，郑卫民，张颖君，郑玉祥，周仕明，杨月梅，钱佑华，尚昌和，王荫君. 一种完整测量磁光克尔效应和法拉第效应的方法. [J]. 光学学报，1999，19（4）：474-480.

[26]　ZKY—SAC—Ⅲ + G 太阳能光伏电池实验（探究型）系统实验指导及操作说明书，成都世纪中科仪器有限公司.

附　录

附录 A　光电倍增管

光电倍增管是一种常用的灵敏度很高的光探测器，它由光阴极、电子光学输入系统、倍增系统及阳极组成，并且通过高压电源及一组串联的电阻分压器在阴极-打拿极（又称“倍增极”）-阳极之间建立一个电位分布。光辐射照射到阴极时，由于光电效应，阴极发射电子，把微弱的光输入转换成光电子；这些光电子受到各电极间电场的加速和聚焦，光电子在电子光学输入系统的电场作用下到达第一倍增极，产生二次电子，由于二次发射系数大于 1，电子数得到倍增。以后，电子再经倍增系统逐级倍增，阳极收集倍增后的电子流并输出光电流信号，在负载电阻上以电压信号的形式输出。其工作原理图如附图 A-1 所示。

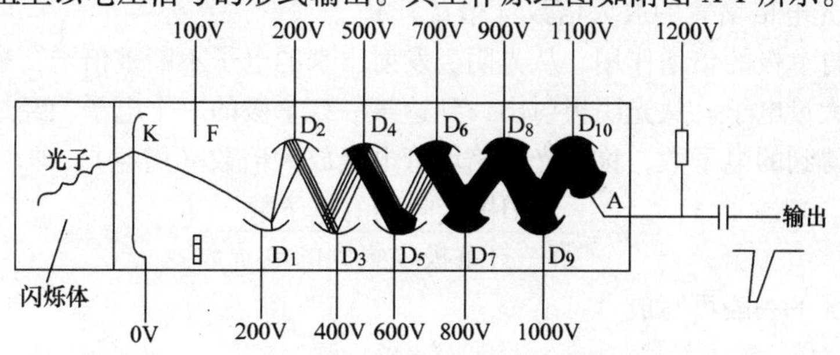

附图 A-1　光电倍增管工作原理图

K—光阴极　F—聚焦极　$D_1 \sim D_{10}$—打拿极　A—阳极

根据打拿极的几何形状和排列方式，光电倍增管分为聚焦型（环状、直线）和非聚焦型（百叶窗式、盒栅式）。本装置采用 GDB44F 型百叶窗式光电倍增管，如附图 A-2 所示其优点为脉冲幅度分辨率较好，适用闪烁能谱测量。

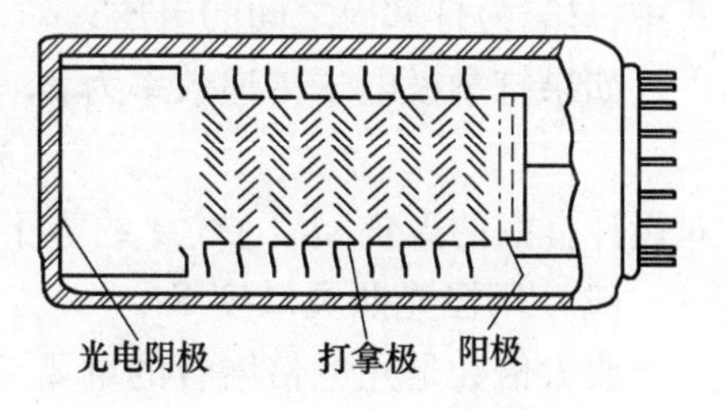

附图 A-2　百叶窗式光电倍增管示意图

它的主要指标应该包括以下几方面：光电转换特性、电子倍增特性、噪声或暗电流、时间特性等；在此主要介绍光电转换特性和电子倍增特性。

1. 光电转换特性——光阴极的光谱响应和灵敏度

光阴极是接收光子并放出光电子的电极，一般是在真空中把阴极材料蒸发在光学窗的内表面上，形成半透明的端窗阴极。光阴极材料的品种有数十种，但最常用的只是五六种，如锑铯化合物等。一般光电倍增管光阴极前的光学窗有两种：硼玻璃窗或石英窗，前者适用于可见光，后者可透过紫外光。光阴极受到光照射后发射光电子的几率是波长的函数，称为光谱响应。在长波端的响应极限主要由光阴极材料的性质决定，而短波端的响应主要受入射窗材料对光的吸收所限制。了解光电倍增管的光谱响应特性有利于正确选择不同管子使之与闪烁体的发射光谱相匹配。

在实际应用中，光电转换特性通常使用另一个宏观定义，即一定通量 F 的白光照射阴极所能获得的光电子流（i_k）称为光阴极光照灵敏度：

$$S_k = \frac{i_k}{F} \tag{A-1}$$

式中，i_k 的单位为 μA；F 为光通量，单位为流明（lm）。

2. 电子倍增特性——光电倍增管的放大倍数及阳极灵敏度

（1）光电倍增管的放大倍数（增益）M

由于打拿极的倍增作用，从光阴极发射出来的电子不断被倍增，最后可在阳极上得到大量电子。从光阴极射出，到达第一打拿极的一个电子，经过多次倍增后在阳极得到的电子数，称为光电倍增管电流放大倍数（增益），即

$$M = \frac{\text{阳极接收到的电子数}}{\text{第一打拿极收集到的电子数}} \tag{A-2}$$

在理想情况下一般可写成

$$M = \delta^n \tag{A-3}$$

式中，δ 是平均二次发射系数；n 为打拿极的级数。二次发射系数 δ 是极间电压的函数，可用经验公式表示为

$$\delta = a\,(U_D)^b \tag{A-4}$$

式中，U_D 为打拿极之间的电压；a、b 为经验常数。

如果打拿极电子传递效率为 g，那么增益 M 比较实际的表达式可写成

$$M = (g\delta)^n \tag{A-5}$$

对设计良好的聚焦型管子，g 约等于1；对非聚焦型管子，$g<1$。

（2）阳极光照灵敏度 S

放大倍数是光电倍增管的重要参数之一，但往往有些技术说明书不直接给出它的数值，而是在给出光阴极光照灵敏度 S_k 的同时，给出光电倍增管的“阳极光照灵敏度” S_a，它们之间的关系是

$$S_a = g_c M S_k = \frac{\text{阳极电流 } i_a}{\text{入射到阴极的光通量 } F} \tag{A-6}$$

式中，S_a 的单位为 A/lm；g_c 为第一打拿极对光电子的收集效率。阳极光照灵敏度的物理意义是：当一个流明的光通量照在光阴极上时，在光电倍增管阳极上输出的电流（阳极电流）i_a 的数值。

当入射光通量 F 增大时，阳极电流 i_a 在相当宽的范围内是线性增大的，但 F 太大时，就出现偏离线性。原因之一是打拿极发射二次电子疲劳，使放大倍数减小；其二是最后几级打拿极和阳极上有空间电荷堆积；也有可能是分压电阻选择不当，使最后几级打拿极以及阳极之间的电压降低，放大系数减小，这一问题可以通过调整分压电阻来解决。

阳极光照灵敏度 S_a 和总电压的关系由式（A-4）～式（A-6）可知：$S_a \propto U^{bn}$，故 $\log S_a \propto \log U$，两个量的对数成线性关系；因而随着电流增加到某一数值会出现非线性，$\log S_a$ 增加变得缓慢；一般说来，加在光电倍增管上的高压在1000V之内线性还是比较理想的。需要指出的是：闪烁探测器的线性问题是由多个因素共同作用的结果，不仅光电倍增管是个重要因素，闪烁晶体本身也存在能量线性问题。因此，在实际应用中，必须考虑多方面的因素，比如各部件的匹配等，而常用的解决方法则是调整光电倍增管的工作参数。

附录 B　空气对 β 粒子的能量吸收系数

（取空气密度 $\rho = 1.290\text{mg/cm}^3$）

β 粒子能量/MeV	$\frac{dE}{\rho dx}$/(MeV · cm²/g)	$\frac{dE}{dx}$/(MeV/cm)
0.1	3.6294	4.682×10^{-3}
0.2	2.4703	3.187×10^{-3}
0.3	2.0871	2.692×10^{-3}
0.4	1.9070	2.460×10^{-3}
0.5	1.8087	2.333×10^{-3}
0.6	1.7510	2.259×10^{-3}
0.7	1.7159	2.214×10^{-3}
0.8	1.6945	2.186×10^{-3}
0.9	1.6819	2.170×10^{-3}
1.0	1.6752	2.161×10^{-3}
2.0	1.7140	2.211×10^{-3}

附录C 常用物理数据

基本物理常数

名称	符号、数值和单位
真空中的光速	$c=299792458\text{m/s}$
电子的电荷	$e=1.60121892\times10^{-19}\text{C}$
普朗克常数	$h=6.626176\times10^{-34}\text{J}\cdot\text{s}$
阿伏加德罗常数	$N_0=6.022045\times10^{23}\text{mol}^{-1}$
原子质量单位	$u=1.6605655\times10^{-27}\text{kg}$
电子的静止质量	$m_e=9.109534\times10^{-31}\text{kg}$
电子的荷质比	$e/m_e=1.7588047\times10^{11}\text{C/kg}$
法拉第常量	$F=9.648456\times10^{4}\text{C/mol}$
氢原子的里德伯常量	$R_H=1.096776\times10^{7}\text{m}^{-1}$
摩尔气体常数	$R=8.31441\text{J/(mol}\cdot\text{K)}$
玻耳兹曼常数	$k=1.380622\times10^{-23}\text{J/K}$
洛施密特常量	$n=2.68719\times10^{25}\text{m}^{-3}$
引力常量	$G=6.6720\times10^{-11}\text{N}\cdot\text{m}^2/\text{kg}^2$
标准大气压	$p_0=101325\text{Pa}$
冰点的热力学温度	$T_0=273.15\text{K}$
声音在空气中的速度(标准状态下)	$v=331.46\text{m/s}$
干燥空气的密度(标准状态下)	$\rho_{空气}=1.293\text{kg/m}^3$
水银的密度(标准状态下)	$\rho_{水银}=13595.04\text{kg/m}^3$
理想气体的摩尔体积(标准状态下)	$V_m=22.41383\times10^{-3}\text{m}^3/\text{mol}$
真空中介电常数(电容率)	$\varepsilon_0=8.854188\times10^{-12}\text{F/m}$
真空中磁导率	$\mu_0=12.566371\times10^{-7}\text{H/m}$
钠光谱中黄线的波长	$D=589.3\times10^{-9}\text{m}$
镉光谱中红线的波长(15℃，101325Pa)	$\lambda_{cd}=643.84696\times10^{-9}\text{m}$

附录D 在20℃时固体和液体的密度

物质	密度ρ/(kg/m³)	物质	密度ρ/(kg/m³)
铝	2698.9	石英	2500.0～2800.0
铜	8960.0	水晶玻璃	2900.0～3000.0
铁	7874.0	冰(0℃)	880.0～920.0
银	10500.0	乙醇	789.4
金	19320.0	乙醚	714.0
钨	19300.0	汽车用汽油	710.0～720.0
铂	21450.0	弗利昂-12	1329.0
铅	11350.0	(氟氯烷-12)	
锡	7298.0	变压器油	840.0～890.0
水银	13546.2	甘油	1260.0
钢	7600.0～7900.0		

附录 E　部分固体的线胀系数(α)

物　　质	温度范围(℃)	$\alpha/\times10^{-6}℃^{-1}$	物　　质	温度范围(℃)	$\alpha/\times10^{-6}℃^{-1}$
铝	0～100	23.8	铅	0～100	29.2
铜	0～100	17.1	锌	0～100	32
铁	0～100	12.2	铂	0～100	9.1
金	0～100	14.3	钨	0～100	4.5
银	0～100	19.6	石英玻璃	20～200	0.56
钢(0.05%碳)	0～100	12.0	窗玻璃	20～200	9.5
康铜	0～100	15.2			

附录 F　20℃时部分金属的弹性模量

金　　属	弹性模量/($\times10^5N/m^2$)	金　　属	弹性模量/($\times10^5N/m^2$)
铝	68.7	铬	240
铜	108	铝合金	68.7
金	75.6	不锈钢	196
银	73.6	合金钢	200
锌	88.3	钛合金	114
镍	206	碳钢 $AISI_{120}$	207

注：弹性模量的值与材料的结构、化学成分及其加工制造方法有关。因此，在某些情况下，其值可能与表中所列的平均值有所不同。

附录 G　在标准大气压下不同温度时水的密度

温度 t/℃	密度ρ/(kg/m^3)	温度 t/℃	密度ρ/(kg/m^3)	温度 t/℃	密度ρ/(kg/m^3)	温度 t/℃	密度ρ/(kg/m^3)	温度 t/℃	密度ρ/(kg/m^3)	温度 t/℃	密度ρ/(kg/m^3)
0	999.87	9	999.81	18	998.62	27	996.54	36	993.71	55	985.73
1	999.93	10	999.73	19	998.43	28	996.26	37	993.36	60	983.21
2	999.97	11	999.63	20	998.23	29	995.97	38	992.99	65	980.59
3	999.99	12	999.52	21	998.02	30	995.68	39	992.62	70	977.78
3.98	1000.00	13	999.40	22	997.77	31	995.37	40	992.24	75	974.89
5	999.99	14	999.27	23	997.57	32	995.05	41	991.86	80	971.80
6	999.97	15	999.13	24	997.33	33	994.72	42	991.47	85	968.65
7	999.93	16	998.97	25	997.07	34	994.40	45	990.25	90	965.31
8	999.88	17	998.90	26	996.81	35	994.06	50	988.07	100	958.35

注：纯水在3.98℃时密度最大。